에너지아카데미의

에너지관리산업기사

실기

핵심이론 + 15개년 기출

이상식, 이어진 지음

BM (주)도서출판 성안당

■ 도서 A/S 안내

성안당에서 발행하는 모든 도서는 저자와 출판사, 그리고 독자가 함께 만들어 나갑니다.

좋은 책을 펴내기 위해 많은 노력을 기울이고 있습니다. 혹시라도 내용상의 오류나 오탈자 등이 발견되면 **"좋은 책은 나라의 보배"**로서 우리 모두가 함께 만들어 간다는 마음으로 연락주시기 바랍니다. 수정 보완하여 더 나은 책이 되도록 최선을 다하겠습니다.

성안당은 늘 독자 여러분들의 소중한 의견을 기다리고 있습니다. 좋은 의견을 보내주시는 분께는 성안당 쇼핑몰의 포인트(3,000포인트)를 적립해 드립니다.

잘못 만들어진 책이나 부록 등이 파손된 경우에는 교환해 드립니다.

저자 문의 e-mail : chghdfus@naver.com(이어진)
본서 기획자 e-mail : coh@cyber.co.kr(최옥현)
홈페이지 : http://www.cyber.co.kr 전화 : 031) 950-6300

머리말

이 책은 우리나라 젊은이들의 미래를 등불처럼 밝혀줄 옥동자이다!

에너지관리산업기사 자격증 취득을 준비하는 수험생들에게 가장 큰 바람이 있다면 그것은 자신이 공부하고자 하는 내용을 단시간 내에 체계적으로 이해하고 드디어는 합격의 영광을 안고자 함일 것이다. 이에 저자는 그러한 절박한 요구에 부응하여 다소 기초가 부족한 수험생일지라도 본 교재로 최소 2번만 반복 학습한다면 충분히 만족할 만한 결과를 얻을 수 있도록 꾸며 놓았다고 자부한다.

본서의 특징은 다음과 같다.

첫째, 전공지식에 대한 이해 능력이 부족한 수험생들을 위하여 필수 내용들을 쉽게 요약 정리해 두었고,

둘째, 소수점과 자릿수 표시의 시각적 불편함을 해소하기 위하여 자릿수 표현의 기호를 가급적 삭제함으로써 편리를 도모하였으며,

셋째, 최근 과년도 기출문제 모두를 상세히 해설함으로써 수험생들로 하여금 더 이상의 불필요한 시간 낭비를 가급적 최소화하였고,

넷째, 본 교재에 공식 표현의 기호와 단위를 충실하게 전개하여 기초 지식의 고양 및 과년도 문제의 응용 · 변형된 문제가 출제되더라도 쉽게 풀 수 있도록 적용력 향상에 초점을 두었으며,

다섯째, 저자가 직접 연구 · 개발 · 적용한 암기법의 공부 방식을 적극 활용하여 정답에 한결 쉽게 접근하도록 하였고,

여섯째, 최근 들어 각광을 받고 있는 에너지 관련 기타 자격증으로까지 연계시켜 학습이 가능하도록 꾸며 놓았다.

흔히들 우리의 삶이나 시험을 엉킨 실타래 또는 매듭풀기에 비유하곤 한다. 그것은 인간의 삶이나 시험이 그만큼 쉬운 일이 아님을, 그리하여 각고의 노력과 뜨거운 열정이 뒷받침되지 않으면 성취하기 쉽지 않음을 각인시키고자 함이 아니었을까? 경험에 의하면 엉킨 실타래는 고사하고 그 어느 매듭 하나도 쉽게 풀리는 것은 없었다. 이에 저자는 수험생 여러분들이 보다 수월하게 매듭을 풀어갈 수 있도록 오랫동안 고민해 보았다. 그리고 마지막 탈고를 하며 비로소 웃을 수 있었다. 반드시 도움을 줄 수 있으리라는 확신 때문이었다.

본 수험서를 마련하며 에너지관리산업기사를 준비하는 수험생 여러분의 성공과 건투를 빈다. 혹여 출판과정에서 발생할 수 있는 오 · 탈자 및 오류가 발견될 경우 인터넷 카페로 연락을 주시면 수정 · 보완해 나갈 것이다. 아울러 질문 사항이 있다면 성의를 다해 답변드릴 것임을 약속하며 이후로도 보다 알찬 수험 교재가 되도록 노력을 아끼지 않을 것임을 밝혀 드리는 바이다.

끝으로, 본 수험서가 나올 때까지 수고해 주신 성안당 출판사 직원 여러분께 감사 말씀을 드리며, 수험생 여러분에게 합격의 영광이 함께 하기를 기원합니다!

에너지아카데미 저자 **이상식 · 이어진**

시험안내

1 기본 정보

(1) 개요

열에너지는 가정의 연료에서부터 산업용에 이르기까지 그 용도가 다양하다. 이러한 열사용처에 있어서 연료 및 이를 열원으로 하는 열의 유효한 이용을 소모하고 연료사용기구의 품질을 향상시킴으로써 연료자원의 보전과 기업의 합리화에 기여할 인력을 양성하기 위해 자격제도를 제정하였다.

(2) 수행직무

① 각종 산업기계, 공장, 사무실, 아파트 등에 동력이나 난방을 위한 열을 공급하기 위하여 보일러 및 관련장비를 효율적으로 운전할 수 있도록 지도, 안전관리를 위한 점검, 보수업무를 수행한다.

② 유류용 보일러, 가스보일러, 연탄보일러 등 각종 보일러 및 열사용 기자재의 제작, 설치 시 효율적인 열설비류를 위한 시공, 감독하고, 보일러의 작동상태, 배관상태 등을 점검하는 업무를 수행한다.

(3) 진로 및 전망

① 사무용 빌딩, 아파트, 호텔 및 생산공장 등 열설비류를 취급하는 모든 기관과 보일러 검사 및 품질관리부서, 소형공장에서 대형공장까지 보일러 담당부서, 보일러 생산업체, 보일러 설비업체 등으로 진출할 수 있다.

② 열관리기사의 고용은 현수준을 유지하거나 다소 증가할 전망이다. 인력수요가 주로 가을과 겨울철에 편중되고 있으며, 열설비류 중 도시가스 및 천연가스 사용의 증대, 여타 유사자격증과의 업무중복 등 감소요인이 있으나, 에너지의 효율적 이용과 절약에 대한 필요성이 증대되고 에너지 낭비 규모가 미국, 일본 등 선진국에 비해 높은 수준이어서 상대적으로 열관리기사의 역할이 증대되었다. 또한 건설경기회복에 따른 열설비류의 설치대수 증가 등으로 고용은 다소 증가할 전망이지만 보일러 구조의 복잡화, 대규모화, 연료의 다양화, 자동제어 등으로 급격히 변화하고 있어 이에 수반하는 관리, 가스, 냉방 및 공기조화 관련 자격증의 추가 취득이 업무에 도움이 된다.

(4) 연도별 검정현황

연도	필 기			실 기		
	응시(명)	합격(명)	합격률(%)	응시(명)	합격(명)	합격률(%)
2024	3,204	914	28.5	1,811	616	34
2023	4,226	1,306	30.9	2,126	683	32.1
2022	4,313	1,371	31.8	2,142	892	41.6
2021	3,349	1,163	34.7	1,373	540	39.3
2020	1,685	540	32	755	357	47.3
2019	1,582	483	30.5	644	269	41.8

2 시험 정보

(1) 시험 수수료

① 필기 : 19,400원 ② 실기 : 121,200원

(2) 출제경향 및 출제기준

① 필기시험의 내용은 출제기준(표)를 참고바람.
② 실기시험은 복합형으로 시행되며, 출제기준(표)를 참고바람.

(3) 취득방법

① 시행처 : 한국산업인력공단
② 관련학과 : 전문대학 및 대학의 기계공학 및 화학공학 관련학과
③ 시험과목
- 필기 : 1. 열 및 연소설비 2. 열설비 설치
  3. 열설비 운전 4. 열설비 안전관리 및 검사기준
- 실기 : 열설비 취급 실무

④ 검정방법
- 필기 : 객관식 4지 택일형, 과목당 20문항(과목당 20분, 총 1시간 20분)
- 실기 : 복합형(필답형(1시간 30분, 60점)+작업형(종합응용배관작업)(3시간 정도, 40점))

⑤ 합격기준
- 필기 : 100점을 만점으로 하여 과목당 40점 이상, 전 과목 평균 60점 이상
- 실기 : 100점을 만점으로 하여 60점 이상

(4) 시험 일정

회 별	필기시험 원서접수 (인터넷)	필기시험	필기시험 합격예정자 발표	실기시험 원서접수 (인터넷)	실기(면접)시험	합격자 발표
제1회	1월 중	2월 초	3월 중	3월 말	4월 중	1차 : 6월 초 2차 : 6월 중
제2회	4월 중	5월 초	6월 중	6월 말	7월 중	1차 : 9월 초 2차 : 9월 중
제3회	7월 말	8월 초	9월 초	9월 말	11월 초	1차 : 12월 초 2차 : 12월 말

[비고]
1. 원서접수 시간 : 원서접수 첫날 10시~마지막 날 18시까지입니다.
   (가끔 마지막 날 밤 12 : 00까지로 알고 접수를 놓치는 경우도 있으니 주의하기 바람!)
2. 필기시험 합격예정자 및 최종합격자 발표시간은 해당 발표일 9시입니다.
3. 시험 일정은 종목별, 지역별로 상이할 수 있습니다.
4. **자세한 시험 일정은 Q-net 홈페이지(www.q-net.or.kr)를 참고**하시기 바랍니다.

3 시험 접수에서 자격증 수령까지 안내

☑ 원서접수 안내 및 유의사항입니다.

- 원서접수 확인 및 수험표 출력기간은 접수당일부터 시험시행일까지 출력 가능(이외 기간은 조회불가)합니다. 또한 출력장애 등을 대비하여 사전에 출력 보관하시기 바랍니다.
- 원서접수는 온라인(인터넷, 모바일앱)에서만 가능합니다.
- 스마트폰, 태블릿 PC 사용자는 모바일앱 프로그램을 설치한 후 접수 및 취소/환불 서비스를 이용하시기 바랍니다.

STEP 01 필기시험 원서접수

- 필기시험은 온라인 접수만 가능(지역에 상관없이 원하는 시험장 선택 가능)
- Q-net(www.q-net.or.kr) 사이트 회원 가입
- 응시자격 자가진단 확인 후 원서 접수 진행
- 반명함 사진 등록 필요 (6개월 이내 촬영본 / 3.5cm×4.5cm)

STEP 02 필기시험 응시

- 입실시간 미준수 시 시험 응시 불가 (시험시작 20분 전에 입실 완료)
- 수험표, 신분증, 계산기 지참 (공학용 계산기 지참 시 반드시 포맷)
- 2020년 4회 시험부터 CBT 시행

STEP 03 필기시험 합격자 확인

- CBT로 시행되므로 시험종료 즉시 합격여부 확인 가능
- Q-net(www.q-net.or.kr) 사이트 및 ARS(1666-0100)를 통해서 확인 가능

STEP 04 실기시험 원서접수

- Q-net(www.q-net.or.kr) 사이트에서 원서 접수
- 응시자격서류 제출 후 심사에 합격 처리된 사람에 한하여 원서 접수 가능 (응시자격서류 미제출 시 필기시험 합격예정 무효)

〈에너지관리산업기사 작업형 실기시험 기본 정보〉

안전등급(safety Level) : 3등급

위험 | 경고 | 주의 | 관심

시험장소 구분	실내
주요 시설 및 장비	용접기, 동력나사절삭기
보호구	안전화, 보안경 등

* 보호구(작업복 등) 착용, 정리정돈 상태, 안전사항 등이 채점 대상이 될 수 있습니다.
반드시 수험자 지참공구 목록을 확인하여 주시기 바랍니다.

STEP 05 실기시험 응시

- 수험표, 신분증, 필기구, 공학용 계산기, 종목별 수험자 준비물 지참
  (공학용 계산기는 허용된 종류에 한하여 사용 가능하며, 수험자 지참 준비물은 실기시험 접수기간에 확인 가능)

STEP 06 실기시험 합격자 확인

- 문자 메시지, SNS 메신저를 통해 합격 통보
  (합격자만 통보)
- Q-net(www.q-net.or.kr) 사이트 및 ARS(1666-0100)를 통해서 확인 가능

STEP 07 자격증 교부 신청

- 상장형 자격증, 수첩형 자격증 형식 신청 가능
- Q-net(www.q-net.or.kr) 사이트를 통해 신청

STEP 08 자격증 수령

- 상장형 자격증은 합격자 발표 당일부터 인터넷으로 발급 가능
  (직접 출력하여 사용)
- 수첩형 자격증은 인터넷 신청 후 우편수령만 가능
  (수수료 : 3,100원 / 배송비 : 3,010원)

※ 자세한 사항은 Q-net 홈페이지(www.q-net.or.kr)를 참고하시기 바랍니다.

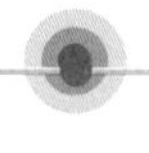

출제기준

실기

- **적용기간** : 2023.1.1.~2025.12.31.
- **시험시간** : 복합형 4시간 30분 정도(필답형 1시간 30분+작업형 3시간 정도)
- **직무내용** : 에너지 관련 열설비에 대한 구조 및 원리를 이해하고, 에너지 관련 설비를 시공, 보수·점검, 운영 관리하는 직무이다.
- **수행준거** : 1. 보일러의 연소설비를 파악함으로써 에너지의 효율적 이용과 대기오염 예방, 보일러의 안전연소를 관리할 수 있다.
  2. 에너지원별 특성을 파악하여 보일러 및 관련 설비를 효율적으로 관리할 수 있다.
  3. 보일러 및 흡수식 냉온수기 등과 관련된 설비를 안전하고 효율적으로 운전할 수 있다.
  4. 보일러 및 관련 설비 취급 시 발생할 수 있는 안전사고를 사전에 예방할 수 있다.
  5. 보일러의 스케일 및 부식 등을 방지하기 위하여 보일러수와 수처리 설비를 관리할 수 있다.
  6. 보일러 설비의 효율적인 운영을 위하여 유체를 이송하는 배관설비를 설계도서에 따라 설치할 수 있다.
  7. 보일러 운전 중에 발생할 수 있는 안전사고를 예방하기 위하여 안전장치를 정비할 수 있다.
  8. 보일러 부속설비(수처리설비, 환경시설, 열회수장치 및 계측기기 등)를 설계도서에 따라 설치할 수 있다.
  9. 보일러 부대설비(증기설비, 급탕설비, 압력용기, 열교환장치, 펌프 등)를 설계도서에 따라 설치할 수 있다.
  10. 보일러 및 부속장치를 효율적으로 운영 관리할 수 있다.
  11. 냉동기 및 부속장치를 효율적으로 운영 관리할 수 있다.

실기 과목명	주요항목	세부항목
열설비 취급 실무	1. 보일러 연소설비 관리	(1) 연료공급설비 관리하기
		(2) 연소장치 관리하기
		(3) 통풍장치 관리하기
	2. 보일러 에너지 관리	(1) 에너지원별 특성 파악하기
		(2) 에너지효율 관리하기
		(3) 에너지 원단위 관리하기
	3. 보일러 운전	(1) 설비 파악하기
		(2) 보일러 운전 준비하기
		(3) 보일러 운전하기
		(4) 흡수식 냉온수기 운전하기

실기 과목명	주요항목	세부항목
	4. 보일러 안전관리	(1) 법정 안전검사하기
		(2) 보수공사 안전관리하기
	5. 보일러 수질 관리	(1) 수처리설비 운영하기
		(2) 보일러수 관리하기
	6. 보일러 배관설비 설치	(1) 배관도면 파악하기
		(2) 배관재료 준비하기
	7. 보일러 안전장치 정비	(1) 보일러 본체 안전장치 정비하기
		(2) 연소설비 안전장치 정비하기
		(3) 소형 온수보일러 안전장치 정비하기
	8. 보일러 부속설비 설치	(1) 보일러 수처리설비 설치하기
		(2) 보일러 급수장치 설치하기
		(3) 보일러 환경설비 설치하기
		(4) 보일러 열회수장치 설치하기
		(5) 보일러 계측기기 설치하기
	9. 보일러 부대설비 설치	(1) 증기설비 설치하기
		(2) 급탕설비 설치하기
		(3) 압력용기 설치하기
		(4) 열교환장치 설치하기
		(5) 펌프 설치하기
	10. 보일러 설비운영	(1) 보일러 관리하기
		(2) 급탕탱크 관리하기
		(3) 증기설비 관리하기
		(4) 부속장비 점검하기
		(5) 보일러 운전 전 점검하기
		(6) 보일러 운전 중 점검하기
		(7) 보일러 운전 후 점검하기
		(8) 보일러 고장 시 조치하기
	11. 냉동설비 운영	(1) 냉동기 관리하기
		(2) 냉동기 · 부속장치 점검하기
		(3) 냉각탑 점검하기

차례

제3편 모의고사

제4편 작업형

수험자 유의사항

♣ 실기시험 유의사항

1. 복합형(필답형+배관작업형) 시험으로 시행되는데, 시험일자 및 시험장은 실기 원서접수 시 확인이 가능합니다.
2. 먼저 시행되는 필답형 시험시간은 1시간 30분으로 전국적으로 같은 날 동시간대에 같은 문제로 시행되며, 문제 수는 12문항으로 매 문항당 배점은 5점씩으로 같으며 총 60점입니다. 출제문제 형태는 단답형의 간단한 서술문제(8~9문항) 및 복잡한 계산문제(3~4문항)로 구성되어 있습니다.
3. 나중에 시행되는 배관작업형 시험시간은 약 3시간 정도로 실기시험 기간 중에 지역에 따라 순차적으로 지정된 날에 시행되며, 배관작업 시작 전에 수험자에게 배포된 도면대로 배관제품을 만드는 것입니다. 다만, 배관 각 부분의 치수가 다르게 또는 자른 도면을 제시해 주는 일도 있음을 참고로 알아두기를 바랍니다.
4. 배관작업형 시험에 필요한 공구는 개인적으로 준비하여 지참하여야 하며, 나사절삭기, 전기용접기, 가스용접기 등은 해당 시험장 내에 마련되어 있는 시설을 이용합니다.
5. 배관작업을 마친 후 오작동 및 누설시험의 결과를 수험자 본인에게 확인시켜 줍니다.
6. 필답형 시험(60점)에만 응시하고 배관작업형 시험(40점)에는 미응시할 경우 불합격 처리되므로, 반드시 두 종목 모두에 응시하여야 함을 유의해야 합니다.
7. 합계점수가 60점 이상이면 최종합격입니다. (과목별 탈락은 없습니다.)

♣ 실기 답안 작성 시 유의사항

1. 답안 작성 시 정정부분은 반드시 두 줄로 긋고 새로 작성하면 됩니다.
2. 임시답안을 연필로 표기해도 되며, 최종답안을 제출할 시에는 흑색볼펜으로 표기한 후에 연필로 써두었던 내용을 지우개로 모두 깨끗이 지운 후에 제출하여야 합니다.
3. 공학용 계산기의 사용은 허용 기종에 한하여 감독자의 리셋 후에 당연히 허락되며, 타인 간에 교환은 허락하지 않습니다.
4. 계산을 필요로 하는 문제에 있어서 계산과정이 없는 정답은 0점으로 처리됩니다.
5. 소수점 셋째자리에서 반올림하여 소수점 둘째자리까지만 주로 표기하도록 채점기준에서는 요구하고 있습니다.
6. 문제에서 요구한 답란의 항목 수 이상을 표기하더라도 채점에서는 요구한 항목 수의 번호 순서에 한해서만 채점합니다. (추가로 써놓아 봤자 괜히 쓸데없는 일인 셈이죠.)
7. 합계 점수가 60점 이상이면 최종합격입니다. (과목별 탈락은 없습니다.)

참고

방정식 풀이의 계산기 사용법

(카시오 fx-991EX 모델을 기준해서 설명한다.)

<예제> $$\frac{20\times(500-t_2')}{\ln\left(\frac{0.2}{0.1}\right)}=\frac{0.2\times(t_2'-100)}{\ln\left(\frac{0.5}{0.2}\right)}$$

위 계산문제의 풀이를 여러분들은 어떻게 눌러서 계산하고 계시나요?

1) 1열3행의 분수키를 누른다.

→ 이때 분자에 있는 t_2' 미지수를 4열5행에 있는 (빨강색)X로 눌러야 하는데,

자판의 빨강색을 누르려면 2열1행의 ALPHA를 누른 후에 X를 누른다.

2) 분모의 값을 입력하는 것쯤이야 당연히 아실 것이기에 그냥 생략하겠습니다.

3) 이제 주의해야 할 것은 방정식에 쓰이는 등호(=)를 잘 찾아야만 합니다.

→ 먼저 이 등호(=)는 우리가 늘 사용했던 6열 맨아래 행의 **흰색**(=)이 아닙니다.

→ 2열2행에 빨강색 등호(=)를 눌러주셔야 하는 게 제일 중요합니다.

바로, 2열1행의 ALPHA를 누른 후에 2열2행의 빨강색 등호(=)를 누른다.

4) 1항에서와 마찬가지로 우변에 분수키를 누르고 이제까지의 방법대로 입력한다.

5) 입력이 끝난 후에, 또다시 주의해야 합니다.

→ 이제 〈보기〉에 주어진 식이 계산기의 화면에 완성되어 있는 상태에서,

→ 1열1행의 SHIFT키를 누른 후에 2열2행에 있는 SOLVE키를 누르게 되면,

→ 화면 아래에 Solve for X

어떤 숫자(???..)라고 화면에 뜨게 됩니다.

〈**주의**〉 : 이 상태에서 미지수 X는 아직 정답이 완성되지 않은 상태입니다.

→ 우리가 늘 사용했던 6열 맨 아래 행의 **흰색**(=)을 **마지막으로 눌러주셔야만**

X = 496.9968 이라고 중간의 행에 뜨는 것이 최종 구하는 정답이 됩니다.

∴ t_2' = X = 496.99 = 497 ℃**의 결과를 얻게 됩니다.**

의외로 많은 수험생들이 방정식 풀이의 계산기 사용법을 모르는 탓에, 방정식 계산에서 쓸데없는 시간을 들여 우변으로 이항을 하는 등의 번거로운 과정을 거치고 있는 것이므로, 계산문제를 풀 때는 반드시 위 사용법을 네이버에 있는 [에너지아카데미] 카페 "학습자료실" 동영상 강의 시청으로 익혀서 활용할 줄 알아야만 신세계를 경험하여 훨씬 수월하다는 점을 강조합니다!

Industrial Engineer Energy Management

| 에너지관리산업기사 실기 |

www.cyber.co.kr

에너지관리산업기사 실기

제1편 핵심이론

www.cyber.co.kr

제0장 단위계 및 연소 일반

1. 온도(t, T)

(1) 섭씨온도(˚C, Celsius)

표준대기압하에서의 어는점과 끓는점(비점)을 각각 0˚와 100˚로 정하여 그 사이를 100등분한 것을 섭씨온도라 하고 그 단위를 ˚C 로 표시한다.

(2) 화씨온도(˚F, Fahrenheit)

표준대기압하에서의 어는점과 끓는점(비점)을 각각 32˚와 212˚로 정하여 그 사이를 180등분한 것을 화씨온도라 하고 그 단위를 ˚F 로 표시한다.

(3) 절대온도(K)

273.15 ˚C는 기체의 분자운동이 정지하는 열화학적인 최저온도이며,
이것을 0˚로 정한 것을 절대온도라 하고 그 단위를 K 으로 표시한다.

- 켈빈(Kelvin)의 절대온도(K) = 273.15 + 섭씨온도(˚C) ≒ 273 + t_C (섭씨온도)
- 랭킨(Rankin)의 절대온도(˚R) = 459.67 + 화씨온도(˚F) ≒ 460 + t_F (화씨온도)

(4) 온도 사이의 관계식

암기법 : 화씨는 오구씨보다 32살 많다

- 화씨온도(℉) = $\frac{9}{5}$ ℃ + 32
- 절대온도(K) = ℃ + 273
- 랭킨온도(˚R) = ℉ + 460

2. 압력(P)

(1) 힘(Force)

- 공식 : F = m · a

여기서, F : 힘(N, kgf), m : 질량(kg), a : 가속도(m/sec^2)

- 절대단위 : 1 N = 1 kg × 1 m/sec^2 = 1 kg · m/sec^2
- 중력단위 : 1 kgf = 1 kg × 9.8 m/sec^2 = 9.8 kg · m/sec^2 = 9.8 N

【주의】 공학에서는 흔히 kgf의 f(포오스)를 생략하고 kg 으로만 나타내기도 한다.

(2) 압력(Pressure)

- 공식 : P = $\frac{F}{A}$ (단위면적당 작용하는 힘)

  여기서, P : 압력(Pa, N/m^2, kgf/m^2), A : 단면적, F : 힘

- 표준대기압(standard atmosphere pressure, atm)
  - 중력가속도가 9.807 m/s^2 이고 온도가 0 ℃ 일 때, 단면적이 1 cm^2 이고 상단이 완전진공인 수은주를 76 cm 만큼 밀어 올리는 대기의 압력
- 1 atm = 76 cmHg = 760 mmHg = 29.92 inHg
  = 10332 mmH_2O = 10332 mmAq = 10.332 mH_2O
  = 10332 kgf/m^2 = 1.0332 kgf/cm^2
  = 101325 Pa = 101.325 kPa ≒ 0.1 MPa
  = 1.01325 bar = 1013.25 mbar = 14.7 psi

(3) 압력의 구분

암기법 절대 계하지마라! 절대마진

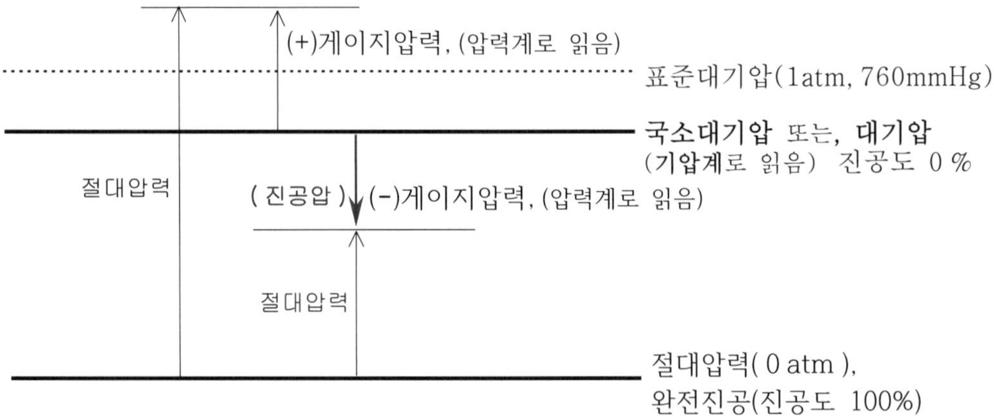

① 절대압력(absolute pressure, abs)은 완전진공을 기준으로 한다.
② 게이지압력(또는, 계기압력)은 국소대기압을 기준으로 한다.
③ 진공압(vacuum pressure)은 대기압보다 압력이 낮은 상태의 압력으로 진공계가 지시하는 압력이다.
④ 진공도 = $\frac{\text{진공압}}{\text{(국소)대기압}} \times 100\,\%$ = $\frac{\text{(−)게이지압}}{\text{(국소)대기압}} \times 100\,\%$

3. 단위계(單位系, System of Unit)

(1) SI 기본단위

암기법 : mks mKc A

기본량의 단위인 기본단위의 기호와 명칭은 다음과 같이 7가지이다.

기호	m	kg	s	mol	K	cd	A
명칭	미터	킬로그램	초	몰	켈빈	칸델라	암페어
기본량	길이	질량	시간	물질량	절대온도	광도	전류

(2) SI 유도단위 (International System of drived Unit)

기본단위를 기초로 수학적으로로 성립되는 관계식에 의해 조합, 유도되는 단위이다.

기호	kg/m^3	m^3/kg	m/s	N	Pa	J	W
명칭	킬로그램 퍼 세제곱미터	세제곱미터 퍼 킬로그램	초당 미터	뉴턴	파스칼	줄	와트
유도 물리량	밀도	비체적	속력, 속도	힘	압력	일, 에너지, 열량	일률, 전력

4. 일(W)

(1) 일(Work)

- 공식 : W = F · S (한 일의 양 = 힘 × 이동거리)
  여기서, W : 일(J 또는, cal), F : 힘(N, kgf), S : 이동거리(m)
- 절대단위 : 1 J = 1 N × 1 m
- 중력단위 : 1 kgf · m = 1 kg × 9.8 m/sec^2 × 1 m = 9.8 N · m = 9.8 J

5. 열량(Q)과 비열(C)

(1) 열량(heat Quantity)

암기법 : 큐는 씨암탉

- 공식 : Q = C · m · Δt (열량 = 비열 × 질량 × 온도차)
  여기서, C : 비열(kJ/kg·℃ 또는, kJ/kg·K)
  m : 질량(kg)
  Δt : 온도차(℃ 또는, K)
- 단위 : kcal, kJ, kgf·m, Btu, Chu 등을 쓴다.
- 1 kcal : 표준대기압(1기압)하에서 순수한 물 1 kg의 온도를 14.5 ℃로부터 15.5 ℃까지 1℃ 또는 1 K 올리는데 필요한 열량을 말한다.

- 열량 단위 비교

1 kcal = **4.184 kJ** (학문상)
= 4.1855 kJ (줄의 실험상)
= **4.1868 kJ** (법규 및 증기표 기준)
= **4.2 kJ** (생활상)
= 427 kgf·m (중력단위, 공학용단위)
= 2.205 Chu = 3.968 Btu (단위 환산 관계)

(2) 비열(specific heat)

① 단위질량의 어떤 물체의 온도를 단위온도차(1℃, 1K, 1℉)만큼 올리는데 필요한 열량을 비열이라 한다.

- $C = \frac{Q}{m \cdot \Delta t}$ [단위 : kcal/kg·℃, kcal/kg·K, Btu/lb·℉, Chu/lb·℃]
- **물의 비열 : 1 kcal/kg·℃, 4.1868 kJ/kg·℃(≒ 4.184 kJ/kg·℃ ≒ 4.2 kJ/kg·℃)**

② **정적비열(Cv)** : 체적을 일정하게 유지하면서 물질 1 kg 의 온도를 1 K (또는, 1℃) 높이는데 필요한 열량

③ **정압비열(Cp)** : 압력을 일정하게 유지하면서 물질 1 kg 의 온도를 1 K (또는, 1℃) 높이는데 필요한 열량

④ **Cp - Cv = R** 의 관계가 성립한다.

⑤ 기체의 비열비 (또는, 단열지수 k)

기체의 정압비열(Cp)은 기체가 팽창하는데 외부에 일을 하게 되므로 이에 필요한 에너지가 더 소요되어 항상 정적비열 **Cv** 보다 **R** 만큼 더 크다.

$$k = \frac{C_P}{C_V} = \frac{C_V + R}{C_V} = 1 + \frac{R}{C_V}, \quad Cp = k \cdot Cv, \quad Cv = \frac{R}{k-1}$$

따라서, 비열비(k)의 값은 항상 1보다 크고 분자의 구조가 복잡할수록 정적비열은 커지고 비열비는 작아진다.

6. 동력 (P 또는 L) 또는, 일률, 전력

(1) 동력(Power)

- 공식 : $P = \frac{W}{t}$ (단위시간당 한 일의 양, $1\,W = \frac{1\,J}{1\,sec}$)
- 단위 : J/sec, W(와트), kJ/sec, kW, HP(마력), PS(마력), kgf·m/sec 등을 쓴다.
- 1 HP (영국마력) = 746 W = 0.746 kW = 0.746 × 102 kgf · m/sec = 76 kgf · m/sec
- 1 PS (프랑스마력) = 735 W = 0.735 kW = 0.735 × 102 kgf · m/sec = 75 kgf · m/sec

(2) 송풍기 및 펌프의 동력 계산

- 동력 : L [W] $= \frac{PQ}{\eta} = \frac{\gamma HQ}{\eta} = \frac{\rho g HQ}{\eta}$

여기서, P : 압력 [mmH_2O = kgf/m^2]
Q : 유량 [m^3/sec]
H : 수두 또는, 양정 [m]
η : 펌프 또는 송풍기의 효율
γ : 물의 비중량 (1000 kgf/m^3)
ρ : 물의 밀도 (1000 kg/m^3)
g : 중력가속도 (9.8 m/s^2)

7. 내부에너지(U)와 엔탈피(H)

(1) 내부에너지(Internal energy, U)

① 물체의 온도가 높아지면 열운동이 활발해지고 분자의 운동에너지가 증가하므로 물체의 내부에너지가 증가한다.

② 물체를 구성하는 분자의 열운동은 외부로부터 일을 받거나 열을 얻으면 그 운동 속도가 더욱 활발해지고 내부에너지가 증가하면서 온도가 높아진다.

③ 물체의 온도는 물체가 가지는 내부에너지의 양을 나타내는 척도로서 온도가 높을수록 물체의 내부에너지는 증가한다.

④ 계산식 : $\delta Q = dU + W$ 에서, $dU = \delta Q - W$ 로 계산한다.

(2) 엔탈피(Enthalpy, H)

- 엔탈피는 내부에너지와 유동에너지(또는, 유동일)의 합으로 정의된다.

① 엔탈피의 정의 : **H ≡ U + PV**

② 단위 : kcal, kJ

③ 비엔탈피의 정의 : **h ≡ u + pv**

④ 단위 : kcal/kg, kJ/kg, $kcal/Nm^3$, kJ/Sm^3

⑤ 엔탈피 변화량(dH)은 정압하에서 이동되는 열량(dQ)과 같다.

8. 엔트로피(Entropy, S)

(1) 엔트로피

계에 출입하는 열량의 이용 가치를 나타내는 물리량으로 에너지도 아니고, 온도처럼 감각으로 느낄 수도 없고, 측정할 수도 없는 열역학적 상태량이다. 엔트로피는 감소하지 않으며, 가역과정에서는 불변이고 비가역과정에서는 항상 증가한다.

(2) 각 상태변화에서 엔트로피 변화량(ΔS)의 P, V, T 관계식

① **정적변화**일 때 **암기법** : 피티네 알압

$$\Delta S = C_P \cdot \ln\left(\frac{T_2}{T_1}\right) - R \cdot \ln\left(\frac{P_2}{P_1}\right) = C_V \cdot \ln\left(\frac{T_2}{T_1}\right) = C_V \cdot \ln\left(\frac{P_2}{P_1}\right)$$

② **정압변화**일 때 **암기법** : 브티알 보자

$$\Delta S = C_V \cdot \ln\left(\frac{T_2}{T_1}\right) + R \cdot \ln\left(\frac{V_2}{V_1}\right) = C_P \cdot \ln\left(\frac{T_2}{T_1}\right) = C_P \cdot \ln\left(\frac{V_2}{V_1}\right)$$

③ **등온변화**일 때 **암기법** : 피부 부피

$$\Delta S = C_P \cdot \ln\left(\frac{V_2}{V_1}\right) + C_V \cdot \ln\left(\frac{P_2}{P_1}\right) = -R \cdot \ln\left(\frac{P_2}{P_1}\right) = R \cdot \ln\left(\frac{P_1}{P_2}\right) = R \cdot \ln\left(\frac{V_2}{V_1}\right)$$

④ **폴리트로픽변화**일 때

$$\Delta S = \frac{n-k}{n-1} \cdot C_V \cdot \ln\left(\frac{T_2}{T_1}\right)$$ 여기서, n : 폴리트로픽 지수, k : 비열비

⑤ **단열변화**일 때

$\Delta S = 0$ (즉, **등엔트로피 변화**)

9. 연소반응식

(1) 탄소의 완전연소 반응식

[화학반응식]	C	+	O_2	→	CO_2	+ 97200 kcal
[kmol수]	1 kmol		1 kmol		1 kmol	+ 97200 kcal/kmol
[중량]	12 kg		32 kg		44 kg	
[체적]	22.4 Sm^3		22.4 Sm^3		22.4 Sm^3	
[탄소 1 kg당]	$\frac{12\,kg}{12}$		$\frac{32\,kg}{12}$		$\frac{44\,kg}{12}$	+ $\frac{97200\,kcal}{12}$
	(1kg)		(2.667kg)		(3.667kg)	+ 8100 kcal/kg
[탄소 1 kg당]	$\frac{12\,kg}{12}$		$\frac{22.4\,Sm^3}{12}$		$\frac{22.4\,Sm^3}{12}$	
	(1kg)		(1.867 Sm^3)		(1.867 Sm^3)	

【설명】 탄소 1 kg이 완전연소시 필요한 산소는 중량으로 2.667 kg이며 체적으로는 1.867 Sm^3 이다. 이 때 생기는 연소생성물인 CO_2 가스량은 중량으로 3.667 kg이며 체적으로는 1.867 Sm^3 이고, 발열량은 8100 kcal/kg 이다.

(2) 탄소의 불완전연소 반응식

[화학반응식]	C	+	$\frac{1}{2}O_2$	→	CO	+	29200 kcal
[kmol수]	1 kmol		0.5 kmol		1 kmol	+	29200 kcal/kmol
[중량]	12 kg		16 kg		28 kg		
[체적]	22.4 Sm^3		11.2 Sm^3		22.4 Sm^3		
[탄소 1 kg당]	$\frac{12\,kg}{12}$		$\frac{16\,kg}{12}$		$\frac{28\,kg}{12}$	+	$\frac{29200\,kcal}{12}$
	(1kg)		(1.33kg)		(2.33kg)	+	2433 kcal/kg
[탄소 1 kg당]	$\frac{12\,kg}{12}$		$\frac{11.2\,Sm^3}{12}$		$\frac{22.4\,Sm^3}{12}$		
	(1kg)		(0.933 Sm^3)		(1.867 Sm^3)		

【설명】 탄소 1 kg이 불완전연소시 필요한 산소는 중량으로 1.33 kg이며 체적으로는 0.933 Sm^3 이다. 이 때 생기는 연소생성물인 CO 가스량은 중량으로 2.33 kg이며 체적으로는 1.867 Sm^3 이고, 발열량은 2433 kcal/kg 이다.

(3) 수소의 완전연소 반응식

[화학반응식]	H_2	+	$\frac{1}{2}O_2$	→	H_2O(액체)	+	68000 kcal
[kmol수]	1 kmol		0.5 kmol		1 kmol	+	68000 kcal/kmol
[중량]	2 kg		16 kg		18 kg		
[체적]	22.4 Sm^3		11.2 Sm^3		22.4 Sm^3		
[수소 1 kg당]	$\frac{2\,kg}{2}$		$\frac{16\,kg}{2}$		$\frac{18\,kg}{2}$	+	$\frac{68000\,kcal}{2}$
	(1kg)		(8kg)		(9kg)	+	34000 kcal/kg
[수소 1 kg당]	$\frac{2\,kg}{2}$		$\frac{11.2\,Sm^3}{2}$		$\frac{22.4\,Sm^3}{2}$		
	(1kg)		(5.6 Sm^3)		(11.2 Sm^3)		

【설명】 수소 1 kg이 완전연소시 필요한 산소는 중량으로 8 kg이며 체적으로는 5.6 Sm^3 이다. 이 때 생기는 연소생성물인 H_2O 가스량은 중량으로 9 kg이며 체적으로는 11.2 Sm^3 이고, 발열량은 34000 kcal/kg 이다.

【참고】 열량계로 발열량을 측정하였을 경우에 수소의 완전연소 반응식

- $H_2 + \frac{1}{2}O_2 \rightarrow H_2O$(액체) + 68000 kcal/kmol : (고위발열량)
- $H_2 + \frac{1}{2}O_2 \rightarrow H_2O$(기체) + 57200 kcal/kmol : (저위발열량)

∴ 물의 증발(잠)열 $R_w = H_h - H_\ell$ = 68000 − 57200 = 10800 kcal/kmol

$$= \frac{10800\,kcal}{kmol \times \frac{18\,kg}{1\,kmol}} = 600\text{ kcal/kg}$$

(4) 황의 완전연소 반응식

[화학반응식]	S	+	O_2	→	SO_2	+	80000 kcal
[kmol수]	1 kmol		1 kmol		1 kmol	+	80000 kcal/kmol
[중량]	32 kg		32 kg		64 kg		
[체적]	22.4 Sm^3		22.4 Sm^3		22.4 Sm^3		
[황 1 kg당]	$\frac{32\,kg}{32}$		$\frac{32\,kg}{32}$		$\frac{64\,kg}{32}$	+	$\frac{80000\,kcal}{32}$
	(1kg)		(1kg)		(2kg)	+	2500 kcal/kg
[황 1 kg당]	$\frac{32\,kg}{32}$		$\frac{22.4\,Sm^3}{32}$		$\frac{22.4\,Sm^3}{32}$		
	(1kg)		(0.7 Sm^3)		(0.7 Sm^3)		

【설명】 황 1 kg이 완전연소시 필요한 산소는 중량으로 1 kg이며 체적으로는 0.7 Sm^3 이다. 이 때 생기는 연소생성물인 SO_2 가스량은 중량으로 2 kg이며 체적으로는 0.7 Sm^3 이고, 발열량은 2500 kcal/kg 이다.

(5) 일산화탄소의 완전연소 반응식

[화학반응식]	CO	+	$\frac{1}{2}O_2$	→	CO_2	+	68000 kcal
[kmol수]	1 kmol		0.5 kmol		1 kmol	+	68000 kcal/kmol
[중량]	28 kg		16 kg		44 kg		
[체적]	22.4 Sm^3		11.2 Sm^3		22.4 Sm^3		
[일산화탄소 1 kg당]	$\frac{28\,kg}{28}$		$\frac{16\,kg}{28}$		$\frac{44\,kg}{28}$	+	$\frac{68000\,kcal}{28}$
	(1kg)		(0.57kg)		(1.57kg)	+	2428 kcal/kg
[일산화탄소 1 kg당]	$\frac{28\,kg}{28}$		$\frac{11.2\,Sm^3}{28}$		$\frac{22.4\,Sm^3}{28}$		
	(1kg)		(0.4 Sm^3)		(0.8 Sm^3)		

【설명】 일산화탄소 1 kg이 완전연소시 필요한 산소는 중량으로 0.57 kg이며 체적으로는 0.4 Sm^3 이다. 이 때 생기는 연소생성물인 CO_2 가스량은 중량으로 1.57 kg이며 체적으로는 0.8 Sm^3 이고, 발열량은 2428 kcal/kg 이다.

(6) 각종 탄화수소의 완전연소 반응식

[화학반응식]	C_mH_n	+	$\left(m+\frac{n}{4}\right) O_2$	→	m CO_2	+	$\frac{n}{2} H_2O$
[중량비]	(12m + n) kg	+	$\left(m+\frac{n}{4}\right) \times 32$	→	m × 44	+	$\frac{n}{2} \times 18$
[체적비]	1	:	$\left(m+\frac{n}{4}\right)$	:	m	:	$\frac{n}{2}$

① 메탄의 연소

CH_4 + $2\,O_2$ → CO_2 + $2\,H_2O$(기체) + 191300 kcal

② 에탄의 연소

C_2H_6 + $3.5\,O_2$ → $2\,CO_2$ + $3\,H_2O$(기체) + 340500 kcal

③ 에틸렌의 연소

C_2H_4 + $3\,O_2$ → $2\,CO_2$ + $2\,H_2O$(기체) + 318500 kcal

④ 프로판의 연소 **암기법** : 3, 4, 5

C_3H_8 + **5** O_2 → **3** CO_2 + **4** H_2O(기체) + 530000 kcal

⑤ 부탄의 연소 **암기법** : 4, 5, 6.5

C_4H_{10} + **6.5** O_2 → **4** CO_2 + **5** H_2O(기체) + 700000 kcal

10. 연료의 완전연소에 소요되는 공기량 계산

(1) 이론산소량(O_0)

- 연료를 이론적으로 완전연소시키는데 필요한 최소한의 산소량을 말하며, 연료의 성분 중 가연성 원소인 C, H, S가 연소반응식에서 필요로 하는 산소량만의 합으로 구한다.

① 고체연료 및 액체연료의 이론산소량

㉠ 중량(kg/kg_{-f})으로 구할 경우

$$O_0 = \frac{32}{12}C + \frac{16}{2}\left(H - \frac{O}{8}\right) + \frac{32}{32}S$$

$$= 2.667\,C + 8\left(H - \frac{O}{8}\right) + S$$

㉡ 체적(Sm^3/kg_{-f})으로 구할 경우

$$O_0 = \frac{22.4}{12}C + \frac{11.2}{2}\left(H - \frac{O}{8}\right) + \frac{22.4}{32}S$$

$$= 1.867\,C + 5.6\left(H - \frac{O}{8}\right) + 0.7\,S$$

② 기체연료의 이론산소량

- 기체연료량은 표준상태(0℃, 1기압)에 대한 체적($Sm^3{}_{-f}$)으로 나타내므로, 체적($Sm^3/Sm^3{}_{-f}$)으로만 주로 구한다.

$$O_0 = \frac{11.2}{22.4}CO + \frac{11.2}{22.4}H_2 + \frac{44.8}{22.4}CH_4 + \frac{67.2}{22.4}C_2H_4 + \cdots\cdots - O_2$$

$$= 0.5\,CO + 0.5\,H_2 + 2\,CH_4 + 3\,C_2H_4 + \cdots\left(m + \frac{n}{4}\right)C_mH_n \cdots\cdots - O_2$$

$$= 0.5\,(CO + H_2) + 2\,CH_4 + 3\,C_2H_4 + \cdots\left(m + \frac{n}{4}\right)C_mH_n \cdots\cdots - O_2$$

(2) 이론공기량(A_0)

- 어떤 연료를 이론적으로 완전연소시키는데 필요한 최소한의 공기량을 말하며, 공기 중의 산소량이 일정하므로 이론산소량을 먼저 구해야 이론공기량을 계산할 수 있다. 즉, 중량으로 구할 경우 $A_0 \times 23.2\,\% = O_0$ 체적으로 구할 경우 $A_0 \times 21\,\% = O_0$

① 고체연료 및 액체연료의 이론공기량

㉠ 중량(kg/kg-f)으로 구할 경우

$$A_0 = \frac{O_0}{0.232}$$

$$= \frac{1}{0.232}\left\{2.667\,C + 8\left(H - \frac{O}{8}\right) + S\right\}$$

$$= 11.49\,C + 34.48\left(H - \frac{O}{8}\right) + 4.31\,S$$

㉡ 체적(Sm^3/kg-f)으로 구할 경우

$$A_0 = \frac{O_0}{0.21}$$

$$= \frac{1}{0.21}\left\{1.867\,C + 5.6\left(H - \frac{O}{8}\right) + 0.7\,S\right\}$$

$$= 8.89\,C + 26.67\left(H - \frac{O}{8}\right) + 3.33\,S$$

② 기체연료의 이론공기량

- 기체연료량은 표준상태(0℃, 1기압)에 대한 체적(Sm^3-f)으로 나타내므로, 체적(Sm^3/Sm^3-f)으로만 주로 구한다.

$$A_0 = \frac{O_0}{0.21}$$

$$= \frac{1}{0.21}\left\{0.5CO + 0.5H_2 + 2CH_4 + 3C_2H_4 + \cdots\left(m + \frac{n}{4}\right)C_mH_n - O_2\right\}$$

$$= 2.38(CO + H_2) + 9.52\,CH_4 + 14.3\,C_2H_4 + \cdots - 4.76\,O_2$$

(3) 실제공기량 또는, 소요공기량(A)

① **과잉공기량(A′)** = 실제공기량(A) - 이론공기량(A_0) = $mA_0 - A_0$ = **$(m-1)A_0$**

② **과잉공기율** = $(m-1) \times 100\%$ = $\left(\frac{A}{A_0} - 1\right) \times 100\%$ = $\left(\frac{A - A_0}{A_0}\right) \times 100\%$

③ **공기비 또는 공기과잉계수(m)** = $\frac{A}{A_0}\left(\frac{\text{실제공기량}}{\text{이론공기량}}\right)$

$$= \frac{A_0 + A'}{A_0} = 1 + \frac{A'}{A_0} = 1 + \frac{A - A_0}{A_0}$$

【참고】 ※ 단일 기체연료의 이론산소량(O_0) 및 이론공기량(A_0)을 구하는 문제의 4가지 유형

【유형1】 프로판 1 kg을 완전연소 시킬 때 필요한 이론공기량은 약 몇 Nm^3 인가?

C_3H_8 + $5O_2$ → $3CO_2$ + $4H_2O$

(1kmol) (5kmol)

44kg ($5 \times 22.4Nm^3$)

즉, $O_0 = \dfrac{112\ Nm^3_{-산소}}{44\ kg_{-연료}}$ ∴ $A_0 = \dfrac{O_0}{0.21} = \dfrac{\frac{112}{44}}{0.21} = 12.12\ Nm^3/kg_{-연료}$

【유형2】 프로판 1 kg을 완전연소 시킬 때 필요한 이론공기량은 약 몇 kg 인가?

C_3H_8 + $5O_2$ → $3CO_2$ + $4H_2O$

(1kmol) (5kmol)

44kg (5×32=160kg)

즉, $O_0 = \dfrac{160\ kg_{-산소}}{44\ kg_{-연료}}$ ∴ $A_0 = \dfrac{O_0}{0.232} = \dfrac{\frac{160}{44}}{0.232} = 15.67\ kg/kg_{-연료}$

【유형3】 프로판 1 Nm^3을 완전연소 시킬 때 필요한 이론공기량은 약 몇 Nm^3 인가?

C_3H_8 + $5O_2$ → $3CO_2$ + $4H_2O$

(1kmol) (5kmol)

($22.4Nm^3$) ($5 \times 22.4Nm^3$)

($1Nm^3$) ($5Nm^3$)

즉, $O_0 = 5\ Nm^3/Nm^3_{-연료}$ ∴ $A_0 = \dfrac{O_0}{0.21} = \dfrac{5}{0.21} = 23.81\ Nm^3/Nm^3_{-연료}$

【유형4】 프로판 1 Nm^3을 완전연소 시킬 때 필요한 이론공기량은 약 몇 kg 인가?

C_3H_8 + $5O_2$ → $3CO_2$ + $4H_2O$

(1kmol) (5kmol)

($22.4Nm^3$) (5×32=160kg)

즉, $O_0 = \dfrac{160\ kg_{-산소}}{22.4\ Nm^3_{-연료}}$ ∴ $A_0 = \dfrac{O_0}{0.232} = \dfrac{\frac{160}{22.4}}{0.232} = 30.79\ kg/Nm^3_{-연료}$

11. 연소가스량 또는 배기가스량 계산

- 연료가 공기 중의 산소와 연소하여 생성되는 고온의 가스를 "연소가스"라 하고, 이 연소가스가 피가열물에 열을 전달한 후 연돌로 배출되는 가스를 "배기가스"라고 한다. 한편, 연료에 포함된 수소(H_2) 또는 수분(H_2O)이 연소과정을 거치면서 불포화상태의 수증기로 배기가스 내에 존재하게 되는데 이 불포화상태의 수증기를 포함한 가스를 "습연소가스"라 하며, 수증기를 제외한 가스를 "건연소가스"라고 한다.

(1) 고체 · 액체연료의 연소가스량

연료의 원소성분 중 탄소(C), 수소(H), 황(S), 산소(O), 수분(w), 질소(n) 조성에서 가연성분인 C, H, S의 연소반응으로 생성된 연소생성물과 반응계의 공기량을 총합하여 연소가스량(G)을 계산한다.

【참고】 연소반응식으로 반응물질에 의한 연소생성물의 체적과 질량을 알 수 있다.

$$C + O_2 \rightarrow CO_2 \qquad \frac{22.4\,Sm^3}{12\,kg} = 1.867\ , \quad \frac{44\,kg}{12\,kg} = 3.667$$

$$H_2 + \frac{1}{2}O_2 \rightarrow H_2O \qquad \frac{22.4\,Sm^3}{2\,kg} = 11.2\ , \quad \frac{18\,kg}{2\,kg} = 9$$

$$S + O_2 \rightarrow SO_2 \qquad \frac{22.4\,Sm^3}{32\,kg} = 0.7\ , \quad \frac{64\,kg}{32\,kg} = 2$$

연료 중 n_2는 불연성이므로 $\frac{22.4\,Sm^3}{28\,kg} = 0.8\ , \quad \frac{28\,kg}{28\,kg} = 1$

① **이론 건연소가스량(G_{0d})** : 이론공기량으로 완전연소되어 생성되는 건조한 연소가스량

G_{0d} = 이론공기중의 질소량 + 연소생성물(수증기 제외)

$= 0.79\,A_0 + 1.867\,C + 0.7\,S + 0.8\,n$ **[Sm^3/kg_{-f}]**

② **이론 습연소가스량(G_{0w})** : 이론공기량으로 완전연소되어 생성되는 습윤한 연소가스량

G_{0w} = 이론공기중의 질소량 + 연소생성물(수증기 포함)

$= 0.79\,A_0 + 1.867\,C + 0.7\,S + 0.8\,n + W_g$

$= 0.79\,A_0 + 1.867\,C + 0.7\,S + 0.8\,n + 1.25(9\,H + w)$

$= G_{0d} + 1.25(9\,H + w)$ **[Sm^3/kg_{-f}]**

【참고】 연소가스 중의 수증기량(W_g)은 연료 중 수소(H)의 연소와 포함되어 있던 수분(w)에 의한 것이다.

$$H_2 + \frac{1}{2}O_2 \rightarrow H_2O$$

1 kmol (2kg) → 1 kmol (18kg) 22.4 Sm^3 에서,

$$\therefore W_g = \frac{22.4\,Sm^3}{2\,kg}H + \frac{22.4\,Sm^3}{18\,kg}w$$

$= 11.2\,H + 1.244\,w$

$= 1.244(9\,H + w) \fallingdotseq 1.25(9\,H + w)$ **[Sm^3/kg_{-f}]**

③ **실제 건연소가스량(G_d)** : 실제공기량으로 완전연소되어 생성되는 건조한 연소가스량

G_d = 이론건연소가스량 + 과잉공기량

$= G_{0d} + (m - 1) A_0$

$= 0.79 A_0 + 1.867 C + 0.7 S + 0.8 n + (m - 1) A_0$

$= (m - 0.21)A_0 + 1.867 C + 0.7 S + 0.8 n$ **[Sm^3/kg_{-f}]**

④ **실제 습연소가스량(G_w)** : 실제공기량으로 완전연소되어 생성되는 습윤한 연소가스량

G_w = 이론습연소가스량 + 과잉공기량

$= G_{0w} + (m - 1) A_0$

$= 0.79 A_0 + 1.867 C + 0.7 S + 0.8 n + Wg + (m - 1) A_0$

$= (m - 0.21)A_0 + 1.867 C + 0.7 S + 0.8 n + 1.25(9H + w)$

$= G_d + 1.25(9H + w)$ **[Sm^3/kg_{-f}]**

⑤ **이론 건연소가스량(G_{0d})**

G_{0d} = 이론공기중의 질소량 + 연소생성물(수증기 제외)

$= 0.768 A_{0m} + 3.667 C + 2 S + n$ **[kg/kg_{-f}]**

⑥ **이론 습연소가스량(G_{0w})**

G_{0w} = 이론공기중의 질소량 + 연소생성물(수증기 포함)

$= 0.768 A_{0m} + 3.667 C + 2 S + n + Wg$

$= 0.768 A_{0m} + 3.667 C + 2 S + n + (9H + w)$

$= G_{0d} + (9H + w)$ **[kg/kg_{-f}]**

【참고】 연소가스 중의 수증기량(Wg)은 연료 중 수소(H)의 연소와 포함되어 있던 수분(w)에 의한 것이다.

$$H_2 + \frac{1}{2}O_2 \rightarrow H_2O$$

1 kmol　　　　　1 kmol

(2kg)　　　　　(18kg) 에서,

$$\therefore Wg = \frac{18\,kg}{2\,kg}H + \frac{18\,kg}{18\,kg}w = 9H + w \ [kg/kg_{-f}]$$

⑦ **실제 건연소가스량(G_d)**

G_d = 이론건연소가스량 + 과잉공기량

$= G_{0d} + (m - 1) A_{0m}$

$= 0.768 A_{0m} + 3.667 C + 2 S + n + (m - 1) A_{0m}$

$= (m - 0.232)A_{0m} + 3.667 C + 2 S + n$ **[kg/kg_{-f}]**

⑧ **실제 습연소가스량(G_w)**

G_w = 이론습연소가스량 + 과잉공기량

$= G_{0w} + (m - 1) A_{0m}$

$= 0.768 A_{0m} + 3.667 C + 2 S + n + Wg + (m - 1) A_{0m}$

$= (m - 0.232)A_{0m} + 3.667 C + 2 S + n + (9H + w)$ **[kg/kg_{-f}]**

$= G_d + (9H + w)$

【예제】 액체연료인 중유를 원소분석한 결과 탄소(C) = 87%, 수소(H) = 9.5%, 산소(O) = 0.43%, 황(S) = 1.67%, 질소(n) = 0.4%, 수분(w) =1.0% 이었다. 연소시의 공기비는 1.3 일 때 다음을 계산하시오.

① 이 연료의 완전연소시 필요한 이론공기량 A_0는 몇 Sm^3/kg 인가?
② 실제 소요되는 공기량 A는 몇 Sm^3/kg 인가?
③ 이론 건연소가스량은 몇 Sm^3/kg 인가?
④ 연소가스에 들어있는 수증기량은 몇 Sm^3/kg 인가?
⑤ 이론 습연소가스량은 몇 Sm^3/kg 인가?
⑥ 실제 건연소가스량은 몇 Sm^3/kg 인가?
⑦ 실제 습연소가스량은 몇 Sm^3/kg 인가?

[해설] ① $A_0 = \frac{1}{0.21} \times \left\{1.867\,C + 5.6\left(H - \frac{O}{8}\right) + 0.7\,S\right\}$

$= 8.89\,C + 26.67\left(H - \frac{O}{8}\right) + 3.33\,S$

$= 8.89 \times 0.87 + 26.67 \times \left(0.095 - \frac{0.0043}{8}\right) + 3.33 \times 0.0167$

$= 10.31\ Sm^3/kg$

② $A = m\,A_0 = 1.3 \times 10.31 = 13.40\ Sm^3/kg$

③ $G_{0d} = 0.79\,A_0 + 1.867\,C + 0.7\,S + 0.8\,n$

$= 0.79 \times 10.31 + 1.867 \times 0.87 + 0.7 \times 0.0167 + 0.8 \times 0.004$

$= 9.78\ Sm^3/kg$

④ $W_g = 1.244(9H + w) = 1.244 \times (9 \times 0.095 + 0.01) = 1.08\ Sm^3/kg$

⑤ $G_{0w} = G_{0d} + W_g = 9.78 + 1.08 = 10.86\ Sm^3/kg$

⑥ $G_d = G_{0d} + (m-1)A_0 = 9.78 + (1.3 - 1) \times 10.31 = 12.87\ Sm^3/kg$

⑦ $G_w = G_{0w} + (m-1)A_0 = 10.86 + (1.3 - 1) \times 10.31 = 13.95\ Sm^3/kg$

(2) 기체연료의 연소가스량

기체(Gas)연료의 연소반응으로 생성된 연소생성물과 반응계의 공기량을 총합하여 연소가스량(G)을 계산하며, 기체의 연소가스량을 질량으로 계산하는 것은 복잡하므로 체적으로 계산하는 것만을 주로 다룬다.

【참고】 연소반응식으로 반응물질에 의한 연소생성물의 체적과 질량을 알 수 있다.

$CO + \frac{1}{2}O_2 \rightarrow CO_2$ $\qquad \frac{22.4\,Sm^3}{22.4\,Sm^3_{-연료}} = 1$

$H_2 + \frac{1}{2}O_2 \rightarrow H_2O$ $\qquad \frac{22.4\,Sm^3}{22.4\,Sm^3_{-연료}} = 1$

$CH_4 + 2O_2 \rightarrow CO_2 + 2H_2O$ $\qquad \frac{22.4\,Sm^3}{22.4\,Sm^3_{-연료}} + \frac{2 \times 22.4\,Sm^3}{22.4\,Sm^3_{-연료}} = 3$

⋮ ⋮ ⋮ ⋮ ⋮

$C_mH_n + \left(m + \frac{n}{4}\right) O_2 \rightarrow m\,CO_2 + \frac{n}{2}H_2O$ $\qquad \left(m + \frac{n}{2}\right) C_mH_n$

① **이론 건연소가스량(G_{0d})** : 이론공기량으로 완전연소되어 생성되는 건조한 연소가스량

G_{0d} = 이론공기중의 질소량 + 연소생성물(수증기 제외)

$= 0.79\,A_0 + CO + CH_4 + \cdots\cdots + m\,C_mH_n$ [$Sm^3/Sm^3{}_{-f}$]

② **이론 습연소가스량(G_{0w})** : 이론공기량으로 완전연소되어 생성되는 습윤한 연소가스량

G_{0w} = 이론공기중의 질소량 + 연소생성물(수증기 포함)

$$= 0.79\,A_0 + CO + H_2 + 3CH_4 + \cdots\cdots + \left(m + \frac{n}{2}\right) C_mH_n$$

$$= G_{0d} + \left(H_2 + 2CH_4 + \cdots + \frac{n}{2} C_m H_n\right) \quad [Sm^3/Sm^3{}_{-f}]$$

③ **실제 건연소가스량(G_d)** : 실제공기량으로 완전연소되어 생성되는 건조한 연소가스량

G_d = 이론건연소가스량 + 과잉공기량

$= G_{0d} + (m - 1)\,A_0$

$= 0.79\,A_0 + CO + CH_4 + \cdots\cdots + m\,C_mH_n + (m - 1)\,A_0$

$= (m - 0.21)A_0 + CO + CH_4 + \cdots\cdots + m\,C_mH_n$ [$Sm^3/Sm^3{}_{-f}$]

④ **실제 습연소가스량(G_w)** : 실제공기량으로 완전연소되어 생성되는 습윤한 연소가스량

G_w = 이론습연소가스량 + 과잉공기량

$= G_{0w} + (m - 1)\,A_0$

$$= 0.79\,A_0 + CO + H_2 + 3CH_4 + \cdots\cdots + \left(m + \frac{n}{2}\right) C_mH_n + (m - 1)\,A_0$$

$$= (m - 0.21)A_0 + CO + H_2 + 3CH_4 + \cdots\cdots + \left(m + \frac{n}{2}\right) C_mH_n$$

【참고】 만약, 기체연료 성분 중에 이산화탄소(CO_2), 질소(n_2)가 혼합되어 있는 경우에는,

G_w = 연료중 CO_2 + 연료중 n_2 + 이론습연소가스량 + 과잉공기량

$$= \text{연료중}\,CO_2 + \text{연료중}\,n_2 + (m - 0.21)A_0 + CO + H_2 + 3CH_4 + \cdots + \left(m + \frac{n}{2}\right) C_mH_n$$

【예제】 다음 조성의 혼합가스를 15 % 의 과잉공기로 완전연소 시켰을 때 아래 물음에 답하시오.

H_2 6.3 %, CH_4 2.4 %, CO_2 0.7 %, CO 31.3 %, N_2 59.3 %

① 이 기체연료의 완전연소시 필요한 이론공기량 A_0는 몇 Sm^3/Sm^3 인가?

② 실제 소요되는 공기량 A는 몇 Sm^3/Sm^3 인가?

③ 실제 건연소가스량은 몇 Sm^3/Sm^3 인가?

④ 실제 습연소가스량은 몇 Sm^3/Sm^3 인가?

[해설] ① 이론공기량을 구하려면 연료조성에서 가연성분의 연소에 필요한 산소량을 먼저 알아야 한다.

$O_0 = (0.5 \times H_2 + 0.5 \times CO + 2 \times CH_4) - O_2$
$= (0.5 \times 0.063 + 0.5 \times 0.313 + 2 \times 0.024) - 0 = 0.236\ Sm^3/Sm^3{}_{-연료}$

$A_0 = \frac{O_0}{0.21} = \frac{0.236}{0.21} = 1.124\ Sm^3/Sm^3{}_{-연료}$

② $A = mA_0 = 1.15 \times 1.124\ Sm^3/Sm^3{}_{-연료} = 1.2926\ Sm^3/Sm^3{}_{-연료}$

③ G_d = 연료중 CO_2 + 연료중 n_2 + $(m - 0.21)A_0 + CO + m\,C_mH_n$
$= 0.007 + 0.593 + (1.15 - 0.21) \times 1.124 + 0.313 + 0.024$
$≒ 1.99\ Sm^3/Sm^3{}_{-연료}$

④ G_w = 연료중 CO_2 + 연료중 n_2 + $(m - 0.21)A_0 + CO + H_2 + \left(m + \frac{n}{2}\right)C_mH_n$
$= 0.007 + 0.593 + (1.15 - 0.21) \times 1.124 + 0.313 + 0.063$
$+ \left(1 + \frac{4}{2}\right) \times 0.024 ≒ 2.1\ Sm^3/Sm^3{}_{-연료}$

12. 연소효율

(1) 열효율(η)

- 장치 내에 공급된 열량($Q_f = m_f \cdot H_\ell$)에 대해 유효하게 이용된 열량(Q_s)의 비율을 나타내는 값으로서, 기기의 성능을 표시하는 이외에 생산된 제품의 원단위 기준표시에도 적용되는 값이다.

$$\therefore\ \eta = \frac{Q_s}{Q_f} \times 100(\%) = \left(1 - \frac{Q_{손실}}{Q_{입열}}\right) \times 100(\%) = \eta_c \times \eta_f$$

(2) 연소효율(η_c)

암기법 : 소발년↑

- 단위연료량(1 kg)이 완전연소 하였을 때 발생하는 이론상의 발열량(H_ℓ)에 대하여 실제로 연소했을 때의 발열량(Q_r)의 비율을 나타내는 값으로서, 실제의 연소열(Q_r)은 미연 탄소분에 의한 손실(L_1)과 불완전연소에 의한 손실(L_2)에 의해 연료의 저위발열량(H_ℓ) 일부가 실제로는 열로 전환되지 않은 것을 감안한 값이다.

$$\therefore\ \eta_c = \frac{Q_r}{H_\ell} \times 100(\%) = \frac{H_\ell - (L_1 + L_2)}{H_\ell} \times 100(\%)$$

(3) 전열효율(η_f)

암기법 : 전연유↑

- 연료가 연소되어 실제로 발생한 열량(Q_r)에 대하여 전열면을 통하여 유효하게 이용된 열량(Q_s)의 비율을 나타내는 값으로서, 배가스에 의한 손실, 방사에 의한 손실, 전도에 의한 손실 등의 열발생장치의 제손실을 감안한 값이다.

$$\therefore\ \eta_f = \frac{Q_s}{Q_r} \times 100(\%) = \frac{Q_s}{H_\ell - (L_1 + L_2)} \times 100(\%)$$

제1장 보일러 연소설비 관리

1. 연료의 종류 및 특성

(1) 연료의 분류

연료는 그 물질의 상태에 따라 고체연료, 액체연료, 기체연료의 3가지로 분류한다.

① 연료의 종류에 따른 원소 조성비

연료의 종류	C (%)	H (%)	O 및 기타 (%)	탄수소비 $\left(\frac{C}{H}\right)$
고체연료	95 ~ 50	6 ~ 3	44 ~ 2	15 ~ 20
액체연료	87 ~ 85	15 ~ 13	2 ~ 0	5 ~ 10
기체연료	75 ~ 0	100 ~ 0	57 ~ 0	1 ~ 3

[표의 해설] 고체연료의 주성분은 C, O, H로 조성되며, 액체연료에 비해서 산소함유량이 많아서 수소가 적다. 따라서, 고체연료의 탄수소비가 가장 크다.
기체연료는 탄소, 수소가 대부분이며, $\left(\frac{C}{H}\right)$는 고체 〉 액체 〉 기체의 순서이다.

② 연료의 성분에 따른 영향

㉠ 탄소(C) : 가연성 원소(C, H, S) 중의 한 성분으로 발열량이 높으며, 연료의 가치 판정에 영향을 미친다.

- $C + O_2 \rightarrow CO_2 + 97200\,kcal/kmol$

㉡ 수소(H) : 가연성 원소(C, H, S) 중의 한 성분으로 발열량이 높으며, 고위발열량과 저위발열량의 판정요소가 된다.

- $H_2 + \frac{1}{2}O_2 \rightarrow H_2O$(액체) $+ 68000\,kcal/kmol$: (고위발열량)
- $H_2 + \frac{1}{2}O_2 \rightarrow H_2O$(기체) $+ 57200\,kcal/kmol$: (저위발열량)

∴ 물의 증발(잠)열 $R_w = H_h - H_\ell = 68000 - 57200 = 10800\,kcal/kmol$

㉢ 산소(O) : 함유량이 매우 적으며 가연성 원소가 아니므로 발열량에는 도움이 없고 탄소나 수소와의 결합으로 오히려 발열량을 감소시킨다.

㉣ 질소(N) : 함유량이 매우 적으며 반응시 흡열반응에 의해 발열량이 감소한다.

㉤ 황(S) : 함유량이 매우 적으며 가연성 원소(C, H, S) 중의 한 성분이므로 발열량에 도움을 준다.
그러나, 아황산가스(SO_2)는 유독성물질로서 금속(철판)을 저온부식시키며 대기오염의 원인이 된다.

- $S + O_2 \rightarrow SO_2$ + 80000 kcal/kmol
- $SO_2 + \frac{1}{2}O_2 \rightarrow SO_3$
- $SO_3 + H_2O \rightarrow H_2SO_4$(황산) **암기법** : 고바, 황저

ⓑ 바나듐(V) : 연료 중에 극소량 포함된 바나듐(V), 나트륨(Na) 등이 상온에서는 안정적이지만 연소에 의하여 고온에서는 산소와 반응하여 V_2O_5(오산화바나듐), Na_2O(산화나트륨)으로 되어 연소실내의 고온 전열면인 과열기·재열기에 부착되어 표면을 고온부식시킨다.

ⓢ 수분(w) : 함유량이 매우 적으며 착화를 방지하고 기화잠열(또는, 증발잠열)로 인한 열손실이 많으며 분탄화를 방지하고 재날림을 방지한다.

ⓞ 회분(灰分, 무기물질) : 고체연료에 많으며 발열량이 저하되고 클링커(Clinker) 생성을 일으키며, 가연성분들의 연소를 방해하는 불완전연소의 원인이 된다.

(2) 연료의 종류별 특성

① 고체연료의 일반적 특징

[장점]

㉠ 주성분은 C, O, H로 조성된다.
㉡ 액체연료에 비해서 산소함유량이 많아서 수소가 적다.
따라서, 고체연료의 탄수소비(C/H)가 가장 크다.
㉢ 연료가 풍부하므로 가격이 저렴하고 연료를 구하기 쉽다.

[단점]

㉠ 연료의 품질이 균일하지 못하므로 완전연소가 어렵고, 공기비가 크다.
㉡ 완전연소가 어려우므로, 연소효율이 낮으며 고온을 얻을 수 없다.
㉢ 점화 및 소화가 곤란하고 온도조절이 용이하지 못하다.
㉣ 회분에 의한 매연발생이 심하고 재의 처리가 곤란하다.
㉤ 연소속도가 느리므로 특수 용도에 적합하다.

② 액체연료의 일반적 특징

[장점]

㉠ 주성분은 C, H, O로 조성된다.
㉡ 고체연료에 비해서 산소함유량이 적어서 비교적 수소가 많다.
따라서, 고체연료의 탄수소비(C/H)보다 작다.
㉢ 고체연료보다 발열량이 크다.
㉣ 고체연료에 비해서 연료의 품질이 거의 균일하므로 완전연소가 가능하다.
㉤ 완전연소가 가능하므로, 연소효율이 높으며 고온을 얻을 수 있다.
㉥ 점화 및 소화가 용이하고 온도조절이 용이하다.
㉦ 석탄에 비하여 회분이 거의 함유되어 있지 않으므로, 매연발생량이 적다.
㉧ 계량과 기록이 용이하다.
㉨ 고체연료에 비해서 운반·저장·취급이 쉽고, 저장 중에 변질이 적다.

[단점]

㉠ 발열량이 커서 연소온도가 높기 때문에 국부과열을 일으키기 쉽다.
㉡ 휘발하기 쉬우므로 화재, 역화 등에 의한 사고 위험성이 크다.
㉢ 사용버너의 종류에 따라서는 연소할 때 소음이 크게 발생한다.
㉣ 일반적으로 황(S)분이 많아서 대기오염의 주원인이 되고 있다.
㉤ 국내 생산이 없이 전량을 수입에 의존하므로 가격이 비싸다.

③ **기체연료의 일반적 특징**

[장점]

㉠ 주성분 : 포화탄화수소(C_nH_{2n+2}), 불포화탄화수소(C_mH_n), CO, H_2 등
㉡ 고체·액체연료에 비해 수소함유량이 많아서, 탄수소비가 가장 작다.
㉢ 연소용 공기는 물론 연료 자체도 예열이 가능하므로 비교적 발열량이 낮은 기체연료로도 고온을 얻기가 쉽다.
㉣ 연료의 품질이 균일하므로 완전연소가 가능하다.
㉤ 적은 양의 과잉공기로도 완전연소가 가능하므로, 연소효율이 가장 높다.
㉥ 점화 및 소화가 용이하고 온도조절이 매우 용이하다.
㉦ 회분, 황분이 전혀 없으므로 재와 매연의 발생이 거의 없어 청결하다.
㉧ 계량과 기록이 용이하다.

[단점]

㉠ 배관공사 등의 시설비가 많이 들어 연료비· 설비비가 가장 비싸다.
㉡ 취급 시 누출 등에 의한 폭발사고 위험성이 크다.
㉢ 수송 및 저장이 불편하다.

2. 연료공급설비 및 취급

(1) 연료 연소장치 및 공급설비의 구성

- 연료유를 완전연소 시키는데 필요한 구성기기를 말한다. 기름버너의 형식에 따라 연소장치의 계통도는 다소 달라진다.

※ 급유계통 이송순서

- 오일 저장탱크 → 여과기 → 오일 이송펌프 → 서비스 탱크 → 유수분리기 → 오일 예열기 → 급유펌프 → 급유 온도계 → 오일 유량계 → 전자밸브 → 오일 버너

(2) 연료공급설비 종류 및 취급

① 기름 탱크(Oil tank)

: 보일러의 기름버너에 공급되는 연료용 기름을 대량으로 저장해 두는 저유조 (storage tank, 스토리지 탱크)를 지하 또는 지상에 설치하여 1 ~ 3주 정도 사용할 수 있는 양을 저장하는 탱크를 말한다.

② 서비스 탱크(Service tank 또는, 급유탱크)

: 기름을 조금씩 나오게 하여 약 2시간 정도의 최대연소량 이상을 임시로 저장할 수 있는 소용량의 탱크를 말한다.

㉠ 서비스 탱크의 설치는 보일러로부터 2 m 이상 떨어져 설치되어야 하며, 그 높이는 버너축으로부터 1.5 m 이상으로 높게 설치하는 것이 적당하다.

㉡ 서비스 탱크의 설치목적

- 점도가 높은 중유의 예열(약 65℃ 정도)을 위하여 설치한다.
- 연소용 연료를 임시 저장할 수 있다.
- 버너에 연료의 공급을 원활하게 한다.
- 보일러 열효율을 증가시킨다.

③ 기름 예열기(Oil preheater, 오일 프리히터, 또는 기름가열기, 중유예열기)

: 연료용 기름을 미리 증기 등의 열원을 사용해 가열하는 장치를 말한다.

㉠ 기름 예열기는 버너 직전에 설치한다.

㉡ 가열에 사용하는 열원에 따라 증기식, 온수식, 전기식, 증기와 전기 혼합식으로 분류된다.

㉢ 오일 예열기의 설치목적

- 중유연료를 일정한 온도로 자동 예열하여 점도를 낮춘다.
- 오일 이송의 유동성을 양호하게 한다.
- 중유의 분무화 작용을 촉진하여 완전연소를 시킨다.
- 버너의 화구에 카본(탄소 부착물, 그을음)의 생성을 방지한다.
- 버너의 연소상태를 양호하게 하여 보일러 열효율을 증가시킨다.

㉣ 오일 예열온도는 인화점보다 약 5℃ 낮게 90±5℃로 한다.

㉤ 중유(heavy Oil)의 가열온도가 너무 낮을 때 발생하는 현상

- 점도가 높아 무화불량을 일으킨다.
- 그을음 생성 및 분진이 발생한다.
- 유동성이 불량하게 된다.(불꽃이 한 쪽으로 치우치게 된다.)
- 불완전연소로 인해 열효율이 낮아진다.

㉥ 중유의 가열온도가 너무 높을 때 발생하는 현상

- 관 내부에서 오일의 분해 현상으로 연소가 불안정해진다.
- 노즐에서의 분무상태가 불량해진다.
- 분무각도가 불량해진다.
- 유중의 수분이 증발하면서 유증기가 발생하여 화재 위험성이 있다.
- 유증기가 버너에 유입되어 오일의 공급 끊김이 발생한다.

④ 기름 여과기(Oil strainer, 오일 스트레이너)

: 연료유에 포함되어 있는 불순물(녹, 먼지, 기타 고형물) 제거를 위해 버너 입구 및 유량계의 앞부분에 반드시 설치하는 장치를 말한다.

㉠ 여과기의 구조에 따라 철망 또는 다공 금속판으로 되어 있는 바구니형, 빗형이 있다.
㉡ 여과기의 형태에 따른 종류에는 U자형, V자형, Y자형 여과기가 있다.
㉢ 버너의 노즐 지름이 작을 때는 그 노즐 구멍지름의 $\frac{1}{2}$ 이하의 눈을 가진 것을 사용해야 한다.
㉣ 버너의 노즐구멍이나 유량계가 막히는 것을 방지한다.
㉤ 여과기 전·후에는 압력계를 설치한다.
㉥ 여과기는 사용압력의 1.5배 이상의 압력에 견딜 수 있는 것을 설치한다.
㉦ 여과기는 입구와 출구의 압력차가 0.02 MPa 이상일 때 여과망의 청소 및 점검을 실시한다.

⑤ 기름펌프(Oil pump, 급유펌프) **암기법** : 펌프로 풀베기
: 연료의 수송이나 버너의 분무압을 높이기 위해 설치하는 장치를 말한다.
㉠ 기름펌프의 구조상 종류에는 로터리 펌프, 플런저 펌프, 베인 펌프, 기어 펌프, 나사 펌프, 스크류 펌프 등이 있다.
㉡ 기름펌프의 용량은 서비스탱크를 1시간 내에 급유할 수 있는 것으로 한다.
㉢ 점성을 가진 기름을 이송하므로 연료유(燃料油)의 점도에 적합한 것을 선정해야 한다.

⑥ 분연 펌프(metering pump, 계량 펌프)
: 서비스탱크에서 버너까지 연료유를 공급하는 펌프로, 부하 변동에 따른 연료사용량과 분무압을 조절해 주기 위한 장치로서 자동제어로 조작된다.

⑦ 전자밸브(Solenoid valve, 솔레노이드밸브)
: 화염검출기 또는 고·저수위 검출기에 의하여 작동되는 밸브로서 과부하 및 이상감수 시에 보일러의 안전사고를 미연에 방지하기 위하여 자동으로 연료를 차단하는 밸브이다.

3. 연소장치의 종류 및 관리

(1) 고체연료의 연소장치

고체연료를 연소시키는 방법에는 화격자 연소방법, 미분탄 연소방법, 유동층 연소방법의 3종류로 구분한다. **암기법** : 고미화~유

① 화격자 연소장치

- 격자 모양의 간격이 있는 화격자 위에서 고체연료(석탄류 등)를 연소시키는 것을 말한다. 화격자 위에 연료를 공급하는 방법에는 인력으로 수작업 하는 수분(手焚) 연소와 동력으로 하는 기계분(Stoker 스토커)연소 등이 있다.

㉠ 상부투입연소와 하부투입연소

ⓐ 상입연소 : 급탄 방향과 1차공기의 공급 방향이 반대인 연소방식이다.
ex> 수분연소, 산포식 스토커연소

ⓑ 하입연소 : 급탄 방향과 1차공기의 공급 방향이 동일한 연소방식으로, 타고 있는 석탄의 밑에 급탄을 시키는 방식이다.
ex> 하입 스토커연소, 이상 스토커연소

㉡ 화층(또는, 탄층)의 구성 **암기법** : 건강한 사내(산회)

- 화격자 상의 화층의 연소층 구성은 상입 연소시 다음의 순서로 형성된다.

ⓐ 석탄층 : 새로 투입된 석탄은 여기서 온도가 상승하고, 수분을 증발시킨다.

ⓑ 건류층(또는, 건조층) : 석탄은 가열되어 열분해하고 휘발분을 방출한다. 이 열분해는 200℃ 정도의 온도로 시작되며 500℃ 이상으로 되면 심하게 된다. 방출된 휘발분은 연소실에 나와 대부분이 1차, 2차 공기에 의하여 연소한다.

ⓒ 환원층 : 산화층에서 발생한 CO_2 가스는 이 층의 열을 흡수하여 CO 가스로 환원되어 방출된다. 이 일산화탄소는 연소실에 나와 다른 가연성 가스와 함께 연소한다.

ⓓ 산화층 : 석탄의 고정탄소분은 연소하여 CO_2 가스로 된다. 이 층의 온도는 화층 중에서 가장 높고 1200℃ ~ 1500℃ 로 된다.

ⓔ 회층 : 석탄이 다 타버리고 남은 찌꺼기의 부분이다.

㉢ 스토커(Stoker, 기계로 넣기) 형식의 종류

- 화격자의 경사, 형상, 운동, 급탄방향, 통풍방식에 따라 구분된다.

ⓐ 산포식(또는, 상급식, 살포식)
: 산포식 스토커는 호퍼(hopper), 스크류피더, 회전익차가 주요 구성요소이다.

ⓑ 하급식
: 화층의 밑에서 급탄되어 통풍은 급탄방향과 직각의 방향으로 행하여지며, 사용연료에 대한 제한이 까다롭다.

ⓒ 계단식
: 화격자가 경사(30 ~ 40°)지고 상단에 설치한 호퍼(hopper)에서 공급된 연료가 화격자 위를 굴러 떨어지면서 착화 연소하고, 재는 하단부에서 퍼내게 된다. 특히, 쓰레기 소각로에 가장 적합한 형식이다.

ⓓ 쇄상식
: 이동하는 화상을 체인처럼 서로 엮어 구성한 것으로, 고체연료는 이동하는 체인위에 공급되고 체인위에서 착화 연소한 후 재가 되어 후단에 있는 재떨이 구덩이로 떨어진다.

ⓔ 이동화상식(또는, 이상식)
: 수평으로 이동하는 화상위에 급탄을 하여 연소시키는 방식이다.

② 미분탄 연소장치

- 공간연소 방식으로서 석탄을 0.1 mm (200 mesh) 이하의 미세한 가루로 잘게 부수어 분말상으로 하여 1차공기와 함께 버너로 불어넣어 연소시키는 방식을 말한다.

㉠ 미분탄 연소장치의 계통도

- 연료탄 → 쇄탄기 → 철편제거장치 → 건조기 → 미분쇄기 → 버너

㉡ 미분탄의 연소형식의 종류

ⓐ L자형 연소 : 선회류 버너를 사용하여 연료와 공기의 혼합을 좋게 하여 연소하므로 화염이 비교적 짧다.

ⓑ U자형 연소(또는, 수직연소) : 편평류(扁平流) 버너를 일렬로 나란히 배치하여 노의 상부로부터 2차 공기와 함께 연료를 분사 연소시키는 형식으로, 노 내의 화염 형상이 U자형으로 되어 있다.

ⓒ 각우(Conner)식 연소 : 노를 정방형으로 하고 4각 모서리에서 연료를 분사 연소시키는 방식으로 노 중심부에서 공기와 혼합이 잘되므로 연소가 양호하다. 상하 30° 정도의 범위에서 움직이는 틸팅(Tilting)버너가 많이 사용되고 있다.

ⓓ 슬래그탭(Slag tap)식 연소 : 연소실이 2개 부분으로 나누어 설계한 슬래그탭로라고 불리는 1차로(爐)에서 고온연소시켜 80% 정도의 재가 녹은 상태로 2차로로 배출하여 완전연소 시키는데, 재를 용융하여 배출시키기 위해 고온으로 유지해야 하므로 로의 특별한 구조를 필요로 하는 연소장치이다. 공기비가 1.2 이하로 작으므로 배가스에 의한 열손실이 적고 연소효율이 높다.

ⓔ 클레이머(Cramer)식 연소 : 수분이나 회분이 많이 함유된 저품위의 석탄을 분쇄하는데 소요되는 동력이 비교적 적게 들며, 구조가 간단하고 분쇄기 해머의 수명도 길며, 재(회분) 날림이 적은 연소장치이다.

ⓕ 사이클론(Cyclone)식 연소 : 석탄과 1차공기와의 혼합물을 강한 선회운동을 시키면서 연소하여 재를 용융상태에서 배출하는 고속도의 사이클론 버너를 연소장치로 한 것이다.

③ 유동층(fluid bed) 연소장치

- 화격자 연소와 미분탄 연소의 중간 형태를 이루는 것으로서, 모래 등의 내열성 분립체(粉粒體)를 유동매체로 충전(充塡)하고 바닥에 설치된 공기 분사판을 통하여 고온가스의 열풍을 불어넣어 마치 더운물이 끓고 있는 것처럼 부유 유동층을 형성시켜 유동매체의 온도를 700 ~ 800℃로 유지하면서 이 유동층 상부에 미분탄을 분사하고 유동층으로 화격자를 대신하여 석탄을 연소시키는 방식을 말한다.

(2) 액체연료의 연소장치

① 액체연료의 연소방법

- 액체연료의 연소방법에는 증발연소 방법과 무화연소 방법 등으로 분류한다.

㉠ 증발(또는, 기화) 연소방법

: 경질유(가솔린, 등유, 경유 등)를 고온을 가진 물체에 접촉시켜 연료를 기체로 바꾸어 연소시키는 방식으로 증발식, 포트식, 심지식 연소법 등이 있다.

㉡ 무화 연소방법

: 중질유(중유, 타르 등)의 비표면적을 크게 하기 위하여 버너의 노즐에서 연료의 입자를 작게 안개와 같이 분출시켜 공기와 혼합 연소시키는 방식이다.

② 액체연료의 무화(또는, 분무)

㉠ 무화의 목적

ⓐ 연료의 단위중량당 표면적을 크게 한다.
ⓑ 주위 공기와 고르게 혼합시킨다.
ⓒ 연소실의 열부하를 증가시킨다.
ⓓ 연소효율을 증가시킨다.

㉡ 미립화(무화)방법의 종류　　　　**암기법** : **미진정**하면, **고충와유**~

ⓐ **유**압식(또는, 유압분무식, 가압분사식)
: 펌프로 연료를 가압하여 노즐로 고속분출시켜 무화시킨다.

ⓑ 이류체식(또는, 기류분무식, **고**속기류식, 고압기류식)
: 압축된 공기 또는 증기를 고속으로 불어넣은 2유체 방식으로 무화시킨다.

ⓒ 회전식(또는, **와**류식) : 고속 회전하는 컵이나 원반에 연료를 공급하여 원심력에 의해 무화시킨다.

ⓓ **충**돌식 : 연료를 금속판에 고속으로 충돌시켜 무화시킨다.

ⓔ **정**전기식 : 연료에 고압 정전기를 통과시켜서 무화시킨다.

ⓕ **진**동식 : 음파 또는 초음파에 의해서 연료를 진동·분열시켜 무화시킨다.

③ 기름(Oil, 또는 중유) 버너의 종류 및 특징

㉠ 유압분무식 버너(또는, 압력분무식 버너)

- 연료(유체)에 펌프로 직접 압력을 가하여 노즐을 통해 고속 분사시키는 방식이다.

ⓐ 무화매체인 증기나 공기가 별도로 필요치 않으므로 구조가 간단하다.
ⓑ 유지 및 보수가 용이하다.
ⓒ 분사각(또는, 분무각, 무화각)은 40 ~ 90° 정도로 가장 넓다.
ⓓ 주로 중·소형 버너에 이용되지만, 대용량의 버너로도 제작이 용이하다.
ⓔ 유량조절범위가 1 : 2 정도로 가장 좁다.
ⓕ 사용유압은 0.5 MPa ~ 3 MPa로 기름에 가해지는 압력이 가장 높다.

ⓖ 보일러 가동 중 버너교환이 가능하다.

ⓗ 사용유압이 0.5 MPa 이하이거나 점도가 높은 기름에는 무화가 나빠지므로 연소의 제어범위가 좁다.

ⓘ 부하변동에 대한 적응성이 나쁘다.

ⓙ 연소 시 소음발생이 적다.

ⓛ 고압기류분무식 버너(또는, 고압공기분무식 버너)

- 고압(0.2 ~ 0.8 MPa)의 공기나 증기를 이용하여 중유를 무화시키는 방식이다.

ⓐ 종류에는 증기분무식, 내부혼합식, 외부혼합식, 중간혼합식이 있다.

ⓑ 외부혼합 방식보다 내부혼합 방식이 무화가 잘 된다.

ⓒ 분무각은 20° ~ 30° 정도로 가장 좁으며, 화염은 장염이다.

ⓓ 유량조절범위가 1 : 10 정도로 가장 넓어 고점도 연료도 무화가 가능하다.

ⓔ 분무매체는 공기나 증기를 이용한다.

ⓕ 부하변동에 대한 적응성이 좋으므로 부하변동이 큰 대용량의 버너에 적합하다.

ⓖ 분무매체를 이용하므로, 연소 시 소음발생이 크다.

ⓗ 무화용 공기량은 이론공기량의 7 ~ 12% 정도로 적게 소요된다.

ⓒ 저압기류분무식 버너(또는, 저압공기분무식 버너)

- 저압(0.02 ~ 0.2 MPa)의 공기나 증기를 이용하여 중유를 무화시키는 방식이다.

ⓐ 분무각은 30° ~ 60° 이며, 비교적 좁은 각도의 짧은 화염을 가진다.

ⓑ 분무에 사용되는 공기량은 이론공기량의 30 ~ 50% 정도로 많이 소요된다.

ⓒ 유량조절범위가 1 : 5 정도로 비교적 넓다.

ⓓ 소용량의 버너에 사용된다.

ⓔ 건타입(gun type) 버너

- 유압식과 고압기류분무식을 병합한 방식이다.

ⓐ 오일펌프 속에 있는 유압조절밸브에서 조절 공급되므로 연소상태가 양호하다.

ⓑ 비교적 소형이며 구조가 간단하다.

ⓒ 다익형 송풍기와 버너 노즐을 하나로 묶어서 조립한 장치로 되어 있다.

ⓓ 제어장치의 이용도 손쉽게 되어 있으므로 보일러나 열교환기에 널리 사용된다.

ⓔ 사용연료는 등유, 경유이다.

ⓕ 노즐에 공급하는 유압은 0.7 MPa(7 kg/cm^2) 이상이다.

ⓜ 회전식 버너(Rotary burner, 로터리 버너 또는, 수평로터리 버너)

- 분무컵을 고속으로 회전시켜 연료를 분사하고 1차공기를 이용하여 무화시키는 방식이다. **암기법** : 버너회사 팔분, 오영삼

ⓐ 분사각은 40 ~ 80° 정도로 비교적 넓은 각이 된다.

ⓑ 유량조절범위는 1 : 5 정도로 비교적 넓다.

ⓒ 불순물 제거를 위해 버너 입구 배관부에 여과기(스트레이너)를 설치한다.

ⓓ 버너 입구의 유압은 0.3 ~ 0.5 kg/cm^2 (30 ~ 50 kPa) 정도로 가압하여 공급한다.
ⓔ 중유와 공기의 혼합이 양호하므로 화염이 짧고 연소가 안정하다.
ⓕ 설비가 간단하여 청소 및 점검·수리가 용이하며, 자동화가 쉽다.
ⓖ B중유 및 C중유는 점도가 높기 때문에 상온에서는 무화되지 않으므로, 중유를 예열하여 점도를 낮추어서 버너에 공급한다.
ⓗ 연료유에 수분이 함유됐을 때 연소 중 화염이 꺼지거나 진동연소의 원인이 되며 여과기(strainer)의 능률을 저하시키게 되므로 수분을 분리, 제거한다.

④ 버너의 선정 시 고려해야 할 사항

㉠ 노의 구조와 가열조건에 적합한 것이어야 한다.
㉡ 버너의 용량이 보일러 용량에 알맞은 것이어야 한다.
㉢ 사용 연료의 성상에 적합한 것이어야 한다.
㉣ 부하변동에 따른 유량조절범위를 고려해야 한다.
㉤ 제어방식에 따른 버너 형식을 고려해야 한다.

(3) 기체연료의 연소장치

① 확산연소 방식과 연소장치

㉠ 확산연소 방식의 특징
- 가스와 연소용 공기를 혼합시키지 않고 각각 노내에 따로 분출시켜 확산에 의해 가스와 공기를 서서히 혼합시키면서 연소시키는 방식이다.

㉡ 확산 연소장치의 종류
- 확산연소방식에 사용되는 버너는 포트형과 버너형(선회형, 방사형)이 있다.

② 예혼합연소 방식과 연소장치

㉠ 예혼합연소 방식의 특징
- 가연성 기체와 공기를 완전연소가 될 수 있도록 적당한 혼합비로 버너 내부에서 사전에 미리 혼합시킨 후 연소실에 분사시켜 연소시키는 방식이다.

㉡ 예혼합 연소장치의 종류
- 예혼합연소장치에 사용되는 버너는 고압버너, 저압버너, 송풍버너 등이 있다.

③ 확산연소 방식과 예혼합연소 방식의 특징 비교

구 분	확산연소 방식	예혼합연소 방식
특 징	외부혼합형이다.	내부혼합형이다.
	역화 위험이 없다.	역화 위험이 있다.
	화염(불꽃)의 길이가 길다.	화염(불꽃)의 길이가 짧다.
	부하에 따른 조작범위가 넓다.	부하에 따른 조작범위가 좁다.
	가스와 공기의 고온예열이 가능하다.	가스와 공기의 고온예열시 위험성이 따른다.
	탄화수소가 적은 고로가스나 발생로가스가 사용된다.	탄화수소가 많은 천연가스, 도시가스, 부탄가스, LPG가스가 사용된다.
연소장치의 종류	포트형, 버너형(선회형, 방사형)	고압버너, 저압버너, 송풍버너

4. 통풍장치 및 관리

(1) 자연통풍(또는, 연돌통풍)

- 송풍기가 없이 오로지 연돌에 의한 통풍방식으로, 연돌내의 연소가스와 외부공기의 밀도차(또는, 비중량차)에 의해서 생기는 압력차를 이용하여 이루어지는 대류현상을 말한다.

㉠ 노내 압력은 항상 부압(-)으로 유지된다.

㉡ 동력소비가 없으므로 설비비가 적게 든다.

㉢ 통풍력은 연돌의 높이, 배기가스의 온도, 외기온도, 습도 등의 영향을 받는다.

㉣ 통풍력은 약 20 mmAq 정도로 약하여 구조가 복잡한 보일러에는 부적합하다.

㉤ 배기가스 유속은 3 ~ 4 m/s 이다.

㉥ 연소실 내부가 대기압에 대하여 부압(-)으로 유지되어, 냉기의 침입으로 열손실이 증가한다.

(2) 강제통풍(또는, 인공통풍)

- 송풍기를 가동하는 것으로 통풍력이 자유로이 증감되어 부하의 변동에 대응하기 쉬우며, 배기가스 온도에 영향을 받지 않으므로 연도에 폐열회수장치를 설치하여 보일러 효율을 증가시킬 수 있는 방법으로, 송풍기의 설치위치에 따라 압입통풍, 흡인통풍, 평형통풍 방식의 3가지로 분류한다.

① 압입통풍(가압통풍)

: 노 앞에 설치된 송풍기에 의해 연소용 공기를 대기압 이상의 압력으로 가압하여 노 안에 압입하는 방식이다.

㉠ 노내 압력은 항상 정압(+)으로 유지된다.

㉡ 노내의 압력이 대기압보다 높은 정압(+)이므로 연소가스가 누설되기 쉬우므로 연소실 및 연도의 기밀을 유지해야 한다.

㉢ 송풍기에 의해 가압된 공기를 가열하는 장치인 공기예열기를 부착하여 연소용 공기를 예열할 수 있으므로 연소속도를 높일 수 있다.

㉣ 가열 연소용 공기를 사용하므로 경제적이다.

㉤ 송풍기의 고장이 적으며, 점검 및 보수가 용이하다.

㉥ 송풍기의 동력소비가 흡인통풍 방식보다 적다.

㉦ 배기가스 유속은 8 m/s 정도이다.

② 흡인통풍(흡입통풍, 유인통풍, 흡출통풍)

: 연소로의 배기가스가 나가는 연도 중의 댐퍼 뒤에 송풍기(Fan)를 설치하여 배기가스를 직접 빨아들여 강제로 배출시키는 방식이다.

㉠ 노내 압력은 항상 부압(-)으로 유지된다.

㉡ 흡출기로 배기가스를 방출하므로 연돌의 높이에 관계없이 연소할 수 있다.

㉢ 고온가스에 대한 송풍기의 재질이 견딜 수 있어야 한다.

㉣ 연소용 공기를 예열하여 사용하기에 부적합하다.

ⓜ 송풍기의 동력소비가 크다.
ⓗ 송풍기의 수명이 짧고, 점검 및 보수가 불편하다.
ⓢ 배기가스 유속은 10 m/s 정도이다.

③ **평형통풍**

: 노 앞과 연도 끝에 송풍기를 설치하여 양 송풍기의 회전수와 댐퍼의 개도를 조절하는 방식으로 압입통풍과 흡인통풍을 병행한 것이다.

㉠ 노내 압력을 정압(+)이나 부압(-)으로 임의로 조절할 수 있다.
㉡ 연도의 통풍저항이 큰 경우에도 강한 통풍력을 얻을 수 있다.
㉢ 항상 안전한 연소를 할 수 있다.
㉣ 송풍기의 동력소비가 크다.
㉤ 설비비 및 유지비가 많이 든다.
㉥ 배기가스 유속은 10 m/s 이상이다.
㉦ 통풍저항이 큰 중·대형보일러에 적합하다.

5. 연돌(또는, 굴뚝)설비

(1) 연돌에 의한 통풍력

① **통풍력(또는 통풍압력)**

- 연돌(굴뚝)내 배기가스와 연돌밖 외부 공기와의 밀도차(비중량차)에 의해 생기는 압력차를 이용하여 공기와 배기가스의 연속적인 이동(흐름)을 일으키는 원동력을 통풍력이라 하며, 그 단위는 mmAq(= mmH_2O = kgf/m^2)를 주로 쓴다.

② **이론 통풍력(Z)과 연돌의 높이(h) 계산**

㉠ 배기가스와 외기의 밀도차(또는, 비중량차)만이 제시된 경우

- 통풍력 $Z = P_2 - P_1$

$$= (P_0 + \rho_a g h) - (P_0 + \rho_g g h)$$

$$= (\rho_a - \rho_g) g h$$

$$= (\gamma_a - \gamma_g) h$$

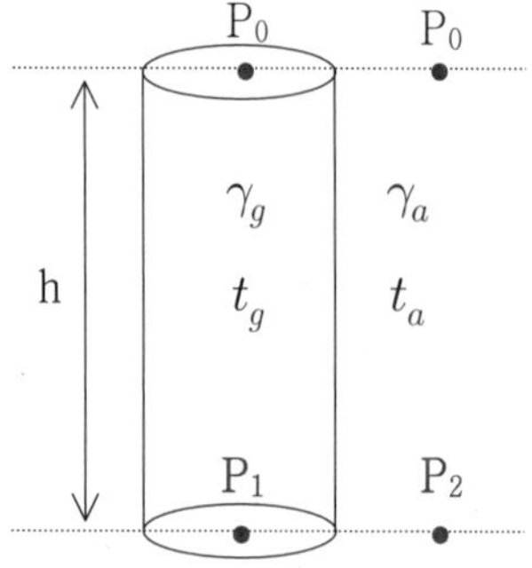

여기서, Z : 통풍력 [mmH_2O]
P_2 : 굴뚝 외부공기의 압력 [mmH_2O]
P_1 : 굴뚝 하부(유입구)의 압력 [mmH_2O]
ρ_a : 외부 공기의 밀도 [kg/m^3]
ρ_g : 배기가스의 밀도 [kg/m^3]
g : 중력가속도 [$9.8\ m/s^2$]
γ_a : 외부 공기의 비중량 [kgf/m^3]
γ_g : 배기가스의 비중량 [kgf/m^3]
h : 연돌의 높이 [m]

【참고】 비중량 $\gamma = \rho \cdot g$ 의 단위를 공학에서는 [kgf/m^3] 또는 [kg/m^3] 으로 표현한다.

㉡ 배기가스와 외기의 비중량 및 온도가 제시된 경우

- 통풍력 Z = $(\gamma_{0a} - \gamma_{0g})$ h

$$= \left(\frac{273\,\gamma_a}{273 + t_a} - \frac{273\,\gamma_g}{273 + t_g}\right) h$$

$$= 273 \times h \times \left(\frac{\gamma_a}{273 + t_a} - \frac{\gamma_g}{273 + t_g}\right)$$

여기서, Z : 통풍력[mmH_2O], t_a : 외기(또는, 대기)의 온도(℃)
t_g : 배기가스의 온도(℃), h : 연돌의 높이[m]

㉢ 배기가스와 외기의 온도만이 제시된 경우

- 배기가스와 외기의 비중량이 제시되어 있지 않을 때는 배기가스와 외기를 이상기체로 가정하여 평균비중량 값인 1.3 kgf/m^3 으로 계산한다.
(즉, $\gamma_a = \gamma_g$ = 1.293 kgf/m^3 ≒ 1.3 kgf/m^3)
- 통풍력 Z = $273 \times 1.3 \times h \times \left(\frac{1}{273 + t_a} - \frac{1}{273 + t_g}\right)$

$$≒ 355 \times h \times \left(\frac{1}{273 + t_a} - \frac{1}{273 + t_g}\right)$$

③ 실제 통풍력(Z′)과 연돌의 높이(h) 계산

- 연돌에서의 실제 통풍력은 연소실, 연도, 연돌 내의 마찰저항, 굴곡부 저항, 방열 등의 통풍저항을 받으므로 이론 통풍력보다 감소되어 약 80 % 정도이다.

㉠ 실제 통풍력(Z′) = 이론 통풍력(Z) - 통풍력 손실

㉡ 이론 통풍력(Z) = 실제 통풍력(Z′) + 통풍력 손실

㉢ 통풍력 손실을 이론통풍력의 x % 라고 하면

- 실제 통풍력(Z′) = $273 \times h \times \left(\frac{\gamma_a}{273 + t_a} - \frac{\gamma_g}{273 + t_g}\right) \times (1 - x)$

(2) 연돌의 단면적 계산

① 연돌의 설치목적은 연소실내에 통풍력을 높이고 연소 후 생성되는 배기가스를 대기 중에 멀리 확산시켜 대기오염물에 의한 피해를 감소시키고자 함이며, 연돌의 높이는 통풍력에 밀접한 영향을 미치므로 일반적으로 연돌의 높이를 주위 건물 높이의 2.5배 이상으로 하여야 한다.

② 연돌은 설계 강도의 관계에서 상부 쪽으로 올라갈수록 배기가스의 온도 저하로 그 체적이 감소하므로 연돌의 상부 단면적이 하부 단면적보다 작아야 한다.

③ 연돌 상부 단면적 A = $\frac{V(1 + 0.0037t)}{3600\,v}$

여기서, A : 상부 단면적(m^2)
V : 배기가스 유량(Nm^3/h)
t : 배기가스 온도(℃)
v : 연돌의 출구 배기가스 유속(m/sec)

④ 연돌의 용량은 상부 단면적에 따라 결정된다.

⑤ 연돌의 단면적이 너무 작으면 유속이 빨라져 마찰저항이 증가되고, 너무 크면 연돌 내 냉기의 침입으로 통풍력이 저하되므로 배기가스량, 유속, 온도, 연료 사용량에 따라 적당한 크기의 단면적으로 설치하여야 한다.

6. 통풍장치

(1) 송풍기(Fan)의 종류 및 특징

- 보일러 운전 중 통풍력을 적정하게 유지시키기 위하여 사용되는 송풍기는 원심식과 축류식으로 구분된다.

① 원심식(또는, 원심력식) 송풍기 암기법 : 원터플, 시로(싫어)

- 임펠러(Impeller, 날개)의 회전에 의한 원심력을 일으켜 공기를 공급하는 형식의 것으로서, 사용가능한 압력과 풍량의 범위가 광범위하여 가장 널리 사용되고 있으며 그 형식에 따라 터보형, 플레이트형, 시로코형 등이 있다.

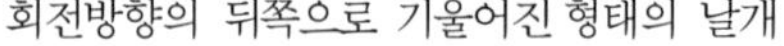

회전방향의 뒤쪽으로 기울어진 형태의 날개

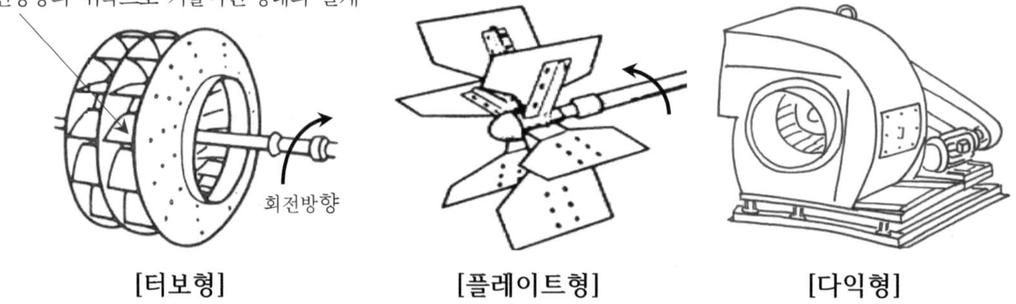

[터보형] [플레이트형] [다익형]

② 축류식 송풍기

- 프로펠러형의 블레이드(blade, 날개깃)가 축방향으로 공기를 유입하고 송출하는 형식이다.

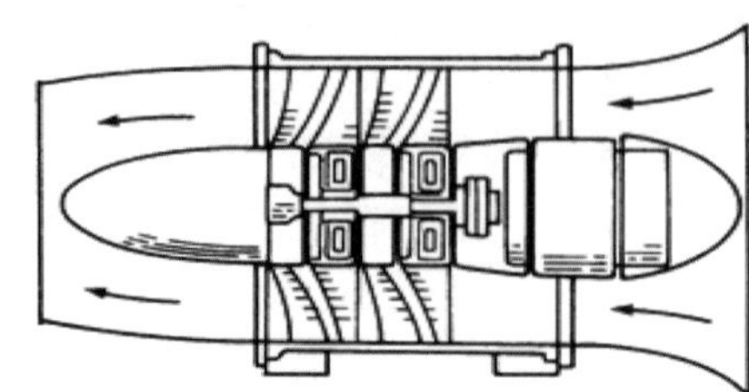

㉠ 특징

ⓐ 송풍기의 축과 평행한 방향으로 공기가 유입, 유출되어 흐른다.
ⓑ 저풍압에 대풍량을 송풍하는데 적합하다.
ⓒ 환기용, 배기용으로 적당하다.
ⓓ 원심식 송풍기에 비해 소음발생이 크다.
ⓔ 덕트 도중에 설치하여 통풍력을 높이거나 냉각탑 등에 사용된다.

㉡ 종류

ⓐ 프로펠러(propeller)형
ⓑ 튜브(tube)형
ⓒ 베인(vane)형
ⓓ 디스크(disk)형

③ 송풍기의 용량 계산

㉠ 송풍기의 소요동력 : $L = \frac{9.8\,HQ}{\eta}$ [kW] = $\frac{P \cdot Q}{102 \times \eta}$ [kW]

여기서, H : 수두 [m]
P : 풍압 [mmH_2O = kgf/m^2]
Q : 풍량 [m^3/sec]
η : 송풍기의 효율

㉡ 송풍기의 소요마력 : $L = \frac{P \cdot Q}{76 \times \eta}$ [HP] = $\frac{P \cdot Q}{75 \times \eta}$ [PS]

여기서, 1 HP (영국마력) = 0.746 kW = 0.746 × 102 kgf · m/s = 76 kgf · m/s
1 PS (프랑스마력) = 0.735 kW = 0.735 × 102 kgf · m/s = 75 kgf · m/s

④ 송풍기의 풍량 제어방법의 효율이 큰 순서 **암기법** : 회치베 덤프(흡·토)

- **회**전수 제어 > 가변피**치** 제어 > 흡입**베**인 제어 > **흡**입댐퍼 제어 > **토**출댐퍼 제어

(2) 댐퍼(Damper)

- 자동제어에 의한 조작으로 덕트의 단면에 변화를 주어 공기 및 배기가스량을 증감하는 장치로서 그 역할이 배관에 설치된 밸브와 비교된다고 볼 수 있다.

① 댐퍼의 설치목적

㉠ 통풍력을 조절한다.
㉡ 덕트 내 배기가스의 흐름을 조절하거나 차단한다.
㉢ 주연도, 부연도가 있는 경우에는 배기가스의 흐름을 바꾼다.
㉣ 연소효율을 증가시킨다.

② 작동상태에 의한 분류
　㉠ 회전식 댐퍼
　㉡ 승강식 댐퍼
　㉢ 스프링식 댐퍼

③ 구조에 의한 분류
　㉠ 버터플라이(butterfly) 댐퍼 : 보일러의 댐퍼로 가장 많이 사용된다.
　㉡ 다익(siroco) 댐퍼
　㉢ 스플릿(split) 댐퍼
　㉣ 푸쉬(push) 댐퍼

④ 용도에 의한 분류
　㉠ 급기 댐퍼
　㉡ 연도 댐퍼
　㉢ 방화 댐퍼
　㉣ 배연 댐퍼

(3) 덕트(Duct)

- 공기나 배기가스 등의 유체가 흐르는 통로로서 그 단면의 형상이 직사각형, 원형, 타원형 등이 있으며 보통은 아연도금 철판이 많이 사용되고 있다.
  덕트는 내부에 운송되는 유체의 풍속에 따라서 15 m/sec 이하의 것을 저속 덕트, 15 m/sec 를 초과하는 것을 고속 덕트라 한다.
  공기의 압력손실, 누설 및 기류에 의한 소음발생이 적도록 제작하고 송풍량에 의하여 덕트의 용적을 설계할 때는 필요 풍량의 10 % 정도를 가산하여 결정하여야 한다.

(4) 노내압 제어

- 연소실 내부의 압력을 정해진 범위 이내로 억제하기 위한 제어로서,
  연소장치가 최적값으로 유지되기 위해서는 연료량 조작, 공기량 조작, 연소가스 배출량 조작(송풍기의 회전수 조작 및 댐퍼의 개도 조작)이 필요하다.

제2장 보일러 에너지 관리

1. 에너지원별 저장방법

(1) 고체연료(석탄)의 저장방법

암기법 : 육탄전

① 자연발화를 방지하기 위하여 탄층 1 m 깊이의 내부온도는 60℃ 이하로 유지시킨다.
② 자연발화를 억제하기 위하여 탄층의 높이는 옥외 저장시 4 m 이하로, 옥내 저장시 2 m 이하로 가급적 낮게 쌓아야 하며, 산은 약간 평평하게 한다.
③ 저탄장 바닥의 경사도를 1/100 ~ 1/150로 하여 배수가 양호하도록 한다.
④ 저탄면적 30 m^2 마다 1개소 이상의 통기구를 마련하여 통풍이 잘 되게 한다.
⑤ 신, 구탄을 구별·분리하여 저장한다.
⑥ 탄종, 인수시기, 입도별로 구별해서 쌓는다.
⑦ 직사광선과 한서를 피하기 위하여 지붕을 만들어야 한다.
⑧ 석탄의 풍화현상이 가급적 억제되도록 하여야 한다.
⑨ 동일장소에 30일 이상 장기간 저장하지 않도록 하여야 한다.

(2) 액체연료의 저장방법

- 옥외, 옥내, 지하에 저장탱크를 설치하여 보관하며 「위험물안전관리법」의 저장탱크 설치기준을 준용하여 설치한다.

① 액체연료의 저장은 원통형이나 구형의 탱크에 저장한다.
② 저장탱크의 용량은 보일러 운전에 지장을 주지 않는 용량으로 한다.
③ 저장탱크에는 유량을 확인할 수 있는 액면계를 설치하여야 한다.
④ 저장탱크에는 경보장치를 설치하여 내부 유량이 정상적인 양보다 초과 또는 부족하지 않도록 하여야 한다.
⑤ 저장탱크 하부에 체류하는 수분이나 슬러지 등의 이물질을 배출할 수 있도록 드레인 밸브(drain valve)를 설치하여야 한다.
⑥ 저장탱크에는 통기관을 설치하여야 한다.
⑦ 탱크 강판의 최소두께는 3.2 mm 이상이어야 한다.
⑧ 저장탱크에서 보일러로 공급되는 배관에는 여과기를 설치하여야 한다.
⑨ 저장탱크에 증기, 온수를 사용하는 가열장치를 설치할 경우 겨울철 동결방지 조치를 취한다.
⑩ 저장탱크에 전기식 가열장치를 설치할 경우에는 과열방지 조치를 취한다.

(3) 기체연료의 저장방법

- 「위험물안전관리법」의 저장탱크 설치기준을 준용하여 설치한다.

① 가스(Gas)를 제조량과 공급/수요량을 조절하고, 균일한 품질을 유지시키기 위하여 소비지역 근처에 압력탱크인 가스홀더(Gas Holder)에 일시적으로 저장하여 두고 공급하며, 기체연료의 저장방식은 구조에 따라 다음과 같이 분류한다.

㉠ 유수식(流水式) 홀더 : 물통 속에 뚜껑이 있는 원통을 설치하여 저장한다.

㉡ 무수식(無水式) 홀더 : 다각통형과 원형의 외통과 그 내벽을 위, 아래로 유동하는 피스톤이 가스량의 증감에 따라 오르내리도록 하여 저장한다.

㉢ 압력식 홀더 : 저압식의 원통형 홀더와 고압식의 구형 홀더로서 저장량은 가스의 압력변화에 따라 증감된다.

② 액화석유가스(LPG)를 저장하는 가스설비의 시험기준

㉠ 상용압력의 1.5배 이상의 압력으로 내압시험을 실시하여 이상이 없어야 한다.

㉡ 상용압력 이상의 압력으로 기밀시험을 실시하여 이상이 없어야 한다.

2. 에너지원별 연소방법(또는, 연소형태, 연소방식)

(1) 고체연료의 연소방법 　 암기법 : 고 자증나네, 표분

① **자**기연소(또는, 내부연소) 　 암기법 : 내 자기, 피티니?

- 가연물질이면서 그 분자내에 연소에 필요한 충분한 양의 산소공급원을 함유하고 있는 물질의 연소방식으로 외부로부터의 산소공급이 없어도 연소가 진행될 수 있어 연소속도가 매우 빨라 폭발적으로 연소한다.

ex> 피크린산, TNT(트리니트로톨루엔), 니트로글리세린(위험물 제5류)

② **증발**연소 　 암기법 : 황나양파 휘발유, 증발사건

- 고체 가연물질 중 승화성 물질의 단순 증발에 의해 발생된 가연성 기체가 연소하는 형태이다.

ex> 황, 나프탈렌, 양초, 파라핀, 휘발유(가등경중), 알코올, <증발>

③ **표면**연소(또는, 작열연소) 　 암기법 : 시간표, 수목금코

- 고체의 표면에서 가연성 기체가 발생되지 않고 표면에서 산소와 반응하지만, 불꽃은 형성하지 않고 연소하는 형태이다.

ex> 숯, 목탄, 금속분, 코크스

④ **분해**연소 　 암기법 : 아플땐 중고종목 분석해~

- 고체 가연물질이 온도상승에 의한 열분해를 통하여 여러 가지 가연성 기체를 발생시켜 연소하는 형태이다.

ex> 아스팔트, 플라스틱, 중유, 고무, 종이, 목재, 석탄(무연탄), <분해>

(2) 액체연료의 연소방법

① 증발연소(증발식)

- 액체 가연물질은 액체상태의 연소가 아닌 액체로부터 발생된 가연성 기체가 연소하는 것이다. 액체가 증발에 의해 기체가 되고, 그 기체가 산소와 반응하여 연소하는 형태이다. ex> 휘발유(가·등·경·중유), 알코올

② 분해연소

- 비점이 높아 쉽게 증발이 어려운 액체 가연물질에 계속 열을 가하면 복잡한 경로의 열분해 과정을 거쳐 탄소수가 적은 저급의 탄화수소가 되어 연소하는 형태이다. ex> 기계유, 실린더유

③ 분무연소(분무식)

- 액체연료를 입자가 작은 안개상태로 분무하여 공기와의 접촉면을 많게 함으로써 연소시키는 방식으로 공업용 액체 연료의 대부분이 중유가 사용되고, 액체연료 연소방식 중 무화 방식이 가장 많이 사용되고 있다.

④ 액면연소(포트식)

- 연료를 접시모양의 용기(Pot)에 넣어 점화하는 증발연소로서, 가장 원시적인 방법이다.

⑤ 심지연소 또는, 등심연소(심지식)

- 탱크 속의 연료에 심지를 담가서 모세관현상으로 빨아올려 심지의 끝에서 증발연소시키는 방식으로, 공업용으로는 부적당하다.

(3) 기체연료의 연소방법

① 확산연소

- 연료와 연소용 공기를 각각 노내에 분출시켜 확산 혼합하면서 연소시키는 방식으로 대부분의 가연성 가스(수소, 아세틸렌, LPG 등)의 일반적인 연소를 말한다.
  역화 위험이 없다.

② 예혼합연소

- 가연성 연료와 공기를 완전연소가 될 수 있도록 적당한 혼합비로 미리 혼합시킨 후 분사시켜 연소시키는 방식을 말한다. 따라서 화염의 온도가 높고, 역화 위험이 있다.

③ 폭발연소

- 밀폐된 용기에 공기와 혼합가스가 있을 때 점화되면 연소속도가 급격히 증가하여 폭발적으로 연소되는 현상을 말한다.
  ex> 폭연, 폭굉

3. 에너지효율 관리

(1) 에너지 사용량

① 액체연료의 사용량

F = $V_t \cdot d \cdot K$

여기서, F : 연료사용량(kg/h)
V_t : t℃에서 실측한 연료사용량(ℓ/h)
d : 연료의 비중(kg/ℓ)
K : 연료의 온도에 따른 체적보정계수

② 기체연료의 사용량

F = V_t × 온도보정계수 × 압력보정계수

$$= V_t \times \frac{T_0}{T} \times \frac{P}{P_0}$$

여기서, F 또는 V_0 : 표준상태로 환산한 기체연료 사용량(Nm^3/h)
V_t 또는 V : t℃에서 실측한 연료측정량(m^3/h)
T : 가스연료 절대온도(273 + t ℃)
T_O : 표준상태 절대온도(273K)
P : 가스연료 절대압력(단위 : atm , mmHg, mmAq 등)
P_O : 표준상태 대기압력(단위 : 1atm, 760mmHg, 10332mmAq)

(한편, 보일-샤를의 법칙 $\frac{P_0 V_0}{T_0} = \frac{PV}{T}$ 에서 $V_0 = \frac{PV}{T} \times \frac{T_0}{P_0}$ 이다.)

(2) 열정산(또는, 열수지)

① 열정산 목적

특정설비에 공급된 열량과 그 사용 상태를 검토하고 유효하게 이용되는 열량과 손실열량을 세밀하게 분석함으로써 합리적 조업 방법으로의 개선과 기기의 설계 및 개조에 참고하기 위함이라고 볼 수 있다.

② 열정산 기준

1) 정상조업 상태에서 원칙적으로 1~2시간 이상을 연속 가동한 후에 측정하는데 측정시간은 **1시간 이상**의 운전 결과를 이용하며, 측정은 매 **10분마다** 실시한다.
2) 성능측정 시험부하는 원칙적으로 정격부하로 하고, 필요에 따라서는 $\frac{3}{4}$, $\frac{2}{4}$, $\frac{1}{4}$ 등의 부하로 시행할 수 있다.
3) 시험을 시행할 경우에는 미리 보일러 각 부를 점검하여 연료, 증기, 물 등의 누설이 없는가를 확인하고, 시험 중에는 블로우다운(Blow down), 슛블로잉(Soot Blowing, 매연 제거) 등의 강제통풍을 하지 않으며 안전밸브가 열리지 않은 상태로 운전한다.

4) 시험용 보일러는 다른 보일러와 무관한 상태로 하여 실시한다.

5) 열정산은 연료단위량을 기준으로 계산한다.
즉, 고체·액체 연료의 경우 1 kg 을 기준으로 하고
기체연료의 경우는 0℃, 1기압으로 환산한 1 Nm^3 를 기준으로 한다.

6) 발열량은 원칙적으로 **고위발열량을 기준**으로 하며, 필요에 따라서는 저위발열량으로 하여도 되고 어느 것을 취했는지를 명기해야 한다.

7) 열정산의 기준온도는 **외기온도**로 한다.

8) 과열기 · 재열기 · 절탄기 · 공기예열기를 갖는 보일러는 이것들을 그 보일러의 표준범위에 포함시킨다. 다만, 당사자 간의 약속에 의해 표준범위를 변경하여도 된다.

9) 단위연료량에 대한 공기량이란 원칙적으로 수증기를 포함하는 것으로 그 단위는 고체 · 액체연료의 경우 Nm^3/kg, 기체연료는 Nm^3/Nm^3 (Sm^3/Sm^3)으로 표시한다.

10) 증기의 건도는 98 % 이상인 경우에 시험함을 원칙으로 한다.
(건도가 98 % 이하인 경우에는 수위 및 부하를 조절하여 건도를 98 % 이상 유지한다.)

11) 온수보일러 및 열매체보일러의 열정산은 증기보일러의 경우에 준하여 실시한다.

12) 전기에너지는 1 kWh 당 860 kcal 로 환산한다.

13) 보일러의 효율 산정 방식은 다음 2가지 방식 중 어느 하나에 따른다.

㉠ 입·출열법에 따른 효율 (직접법)

$$\eta = \frac{\text{유효출열량}}{\text{총입열량}} \times 100\,(\%)$$

㉡ 열손실법에 따른 효율 (간접법)

$$\eta = \left(1 - \frac{\text{총손실열}}{\text{총입열량}}\right) \times 100\,(\%)$$

③ **입열 항목** 　　　　**암기법** : 연(발·현) 공급증

㉠ 연료의 발열량
㉡ 연료의 현열
㉢ 공기의 현열
㉣ 급수의 현열
㉤ 노내 분입 증기에 의한 입열

④ **출열 항목** 　　　　**암기법** : 증·손(배불방미기)

㉠ 발생증기의 흡수열량(유효출열량)
㉡ 배기가스 보유열

㉢ 불완전연소에 의한 열손실
㉣ 방사열 또는 방열에 의한 열손실
㉤ 미연소에 의한 열손실
㉥ 기타(분출수 등)의 열손실

4. 에너지 원단위 관리

(1) 에너지 원단위 산출

① **에너지원단위** - 일정 부가가치 또는 생산액을 생산하기 위해 투입된 에너지의 양을 말하며, 건물의 경우는 단위면적당 연간 에너지사용량을 말한다.

② **에너지 원단위 산출**

- 에너지 원단위 산출은 에너지법 시행규칙 [별표] "에너지열량 환산기준"에 의거한다.

※ **에너지열량 환산기준** [에너지법 시행규칙 별표, 2022.11.21. 일부개정]

구분	에너지원	단위	총발열량			순발열량		
			MJ	kcal	석유환산톤 (10^{-3} toe)	MJ	kcal	석유환산 (10^{-3} toe)
석유 (17종)	원유	kg	45.7	10920	1.092	42.8	10220	1.022
	휘발유	L	32.4	7750	0.775	30.1	7200	0.720
	등유	L	36.6	8740	0.874	34.1	8150	0.815
	경유	L	37.8	9020	0.902	35.3	8420	0.842
	바이오디젤	L	34.7	8280	0.828	32.3	7730	0/773
	B-A유	L	39.0	9310	0.931	36.5	8710	0.871
	B-B유	L	40.6	9690	0.969	38.1	9100	0.910
	B-C유	L	41.8	9980	0.998	39.3	9390	0.939
	프로판(LPG 1호)	kg	50.2	12000	1.200	46.2	11040	1.104
	부탄(LPG 3호)	kg	49.3	11790	1.179	45.5	10880	1.088
	나프타	L	32.2	7700	0.770	29.9	7140	0.714
	용제	L	32.8	7830	0.783	30.4	7250	0.725
	항공유	L	36.5	8720	0.872	34.0	8120	0.812
	아스팔트	kg	41.4	9880	0.988	39.0	9330	0.933
	윤활유	L	39.6	9450	0.945	37.0	8830	0.883
	석유코크스	kg	34.9	8330	0.833	34.2	8170	0.817
	부생연료유1호	L	37.3	8900	0.890	34.8	8310	0.831
	부생연료유2호	L	39.9	9530	0.953	37.7	9010	0.901
가스 (3종)	천연가스(LNG)	kg	54.7	13080	1.308	49.4	11800	1.180
	도시가스(LNG)	Nm^3	42.7	10190	1.019	38.5	9190	0.919
	도시가스(LPG)	Nm^3	63.4	15150	1.515	58.3	13920	1.392
석탄 (7종)	국내무연탄	kg	19.7	4710	0.471	19.4	4620	0.462
	연료용수입무연탄	kg	23.0	5500	0.550	22.3	5320	0.532
	원료용수입무연탄	kg	25.8	6170	0.617	25.3	6040	0.604
	연료용유연탄(역청탄)	kg	24.6	5860	0.586	23.3	5570	0.557
	원료용유연탄(역청탄)	kg	29.4	7030	0.703	28.3	6760	0.676
	아역청탄	kg	20.6	4920	0.492	19.1	4570	0.457
	코크스	kg	28.6	6840	0.684	28.5	6810	0.681
전기 등 (3종)	전기(발전기준)	kWh	8.9	2130	0.213	8.9	2130	0.213
	전기(소비기준)	kWh	9.6	2290	0.229	9.6	2290	0.229
	신탄	kg	18.8	4500	0.450	-	-	-

③ **에너지원단위 비교분석**

㉠ "**총발열량**" : 연료의 연소과정에서 발생하는 수증기의 잠열을 포함한 발열량을 말한다.

㉡ "**순발열량**" : 연료의 연소과정에서 발생하는 수증기의 잠열을 제외한 발열량을 말한다.

㉢ "**석유환산톤**"(toe : ton of oil equivallent)이란 원유 1톤(t)이 갖는 열량으로 약 10^7 kcal를 말한다.

㉣ 석탄의 발열량은 인수식을 기준으로 한다. 다만, 코크스는 건식을 기준으로 한다.

㉤ 최종 에너지사용자가 사용하는 전력량 값을 열량 값으로 환산할 경우에는 1kWh = 860 kcal 적용한다.

㉥ 1cal = 4.1868 J 이며, 도시가스 단위인 Nm^3은 0℃, 1기압(atm) 상태의 부피 단위(m^3)를 말한다.

㉦ 에너지원별 발열량(MJ)은 소수점 아래 둘째 자리에서 반올림한 값이며, 발열량(kcal)은 발열량(MJ)으로부터 환산한 후 1의 자리에서 반올림한 값이다. 두 단위 간 상충될 경우 발열량(MJ)이 우선한다.

제3장 보일러 운전

1. 보일러 설비

(1) 보일러의 구성요소

보일러는 연소실에 공급되는 연료를 연소시키는 연소장치, 고온·고압의 증기를 발생시키는 본체, 주변 부속장치(급수장치, 송기장치, 폐열회수장치, 안전장치, 분출장치, 통풍장치, 연료공급장치, 계측장치, 자동제어장치, 처리장치 등)들로 구성된다.

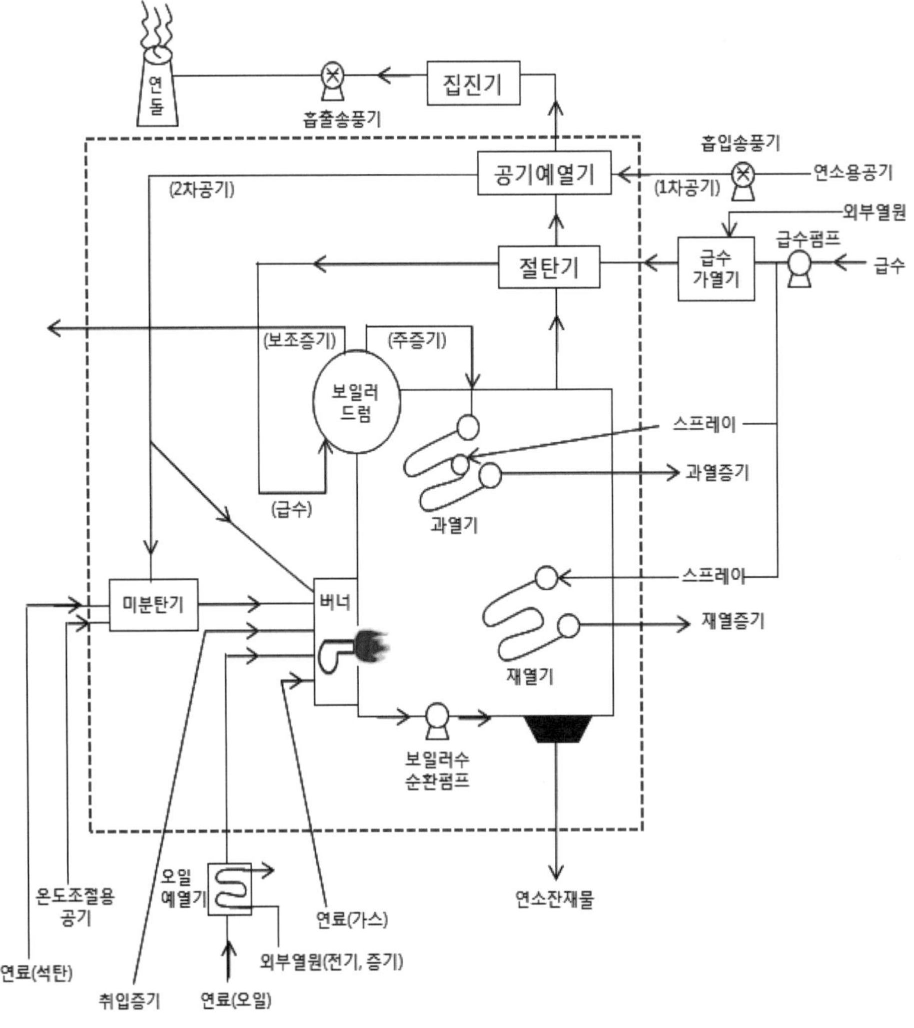

2. 보일러 운전준비 및 운전

(1) 보일러 운전 준비

① 사용 중인 보일러의 가동 전 점검

㉠ 보일러의 수위확인

- 보일러의 수위는 수면계의 1/2 정도의 중심선에 오도록 상용수위를 설정하여 이보다 고수위나 저수위가 되지 않도록 조정한다.

㉡ 보일러의 분출 및 분출장치의 점검

- 보일러의 분출은 점화전 부하가 가장 적을 때 실시하도록 전날 수위를 약간 높인 상태이어야 한다. 특히 분출장치의 누설은 저수위 사고의 원인이 되므로 수시로 감시하여야 한다.

㉢ 프리퍼지 운전

- 전날 소화 후 급속냉각을 막기 위하여 배기댐퍼를 닫은 상태이므로 보일러 점화전에 노내에 잔류한 누설가스나 미연소가스로 인한 역화나 가스폭발 사고를 방지하기 위하여 보일러 노내의 미연소가스를 송풍기로 배출시켜야 한다. 만약 자연통풍시에는 충분한 환기를 위하여 5분 이상 완전히 배출하도록 한다.

㉣ 연료장치 및 연소장치의 점검

- 연료 계통의 누설은 화재발생의 원인이 되므로 저장탱크에서 서비스탱크의 이음부 및 연소장치인 버너까지의 이송 관로를 항상 확인하여야 하며, 연료 이송펌프나 여과기 등의 정상작동 유무도 항상 확인하여야 한다.

㉤ 자동제어장치의 점검

- 수위검출기, 화염검출기, 인터록 장치 등 자동제어부의 이상 여부를 항상 점검하여야 한다.

② 보일러 점화 시 점검

㉠ 기름 보일러의 점화 시 주의사항

ⓐ 중유를 사용하는 경우에는 점화나 소화시에 반드시 경유를 사용한다.

ⓑ 점화시 버너의 연료공급밸브를 연 후에 5초 정도 이내에 착화가 되지 않으면 착화 실패로 판단하고 즉시 연료공급밸브를 닫고 노내 환기를 충분히 한다.

ⓒ 연소 초기에는 연료공급밸브를 천천히 열어서 저부하에서 차츰씩 고부하로 진행시킨다.

ⓓ 연소량을 증가시킬 때에는 항상 공기의 공급량을 먼저 증가시킨 후, 연료량(기름량)을 증가시킨다. (만약, 순서가 바뀌면 역화 우려가 있다.)

ⓔ 연소량을 감소시킬 때에는 항상 연료량(기름량)을 먼저 감소시킨 후, 공기량은 나중에 감소시킨다.

ⓕ 고압기류식 버너의 경우에는 증기나 공기의 분무매체를 먼저 불어넣고 기름을 투입한다.

제3장

㉡ 가스 연소장치의 점화 시 주의사항

ⓐ 점화는 1회에 이루어질 수 있도록 화력이 큰 불씨를 사용한다.

ⓑ 노내 환기에 주의하여야 하고, 실화 시에도 노내 환기를 충분히 한다.

ⓒ 연료배관계통의 누설유무를 정기적으로 할 수 있도록 한다.

ⓓ 전자밸브의 작동유무는 파열사고와 직접 관련되므로 수시로 점검한다.

㉢ 자동점화 조작 시의 순서

- 기동스위치 → 송풍기 기동 → 버너모터 작동 → 프리퍼지(노내환기) → 버너 동작 → 노내압 조정 → 착화 버너(파일럿 버너) 작동 → 화염검출 → 전자밸브 열림 → 주버너 점화 → 댐퍼작동 → 저연소 → 고연소

㉣ 점화불량 원인 **암기법** : 연필노, 오점

ⓐ **연**료가 없는 경우

ⓑ 연료**필**터가 막힌 경우

ⓒ 연료분사**노**즐이 막힌 경우

ⓓ **오**일펌프 불량

ⓔ **점**화플러그 불량 (점화플러그 손상 및 그을음이 많이 낀 경우)

ⓕ 압력스위치 손상

ⓖ 온도조절스위치가 손상된 경우

(2) 보일러 운전 중 점검

① 운전 중인 보일러는 상용수위의 유지가 중요하므로, 안전저수위 이하로 낮아지지 않도록 한다.

② 보일러 운전중 보일러수위, 증기압력, 화염상태, 배기가스 온도는 수시로 감시한다.

③ 안전밸브, 압력조절기, 압력제한기의 기능을 감시한다.

④ 보일러 본체나 벽돌벽에 강렬한 화염이 충돌하지 않도록 주의하며, 항상 화염이 흐르는 방향을 감시한다.

⑤ 2차공기의 양을 조절하여 불필요한 공기의 노내 침입을 방지하여 노내를 고온도로 유지한다.

⑥ 가압연소 시 단열재나 케이싱(Casing)의 손상, 연소가스 누설의 방지와 더불어 통풍계를 보면서 통풍력을 적정하게 유지한다.

⑦ 연소가스 온도, O_2(%), CO_2(%), 통풍력 등의 계측치에 의거하여 연소를 조절한다.

⑧ 안전밸브는 1일 1회 이상 레버를 수동으로 열어 작동상태를 시험한다.
이 때, 안전밸브는 제한압력보다 4 % 증가하면 자동적으로 증기를 분출시키고 닫혀야 한다.

⑨ 보일러수는 1일 1회 이상 분출시킨다.

⑩ 여과기는 주 2회 이상 자주 청소한다.

⑪ 급수는 1회에 다량으로 하지 않고 연속적으로 일정량씩 급수한다.

(3) 증기 발생 시의 점검

① 연소 초기의 취급 시 주의사항

㉠ 보일러에 불을 붙일 경우 연소량을 급격히 증가시키지 않아야 한다.
㉡ 급격한 연소는 보일러 본체의 부동팽창을 일으켜 내화벽돌을 쌓은 접촉부에 틈을 증가시키고 벽돌 사이에 균열이 생길 수 있다.
㉢ 급격한 연소는 전열면의 부동팽창, 내화물의 스폴링 현상, 그루빙, 균열 등의 원인이 된다. 특히 주철제 보일러는 급랭·급열 시에 열응력에 의해 쉽게 갈라질 수 있다.
㉣ 압력상승에 필요한 시간은 보일러 본체에 큰 온도차와 국부적 과열이 되지 않도록 충분한 시간을 갖고 연소시킨다.
㉤ 찬물을 가열할 경우에는 일반적으로 최저 1 ~ 2 시간 정도로 서서히 가열하여 정상 압력에 도달하도록 한다.

② 증기압이 오르기 시작할 때의 취급 시 주의사항

㉠ 공기빼기밸브에서 증기가 나오기 시작하면 공기가 배제된 것이므로 공기빼기 밸브를 닫는다.
㉡ 수면계, 압력계, 분출장치, 부속품 등의 연결부에서 누설을 점검한 후 누설이 있는 곳은 완벽하게 더 조여 준다.
㉢ 맨홀, 청소구, 검사구(측정홀) 등 뚜껑설치 부분은 누설에 관계없이 완벽하게 더 조여 준다.
㉣ 압력계의 주시와 압력상승 정도에 따라 연소상태를 천천히 조정한다.
㉤ 보일러 가열에 따른 팽창으로 수위의 변동 및 정상수위를 유지하는지 확인한다.
㉥ 급수장치, 급수밸브, 급수체크밸브의 기능을 확인한다.
㉦ 분출장치의 누설 유무를 확인한다.

③ 증기압이 올랐을 때의 취급 시 주의사항

㉠ 증기압력이 75% 이상 되었을 때 안전밸브의 레버를 열어 증기분출 시험을 행한다.
㉡ 보일러 수위를 일정하게 유지, 관리한다.
㉢ 보일러내의 압력을 일정하게 유지, 관리한다.
㉣ 연소상태를 확인하여 정상적인 연소가 이루어지도록 한다.
㉤ 분출밸브, 수면계, 드레인 밸브의 누설유무를 확인한다.
㉥ 자동제어장치의 작동상태를 점검한다.

④ 송기 시의 취급 시(또는, 주증기밸브 작동 시) 주의사항

㉠ 캐리오버, 수격작용이 발생하지 않도록 한다.
㉡ 송기하기 전 증기헤더의 주위 밸브 및 트랩 등의 바이패스 밸브를 열어 드레인을 제거한다.
㉢ 주증기관 내에 소량의 증기를 공급하여 관을 따뜻하게 예열한다.

제3장

ⓔ 주증기밸브는 3분에 1회전을 하여 단계적으로 천천히 개방시켜 완전히 열었다가 다시 조금 되돌려 놓는다.

ⓜ 항상 일정한 압력을 유지하고, 부하측의 압력이 정상적으로 유지되고 있는지 확인한다.

ⓑ 연소상태를 확인하여 정상적인 연소가 이루어지도록 한다.

⑤ 송기 후의 취급 시 주의사항

㉠ 송기 후 압력강하로 인한 압력을 조절한다.

㉡ 수면계의 수위를 감시한다.

㉢ 밸브의 개폐 상태를 확인한다.

㉣ 자동제어장치의 작동상태를 점검한다.

(4) 보일러 운전정지 시 점검

① 보일러 정지 시의 조치사항

㉠ 증기사용처에 연락을 하여 작업이 완전 종료될 때까지 필요로 하는 증기를 남기고 운전을 정지시킨다.

㉡ 내화벽돌 쌓기가 많은 보일러에서는 내화벽돌의 여열로 인하여 압력이 상승하는 위험이 없는지를 확인한다.

㉢ 보일러의 압력을 급격히 낮게 하거나 벽돌쌓기 등을 급랭하지 않는다.

㉣ 보일러수는 상용수위보다 약간 높게 급수하여 놓고 급수 후에는 급수밸브를 닫는다.

㉤ 주증기밸브를 닫고 드레인 밸브를 반드시 열어 놓는다.

㉥ 다른 보일러와 증기관의 연락이 있는 경우에는 그 연락관의 밸브를 닫는다.

② 보일러 정지 시의 순서

㉠ 연료공급밸브를 닫아 연료의 투입을 정지한다.

㉡ 공기공급밸브를 닫아 연소용 공기의 투입을 정지한다.

㉢ 버너와 송풍기의 모터를 정지한다.

㉣ 급수밸브를 열어 급수를 하여 압력을 낮추고 급수밸브를 닫고 급수펌프를 정지한다.

㉤ 주증기밸브를 닫고 드레인(drain, 응축수) 밸브를 열어 놓는다.

㉥ 댐퍼를 닫는다.

③ 보일러 정지 후의 점검사항

㉠ 전원스위치 확인

㉡ 정지 시 증기압력

㉢ 노내의 여열에 의한 압력상승 여부 확인

㉣ 연료계통 및 급수펌프 등의 누설

㉤ 밸브류의 누설 유무

㉥ 집진장치의 매진 처리 등

3. 흡수식 냉온수기

- 흡수식 냉온수기(Absorption chiller-heater)는 1대의 설비로 냉방과 난방이 가능한 설비로 흡수제와 냉매의 화학적 반응을 이용하여 열을 흡수 또는 방출한다. 일반적으로 흡수제로는 리튬 브로마이드(LiBr), 냉매로는 물(H_2O)이 사용되며 냉방 시에는 물이 증발하면서 열을 흡수하고, 난방 시에는 물이 응축하면서 열을 방출하는 원리이다.

(1) 흡수식 냉온수기 특징

[장점]

㉠ 전기 대신 열에너지를 사용하므로 에너지 효율이 높다.
㉡ 기계적 압축기를 사용하지 않기 때문에 소음이 적다.
㉢ 사용되는 설비 부품 개수가 적어 수명이 길고 유지보수가 간단하다.
㉣ 다양한 열원(폐열, 태양열, 지열, 천연가스 등) 사용이 가능하다.
㉤ 냉방과 난방이 모두 가능하기 때문에 공간 절약 및 시스템 통합이 유리하다.

[단점]

㉠ 설치를 위해 큰 공간이 요구되며, 초기 설치 비용이 높다.
㉡ 증기압축식에 비해 성능계수가 낮다.
㉢ 온도변화에 대한 부하 변동이 느리다.
㉣ 화학 반응을 이용하므로, 흡수제의 용액 농도 유지 및 부식 방지가 필요하다.

(2) 흡수식 냉온수기 구성요소

① 발생기(Generator) : 열을 가해 냉매를 증발시키고 흡수제는 농축시킨다.
② 응축기(Condenser) : 발생기에서 증발된 냉매를 응축시켜 액체 상태로 변환(열 방출)
③ 증발기(Evaporator) : 냉매가 증발하면서 주위의 열을 흡수하여 냉각 효과를 제공 (냉매는 액체 상태에서 기체 상태로 변환)
④ 흡수기(Absorber) : 증발기에서 나온 냉매 증기를 흡수제와 반응시켜 흡수시킨다. (이 과정에서 열이 방출되며, 냉각수에 의해 제거)
⑤ 흡수제(Absorbent) : 일반적으로 리튬 브로마이드(LiBr) 용액이 사용되며, 냉매를 흡수하여 시스템 내에서 순환한다.
⑥ 냉매(Refrigerant) : 일반적으로 물(H_2O)이 사용되며, 증발과 응축 과정을 통해 냉각 및 난방 효과를 제공한다.

(3) 흡수식 냉온수기 종류

① 단일효용 흡수식 : 하나의 발생기와 하나의 응축기, 증발기, 흡수기로 구성
② 이중효용 흡수식 : 두 개의 발생기와 두 개의 응축기, 증발기, 흡수기로 구성
③ 직화식 : 연료(가스, 오일 등)를 직접 연소하여 발생기를 가열하는 방식
④ 간접식 : 외부 열원(증기, 온수 등)을 사용하여 발생기를 가열하는 방식
⑤ 리튬 브로마이드 흡수식 : 흡수제로 LiBr, 냉매로 H_2O를 사용하는 방식
⑥ 암모니아 흡수식 : 흡수제로 H_2O, 냉매로 암모니아를 사용하는 방식

제4장 보일러 안전관리

1. 보일러 안전사고 및 예방

(1) 보일러 및 압력용기의 안전사고 원인 및 대책

① 보일러 안전사고의 종류

㉠ 동체나 드럼의 파열 및 폭발
㉡ 노통, 연소실판, 수관, 연관 등의 파열 및 균열
㉢ 전열면의 팽출 및 압궤
㉣ 부속장치 및 부속기기 등의 파열
㉤ 내화벽돌의 파손 및 붕괴
㉥ 연도나 노내의 가스폭발
㉦ 역화(back fire) 및 이상연소

② 보일러 안전사고의 원인

㉠ 제작상의 원인
- 재료불량, 강도부족, 구조불량, 설계불량, 용접불량, 부속장치의 미비 등

㉡ 취급상의 원인
- 저수위에 의한 과열, 압력초과, 미연가스폭발, 역화, 급수처리불량으로 인한 부식, 부속장치 및 부속기기의 정비불량 등

③ 보일러 강판의 손상

㉮ 균열(Crack 크랙 또는, 응력부식균열, 전단부식)
- 보일러 강판의 이음부분, 리벳의 구멍부분, 스테이를 갖고 있는 부분 등이 증기압력과 온도에 의해 끊임없이 반복해서 응력을 받게 됨으로서 이음부분에 부식으로 인하여 균열(Crack, 금)이 생기거나 갈라지는 현상을 말한다.

㉯ 라미네이션(Lamination)
- 보일러 강판이나 배관 재질의 두께 속에 제조 당시의 가스체 함입으로 인하여 2장의 층을 형성하며 분리되는 현상을 말한다.

㉰ 블리스터(Blister)
- 화염에 접촉하는 라미네이션 부분이 가열로 인하여 부풀어 오르는 팽출현상이 생기는 것을 말한다.

㉣ **가성취화(알칼리 열화)**

- 보일러수 중에 분해되어 생긴 가성소다(NaOH)가 과도하게 농축되면 수산화 이온(OH-)이 많아져 알칼리도가 pH 13 이상으로 높아질 경우 Na(나트륨)이 강재의 결정입계에 침투하여 재질을 열화시키는 현상으로서, 주로 리벳이음부 등의 응력이 집중되어 있는 곳에 발생한다.

㉤ **팽출(Bulge)**

- 동체, 수관, 겔로웨이관 등과 같이 인장응력을 받는 부분이 국부과열에 의해 강도가 저하되어 압력을 견딜 수 없어 바깥쪽으로 볼록하게 부풀어 튀어나오는 현상을 말한다.

㉥ **압궤(Collapse)**

- 노통이나 화실과 같은 원통 부분이 외측으로부터의 압력에 견딜 수 없게 되어 안쪽으로 짓눌려 오목해지거나 찌그러져 찢어지는 현상을 말한다.

㉦ **과열(Over heat)**

- 보일러수의 이상감수에 의해 수위가 안전저수위 이하로 내려가거나 보일러 내면에 스케일 부착으로 강판의 전열이 불량하여 보일러 동체의 온도상승으로 강도가 저하되어 압궤 및 팽출 등이 발생하여 강판의 변형 및 파열을 일으키는 현상을 말한다.

㉠ 과열 사고시 응급조치

: 보일러수 부족으로 과열되어 위험할 경우 가장 먼저 해야할 응급조치는 연료공급을 중지하는 것이다.

㉡ 보일러의 과열 방지대책

ⓐ 보일러의 수위를 너무 낮게 하지 말 것
ⓑ 고열부분에 스케일 및 슬러지를 부착시키지 말 것
ⓒ 보일러수를 농축하지 말 것
ⓓ 보일러수의 순환을 좋게 할 것
ⓔ 수면계의 설치위치가 낮지 말 것
ⓕ 화염이 국부적으로 집중되지 말 것

④ **보일러의 부식**

- 보일러의 부식은 외부(또는, 외면)부식과 내부(또는, 내면)부식으로 구분한다.

㉮ **외부 부식의 종류**

㉠ **고**온 부식 **암기법** : 고바, 황저

: 중유 중에 포함된 **바나듐(V)**, 나트륨(Na) 등이 상온에서는 안정적이지만 연소에 의하여 고온에서는 산소와 반응하여 V_2O_5(오산화바나듐), Na_2O (산화나트륨)으로 되어 연소실 내의 고온 전열면인 과열기·재열기에 부착되어 전열기 표면을 부식시키는 현상을 말한다.

㉡ **저**온 부식

: 연료 중에 포함된 **유황(S)**이 연소에 의해 산화하여 SO_2(아황산가스)로 되는데, 과잉공기가 많아지면 바나듐(V)의 촉매작용으로 배가스 중의 산소에 의해

$SO_2 + \frac{1}{2}O_2 \rightarrow SO_3$ (무수황산)으로 산화되어, 연도의 배가스온도가 노점 (150 ~ 170℃)이하로 낮아지게 되면 SO_3가 배가스 중의 수증기와 화합하여 $SO_3 + H_2O \rightarrow H_2SO_4$ (황산)으로 되어 연도에 설치된 폐열회수장치인 절탄기 · 공기예열기의 금속표면에 부착되어 표면을 부식시키는 현상을 말한다.

㉢ 산화 부식

: 보일러를 구성하는 금속재료와 연소가스가 반응하여 표면에 산화 피막을 형성하는 것으로 금속재료의 표면온도가 높을수록, 표면이 거칠수록 부식의 진행속도가 빠르다.

㈏ 내부 부식의 종류

㉠ 일반 부식(전면 부식)

: pH가 높다거나, 용존산소가 많이 함유되어 있을 때 금속의 표면적이 넓은 국부 부분 전체에 대체로 같은 모양으로 발생하는 부식을 말한다.

㉡ 점식(Pitting 피팅 또는, 공식)

: 보호피막을 이루던 산화철이 파괴되면서 용존가스인 O_2, CO_2 의 전기화학적 작용에 의한 보일러 내면에 반점 모양의 구멍을 형성하는 촉수면의 전체부식으로서 보일러 내면 부식의 약 80%를 차지하고 있으며, 고온에서는 그 진행속도가 매우 빠르다.

㉢ 국부 부식

: 보일러 내면이나 외면에 얼룩 모양으로 생기는 국소적인 부식을 말한다.

㉣ 구상 부식(Grooving 그루빙)

: 단면의 형상이 길게 U자형, V자형 등으로 홈이 깊게 파이는 부식을 말한다.

㉤ 알칼리 부식

: 보일러수 중에 알칼리의 농도가 너무 지나치게 pH 13 이상으로 많을 때 $Fe(OH)_2$로 용해되어 발생하는 부식을 말한다.

㈐ 부식의 방지 대책

㉠ 고온 부식 방지 대책

ⓐ 연료를 전처리하여 바나듐(V), 나트륨(Na) 성분을 제거한다.

ⓑ 배기가스 온도를 바나듐 융점인 550℃ 이하가 되도록 유지시킨다.

ⓒ 연료에 첨가제(회분개질제)를 사용하여 회분(바나듐 등)의 융점을 높인다.

ⓓ 전열면 표면에 내식재료로 피복한다.

ⓔ 전열면의 온도가 높아지지 않도록 설계온도 이하로 유지한다.

㉡ 저온 부식 방지 대책

ⓐ 연료 중의 황(S) 성분을 제거한다. (유황분이 적은 연료를 사용한다.)

ⓑ 연도의 배기가스 온도를 노점(150 ~ 170℃)온도 이상의 높은 온도로 유지해 주어야 한다.

ⓒ 과잉공기를 적게 하여 배기가스 중의 산소를 감소시킨다. (공기비를 적게 한다.)

ⓓ 전열면 표면에 내식재료로 피복한다.
ⓔ 연료가 완전연소 할 수 있도록 연소방법을 개선한다.

㉢ 내부 부식 방지 대책
ⓐ 보일러수 중의 용존산소나 공기, CO_2 가스를 제거한다.
ⓑ 보일러 내면을 내식재료로 피복한다.
ⓒ 보일러 내면에 방청도장을 한다.
ⓓ 내부 부식은 보일러수와 접촉하는 내면에 발생하는 것이므로, 보일러수를 약알칼리성으로 유지한다.
ⓔ 적당한 청관제를 사용하여 수질을 양호하게 한다.
ⓕ 보일러수 중에 아연판을 부착·설치한다.

⑤ 가스폭발

- 연소실이나 연도 내에 미연소가스가 다량 체류시, 점화하는 경우 급격한 연소에 의해 발생하는 폭발현상을 말한다.

㉮ 가스폭발의 원인

㉠ 가연가스와 미연가스가 노내에 발생하는 경우
ⓐ 불완전연소가 심할 때
ⓑ 점화 조작에 실패하였을 때
ⓒ 연소 정지 중에 연료가 노내에 스며들었을 때
ⓓ 노 내에 쌓여 있던 다량의 그을음이 비산하였을 때
ⓔ 안전 저연소율보다 부하를 낮추어서 연소시킬 때

㉡ 미연가스가 정체하는 경우
ⓐ 가스연료가 흐르지 않고 체류되는 가스포켓이 있을 때
ⓑ 연도의 굴곡이 심할 때
ⓒ 연도의 길이가 너무 길 때
ⓓ 연돌의 높이가 낮아서 습기가 잘 생길 때

㉢ 운전 취급 부주의에 의한 경우
ⓐ 점화 전에 노내 환기(프리퍼지)를 충분히 하지 않고 점화할 때
ⓑ 점화 조작을 잘못하거나 점화에 실패할 때
ⓒ 연소부하 조절의 조작을 잘못하였을 때
ⓓ 소화 조작을 잘못하였을 때
(공기공급밸브를 먼저 닫은 후에 연료의 공급을 정지하였을 때)
ⓔ 운전 종료 후 노내 환기(포스트퍼지)를 충분히 하지 않았을 때

㉯ 가스폭발의 피해

ⓐ 벽돌벽이나 케이싱 또는 보일러의 지주나 보일러실을 파괴한다.
ⓑ 보일러의 동체나 드럼까지도 밀어 올린다.
ⓒ 관류의 부착 부분이 이탈되거나 변형된다.

ⓓ 기수가 외부로 분출된다.

ⓔ 보일러의 파열을 초래할 수 있다.

㈐ 가스폭발의 방지대책

ⓐ 점화 전에 충분한 프리퍼지를 한다.

ⓑ 운전 종료 후에도 충분한 포스트퍼지를 한다.

ⓒ 통풍기는 흡출통풍기를 먼저 열고 압입통풍기는 나중에 연다.

ⓓ 급격한 부하변동은 피해야 한다.

ⓔ 안전 저연소율보다 부하를 낮추어서 연소시키지 않아야 한다.

ⓕ 점화시 버너의 연료공급밸브를 연 후에 5초 정도 이내에 착화가 되지 않으면 착화 실패로 판단하고 즉시 연료공급밸브를 닫고 노내 환기를 충분히 한다.

ⓖ 소화시 버너의 연료공급밸브를 먼저 닫고 공기공급밸브를 나중에 닫는다.

ⓗ 연도의 가스포켓부나 굴곡이 심한 곳 등의 구조상 결함이 있을 경우에는 개선하여야 한다.

⑥ 역화(Back fire)

- 보일러의 점화 시에 노내의 미연가스가 돌연 착화되어 폭발연소를 일으켜 연소실의 화염이 전부 연도로 흐르지 않고 역류하여 갑자기 연소실 밖으로 나오는 현상을 말한다.

㈎ 역화의 원인 암기법 : 노통댐, 착공

ⓐ **노**내 미연가스가 충만해 있을 경우

ⓑ 흡입**통**풍이 불충분한 경우

ⓒ **댐**퍼의 개도가 너무 적을 경우

ⓓ 점화시에 **착**화가 늦어졌을 경우

ⓔ **공**기보다 연료가 먼저 투입된 경우. (연료밸브를 급히 열었을 경우)

㈏ 역화의 방지대책

ⓐ 착화 지연을 방지한다.

ⓑ 통풍이 충분하도록 유지한다.

ⓒ 댐퍼의 개도, 연도의 단면적 등을 충분히 확보한다.

ⓓ 연소 전에 연소실의 충분한 환기를 한다.

ⓔ 역화 방지기를 설치한다.

⑦ 프리퍼지(Prepurge) 및 포스트퍼지(Postpurge)

㈎ 프리퍼지

- 노내에 잔류한 누설가스나 미연소가스로 인하여 역화나 가스폭발 사고의 원인이 되므로, 이에 대비하기 위하여 보일러 점화전에 노내의 미연소가스를 송풍기로 배출시키는 조작을 말한다.

㉯ **포스트퍼지**

- 보일러 운전이 끝난 후 노내에 잔류한 미연소가스를 송풍기로 배출시키는 조작을 말한다.

⑧ **이상연소(abnormal combustion)**

㉮ **선화(Lifting)**

- 가연성 기체가 염공을 통해 분출되는 속도가 연소속도보다 빠를 때 불꽃이 염공에 붙지 못하고 일정한 간격을 두고 연소하는 현상을 말한다.

㉯ **블로우 오프(Blow off)**

- 화염 주변에 공기의 유동이 심하여 불꽃이 노즐에 장착하지 않고 떨어지게 되면서 화염이 꺼져버리는 현상을 말한다.

2. 보일러의 장애

(1) 보일러 운전 중 장애

① **가마울림(또는, 공명현상)**

- 보일러의 연소 중에 보일러가 진동하면서 연소실이나 연도 내에서 연속적으로 울리는 소리를 내는 현상을 말한다.

㉮ **발생원인** 암기법 : 가수분 공연

㉠ 연료 중에 수분이 많을 때
㉡ 공연비(공기와 연료의 혼합비)가 나빠서 연소속도가 느릴 때
㉢ 연도에 에어포켓이 있을 때
㉣ 연도의 단면적 변화가 크거나 굴곡부가 많을 때
㉤ 송풍기의 용량이 과대할 때
㉥ 연소실 및 연도 등에 생긴 틈으로 외부공기가 누입될 때
㉦ 미연가스가 연도를 통과시 일부의 공기가 혼합하여 재연소(2차연소)될 때

㉯ **방지대책**

㉠ 수분이 적은 연료를 사용한다.
㉡ 공연비를 개선한다. (연소속도를 너무 느리게 하지 않는다.)
㉢ 연소실이나 연도를 개조하여 연소가스가 원활하게 흐르도록 한다.
㉣ 2차공기의 가열 및 통풍의 조절을 적정하게 개선한다.
㉤ 연소실내에서 연료를 신속히 완전 연소시킨다.

② **프라이밍(Priming, 비수 현상)**

- 보일러 동 수면에서 급격한 증발현상으로 인하여 기포가 비산하여 작은 물방울이 증기부에 심하게 튀어올라 증기 속에 포함되는 현상을 말한다.

㉮ **발생원인** **암기법** : 프라밍은 **부유·농 과부**를 **개방**시키는데 **고수**다.

㉠ 보일러수내의 **부유**물·불순물 함유
㉡ 보일러수의 **농**축
㉢ **과부**하 운전 (증기발생이 과대한 경우)
㉣ 주증기밸브의 급**개방** (부하의 급변)
㉤ **고수**위 운전 시 (증기부가 작고, 수부가 클 경우)
㉥ 비수방지관 미설치 및 불량
㉦ 보일러의 증발능력에 비하여 증발수의 면적이 좁을 경우
㉧ 증기를 갑자기 발생시킨 경우 (연소량이 급격히 증대하는 경우)
㉨ 증기압력을 급격히 낮출 경우

㉯ **방지대책** **암기법** : **프라이밍 및 포밍** 발생**원인**을 **방지**하면 된다.

㉠ 보일러수내의 부유물·불순물이 제거되도록 철저한 급수처리를 한다.
㉡ 보일러수를 농축시키지 않는다.
㉢ 과부하 운전을 하지 않는다.
㉣ 주증기밸브를 급히 개방하지 않는다. (즉, 천천히 연다.)
㉤ 고수위 운전을 하지 않는다. (정상수위로 운전한다.)
㉥ 비수방지관을 설치한다.

㉰ **프라이밍 및 포밍 현상이 발생한 경우에 취하는 즉각적인 조치사항**

㉠ 연소를 억제하여 연소량을 낮추면서, 보일러를 정지시킨다.
㉡ 보일러수의 일부를 분출하고 새로운 물을 넣는다. (불순물 농도를 낮춘다.)
㉢ 주증기 밸브를 잠가서 압력을 증가시켜 수위를 안정시킨다.
㉣ 안전밸브, 수면계의 시험과 압력계 등의 연락관을 취출하여 살펴본다. (계기류의 막힘상태 등을 점검한다.)
㉤ 수위가 출렁거리면 조용히 취출을 하여 수위안정을 시킨다.
㉥ 보일러수에 대하여 검사한다. (보일러수의 농축 장애에 따른 급수처리 철저)

③ **포밍(Foaming, 물거품 솟음 현상)**

- 보일러 동 저부에서 부유물, 보일러수의 농축, 용해된 고형물 등이 수면위로 떠오르면서 수면이 물거품으로 뒤덮이는 현상을 말한다.

㉮ 포밍의 발생원인은 프라이밍의 발생원인과 같다.
㉯ 포밍의 방지대책은 프라이밍의 방지대책과 같다.

④ **캐리오버(Carry over, 기수공발 현상)**

- 프라이밍(비수현상)이나 포밍(물거품 현상)으로 인해서 미세 물방울이 증기에 혼입되어 주증기배관으로 송출되는 현상을 말한다.

㉮ 캐리오버 발생원인은 프라이밍의 발생원인과 같다.
㉯ 캐리오버 방지대책은 프라이밍의 방지대책과 같다.

⑤ **수격작용(Water hammer, 워터햄머)**

- 증기배관 내에서 생긴 응축수 및 캐리오버 현상에 의해 증기배관으로 배출된 물방울이 증기의 압력으로 배관 벽에 마치 햄머처럼 충격을 주어 소음을 발생시키는 현상을 말한다.

㉮ **발생원인**

㉠ 증기트랩 고장 시
㉡ 프라이밍 및 포밍이나 캐리오버 발생 시
㉢ 배관의 관지름이 작을 경우
㉣ 증기관 내 응축수 체류시 송기하는 경우
㉤ 증기관을 보온하지 않았을 경우
㉥ 주증기밸브를 급개방 할 경우
㉦ 증기관의 구배선정이 잘못된 경우

㉯ **방지대책** 암기법 : 증수관 직급 밸서

㉠ 증기배관 속의 응축수를 취출하도록 증기트랩을 설치한다.
㉡ 토출 측에 수격방지기를 설치한다.
㉢ 배관의 관경을 크게 하여 유속을 낮춘다.
㉣ 배관을 가능하면 직선으로 시공한다.
㉤ 펌프의 급격한 속도변화를 방지한다.
㉥ 주증기밸브의 개폐를 천천히 한다.
㉦ 관선에 서지탱크(Surge tank, 조압수조)를 설치한다.
㉧ 비수방지관, 기수분리기를 설치한다.

(2) 보일러 가동 중 연소 장애 원인

① **연료 소비 과다의 원인**

㉠ 연료의 발열량이 낮을 때
㉡ 오일내에 물이나 협잡물이 많이 포함되었을 때
㉢ 오일의 예열온도가 낮을 때
㉣ 연소용 공기의 부족 및 과다일 때

② **오일 속에 슬러지(Sludge)가 생기는 원인**

㉠ 기름내에 수분이나 미세한 불순물(협잡물)이 많을 때
㉡ 기름내에 왁스 성분이 들어있을 때
㉢ 기름내에 아스팔트 성분이나 탄소분이 많을 때
㉣ 기름탱크 내·외부의 온도차에 의한 수분 발생이 많을 때

③ **오일여과기(Oil strainer)가 막히는 원인**

㉠ 여과기의 청소가 불량일 때
㉡ 기름의 점도가 너무 높을 때

㉢ 기름내에 불순물이나 슬러지가 많을 때
㉣ 연료의 공급상태가 불안정할 때

④ 오일펌프(Oil pump)의 흡입불량 원인

㉠ 오일여과기가 막혔을 때
㉡ 기름의 점도가 너무 높을 때
㉢ 펌프 입구 측의 밸브가 닫혔을 때
㉣ 기름배관 계통에 공기가 침입하였을 때
㉤ 펌프의 흡입 낙차가 너무 클 때
㉥ 기름의 예열온도가 너무 높아 기화되었을 때

⑤ 급유관이 막히는 원인

㉠ 기름내에 슬러지가 많을 때
㉡ 기름내에 회분이 많을 때
㉢ 기름의 점도가 너무 높을 때
㉣ 기름이 응고되어 굳었을 때
㉤ 기름내에 협잡물이나 이물질이 많을 때

⑥ 연소용 공기 공급불량의 원인

㉠ 송풍기의 회전수가 부족할 때
㉡ 송풍기의 능력이 부족할 때
㉢ 공기댐퍼가 불량일 때
㉣ 덕트의 저항이 증대될 때
㉤ 윈드박스가 폐쇄되었을 때

⑦ 연소 불안정의 원인

㉠ 기름 배관내에 공기가 누입되었을 때
㉡ 기름내에 수분이 많을 때
㉢ 기름의 예열온도가 너무 높을 때
㉣ 오일펌프의 흡입량이 부족할 때
㉤ 기름의 점도가 너무 높을 때
㉥ 연료의 공급상태가 불안정할 때

⑧ 버너모터가 움직이지 않는 원인

㉠ 전원 연결이 불량일 때
㉡ 전기배선이 끊어졌을 때
㉢ 버너모터에 부착된 콘덴서(또는, 커패시터)가 고장일 때

⑨ 버너에서 기름이 분사되지 않는 원인

㉠ 기름탱크에 기름이 부족할 때
㉡ 유압이 너무 낮을 때

㉢ 버너 노즐이 막혔을 때
㉣ 급유관이 막혔을 때
㉤ 화염검출기 작동이 불량할 때

⑩ 버너 노즐이 막히는 원인

㉠ 출구에 카본이 축적되었을 때
㉡ 노즐의 온도가 너무 높을 때
㉢ 기름내에 협잡물이 많을 때
㉣ 소화시에 노즐에 기름이 남아있을 때

⑪ 버너 화구에 카본(Carbon)이 축적되는 원인

㉠ 오일의 점도가 너무 높을 때
㉡ 오일내에 탄소분이 너무 많을 때
㉢ 오일의 무화가 불량일 때
㉣ 오일의 온도가 너무 높을 때
㉤ 유압이 과다할 때
㉥ 공기의 공급량이 부족할 때

⑫ 노벽에 카본(Carbon, 탄소부착물, 그을음)이 많이 축적되는 원인

㉠ 오일의 점도가 너무 높을 때
㉡ 연소실 온도가 낮을 때
㉢ 유압이 과다할 때
㉣ 1차 공기의 압력이 과다할 때
㉤ 무화된 오일이 직접 충돌할 때
㉥ 보일러실이(노폭) 좁아서 버너의 화염이 노벽에 닿을 때
㉦ 공기의 공급량이 부족할 때
㉧ 분무된 오일이 불완전연소가 되었을 때

⑬ 화염 중에 불똥(스파이크)이 튀는 원인

㉠ 연료인 기름의 온도가 낮을 때
㉡ 버너속에 카본이 부착되어 있을 때
㉢ 분무용 공기압이 낮을 때
㉣ 중유에 아스팔트 성분이 많이 들어있을 때
㉤ 버너타일이 맞지 않을 때
㉥ 노즐의 분무가 불량일 때

⑭ 열전도가 불량하고 전열능력이 오르지 않는 원인

㉠ 보일러 능력이 부족할 때
㉡ 기름의 무화가 불량일 때
㉢ 연료 공급이 부족할 때

㉣ 통풍력이 일정하지 않을 때
㉤ 전열면에 그을음이나 스케일이 많이 부착되었을 때

⑮ 소음의 원인

㉠ 노즐의 분사음 때문
㉡ 공기 배관속 기류에 의한 진동 때문
㉢ 공기압축기의 흡입시 소음 때문
㉣ 오일펌프의 흡입소음 때문
㉤ 송풍기의 흡입소음 때문
㉥ 송풍기의 임펠러가 불량일 때

⑯ 운전 도중에 화염이 꺼지는 원인

㉠ 버너밸브를 너무 빨리 닫았을 때
㉡ 정전이 되었을 때
㉢ 기름탱크에 기름이 없을 때
㉣ 점화불량일 때
㉤ 연소용 공기(1차공기)의 공급량이 부족할 때

⑰ 불완전연소의 원인

㉠ 오일의 무화가 불량일 때
㉡ 연소용 공기량이 부족할 때
㉢ 분무된 연료와 연소용 공기와의 혼합이 불량일 때
㉣ 연소 속도가 적당하지 않을 때

제5장 보일러 수질 관리

1. 급수의 성질

(1) 수질의 기준

① **수질에 관한 농도의 단위**

㉮ **ppm (parts per million, 백만분율)**

㉠ 물 1 L 중에 함유된 불순물의 양을 mg 으로 표시하는 농도이다.

㉡ ppm의 환산단위 : mg/L, g/m^3, g/ton, mg/kg

- ppm = **mg/L** = $\frac{10^{-3}g}{10^{-3}m^3}$ = **g/m^3** = $\frac{g}{(10^2 cm)^3}$ = $\frac{1}{10^6}$ g/cm^3 = **g/ton**

  = $\frac{g}{10^3 kg}$ = $\frac{10^{-3}g}{kg}$ = **mg/kg**

㉢ 불순물 농도(ppm) = $\frac{\text{불순물의 양}}{\text{보일러수의 양}} \times 10^6$

㉣ 물의 비중은 1 (kg/L) 이다.

㉯ **ppb (parts per billion, 10억분율)**

㉠ 물 1 m^3 중에 함유된 불순물의 양을 mg 으로 표시하는 농도이다.

㉡ ppb의 환산단위 : mg/m^3, mg/ton, μg/kg

㉰ **epm (equivalent per million, 당량 백만분율)**

㉠ 용액 1 kg 중에 함유된 용질의 양을 mg 당량으로 표시하는 당량농도이다.

㉡ epm의 환산단위 : mg/kg, g/ton

② **수질을 나타내는 용어의 정의**

㉮ **pH (수소이온농도지수)**

㉠ pH는 물에 함유하고 있는 수소이온(H^+)농도를 지수로 나타낸 것이다.

㉡ pH는 0에서 14까지 있으며, 수용액의 성질을 나타내는 척도로 쓰인다.

ⓐ 산성 : pH 7 미만

ⓑ 중성 : pH 7

ⓒ 염기성(또는, 알칼리성) : pH 7 초과

㉢ 고온의 보일러수에 의한 강판의 부식은 pH 12 이상에서 부식량이 최대가 된다. 따라서 보일러수의 pH는 10.5 ~ 11.8의 약알칼리 성질을 유지하여야 한다. (참고로, 급수는 고온이 아니므로 이보다 낮은 pH 8 ~ 9의 값을 유지한다.)

㉯ 알칼리도(또는, 산소비도)

㉠ 알칼리도는 물속에 녹아 있는 알칼리분을 중화시키기 위해 필요한 산의 양을 나타낸 것이다.

㉡ P-알칼리도(ppm)는 용액의 pH를 9 보다도 높게 하고 있는 물질의 농도이다.

㉢ M-알칼리도(ppm)는 용액의 pH를 4.8 보다도 높게 하고 있는 물질의 농도이다.

㉰ 경도

㉠ 물에 함유되어 있는 Ca 및 Mg 이온의 농도를 나타내는 척도로 쓰인다.

㉡ Ca 경도 및 Mg 경도라 부르며, ppm(백만분율) 단위로 나타낸다.

㉢ 탄산칼슘($CaCO_3$) 경도는 수용액 중에 Ca(칼슘)과 Mg(마그네슘)의 양을 탄산칼슘($CaCO_3$)으로 환산해서 ppm(백만분율) 단위로 나타낸다.

㉣ 경수와 연수 및 적수의 구별

ⓐ 경수(또는, 센물) : 경도 10.5 이상의 물로서, 비눗물이 잘 풀리지 않는다.

ⓑ 적수 : 경도 9.5 ~ 10.5 이하의 물을 말한다.

ⓒ 연수(또는, 단물) : 경도 9.5 이하의 물로서, 비눗물이 잘 풀린다.

㉤ 보일러수로는 경수보다는 연수가 좋다.

㉱ 탁도(Turbidity)

㉠ 증류수 1 L 속에 정제카올린(kaolin, 고령토, $Al_2O_3 + 2SiO_2 + 2H_2O$) 1 mg 을 함유하고 있는 색과 동일한 색의 물을 "탁도 1"의 물로 규정한다.

㉡ 탁도의 단위는 백만분율인 **ppm** 을 사용한다.

㉢ 탁도는 물이 흐린 정도를 나타낸다.

㉲ 색도

㉠ 물 1 L 속에 백금 1 mg, 코발트 0.5 mg 을 함유하고 있는 빛깔과 동일한 빛깔의 물을 색도 1도로 규정한다.

㉡ 색도의 단위는 백만분율인 **ppm** 을 사용한다.

㉢ 색도는 물이 착색된 정도를 나타낸다.

③ 보일러 수질관리

㉮ 급수

㉠ 원통형 보일러는 급수관의 부식을 방지하기 위하여 pH 7 ~ 9를 적용한다.

㉡ 수관식 보일러는 최고사용압력에 따라 다르게 적용된다.
(즉, 최고사용압력 1 MPa 미만의 수관식 보일러에서 "**급수**"로 쓰이는 관수의 pH 적정치는 7 ~ 9 이다.)

㉢ 보일러 급수로서 가장 좋은 것은 약알칼리성이다.

㉣ 경도는 스케일 생성 및 슬러지 침전을 방지하기 위하여 관리한다.

㉤ 유지류는 포밍현상의 발생원인이 되고 전열면에 스케일을 부착하는 원인이 되므로 관리한다.

㉥ 용존산소는 부식의 원인이 되므로 급수단계에서 탈산소제를 이용하여 제거한다.

㉯ **보일러수(또는, 관수)**

㉠ 원통형 보일러 동체 내부의 부식을 방지하기 위하여 pH 11 ~ 11.8 을 적용한다.

㉡ 수관식 보일러는 최고사용압력에 따라 다르게 적용된다.
(즉, 최고사용압력 1 MPa 미만의 수관식 보일러에서 "**보일러수**"로 쓰이는 관수의 pH 적정치는 11 ~ 11.5 이다.)

㉢ 고온의 물에 의한 강판의 부식은 pH 12 이상에서 부식량이 최대가 된다. 따라서 pH가 이보다 높거나 낮아도 부식성은 증가된다. 그러므로 보일러수로서 가장 좋은 것은 pH 10.5 ~ 11.8 정도의 약알칼리성이다. 만약 pH 13 이상으로 너무 높아지면 알칼리 부식이나 가성취화의 원인이 된다.

㉰ **[표] 관수의 표준치**

구분	보일러 종류	**원통형보일러**		**수관식 보일러**				
구분	**최고사용압력 (MPa)**	-		**< 1**		1 ~ 2	2 ~ 3	3 ~ 5
구분	전열면증발률 (kg/m^{2}h)	< 30	> 30	< 50	> 50	-	-	-
급수	pH (25℃기준)	7 ~ 9	7 ~ 9	7 ~ 9	7 ~ 9	7 ~ 9	7 ~ 9	8 ~ 9
급수	경도, $CaCO_3$ (ppm)	< 60	< 40	< 40	< 2	< 2	< 2	0
급수	유지 (ppm)	0 에 가깝도록 유지해야 한다.						
급수	용존산소, O_2 (ppm)	낮게 유지해야 한다.				< 0.5	< 0.1	< 0.03
보일러수	**pH** (25℃기준)	**11 ~ 11.8**	**11 ~ 11.5**	**11 ~ 11.8**	**11 ~ 11.5**	**10.8 ~ 11.3**	**10.5 ~ 11**	
보일러수	M 알칼리도 (ppm) pH 4.8까지	500 ~ 1000	500 ~ 800	500 ~ 1000	500 ~ 800	< 600	< 150	< 100
보일러수	P 알칼리도 (ppm) pH 8.3까지	300 ~ 800	300 ~ 600	300 ~ 800	300 ~ 600	< 400	< 120	< 70
보일러수	실리카, SiO_2 (ppm)	-	-	-	-	-	< 50	<40

④ **수질이 불량할 경우 보일러에 미치는 장애**

㉠ 보일러의 판과 관의 부식이 발생한다.

㉡ 스케일이나 침전물이 생겨 열전도가 방해되고 과열에 의한 사고가 발생한다.

㉢ 비수가 발생하여 증기속에 수분을 혼입한다.

㉣ 분출 횟수가 늘고, 분출로 인한 열손실이 증가한다.

⑤ **경수 연화장치(또는, 연수기)**

㉮ 사용목적

- 급수 속에 함유되어 있는 스케일 형성의 주성분인 Ca, Mg 등의 경수성분을 제거하여 연수로 만들어 보일러 내의 스케일 형성을 최소화하기 위함이다.

㉯ 재생제의 종류는 일반적으로 소금(NaCl)을 사용한다.

㉰ 경수연화장치의 기본원리

- 급수 속에 함유되어 있는 Ca, Mg 이온을 강산성 양이온 교환수지가 흡착·제거한다. 만약 이온교환수지의 흡착·제거능력이 떨어지면 소금(NaCl)물로 수지를 재생시켜 연속적으로 사용할 수 있도록 되어 있다.

㉱ 특성

㉠ 수지 1L의 흡착능력은 총경도 45 ppm의 물 1ton을 정수시킬 수 있다.

㉡ 재생주기는 최초 24시간, 최대 7일 간격으로 수질 및 경수연화장치의 용량에 따라 재생주기를 설정한다.

㉢ 전원은 보일러 가동여부와 관계없이 24시간 공급해야 한다.

㉣ 원수의 압력은 보일러 가동여부와 관계없이 항상 1.5 ~ 5 kg/cm^2가 유지되도록 한다.

(2) 불순물의 형태

① **급수 중의 5대 불순물** **암기법** : 염산 알가유

㉠ **염**류 : 탄산염, 인산염, 황산염, 규산염 등은 스케일 생성의 원인이 된다.

㉡ **산**분 : OH^- 이온의 저하로 일반부식(또는, 전면부식)의 원인이 된다.

㉢ **알**칼리분 : 알칼리 부식의 원인이 된다.

㉣ **가**스분(또는, 용존가스분) : 점식(Pitting, 피팅) 부식의 원인이 된다.

㉤ **유**지분 : 프라이밍 및 포밍, 과열, 부식의 원인이 된다.

② 급수 속의 산소(O_2) 및 이산화탄소(CO_2)가 포함되면 부식의 원인이 된다.
급수 속에 공기가 포함되면 이러한 가스가 용해된 이후, 열을 받고 분리한다.
일반적으로 상온(20℃)의 물 속에는 약 6 ppm의 산소가 용존하고 있다.

(3) 불순물에 의한 장애

① **스케일(Scale) 생성**

㉠ 스케일(또는, 관석)

- 보일러수에 용해되어 있는 칼슘염, 마그네슘염, 규산염 등의 불순물이 농축되어 포화점에 달하면 고형물로서 석출되어 보일러의 내면이나 관벽에 딱딱하게 부착하는 것을 말한다. 스케일은 고착되어 있는 상태이므로 분출에 의해 제거되지 않으므로 세관작업에 의해 제거하여야 한다.

㉡ 스케일의 주성분 **암기법** : CMF, 인연

ⓐ 경질 스케일 : 황산칼슘, 규산칼슘, 수산화마그네슘 등
[$CaSO_4$, $CaSiO_3$, $Mg(OH)_2$]

ⓑ 연질 스케일 : 탄산칼슘, 탄산마그네슘, 탄산철, 인산칼슘 등
[$CaCO_3$, $MgCO_3$, $FeCO_3$, $Ca_3(PO_4)_2$]

㉢ 스케일의 종류와 성질

ⓐ 중탄산칼슘 [$Ca(HCO_3)_2$]

: 급수에 용존되어 있는 염류 중 스케일이나 슬러지를 생성하는 가장 일반적인 성분으로서, 중탄산칼슘의 용해도는 온도가 높을수록 증가하기 때문에 주로 온도가 낮은 부분에서 열분해하여 탄산칼슘의 스케일을 생성한다.

ⓑ 중탄산마그네슘 [$Mg(HCO_3)_2$]

: 보일러수 중에서 열분해하여 탄산마그네슘의 스케일을 생성한다. 탄산마그네슘은 가수분해에 의해 용해도가 작은 수산화마그네슘의 슬러지로 되어 보일러 저부에 침전한다.

ⓒ 황산칼슘 [$CaSO_4$]

: 황산칼슘의 용해도는 온도가 높을수록 감소하기 때문에, 주로 온도가 높은 부분인 증발관에서 스케일을 생성한다.

ⓓ 황산마그네슘 [$MgSO_4$]

: 용해도가 크기 때문에 그 자체만으로는 스케일 생성이 잘 안되지만. 탄산칼슘과 작용해서 황산칼슘과 수산화마그네슘의 스케일을 생성한다.

ⓔ 염화마그네슘 [$MgCl_2$]

: 보일러수가 적당한 pH로 유지되는 경우에는 가수분해 및 다른 성분과의 치환반응에 의해 수산화마그네슘의 스케일을 생성한다.

ⓕ 실리카 [SiO_2]

: 보일러 급수 중의 칼슘성분과 결합하여 규산칼슘의 스케일을 생성한다.

ⓖ 유지분

: 정상적인 상태에서는 급수 중에 함유되어 있지 않지만 오일가열기, 윤활유 가열기 등의 튜브에 균열이 생기면 증기 응축수 계통에 유지분이 혼입될 수 있다. 이러한 유지분은 포밍, 프라이밍의 발생원인이 될 뿐만 아니라 부유물, 탄소 등과 결합하여 스케일이나 슬러지를 생성한다.

㉣ 스케일의 장애

ⓐ 스케일은 열전도의 방해물질이므로 열전도율을 저하시킨다.
ⓑ 전열량을 감소시킨다.
ⓒ 배기가스의 온도가 높아지게 된다. (배기가스에 의한 열손실이 증가한다.)
ⓓ 보일러 열효율이 저하된다.
ⓔ 연료소비량이 증대된다.

ⓕ 국부적인 과열로 인한 보일러 파열사고의 원인이 된다.

ⓖ 전열면의 과열로 인한 팽출 및 압궤를 발생시킨다.

ⓗ 보일러수의 순환을 나쁘게 한다.

ⓘ 급수내관, 수저분출관, 수면계의 물측 연락관 등을 막히게 한다.

㉤ 스케일 부착 **방**지대책 암기법 : 스방, 철세, 분출

ⓐ **철**저한 급수처리를 하여 급수 중의 염류 및 불순물을 제거한다.

ⓑ **세**관처리 및 청관제를 보일러수에 투입한다.

ⓒ 보일러수의 농축을 방지하기 위하여 적절한 **분출**작업을 주기적으로 실시한다.

ⓓ 응축수를 회수하여 보일러수로 재사용한다.

ⓔ 보일러의 전열관 표면에 보호피막을 사용한다.

② **슬러지(sludge, 또는 슬럿지) 생성**

㉠ 슬러지

- 급수 속에 녹아있는 성분의 일부가 운전중인 보일러내에서 화학 변화에 의하여 불용성 물질로 되어, 보일러수 속에 현탁 또는 보일러 바닥에 침전하는 불순물을 말한다.

㉡ 전열면에 고착되어 있는 상태가 아니고, 동체의 저부에 침전되어 앙금을 이루고 있는 연질의 침전물이다.

㉢ 따라서, 침전물은 분출시에 일부가 제거된다.

㉣ 슬러지의 주성분은 탄산칼슘, 인산칼슘, 수산화마그네슘, 인산마그네슘 등이다.

㉤ 보일러수의 순환을 방해하고 보일러 효율을 저하시킨다.

㉥ 수관식 보일러에서는 1 mm의 슬러지가 생기면 10%의 연료소비량이 증대된다.

③ 부유물은 보일러수 중에 부유되어 있는 불용성의 현탁질 고형물로서 프라이밍, 포밍을 발생시켜 캐리오버(Carry over)의 원인이 된다.

④ **가성취화 현상**

- 보일러수 중에 분해되어 생긴 가성소다(NaOH)가 과도하게 농축되면 수산화이온(OH^-)이 많아져 알칼리도가 pH 13 이상으로 높아질 경우 Na(나트륨)이 강재의 결정입계에 침투하여 재질을 열화시키는 현상이 발생한다.

⑤ 보일러수 농축은 프라이밍, 포밍을 발생시켜 증기 중에 물방울이 혼입되어 배출하는 캐리오버(Carry over) 현상의 발생 원인이 된다.

2. 급수처리

- 급수 중의 각종 불순물을 제거하여 보일러 용수로 적당한 수질을 얻기 위한 작업으로 외처리법과 내처리법의 2가지로 구분하여 실시하는데, 불순물이 적을 때에는 보일러 내처리로 가능하지만 불순물이 많을 때는 보일러에 반드시 보일러수 외처리를 해야 한다.

(1) 보일러 외처리법

① 보일러 급수로 공급되는 원수 중에 포함되어 있는 용존가스, 용해 고형물(용존염류), 현탁질 고형물(유지분 및 부유물) 등의 불순물을 보일러 외부에서 처리하는 것으로 "1차 처리"라고도 한다.

② 보일러수 외처리 방식의 일반적인 수처리 공정도

㉠ 순서 : 원수(입수) → **응집** → **침전** → **여과** → **이온교환** → (탈기) → 급수

㉡ 응집 : 각종 오염된 원수를 무기응집제(황산알루미늄, 폴리염화알루미늄 등)를 첨가하여 경도 성분을 불용성의 화합물인 슬러지로 형성하여 응집시킨다.

㉢ 침전 : 더 큰 덩어리의 침전물로 침강시킨다.

㉣ 여과 : 다공 물질의 층에 탁도를 갖고 있는 물을 통과시켜서 탁도를 제거시키는 방법으로 응집·침전 장치를 통과한 가볍고 미세한 입자까지 완전히 제거하여 이온교환장치의 수지(Resin)층을 보호하기 위하여 여과처리를 실시한다.

㉤ 이온교환 : 용해되어 있는 (+)이온, (-)이온 불순물을 이온교환수지로 제거한다.

㉥ 탈기 : 보일러 부식을 미연에 방지하는 탈기기 장치로 용존기체(주로, O_2, CO_2 등)를 제거한 후에 최종 보일러수로 공급한다.

③ 외처리 방법의 분류 암기법 : 화약이, 물증 탈가여?

- **물**리적 처리 : **증**류법, **탈**기법, **가**열연화법, **여**과법, 침전법(침강법), 응집법, 기폭법
- **화**학적 처리 : **약**품첨가법(석회-소다법), **이**온교환법

④ 외처리 방법의 종류

불순물의 종류	처리 방법	비고
현탁질 고형물	여과법, 침전법(침강법), 응집법	용존물 처리에 해당되지 않는다.
용해 고형물	증류법, 이온교환법, 약품첨가법	용존물 처리에 해당된다.
용존 가스	탈기법, 기폭법	

㉠ **현탁질 고형물** : 보일러수 중에 용해되지 않는 불순물(유지분이나 부유물)

ⓐ **여과법**

: 모래, 자갈, 활성탄소 등으로 이루어진 여과제 층으로 급수를 통과시켜 불순물을 제거하는 방법으로 고형물의 침전속도가 느린 경우에 주로 사용한다.

ⓑ **침전법(또는, 침강법)**

: 물보다 비중이 크고 지름이 0.1 mm 이상의 고형물이 혼합된 탁수를 침전지에서 일정기간 체류시키면 비중차에 의해 고형물이 바닥에 침강 · 분리시키는 방법으로 자연 침강법과 기계적 침강법이 있다.

ⓒ **응집법(또는, 흡착법)**

: 미세한 입자는 여과법이나 침전법으로 분리가 되지 않기 때문에 응집제(황산알루미늄, 폴리염화알루미늄 등)를 첨가하여 흡착 · 응집시켜 슬러리로 만들어 자연 침강되게 하여 제거하는 방법이다.

㉡ **용해 고형물** : 보일러수 중에 용해되어 있는 불순물(염류 성분)

ⓐ **증류법**

- 증발기를 사용하여 증류(물을 가열하여 발생된 수증기를 냉각시켜 응축수로 만드는 과정)하는 방법으로서, 물 속에 용해된 광물질은 비휘발성이므로 극히 양질의 급수를 얻을 수는 있으나 그 처리 비용이 비싸서 특수한 경우에만 이용된다.

ⓑ **이온교환법(또는, 이온교환수지법)**

- 급수 속에 함유되어 있는 광물질 이온(Ca^{2+}, Mg^{2+} 등)을 양이온 교환체인 이온교환수지를 넣어 수지의 이온과 교환시켜 물속의 광물질을 분리시켜 불순물을 제거하는 방법이다.
- 이온교환법 중에서 양이온 교환수지로 제올라이트(Zeolite, 규산알루미늄 Al_2SiO_5)를 사용하는 것을 "제올라이트법"이라고 하는데, 탁수에 사용하면 현탁질 고형물(유지분, 부유물)로 인한 수지의 오염으로 인하여 경수 성분인 Ca^{2+}, Mg^{2+} 등의 양이온 제거 효율이 나빠진다.

ⓒ **약품첨가법**

- 급수에 석회[$Ca(OH)_2$], 탄산소다[Na_2CO_3], 가성소다[NaOH] 등을 첨가하여 Ca, Mg 등의 경수 성분을 불용성 화합물로 만들어 침전시켜 제거함으로써 물을 연화시키는 방법이다.

㉢ **용존 가스** : 보일러 급수 중에 용해되어 있는 가스분 [산소(O_2), 이산화탄소(CO_2)]

ⓐ **탈기법**

- 탈기기 장치를 이용하여 급수 중에 녹아있는 기체(O_2, CO_2)를 분리, 제거하는 방법으로서, 주목적은 산소(O_2) 제거이다.

ⓑ **기폭법(또는, 폭기법)**

- 급수 중에 녹아있는 탄산가스(CO_2), 암모니아(NH_3), 황화수소(H_2S) 등의 기체 성분과 철분(Fe), 망간(Mn) 등을 제거하는 방법으로서, 급수 속에 공기를 불어넣는 방식과 공기 중에 물을 아래로 낙하시키는 강수방식이 있다.
- 물속에서 기체의 용해도는 주위에 있는 공기 중의 가스의 분압에 비례한다는 "헨리(Henry)의 법칙"을 기폭의 원리로 이용한 것이다.

(2) 보일러 내처리법

① 관외처리인 1차 처리만으로는 완벽한 급수처리를 할 수 없으므로 보일러 동체 내부에 청관제(약품)을 투입하여 불순물로 인한 장애를 방지하는 것으로 "2차 처리" 라고도 한다.

② **내처리제의 종류와 작용**

㉠ pH 조정제

- 급수 및 보일러수의 pH 및 알칼리도를 조절하여 스케일 생성·부착을 방지하고 부식을 방지하는 것이다.

ⓛ 탈산소제
- 급수 중의 용존산소(O_2)를 제거하여 부식을 방지하기 위한 것이다.

ⓒ 슬러지 조정제
- 슬러지가 보일러의 전열면에 부착하여 스케일로 되는 것을 방지하기 위하여 슬러지를 물리적, 화학적 작용에 의해 보일러수 중에 분산·현탁시켜서 분출에 의해 쉽게 배출될 수 있도록 하고 스케일 부착을 방지한다.

ⓔ 경수 연화제
- 보일러수 중의 경도 성분을 불용성으로 침전시켜 슬러지로 만들어 스케일 생성 억제 및 부착을 방지하는 것이다.

ⓜ 기포 방지제(또는, 포밍 방지제)
- 포밍현상을 방지하기 위한 것이다.

ⓑ 가성취화 방지제
- 보일러수 중에 농축된 강알칼리의 영향으로 철강조직이 취약하게 되고 입계균열을 일으키는 "가성취화 현상"을 방지하기 위하여 사용하는 것이다.

③ **내처리제에 따른 사용약품의 종류**

ⓖ **pH 조정제** (또는, 알칼리 조정제)

ⓐ 낮은 경우 : (염기로 조정) **암기법** : 모니모니해도 탄산소다가 제일인가봐
- 암**모니**아, **탄산소다**, **가**성소다, **제1인**산소다
  NH_3, Na_2CO_3 (탄산나트륨), NaOH(수산화나트륨), Na_3PO_4(인산나트륨)

ⓑ **높은** 경우 : (산으로 조정) **암기법** : 높으면, 인황산!~
- **인**산, **황산**
  H_3PO_4, H_2SO_4

ⓛ **탈산소제** **암기법** : 아황산, 히드라 산소, 탄니?
- **아황산**소다(Na_2SO_3 아황산나트륨), **히드라**진(고압), **탄닌**(tannin)

ⓒ **슬러지 조정제** **암기법** : 슬며시, 리그들 녹말 탄니?
- **리그**린, **녹말(전분)**, **탄닌**, 텍스트린

ⓔ **경수 연화제** **암기법** : 연수(부드러운 염기성) ∴ pH 조정의 "염기"를 가리킴.
- 탄산소다(탄산나트륨), 가성소다(수산화나트륨), 인산소다(인산나트륨)

ⓜ **기포 방지제**
- 고급지방산 폴리아미드, 고급지방산 에스테르, 고급지방산 알코올

ⓑ **가성취화 방지제**
- 질산나트륨($NaNO_3$), 인산나트륨, 리그린, 탄닌

3. 보일러 청소 및 보존관리

(1) 보일러 청소

① 보일러 청소의 목적

㉠ 전열효율 저하 방지
㉡ 과열의 원인 제거
㉢ 부식의 방지
㉣ 보일러수의 순환불량 방지
㉤ 보일러 수명 연장
㉥ 통풍저항 감소
㉦ 보일러 열효율 향상 및 연료의 절감

② 보일러 청소시기

㉠ 배기가스 온도가 너무 높아지는 경우
㉡ 보일러의 능력이 오르지 않는 경우
㉢ 동일 조건하에서 연료사용량이 증가할 경우
㉣ 통풍력이 저하될 경우

③ 내부 청소(inside cleaning)

㉮ 기계적 청소 방법

- 청소용 공구를 사용하여 수작업으로 하는 방법과 기계(튜브 클리너, 제트 클리너, 스케일 해머 등)를 사용하여 동체 및 관의 내면에 있는 부착물을 제거하는 방법이 있다.

㉯ 화학적 세관 방법

- 동체 및 관의 내면에 있는 부착물을 기계적 청소방법으로 제거하기 곤란할 경우 화학약품을 사용하여 부착물을 용해시켜 제거하는 방법으로 (무기)산세관, 알칼리 세관, 유기산 세관이 있다.

㉠ (무기)산 세관 (acid cleaning)

ⓐ 내면의 스케일과 투입한 산과의 화학반응에 의해 스케일을 용해시켜 제거한다.
ⓑ 세관처리 : 물속에 염산을 5 ~ 10% 넣고 물의 온도를 약 60±5℃ 정도로 유지하여 5시간 정도 보일러 내부를 순환시켜 스케일을 제거시킨다. 그러나 염산의 액성에 의해 부식이 촉진되므로 부식 억제제인 인히비터(inhibitor)를 적당량(0.2 ~ 0.6%) 첨가해서 처리한다.
ⓒ 산 세관 약품의 종류 : 염산, 질산, 황산, 인산, 설파민산(NH_2SO_3H) 등
ⓓ 보일러 세관 시 염산(HCl)을 가장 많이 사용하는 이유

- 스케일(관석) 용해능력이 우수하다.
- 위험성이 적고 취급이 용이하다.
- 가격이 저렴하여 경제적이다.
- 물에 대한 용해도가 크기 때문에 세척력이 좋다.

• 다만, 산세관 후의 물과 염산은 분리가 어려우므로 폐수처리업자에게 위탁처리 하여야 한다.

ⓔ 세관 시, 보일러수의 온도 : 60±5℃

ⓛ 알칼리 세관(alkali cleaning)

ⓐ 내면의 유지류, 실리카(규산계 스케일) 제거를 위해 알칼리 약품을 투입하는 방법이다.

ⓑ 세관처리 : 물속에 알칼리를 0.1 ~ 0.5% 넣고 물의 온도를 약 70℃ 정도로 유지하여 보일러 내부를 순환시킨다.

ⓒ 알칼리 세관을 하면 pH 13 이상의 알칼리액에 의해 가성취화가 발생할 수 있다. 이것을 방지하기 위하여 가성취화 방지제를 첨가하여 처리한다.

ⓓ 알칼리 세관 약품의 종류 : 탄산소다, 가성소다, 인산소다, 암모니아, 계면활성제 등

ⓔ 보일러수의 온도 : 약 70℃

ⓒ 유기산 세관(organic acid cleaning)

ⓐ 유기산은 유기물이므로 보일러 운전시 고온에서 분해하여 산이 남아 있어도 부식될 우려가 적어, 오스테나이트계 스테인리스강이나 동 및 동합금의 세관에 사용한다.

ⓑ 세관처리 : 물속에 중성에 가까운 유기산을 약 3% 넣고 물의 온도를 약 90±5℃ 정도로 유지하여 보일러 내부를 순환시킨다.

ⓒ 유기산 약품의 종류 : 구연산, 개미산, 시트르산, 옥살산, 초산 등

ⓓ 보일러수의 온도 : 90±5℃

④ 외부 청소(outside cleaning)

㉠ 기계적 청소방법

- 청소용 공구를 사용하여 수작업으로 하는 방법과 기계(와이어 브러시, 스크래퍼 등)를 사용하여 보일러 외면의 전열면에 있는 그을음, 카본, 재 등을 제거하는 방법이 있다.

㉡ 블로어(Soot blower, 그을음 불어내기)

- 보일러 전열면에 부착된 그을음 등을 물, 증기, 공기를 분사하여 제거하는 매연 취출장치이다.

㉢ 워터 쇼킹(water shocking)법 : 가압펌프로 물을 분사한다.

㉣ 수세(washing)법 : pH 8 ~ 9의 물을 다량으로 사용한다.

㉤ 스팀 쇼킹(steam shocking)법 : 증기를 분사한다.

㉥ 에어 쇼킹(air shocking)법 : 압축공기를 분사한다.

㉦ 스틸 쇼트 클리닝(steel shot cleaning)법 : 압축공기로 강으로 된 구슬을 분사한다.

㉧ 샌드 블라스트(sand blast)법 : 압축공기로 모래를 분사한다.

(2) 휴지 시 보일러의 보존관리

① 보일러 보존의 필요성

- 보일러의 가동을 중지하고 방치하면 내·외면에 부식이 발생되어 보일러의 수명 단축, 안전성 저하 등의 악영향을 끼친다. 그러므로 이러한 영향을 줄이기 위하여 적절한 보존방법이 필요하게 된다.

② 보존 방법의 구분

㉮ 보존 기간에 따라

㉠ 장기 보존법 : 휴지기간이 2 ~ 3개월 이상이 되는 경우에 보존하는 방법이다.

㉡ 단기 보존법 : 휴지기간이 2주일에서 1개월 이내인 경우에 보존하는 방법이다.

㉯ 보존 휴지 중 보일러수의 유무에 따라

㉠ 건조 보존법 (또는, 건식 보존법)

: 보존기간이 6개월 이상인 경우 보일러수를 완전히 배출하고 동 내부를 완전히 건조시킨 후 약품(흡습제, 산화방지제, 기화성 방청제 등)을 넣고 밀폐시켜 보존하는 방법으로 다음과 같은 방법이 있다. (이 때 동내부의 산소제거는 숯불을 용기에 넣어서 태운다.)

ⓐ 석회 밀폐건조법

- 완전히 건조시킨 후 건조제(생석회나 실리카겔 등의 흡습제)를 동 내부에 넣은 후 밀폐시켜 보존하는 방법이다. 이 때 약품의 상태는 1 ~ 2주마다 점검하여야 한다.

ⓑ 질소가스 봉입법(또는, 질소건조법, 기체보존법)

- 완전히 건조시킨 후 질소가스를 0.06 MPa(0.6 kgf/cm^2)정도로 압입하여 동 내부의 산소를 배제시켜 부식을 방지하는 방법이다.

ⓒ 기화성 부식억제제 투입법

- 완전히 건조시킨 후 기화성 부식억제제(VCI, Volatile Corrosion Inhibitor)를 동 내부에 넣고 밀폐시켜 보존하는 방법이다.

ⓓ 가열 건조법

- 장기 보존법인 석회 밀폐건조법과 방법 및 요령은 비슷하지만, 건조제를 봉입하지 않는 것으로 단기 보존법으로 사용된다.

㉡ 만수 보존법 (또는, 습식 보존법)

- 보존기간이 2 ~ 3개월 정도인 경우에 적용하는 방법으로 보일러 구조상 건조 보존법이 곤란할 때 동결의 우려가 없는 경우 동 내부에 보일러수를 가득 채운 후에 0.035 MPa 정도의 압력이 약간 오를 정도로 물을 끓여 용존산소나 탄산가스를 제거한 후 서서히 냉각시켜 보존하는 방법으로 다음과 같은 방법이 있다.

ⓐ 보통 만수 보존법

- 보일러수를 만수로 채운 후에 압력이 약간 오를 정도로 물을 끓여 공기와 이산화탄소만을 제거한 후, 알칼리도 상승제나 부식억제제를 넣지 않고 서서히 냉각시켜 보존하는 단기 보존방법이다.

ⓑ 소다 만수 보존법

- 만수 상태의 수질이 산성이면 부식작용이 생기기 때문에 가성소다(NaOH), 아황산소다(Na_2SO_3) 등의 알칼리성 물(pH 12 정도)로 채워 보존하는 장기 보존방법이다.

ⓒ 특수 보존법(또는, 페인트 도장법)

- 보일러에 도료(흑연, 아스팔트, 타르 등)를 칠하면 부식방지에 유효하다. 다만, 보일러 페인트는 열전도율이 작으므로 도장은 가급적 얇게 칠해야 한다.

제6장 보일러 배관설비 설치

1. 배관도면 파악

(1) 배관도면

배관도면은 배관 시스템의 구성 요소와 연결 관계를 시각적으로 표현한 도면으로 다양한 정보와 세부 사항을 포함하고 있다. 배관도면은 시스템의 설계, 시공, 운영 및 유지보수 지점을 한눈에 파악할 수 있도록, 정확하고 간결하게 작성되어야 한다.

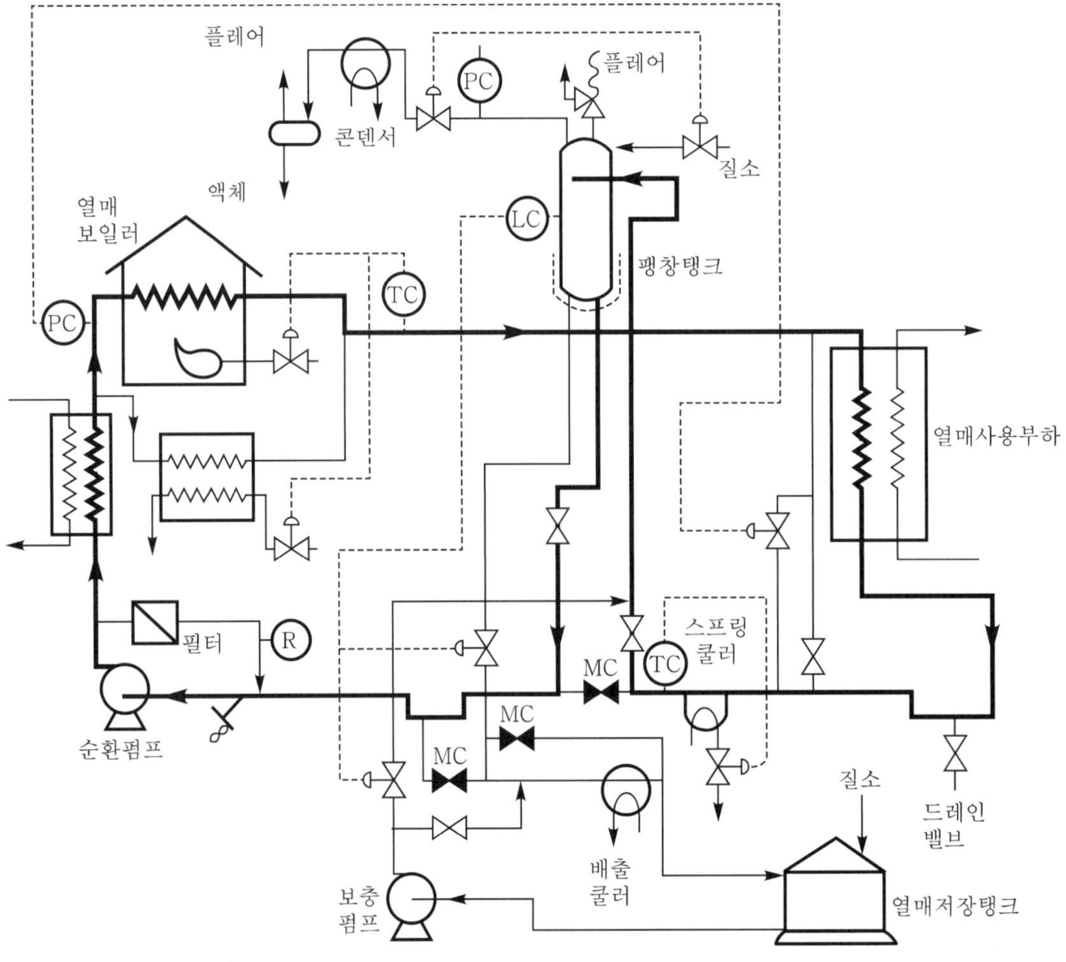

(2) 배관도면의 도시

① 배관의 도시

: 하나의 실선으로 표시하며 동일한 도면에서 같은 굵기의 선을 사용한다. 다만, 관의 상태 및 목적에 따라 선의 종류를 바꾸어서 도시할 경우 각각의 선의 종류를 도면상에 별도 명기하여야 한다.

② 배관의 도시방법

㉠ 관의 정보에 관한 숫자 및 글자 정보는 선의 위쪽이나 좌변에 기입한다.
(다만, 복잡한 도면에서는 별도의 인출선을 사용하여 기입한다.)

㉡ 관내 흐름 방향은 관을 표시하는 선에 화살표의 방향으로 나타낸다.

㉢ 배관의 치수는 mm 를 기본단위로 하고 각도는 도(°)로 나타낸다.

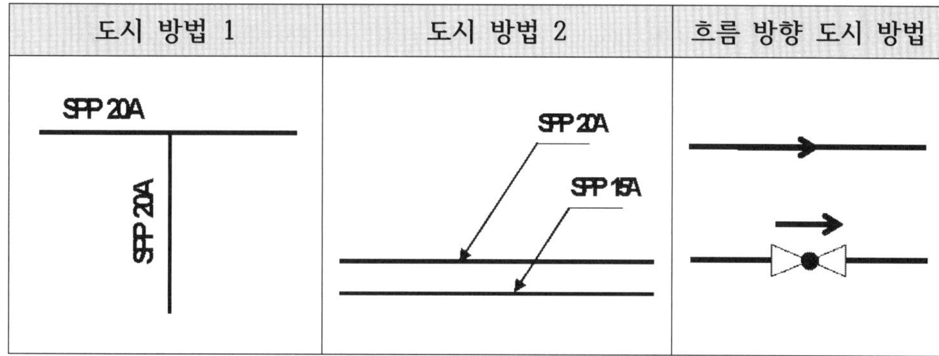

도시 방법 1	도시 방법 2	흐름 방향 도시 방법

③ 배관의 접속상태 도시방법

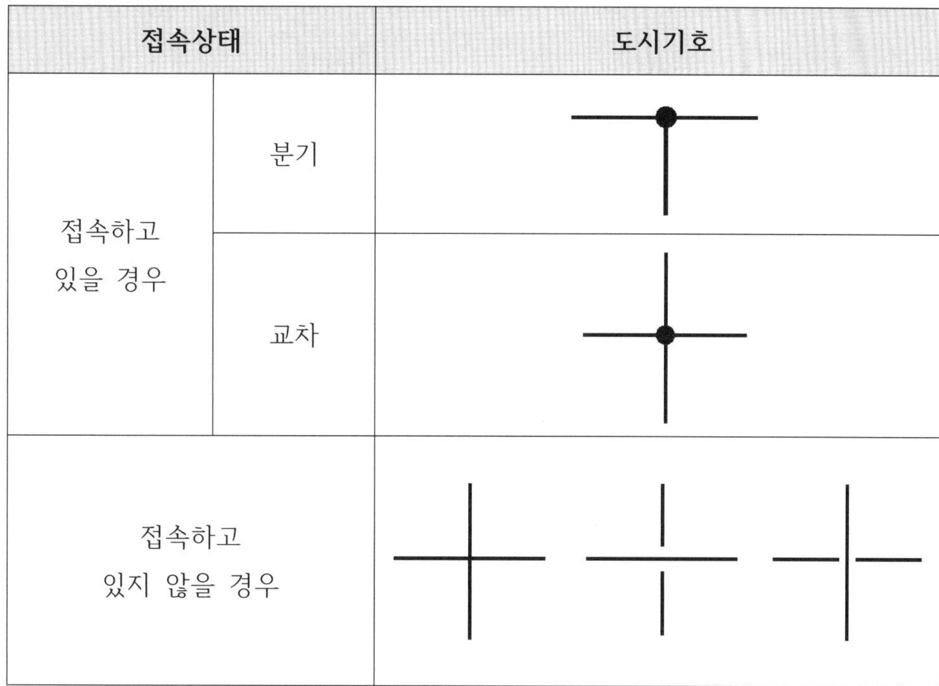

접속상태		도시기호
접속하고 있을 경우	분기	
	교차	
접속하고 있지 않을 경우		

④ 배관 높이 도시방법

기호	의미
GL(Ground Level)	지면을 기준으로 하여 높이를 표시
FL(Floor Level)	층의 바닥면을 기준으로 하여 높이를 표시
EL(Elevation Level)	관의 중심을 기준으로 하여 높이를 표시
TOP(Top Of Pipe)	관 외경의 윗면까지를 기준으로 높이를 표시
BOP(Bottom Of Pipe)	관 외경의 아랫면까지를 기준으로 높이를 표시

⑤ 유체의 종류 및 도시기호

유체 종류	글자 기호	색상	도시기호
공기	A (Air)	백색(흰색)	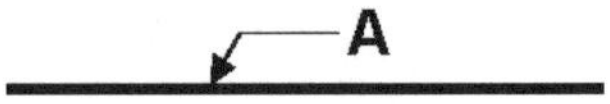 A
가스	G (Gas)	황색 (연한 노랑색)	 G
유류	O (Oil)	암황적색 (어두운 주황색)	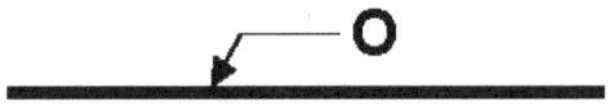 O
수증기	S (Steam)	암적색 (어두운 빨강색)	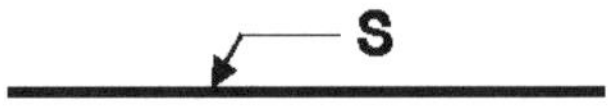 S
물	W (Water)	청색(파랑색)	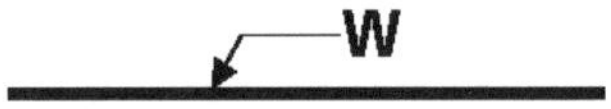 W

⑥ 관의 이음방식 및 이음쇠 도시기호

이음방식	표시기호	이음쇠		도시기호
나사식	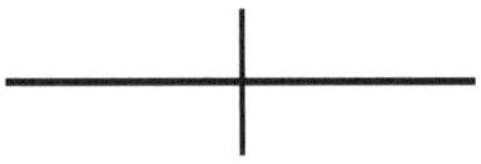	엘보		
용접식		티		
플랜지식		크로스		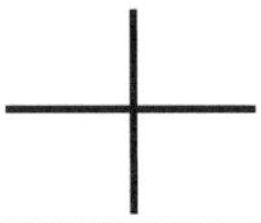
턱걸이식		리듀서	동심	
유니온식			편심	

⑦ 관의 끝부분 및 계기 도시기호

끝부분 종류	도시기호	계기 종류	도시기호
막힘 플랜지		온도계	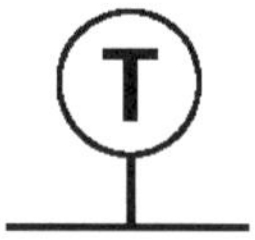 T
나사박음식 캡	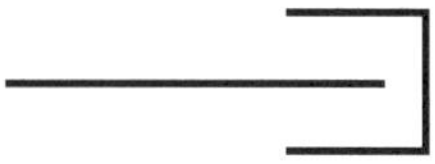	압력계	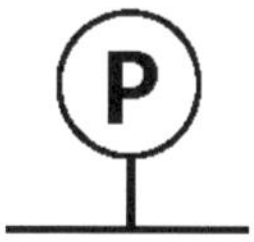 P
용접식 캡		유량계	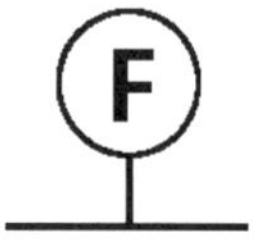 F

⑧ 밸브 도시기호

밸브 종류	도시기호	밸브 종류	도시기호
일반 밸브		앵글 밸브	
글로브 밸브		3방향 밸브	
볼 밸브		스프링식 안전밸브	
체크 밸브		추식 안전밸브	
		일반 조작 밸브	
게이트 밸브		전자 밸브	 S
버터플라이 밸브		전동 밸브	 M

(3) 배관 이음

① 강관의 이음(pipe joint) 방법 **암기법** : 플랜이 음나용?

㉠ **플랜지**(Flange) **이음**
㉡ **나사**(소켓) 이음
㉢ **용접** 이음
㉣ 유니언(Union) 이음

② 배관 이음에 사용되는 부속품의 종류

㉠ 엘보(Elbow) : 배관의 흐름을 45° 또는 90°의 방향으로 변경할 때 사용
㉡ 소켓(Socket) : 배관의 길이가 짧아 연장 시 동일 지름의 직선으로 연결할 때 사용
㉢ 티(Tee) : 배관을 분기할 때 사용되며 관의 세 방향 구경이 동일하면 정티, 배관 연결부의 직경이 상이하면 이경티라고 부른다.
㉣ 캡(Cap) : 배관을 마감하는 부품으로 내부에 나사선이 있어, 바깥나사에 체결하여 관 끝을 막는데 사용
㉤ 플러그(Plug) : 배관을 마감하는 부품으로 외부에 나사선이 있어, 부품의 안쪽 나사에 삽입하여 관 끝을 막는데 사용
㉥ 리듀서(Reducer) : 배관의 지름을 줄이거나 늘리기 위한 용도로 사용
㉦ 니플(Nipple) : 끝부분을 나사선으로 처리하여 관을 직선으로 연결
㉧ 유니언(Union) : 관과 관 사이를 직선으로 연결하는 장치로 관의 수리, 점검, 교체 시 주로 사용된다.

2. 배관재료의 종류 및 용도

(1) 강관(Steel Pipe)

① **특징**

㉠ 인장강도가 크므로, 내충격성이 크다.
㉡ 배관작업이 용이하다.
㉢ 비철금속관에 비하여 가격이 저렴하므로 경제적이다.
㉣ 부식이 발생하기 쉽다.
㉤ 배관 수명이 짧다.

② **강관의 분류**

㉠ 사용되는 분야에 의한 분류 : 배관용, 수도용, 열교환용, 건축의 구조용
㉡ 재질에 따른 분류 : 탄소강관, 스테인리스강관, 합금강관 등
㉢ 제조방법에 의한 분류 : 이음매 있는 관(단접관, 전기저항용접관, 가스용접관, 아크용접관 등), 이음매 없는 관
㉣ 표면처리에 의한 분류 : 흑관(도금처리를 하지 않은 강관), 백관(아연도금강관)

③ 강관의 종류에 따른 KS 규격 기호 및 명칭

㉠ 배관용 강관

ⓐ 일반배관용 탄소강관(**SPP**, carbon Steel Pipe Piping)

ⓑ 압력배관용 탄소강관(**SPPS**, carbon Steel Pipe Pressure Service)

ⓒ 고압배관용 탄소강관(**SPPH**, carbon Steel Pipe High Pressure)

ⓓ 배관용 합금강관(**SPA**, Steel Pipe Alloy)

ⓔ 배관용 스테인리스강관(**STS**, STainless Steel pipe)

ⓕ 저온배관용 탄소강관(**SPLT**, carbon Steel Pipe Low Temperature service)

ⓖ 고온배관용 탄소강관(**SPHT**, carbon Steel Pipe High Temperature service)

ⓗ 배관용 아크용접 탄소강관(**SPW**, carbon Steel Pipe electric arc Welded)

㉡ 수도용 강관

ⓐ 수도용 아연도금 강관(SPPW, Steel Pipe Piping for Water service)

ⓑ 수도용 도복장 강관(STPW, coated and wrapped STeel Pipe for Water service)

㉢ 열교환용 강관

ⓐ 보일러 및 열교환기용 탄소강관(STBH 또는, STH, carbon Steel Tube Boiler and Heat exchanger)

ⓑ 보일러 및 열교환기용 합금강관(STHA, carbon Steel Tube boiler and Heat exchaner Alloy)

ⓒ 보일러 및 열교환기용 스테인리스강관(STS×TB, STainless Steel Tube Boiler)

ⓓ 저온 열교환기용 강관(STLT, carbon Steel Tube Low Temperature service)

(2) 주철관(Cast Iron Pipe)

① 특징

㉠ 다른 관에 비하여 내식성, 내압성이 우수하다.

㉡ 수도관, 가스관, 양수관, 전화용 지하 케이블관, 배수관, 위생설비 배관 등에 사용한다.

㉢ 인장강도가 작다.

㉣ 용접이 어렵다.

② 주철관의 이음(또는, 접합) 방법

㉠ 소켓(Socket) 이음

㉡ 플랜지(Flange) 이음

㉢ 특수 이음 : 기계적(Mechanical) 이음, 빅토릭(Victoric) 이음, 타이톤(Tyton) 이음

제6장

(3) 비철금속관

① 동관(Copper Pipe, 구리관)

[장점] ㉠ 전기 및 열의 양도체이다.

㉡ 내식성, 굴곡성이 우수하다.

㉢ 내압성도 있어서 열교환기의 내관(tube), 급수관 등 화학공업용으로 사용된다.

㉣ 철관이나 연관보다 가벼워서 운반이 쉽다.

㉤ 상온의 공기 중에서는 변화하지 않으나 탄산가스를 포함한 공기 중에서는 푸른 녹이 생긴다. (즉, 산에 약하고, 알칼리에 강하다.)

㉥ 가공성이 좋아 배관시공이 용이하다.

㉦ 아세톤, 에테르, 프레온가스, 휘발유 등의 유기약품에 침식되지 않는다.

㉧ 관 내부에서 마찰저항이 적다.

㉨ 동관의 이음방법에는 플레어(flare) 이음, 플랜지 이음, 용접 이음이 있다.

[단점] ㉠ 담수에 대한 내식성은 우수하지만, 연수에는 부식된다.

㉡ 기계적 충격에 약하다.

㉢ 가격이 비싸다.

㉣ 암모니아, 초산, 진한황산에는 심하게 침식된다.

② 황동관(동합금관)

㉠ 구리에 아연을 첨가하여 만든 동합금으로 놋쇠라고도 한다.

㉡ 황동관은 동관과 같은 성질이 있으므로 열교환기의 내관(tube), 복수기 등에 사용된다.

③ 연관(납관)

㉠ 구부리기 쉽고, 내산성, 내식성도 우수하므로 수도관으로 널리 사용된다.

㉡ 전연성(전성 + 연성)이 풍부하여 상온가공이 용이하다.

㉢ 중량이 무거워 수평관에는 휘어져 처지기 쉽다.

㉣ 건조공기 중에서는 침식되지 않으나, 초산, 진한황산 등에는 침식된다.

㉤ 산에 강하고 알칼리에 약하다.

㉥ 용도에 따라 1종(화학공업용), 2종(일반용), 3종(가스용)으로 구분된다.

㉦ 연관의 이음방법에는 납땜 이음, 플라스턴(plastan, 납과 주석의 합금) 이음이 있다.

④ 알루미늄관

㉠ 동관 다음으로 전기전도도 및 열전도가 좋다.

㉡ 가공, 용접 등이 용이하다.

㉢ 비중이 작고(가볍고), 내식성이 우수하므로 항공기의 각종 배관용으로 사용된다.

(4) 비금속관

① 염화비닐관(PVC관, Poly Vinyl Chloride Pipe)

㉠ 내식성, 내산성, 내알칼리성이 크다.
㉡ 전기절연성이 크며, 열의 불량도체(열전도율은 철의 1/350)이다.
㉢ 가볍고, 강인하며 배관가공이 용이하다.
㉣ 가격 및 시공비가 저렴하다.
㉤ 사용온도는 5 ~ 70℃ 정도이며, 저온 및 고온에서는 강도가 취약하다.
㉥ 열팽창율이 크고, 외부의 충격에 강도가 적어 잘 깨진다.
㉦ 유기약품의 용제에 약하다.
㉧ 수도관, 도시가스, 하수, 약품관, 전선관 등에 사용된다.

② 폴리에틸렌관(PE관, Polyethylene Pipe)

㉠ 내충격성, 내열성, 내약품성, 전기절연성이 PVC보다 우수하다.
㉡ 상온에서 유연성이 풍부하여 휘어지므로, 긴 롤관의 제작 및 운반도 가능하다.
㉢ PVC보다 가볍다.
㉣ 가격 및 시공비가 저렴하다.
㉤ 동절기에도 파손 위험이 없다.
㉥ 외부의 충격에 강도가 크다.
㉦ 장시간 일광에 노출 시 노화가 되며, 열에 특히 약하다.

③ 석면 시멘트관(Asbestos Cement Pipe)

㉠ 석면 섬유와 시멘트를 1 : 5 정도의 중량비율로 배합하고 물을 혼입시켜서 가압, 성형하여 만든 관이다.
㉡ 주철관보다 가볍고 경제적이다.
㉢ 부식에 강하다.
㉣ 급수, 배수의 수도관, 화학공장의 배관에 사용된다.
㉤ 외부 충격에 약하다.

④ 콘크리트관(Concrete Pipe)

㉠ 콘크리트(모래와 시멘트를 1 : 2 정도의 중량비율로 배합)제의 관을 말하는 것으로 철근으로 보강을 한 경우가 많다.
㉡ 상·하수도용 배관에 사용된다.

⑤ 도관(토관)

㉠ 철분이 약간 많은 점토를 사용하여 압출기로 성형하고, 건조 후 유약을 발라 구워 만든 것으로, 직관과 이형관의 형태가 있다.
㉡ 하수용, 오수용의 배수관으로 사용된다. (화장실의 세면기 등)

3. 배관 부속기기

(1) 배관의 부속기기 및 용도

① 배관용 지지구

㉠ 행거(Hanger)

- 배관의 하중을 위에서 걸어 잡아당겨줌으로써 지지해주는 역할의 배관용 지지대로서, 관을 고정하지는 않는다.

ⓐ 리지드(Rigid) : 이동식 철봉대나 파이프 행거 시 수직방향으로 변위가 없는 곳에 사용한다.

ⓑ 스프링(Spring) : 스프링의 장력을 이용하여 변위가 적은 곳에 사용한다.

ⓒ 콘스턴트(Constant) : 배관의 상·하 이동을 허용하면서 변위가 큰 곳에 사용한다.

㉡ 서포트(Support)

- 배관의 하중을 아래에서 받쳐 위로 지지해주는 역할의 배관용 지지구이다.

ⓐ 리지드(Rigid) : H빔으로 만든 것으로 종류가 다른 여러 배관을 한꺼번에 지지한다.

ⓑ 파이프 슈(Pipe Shoe) : 배관의 엘보 부분과 수평부분에 영구히 고정, 배관의 이동을 구속한다.

ⓒ 롤러(Roller) : 배관의 신축을 자유롭게 하면서 롤러가 관을 받치면서 지지한다.

ⓓ 스프링(Spring) : 상·하 이동이 자유롭고 배관 하중의 변화에 따라 스프링이 완충작용을 한다.

㉢ 레스트레인트(Restraint)

- 열팽창 등에 의한 신축이 발생될 때 배관 상·하, 좌·우의 이동을 구속 또는 제한 하는데 사용하는 것이다.

ⓐ 앵커(Anchor) : 배관의 이동이나 회전을 모두 구속하기 위하여 지지 부분에 완전히 고정시켜 사용한다.

ⓑ 스토퍼(Stopper) : 회전 및 배관축과 직각인 특정방향에 대한 이동과 회전을 구속하고 나머지 방향은 자유롭게 이동할 수 있다.

ⓒ 가이드(Guide) : 신축이음(루프형, 슬리브형) 등에 설치하는 것으로 배관축과 직각방향의 이동은 구속하고, 배관라인의 축방향 이동은 허용하는 안내 역할을 한다.

㉣ 브레이스(Brace)

- 펌프, 압축기 등에서 발생하는 진동을 흡수하거나 감쇠시켜 배관계통에 전달되는 것을 방지하는 역할을 하는데 사용하는 것이다.

ⓐ 방진기 : 진동을 방지하거나 완화시키는 역할을 한다.

ⓑ 완충기 : 배관 내의 수격작용, 안전밸브의 분출반력 등 충격을 완화하는 역할을 한다.

㉤ 기타 지지장치 : 이어(eaes), 슈즈(shoes), 러그(lugs), 스커트(skirts) 등이 있다.

② **패킹재료**

㉠ 플랜지 패킹재

ⓐ 천연고무 : 탄성이 우수하고 내식성이 좋지만 열과 기름에는 침식된다.

ⓑ 합성고무(Neoprene, 네오프렌)
: 열과 기름에도 강하고, 내열범위는 - 46 ~ 120℃ 이므로 121℃ 이상의 증기배관에는 사용할 수 없다.

ⓒ 석면 조인트 시트
: 미세한 섬유질의 광물질로서 내열범위가 450℃ 이므로 증기나 온수, 고온의 기름 배관에 적합하다.

ⓓ 합성수지(Teflon, 테프론)
: 탄성은 부족하나 화학적으로 매우 안정되어 있으므로 약품, 기름에도 침식이 거의 되지 않으며, 내열범위는 - 260 ~ 260℃ 이다.

ⓔ 오일 실(Oil seal) 패킹
: 식물성 섬유제품이므로 내유성은 좋으나 내열성이 나쁘므로 기어박스, 펌프, 유류배관 등에 사용된다.

ⓕ 금속 패킹 : 납, 주석, 구리 알루미늄 등의 금속을 사용하므로 탄성이 적어 배관의 팽창, 수축, 진동 등에 의해 누설되기 쉽다.

㉡ 나사용 패킹재

ⓐ 페인트 : 고온의 기름배관 외에는 모두 사용된다.

ⓑ 일산화연(납) : 페인트에 소량의 일산화납을 첨가한 것으로서, 냉매 배관에 주로 사용된다.

ⓒ 액상 합성수지 : 화학약품에 강하므로 약품, 증기, 기름 배관에 사용된다.

㉢ 글랜드(Gland) 패킹재
- 회전축이나 밸브의 회전 부분에서의 누설을 적게 하는 밀봉법으로서, 석면 각형 패킹, 석면 얀(yarn) 패킹, 몰드(mold) 패킹, 아마존(Amazon) 패킹, 메탈 패킹 등이 있다.

(2) 신축이음장치의 종류

① **루프형(Loop type, 만곡관형) 이음**

㉠ 만곡관으로 만들어진 배관의 가요성(휨)을 이용한 것이다.
㉡ 고온·고압에 잘 견디며 주로 고압증기의 옥외 배관에 사용한다.
㉢ 조인트의 곡률반경은 관지름의 6배 이상으로 하는게 좋다.
㉣ 구조가 간단하고 내구성이 좋아서 고장이 적다.
㉤ 곡선 이음이므로 조인트가 차지하는 면적이 커서 설치장소에 제한을 받는다.
㉥ 신축으로 인한 응력을 수반하는 단점이 있다.

② **슬리브형(Sleeve type, 미끄럼형, 슬라이딩형, 옷소매형) 이음**

㉠ 슬리브와 본체사이에 석면으로 만든 패킹을 넣어 온수나 증기의 누설을 방지한다.

㉡ 고온, 고압에는 부적당하므로, 비교적 저온(180℃ 이하), 저압(8 kgf/cm^2 이하)의 공기, 가스, 기름 등의 배관에 사용된다.

㉢ 50A 이하의 배관에는 나사식 이음, 50A 이상의 배관에는 플랜지(Flange)식 이음을 사용한다.

③ **벨로스형(Bellows type, 주름형, 파상형) 이음**

㉠ 주름잡힌 모양인 벨로우즈관의 신축을 이용한 것이다.

㉡ 신축으로 인한 응력이 생기지 않는다.

㉢ 조인트가 차지하는 면적이 적으므로 설치장소에 제한을 받지 않는다.

㉣ 단식과 복식의 2종류가 있다.

㉤ 누설의 염려가 없다.

④ **스위블형(Swivel type, 회전형) 이음**

㉠ 2개 이상의 엘보(Elbow)를 사용하여 직각방향으로 어긋나게 하여 나사맞춤부(회전이음부)의 작용에 의하여 신축을 흡수하는 것이다.

㉡ 온수난방 또는 저압증기의 배관 및 분기관 등에 사용된다.

㉢ 지나치게 큰 신축에 대하여는 나사맞춤이 헐거워져 누설의 염려가 있다.

[비교] 압력이 큰 순서(신축량이 큰 순서) : 루프형 > 슬리브형 > 벨로스형 > 스위블형

제7장 보일러 안전장치 정비

1. 안전장치

보일러 가동 및 운전 시 이상 상황이 발생하면 이를 조치 및 제어하여 사고를 미연에 방지하는 장치로서, 보일러 안전장치의 종류에는 안전밸브, 방출밸브, 방출관, 고·저수위 경보장치, 방폭문, 가용마개, 화염검출기, 압력제한기, 압력조절기, 전자밸브 등이 있다.

(1) 안전밸브(Safety valve, 압력방출장치)

- 증기보일러에서 발생한 증기압력이 이상 상승하여 설정된 압력 초과 시에 자동적으로 밸브가 열려 증기를 외부로 분출하여 과잉압력을 저하시켜 보일러 동체의 폭발사고를 미연에 방지하기 위한 장치이다.

① **설치목적** : 증기보일러에서 증기압력이 규정상용압력 이상으로 높아지면 보일러가 폭발사고 위험이 있으므로 이것을 사전에 방지하기 위하여 설정압력 이상이 되면 자동적으로 밸브를 열어 증기를 분출시켜 과잉압력을 저하시킨다.

② **설치방법** : 안전밸브는 쉽게 검사할 수 있는 곳에 설치해야 하며, 보일러 동체의 증기부 상단에 직접 부착시키며, 밸브 축을 동체에 수직으로 설치하여야 한다.

③ **설치개수**

㉠ 증기보일러 본체(동체)에는 2개 이상의 안전밸브를 설치하여야 한다.
(다만, 전열면적이 $50\,m^2$ 이하의 증기보일러에서는 1개 이상으로 한다.)

㉡ 관류보일러에서 보일러와 방출밸브와의 사이에 스톱밸브를 설치할 경우에는 안전밸브 2개 이상을 설치하여야 한다.

㉢ 과열기가 부착된 보일러는 그 출구측에 1개 이상의 안전밸브를 설치하여야 한다.

㉣ 재열기 및 독립된 과열기에는 입구측과 출구측에 각각 1개 이상의 안전밸브를 설치하여야 한다.

④ **안전밸브의 구비조건**

㉠ 설정된 압력 초과시 증기 배출이 충분할 것

㉡ 적절한 정지압력으로 닫힐 것

㉢ 동작하고 있지 않을 때는 증기의 누설이 없을 것

㉣ 밸브의 개폐가 자유롭고 신속히 이루어질 것

⑤ **안전밸브의 크기**

㉠ 호칭지름 25A (즉, 25 mm) 이상으로 하여야 한다.

㉡ 특별히 20A 이상으로 할 수 있는 경우는 다음과 같다.

ⓐ 최고사용압력 0.1 MPa(= 1 kg/cm^2) 이하의 보일러

ⓑ 최고사용압력 0.5 MPa(= 5 kg/cm^2) 이하의 보일러로서,
동체의 안지름이 500 mm 이하이며 동체의 길이가 1000 mm 이하의 것

ⓒ 최고사용압력 0.5 MPa 이하의 보일러로서, 전열면적이 2 m^2 이하의 것

ⓓ 최대증발량이 5 ton/h 이하의 관류보일러

ⓔ 소용량 보일러(강철제 및 주철제)

㉢ 안전밸브의 크기(분출)는 전열면적에 비례하고 압력에는 반비례한다.

⑥ **안전밸브의 분출압력 조정형식** 암기법 : 스중, 지렛대

㉠ 스프링식 : 스프링의 탄성력을 이용하여 분출압력을 조정한다.
* 고압·대용량의 보일러에 적합하여 가장 많이 사용되고 있다.

㉡ 중추식 : 추의 중력을 이용하여 분출압력을 조정한다.

㉢ 지렛대식(레버식) : 지렛대와 추를 이용하여 추의 위치를 좌우로 이동시켜 작은 추의 중력으로도 분출압력을 조정한다.

⑦ **양정에 따른 스프링식 안전밸브의 분류** 암기법 : 안양, 저고 전전

㉠ **저**양정식 : 밸브의 양정이 밸브시트 구멍 안지름의 1/40 ~ 1/15 배 미만

㉡ **고**양정식 : 밸브의 양정이 밸브시트 구멍 안지름의 1/15 ~ 1/7 배 미만

㉢ **전**양정식 : 밸브의 양정이 밸브시트 구멍 안지름의 1/7 배 이상

㉣ **전**량식 : 밸브시트 구멍 안지름이 목부지름보다 1.15 배 이상

【참고】 • 분출용량이 큰 순서 : 전량식 〉 전양정식 〉 고양정식 〉 저양정식

⑧ **스프링식 안전밸브의 증기누설 원인**

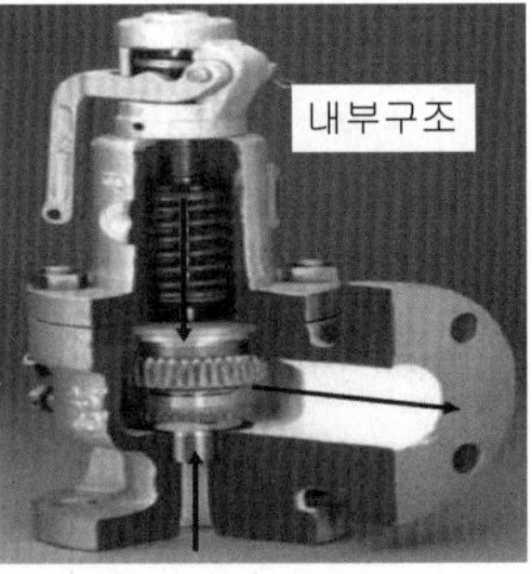

㉠ 밸브 디스크와 시트가 손상되었을 때

㉡ 스프링의 탄성이 감소하였을 때

㉢ 공작이 불량하여 밸브 디스크가 시트에 잘 맞지 않을 때

㉣ 밸브 디스크와 시트 사이에 이물질이 부착되어 있을 때

㉤ 밸브 봉의 중심이 벗어나서 밸브를 누르는 힘이 불균일할때

【참고】 증기가 누설 될 경우 신속하게 조치하지 않으면 밸브시트에 현저하게 흠집이 나거나 또는 스프링이 부식된다.

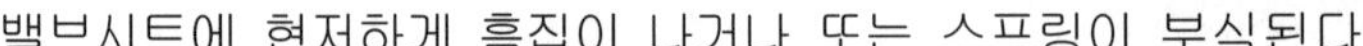

⑨ **안전밸브에 관한 기타 중요사항**

㉠ 안전밸브의 작동압력(분출압력)은 1개 부착 시 보일러 최고사용압력 이하에서 작동될 수 있도록 한다.

㉡ 안전밸브의 작동압력(분출압력)은 2개 부착 시 그 중 1개는 보일러 최고사용압력 이하에서 작동, 나머지 1개는 최고사용압력의 1.03배 이하에서 작동될 수 있도록 한다.

㉢ 과열기에 부착된 안전밸브 분출압력은 보일러 본체 증발부 안전밸브의 분출압력 이하이어야 한다.
㉣ 발전용 보일러에 부착하는 안전밸브의 분출정지압력은 분출압력의 0.93배 이상이어야 한다.
㉤ 재열기 및 독립된 과열기에는 안전밸브가 1개인 경우 최고사용압력 이하이어야 한다.
㉥ 안전밸브의 방출관은 단독으로 설치하여야 한다.
㉦ 수동에 의한 시험 및 점검은 최고사용압력의 75% 이상 되었을 때 시험레버를 작동시켜 보는 것으로 1일 1회 이상 시행한다.

(2) 방출밸브(Relief valve, 릴리프밸브)

- 온수 발생 보일러에서는 수압이 최고사용압력을 초과 시에 즉시로 작동하여 온수를 서서히 방출한다. 배출되는 온수는 버리지 않고 안전한 장소까지 안내되어 재사용하도록 배관을 통하여 방출된다.

  * 온수보일러에만 설치되는 방출밸브는 증기보일러에서의 안전밸브와 같은 역할을 하며, 반드시 방출관을 설치하여야 한다.

① **설치목적** : 온수보일러에서 수압(수두압)이 설정압력을 초과하면 보일러 및 배관의 파열 사고 위험이 있으므로 이것을 사전에 방지하기 위하여 설정압력 이상이 되면 자동적으로 밸브를 열어 물을 배출시켜 과잉압력을 저하시킨다.

② **설치규정**

㉠ 온수보일러에서는 압력이 보일러의 최고사용압력에 도달하면 즉시로 작동하는 방출밸브 또는 안전밸브를 1 개 이상 갖추어야 한다. 다만, 손쉽게 검사할 수 있는 방출관을 갖추었을 때에는 방출밸브로 대용할 수 있다.
㉡ 인화성 증기를 발생하는 열매체보일러에서는 방출밸브 및 방출관은 밀폐식 구조로 하든가 보일러실 밖의 안전한 장소에 방출시키도록 한다.

③ **방출밸브의 크기**

㉠ 운전온도 120 ℃ 이하에서 사용하며, 그 지름은 20A (20 mm) 이상으로 한다. 다만, 보일러의 압력이 보일러의 최고사용압력에 10 % 를 더한 값을 초과하지 않도록 지름과 개수를 정해야 한다.
㉡ 운전온도 120 ℃를 초과하는 경우의 온수발생 보일러에는 방출밸브 대신에 안전밸브를 설치해야 하며, 그 때 안전밸브의 호칭지름은 20A (20mm) 이상으로 한다.

【비교】 안전밸브와 방출밸브의 적용보일러와 분출매체의 차이점

- 방출밸브는 온수 발생 보일러의 안전장치 역할을 하며, 분출되는 매체는 온수이다.
- 안전밸브는 증기 발생 보일러의 안전장치 역할을 하며, 분출되는 매체는 증기이다.

제7장

④ **방출관**

㉠ 온수발생 보일러에서 팽창탱크까지 연결된 관으로 가열된 팽창 온수를 흡수하여 안전사고를 방지한다. 이 때 방출관에는 어떠한 경우든 차단장치(정지밸브, 체크밸브 등)를 부착하여서는 안 된다.

㉡ 방출관의 크기는 전열면적에 비례하여 다음과 같은 크기로 하여야 한다.

전열면적 (m^2)	방출관의 안지름 (mm)
10 미만	25 이상
10 이상 ~ **15** 미만	**30** 이상
15 이상 ~ **20** 미만	**40** 이상
20 이상	50 이상

암기법 : 전열면적(구간의)최대값 × 2 = 안지름 값↑

(3) 수위검출기(고·저수위 경보장치 또는, 저수위 차단장치)

① **설치목적** : 보일러 동체 내의 수위가 규정수위 이상 또는 이하가 될 경우에 자동적으로 경보를 발령하며 그 신호를 전자밸브에 보내서 연료공급을 차단시켜 보일러 운전을 정지하여 과열사고를 방지한다.

② **수위검출기의 설치규정**

㉠ 최고사용압력 0.1 MPa(= 1 kg/cm^2) 를 초과하는 증기보일러에는 안전저수위 이하로 내려가기 직전에 경보(50 ~ 100 초)가 울리고, 안전저수위 이하로 내려가는 즉시 연료를 자동적으로 차단하는 저수위 차단장치를 설치해야 한다.

㉡ 경보음은 70 dB 이상이어야 한다.

③ **수위검출기의 종류** **암기법** : 플전열차

㉠ **플**로트식(Float, 부자식) : 물과 증기의 비중차를 이용한다.
ex> 맥도널식, 맘포드식, 자석식

㉡ **전**극봉식 : 관수의 전기전도성을 이용한다.

㉢ **열**팽창식(코프식) : 금속관의 온도변화에 의한 열팽창을 이용한다.

㉣ **차**압식 : 관수의 수두압차를 이용한다.

(4) 방폭문(또는, 폭발문)

① 설치목적 : 보일러 연소실 내의 미연소가스로 인한 폭발 및 역화 시 그 내부압력을 대기로 방출시켜 보일러 내부의 폭발사고에 의한 피해를 줄인다.

② 설치위치 : 폭발가스로 인해 인명 피해 및 화재의 위험이 없는 보일러 연소실 후부 또는 좌·우측에 설치한다.

③ 방폭문의 종류

㉠ 스윙식(개방식) : 자연통풍 방식에 사용된다.

㉡ 스프링식(밀폐식) : 강제통풍 방식에 사용된다.

(5) 가용마개(fusible plug 가용플러그 또는, 가용전)

① 설치목적 : 내분식 보일러인 노통보일러에 있어서 관수의 이상 감수 시 과열로 인한 동체의 파열사고를 방지하기 위하여 주석과 납의 합금을 주입한 것으로서, 노통 꼭대기나 화실 천장부에 나사 박음으로 부착한다.

② 작동원리 : 이상 감수 시 합금이 녹아서(가용되어) 구멍이 생긴 부분으로 증기를 분출시켜 노내의 화력을 약하게 하는 동시에 그 음향으로 위험을 알려준다.

(6) 화염검출기(Flame detector, 불꽃검출기)

① 설치목적 : 연소실 내의 화염의 유무를 검출하여 연소상태를 감시하고, 이상 화염 시에는 연료 전자밸브에 신호를 보내서 연료공급 밸브를 차단시켜 보일러 운전을 정지시키고 미연소가스로 인한 폭발사고를 방지한다.

② 화염검출기의 종류

㉠ 플레임 아이(Flame eye, 광전관식 화염검출기 또는, 광학적 화염검출기)

ⓐ 화염에서 발생하는 빛(방사에너지)에 노출 되었을 때 도전율이 변화하거나 또는 전위를 발생하는 광전 셀이 감지 요소로 되어 있는 장치이다.

ⓑ 셀(cell)의 종류 : Se(셀레늄)셀, PbS(황화납)셀, PbSe(셀레늄화납)셀,
Te(텔루륨)셀, CdS(황화카드뮴)셀, CdTe(텔루륨화카드뮴)셀

ⓒ 광전관의 기능은 보일러 주위의 온도가 높아지면 센서 기능이 파괴되므로, 이 장치의 주위온도는 50℃ 이상 되지 않게 해야 한다.

ⓓ 광전관식은 유리나 렌즈를 매주 1회 이상 청소하고, 감도 유지에 주의한다.

㉡ 플레임 로드(Flame rod, 전기전도 화염검출기)

ⓐ 화염의 이온화현상에 의한 전기 전도성을 이용하여 화염의 유무를 검출하며, 주로 가스점화버너에 사용된다.

ⓑ 화염검출기 중 가장 높은 온도에서 사용할 수 있다.

ⓒ 검출부가 불꽃에 직접 접하므로 소손에 주의하고 청소를 자주 해준다.

㉢ 스택 스위치(Stack switch, 열적 화염검출기)

ⓐ 화염의 발열현상을 이용한 것으로 감온부는 연도에 바이메탈을 설치하여 신축 작용으로 화염의 유무를 검출하며, 화염 검출의 응답이 느려서 버너 분사 및 정지에 시간이 많이 걸리므로, 연료소비량이 10L/h 이하인 소용량 보일러에 주로 사용된다.

ⓑ 구조가 간단하고 가격이 저렴하다.

ⓒ 버너의 용량이 큰 곳에는 부적합하다.

ⓓ 스택 스위치를 사용할 때의 안전사용온도는 300℃ 이하가 적당하다.

(7) 압력제한기(또는, 압력차단 스위치)

① 설치목적 : 보일러의 증기압력이 설정압력을 초과하면 자동적으로 접점을 단락하여 전자밸브를 닫아 연료를 차단하여 보일러 운전을 정지시킨다.

② 작동원리 : 증기압력 변화에 따라 기기내의 벨로스가 신축하여 내장되어 있는 수은 스위치를 작동시켜 전기회로를 개폐하여 작동한다.

(8) 압력조절기

① 설치목적 : 보일러내의 증기압력이 높거나 낮을 경우 연료량과 공기량을 조절하여 증기압력을 일정하도록 조절하도록 해준다.

② 작동원리 : 조절기내의 벨로즈 신축을 전기저항으로 변환하여 연료량과 공기량을 조절하는 컨트롤 모터를 작동시켜 항상 일정한 증기압력이 유지되도록 자동전환 컨트롤 한다.

(9) 전자밸브(Solenoid valve 솔레노이드밸브, 연료차단밸브)

① 설치목적 : 보일러 운전 중 이상감수 및 설정압력 초과나 불착화 시 연료의 공급을 차단하여 보일러 운전을 정지시킨다.

② 작동원리 : 2위치 동작으로 전기가 투입되면 코일에 자기장이 유도되어 밸브가 열리고 전기가 끊어지면 밸브가 닫힌다.

③ 설치위치 : 연료 배관라인에서 버너 전에 설치되어 있다.

④ 전자밸브와 연결된 장치 : 화염검출기, 수위검출기, 압력제한기, 송풍기 등

제8장 보일러 부속설비 설치

1. 보일러 수처리설비

- 제5장 "보일러 수질 관리"와 중복된 내용이므로 생략함.

2. 보일러 급수장치

(1) 급수펌프(Water pump)

- 보일러 내로 물을 공급해 주는 장치이다.

① 급수펌프의 종류

㉠ 원심식 펌프

ⓐ 다수의 임펠러(impeller, 회전차)가 케이싱내에서 고속 회전을 하면 흡입관 내에는 거의 진공 상태가 되므로 물이 흡입되어 임펠러의 중심부로 들어가 회전하면 원심력에 의해 물에 에너지를 주고 속도에너지를 압력에너지로 변환시켜 토출구로 물이 방출되어 급수를 행한다.

ⓑ 원심식 펌프의 구조상 종류로는 임펠러에 안내 날개(안내 깃)를 부착하지 않고 임펠러의 회전에 의한 원심력으로 급수하는 펌프인 볼류트(Volute, 소용돌이) 펌프와, 임펠러에 안내날개를 부착한 터빈(Turbine) 펌프 등이 있다.

ⓒ 원심식 펌프는 공회전시에 펌프의 고장을 방지하기 위해서, 처음 기동할 때 펌프 케이싱 내부에 공기를 빼고 물을 가득 채워야 하는 "플라이밍(Priming)" 조작을 해주어야 하는 단점이 있다.

㉡ 왕복식(또는, 왕복동식) 펌프 　　암기법 : 왕, 워플웨

ⓐ 피스톤 또는 플런저의 왕복운동에 의해 급수를 행한다.

ⓑ 종류 : **워**싱턴(Worthington) 펌프, **플**런저(Plunger) 펌프, **웨**어(Weir) 펌프

② 펌프의 축동력(L) 계산

• $L = \dfrac{9.8\,HQ}{\eta}$ [kW] $= \dfrac{\gamma \cdot H \cdot Q}{102 \times \eta}$ [kW] $= \dfrac{\gamma \cdot H \cdot Q}{76 \times \eta}$ [HP] $= \dfrac{\gamma \cdot H \cdot Q}{75 \times \eta}$ [PS]

여기서, 양정 또는 수두 H (m), 유량 Q (m^3/sec),
펌프의 효율 η, 유체의 비중량 γ (kgf/m^3)

제8장

(2) 인젝터(Injector)

- 보조 급수펌프로서, 증기가 보유하고 있는 열에너지를 압력에너지로 전환시키고 다시 운동에너지로 바꾸어 급수하는 예비 급수장치이다.

① **원리** : 보조 증기관에서 보내어진 증기는 증기노즐을 거쳐 혼합노즐에서 물 흡입관을 통하여 올라온 물과 혼합을 하면서 증기의 잠열이 급수에 빼앗기게 되어 체적 감소를 일으켜 부압(-) 상태를 형성하므로 속도에너지를 만들게 된다. 그리하여 토출노즐에서 속도를 낮춤으로서 압력으로 전환하게 되어 증기분사력으로 보일러 동내에 급수를 하게 되는 비동력장치이다.

※ 열에너지 → 운동에너지(또는, 속도에너지) → 압력에너지 → 급수

② **인젝터의 시동 및 정지 순서**

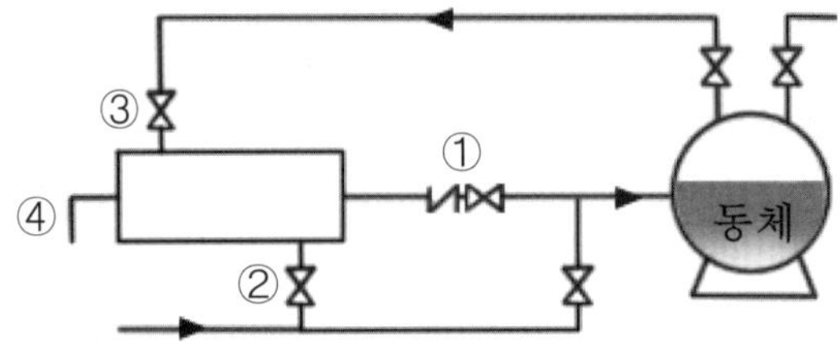

① 출구정지 밸브
② 급수 밸브
③ 증기 밸브
④ 조절 핸들

㉠ 시동 순서 : ① → ② → ③ → ④ **암기법** : 출급증핸

① 급수 출구관에 정지밸브를 연다. ② 급수밸브를 연다.
③ 증기밸브를 연다. ④ 핸들을 연다.

㉡ 정지 순서 : ④ → ③ → ② → ① **암기법** : 핸증급출

① 핸들을 닫는다. ② 증기밸브를 닫는다.
③ 급수밸브를 닫는다. ④ 급수 출구관에 정지밸브를 닫는다.

③ **인젝터 사용시의 특징**

㉠ 장점

ⓐ 보조증기관에서 보내어진 증기로 급수를 흡입하여 증기분사력으로 토출하게 되므로 별도의 소요동력을 필요로 하지 않는다. (즉, 비동력 급수장치이다.)
ⓑ 소량의 고압증기로 다량을 급수할 수 있다.
ⓒ 구조가 간단하여 소형의 저압보일러용에 사용된다.
ⓓ 취급이 간단하고 가격이 저렴하다.
ⓔ 급수를 예열할 수 있으므로 전체적인 열효율이 높다.
ⓕ 설치에 별도의 장소를 필요로 하지 않는다.

㉡ 단점

ⓐ 급수용량이 부족하다.
ⓑ 급수에 시간이 많이 걸리므로 급수량의 조절이 용이하지 않다.
ⓒ 흡입양정이 낮다.

ⓓ 급수온도가 50℃ 이상으로 높으면 증기와의 온도차가 적어져 분사력이 약해지므로 작동이 불가능하다.

ⓔ 인젝터가 과열되면 급수가 곤란하게 된다.

④ **인젝터 작동불량(급수불능)의 원인**

㉠ 급수의 온도가 높을 경우 (약 50℃ 이상일 경우)

㉡ 증기압력(약 2 kg/cm^2)이 낮을 경우

㉢ 인젝터 자체가 과열되었을 경우

㉣ 내부 노즐의 마모 및 이물질이 부착되어 막혔을 경우

㉤ 체크밸브가 고장난 경우

㉥ 흡입관로 및 밸브로부터 공기 유입이 있는 경우

㉦ 증기속에 수분이 많을 경우

(3) 급수내관(Feed water injection pipe)

- 보일러의 급수 입구라는 한 곳에 집중적으로 차가운 급수를 하면, 그 부근의 동판이 국부적으로 냉각되어 열의 불균일에 의한 부동팽창을 초래하게 된다.
  따라서 양단이 막힌 관의 양측 위에 작은 방수 구멍을 1열로 적당한 간격으로 뚫고, 그 방수 구멍으로 차가운 급수를 동 내부에 평균적으로 분포시키는 관을 말한다.

① 설치위치 : 보일러 동의 안전저수위보다 약간 아래에(50 mm) 설치한다.

② 설치목적

㉠ 보일러 급수 시 동판의 국부적 냉각으로 생기는 부동팽창을 방지하기 위하여

㉡ 급수내관을 통과하는 동안에 보일러 급수가 예열된다.

㉢ 관내 온도의 급격한 변화를 방지한다.

(4) 급수 탱크

- 보일러에서 사용되는 응축수가 부족할 때 이를 보충하기 위한 보충수(지하수, 상수도)를 급수처리하여 저장하였다가 사용하는 탱크이다.

(5) 응축수 탱크

- 열사용처에서 사용된 증기가 물로 응축할 때 그 응축수가 회수된 후 보일러로 공급되는 탱크이다.

(6) 급수 밸브

암기법 : 급체시 1520

- 전열면적이 10 m^2 이하의 보일러에서는 관의 호칭(지름) 15 A 이상의 것이어야 하고, 전열면적이 10 m^2를 초과하는 보일러에서는 관의 호칭(지름) 20 A 이상의 밸브가 필요하며, 주로 게이트밸브와 체크밸브가 사용된다.

(7) 기타 장치

- 급수관, 급수처리 약품주입 탱크, 급수량계, 온도계 등

3. 보일러 환경설비

(1) 건식 집진장치

① 중력식(또는, 침강식)

㉠ 원리 : 매연에 함유된 입자를 중력에 의해 자연적으로 침강시켜 분리하여 포집하는 방식의 집진장치이다.

㉡ 종류 : 중력 침강식, 다단 침강식

② 원심력식

㉠ 원리 : 분진을 포함하고 있는 가스를 사이클론의 입구로 유입시켜 중력보다 훨씬 큰 가속도를 주어 왕복 선회운동을 시키면 크고 작은 입경을 가진 분진입자는 원심력이 작용하여 외벽에 충돌하여 분진입자를 가스로부터 분리시키는 방식의 집진장치이다.

【key】 사이클론(Cyclone) : "회오리(선회)"를 뜻하므로 빠른 회전에 의해 원심력이 작용한다.

㉡ 종류 : 사이클론(Cyclone)식, 멀티클론(Multi-clone, 또는 멀티사이클론)식

ⓐ 사이클론식은 고성능 전기집진장치의 전처리용으로 주로 사용된다.

ⓑ 멀티-클론식은 소형사이클론을 2개 이상 병렬로 조합하여 처리량을 크게 하고 집진효율을 높인 방식이다.

③ 관성력식

㉠ 원리 : 함진가스를 5 ~ 30m/sec 의 속도로 흐르게 하면서 방해판(장애물)에 충돌시키거나 기류의 흐름방향을 급격히 전환시키면 분진이 갖고 있는 관성력으로 인해 분진이 직진하여 기류로부터 떨어져나가는 원리를 이용하여 분진을 가스와 분리·포집하는 방식의 집진장치이다.

㉡ 종류

ⓐ 집진방식에 따라 : 충돌식, 반전식

ⓑ 방해판(Baffle, 배플)의 수에 따라 : 1단식, 다단식

ⓒ 형식에 따라 : 곡관형, 루버형(louver), 포켓형(pocket)

④ 여과식(또는, Bag filter 백필터식)

㉠ 원리 : 함진가스를 여과재(filter)에 통과시켜 입자를 분리 · 포집하는 방식의 집진장치이다.

㉡ 종류

ⓐ 집진방식에 따라 : 간헐식, 연속식

ⓑ 형식에 따라 : 원통식, 평판식, 역기류분사식

(2) 습식(또는, 세정식) 집진장치

① **원리** : 함진가스를 액적, 액막, 기포 등을 이용한 세정액과 충돌시키거나 충분히 접촉시키면 입자의 부착, 습도 증가에 의해 입자의 응집을 촉진시켜 먼지를 분리·포집하는 방식의 습식집진장치이다.

② **습식 집진장치의 종류** **암기법** : 세회 가유

- **세**정액의 접촉방법에 따라 **유**수식, **가**압수식, **회**전식으로 분류한다.

㉠ 유수식

ⓐ 원리 : 집진장치 내에 일정량의 세정액(물)을 채운 후 함진가스를 유입시켜 분진을 제거시키는 방법이다.

ⓑ 종류 : S식 임펠러형, 회전형(로터형), 분수형, 선회류형

㉡ 가압수식

ⓐ 원리 : 물을 가압공급하여 함진가스 내에 분사시켜 가스 내 오염물질을 제거시키는 방법으로서 집진율은 비교적 우수하나 압력손실이 크다.

ⓑ 종류 : 사이클론 스크러버, 벤투리 스크러버, 충전탑, 분무탑

㉢ 회전식

ⓐ 원리 : 송풍기(Fan)의 회전을 이용하여 세정액의 액적, 액막, 기포로 함진가스 내의 분진을 제거시키는 방법이다.

ⓑ 종류 : 타이젠 워셔(Theison washer), 임펄스 스크러버(Impulse scrubber), 제트 컬렉터(Jet collector)

③ **가압수식 집진장치의 종류 및 특징**

㉠ **스크러버(Scrubber)**

ⓐ 벤투리 스크러버(Venturi scrubber)

: 함진가스를 벤투리관의 목부분에서 가스 유속을 60 ~ 90 m/s 정도로 빠르게 하여 주변의 노즐을 통하여 물이 흡입, 분사되게 하여 액적에 분진입자를 충돌시켜 포집하는 방식이다.

ⓑ 사이클론 스크러버(Cyclone scrubber)

: 사이클론의 원리에 따른 습식 집진장치로서 함진가스 내에 세정액을 분사하여 분진과 액적을 충돌시킴과 동시에 선회·상승운동을 주어 원심력에 의해 충돌입자를 포집하는 방식이다.

ⓒ 멀티 스크러버(multi-scrubber)

: 소형 사이클론 스크러버를 병렬로 조합하여 처리하는 방식이다.

ⓓ 제트 스크러버(Jet scrubber)

: 이젝터(ejector)를 사용해서 물을 고압으로 분무시켜 함진가스를 수적과 접촉시켜 포집하는 방식이다.

【key】 스크러버(Scrubber) : “(물기를 닦는) 수세미”라는 뜻이므로 습식을 떠올리면 된다.

㉡ **충전탑(Packed tower, 충전흡수탑)**

ⓐ 원리 : 충전탑 내에 여러 가지 충전제를 적당한 높이로 넣어, 함진가스를 세정액과 향류식으로 접촉시켜 분진을 제거하는 방식이다.

ⓑ 충전제의 종류 : 실리카겔, 탄산칼슘, 산화티타늄, 카본블랙 등

㉢ **분무탑(Spray tower)**

ⓐ 원리 : 탑 내에 다수의 살수 노즐을 사용하여 액적을 분무하여 함진가스를 세정액과 향류식으로 접촉시켜 분진을 제거하는 방식이다.

ⓑ 특징 : 지름이 10 μm 이상의 입자의 포집에 이용된다.

(3) 전기식 집진장치 (일명, '코트렐 집진기')

① **원리** : 특고압(30 ~ 60 kV)의 직류전압을 사용하여 침상의 방전극(-)과 판상이나 관상의 집진극(+)에 고전압을 걸어서 적당한 불평등 전계(電界)를 형성시켜 그 사이로 연도가스를 통과시키면 가스분자의 충돌 및 이온화가 왕성하게 되면서 이온이 발생하고 전극간의 전계에서 발생한 코로나(corona) 방전의 형성에 의하여 배기가스 중의 분진 입자는 (-)전하로 대전되어 전기력(쿨롱의 힘)에 의해 집진극인 (+)극으로 끌려가서 벽 표면에 포집되어 퇴적된다.
이것을 추타장치로 일정한 시간마다 전극을 진동시켜서 포집된 분진을 아래로 떨어뜨리는 형식의 건식 및 습식의 집진장치이다.

② **종류** : 코트렐(Cottrell)식 집진기

4. 보일러 폐열회수장치(여열장치)

보일러의 열효율을 향상시키기 위하여 외부로 배출되는 연소가스(또는, 배기가스)의 열을 회수하여 보일러로 공급되는 연소용 공기 및 급수를 예열하여 효율을 향상시키는 장치로 일종의 열교환기이다. **암기법** : 과재절공

※ 폐열회수장치 순서 : 연소실 → **과**열기 → **재**열기 → **절**탄기 → **공**기예열기

(1) **과열기(Super heater)**

- 보일러 동체에서 발생한 포화증기를 일정한 압력하에 더욱 가열(즉, 정압가열)하여 온도를 상승시켜 과열증기로 만드는 장치이다.

① **과열기 설치목적** : 열역학 사이클의 효율 증가를 위하여 설치한다.

② **과열증기 생성의 4단계 과정**

: 포화수 → 습포화증기(또는, 습증기) → 건포화증기(또는, 포화증기) → 과열증기

③ **연소가스와 증기의 흐름에 따른 분류**

㉠ 병류형 : 연소가스와 과열기내 증기의 흐름방향이 같다.

* 연소가스에 의한 과열기 소손(부식)은 적으나, 전열량이 적다.

㉡ 향류형 : 연소가스와 과열기내 증기의 흐름방향이 서로 반대이다.

* 연소가스에 의한 과열기 소손(부식)은 크나, 전열량이 많다.

㉢ 혼류형(또는, 직교류형) : 병류형과 향류형이 혼합된 형식의 흐름이다.

* 연소가스에 의한 과열기 소손도 적고, 전열량도 많다.

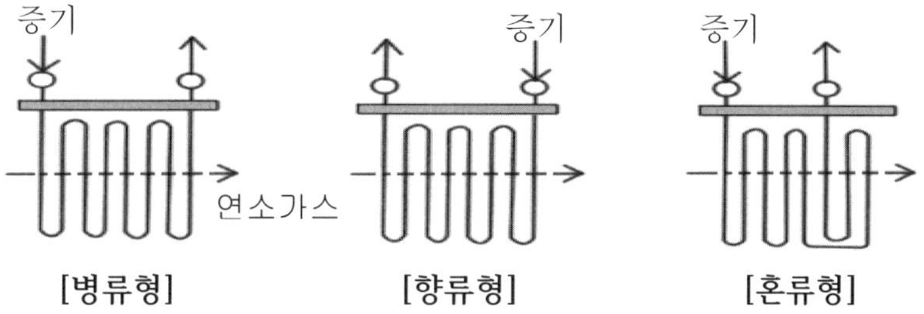

[병류형] **[향류형]** **[혼류형]**

【참고】 ※ 열전달은 유체의 흐름이 층류일 때보다 난류일 때 열전달이 더 양호하게 이루어지므로, 흐름에 따른 온도효율의 크기는 향류형 > 혼류형 > 병류형의 순서가 된다.

(2) **재열기(Reheater)**

- 증기터빈 속에서 일정한 팽창을 하여 온도가 낮아져 포화온도에 접근한 과열증기를 추출하여 다시 가열시켜 과열도를 높인 다음 다시 터빈에 투입시켜 팽창을 지속시키는 장치이다.

① **재열기 설치목적** : 발전소의 열효율 증가와 저압터빈의 날개 부식을 감소시키기 위하여 설치한다.

② **재열기의 종류**

㉠ 연소가스 재열기

- 보일러에 부속된 부속식과, 독립된 로를 갖는 독립식이 있다.

㉡ 증기 재열기

- 저온·저압의 피가열증기를 용기내에 유도하여 그 안에 설치한 관내에 고온·고압의 가열증기를 보내어 재열을 하는 형식으로서 노실에 설치되는 복사식과 연도에 설치되는 대류식이 있다.

(3) 절탄기(Economizer, 이코노마이저)

- 과거에 많이 사용되었던 연료인 석탄을 절약한다는 의미의 이름으로서, 보일러의 배기가스 덕트(즉, 연도)에 설치하여 배기가스의 폐열로 급수온도를 상승시켜 줌으로써, 손실되는 열을 회수하여 연료를 절감하는 급수예열장치이다.

① **설치목적** : 연소가스의 배기열을 이용하여 보일러의 급수를 예열함으로써 연료의 절약과 증발량의 증가 및 열효율을 향상시키기 위하여 설치한다.

② **절탄기 사용시 주의사항**

㉠ 절탄기는 점화하기 전에 공기를 빼고 물을 가득 채워야 한다.

㉡ 점화 후에는 처음에는 바이패스 연도로 배기가스를 보내고 그 다음 절탄기로 급수한 후 연도 댐퍼를 교체하여 배기가스를 보낸다.

㉢ 절탄기 내에 보내는 급수는 부식방지를 위하여 공기 등의 불응축가스를 제거시킨 후 사용한다.

㉣ 보일러 가동시에는 절탄기 내의 물이 유동되는가를 확인하여야 한다.

㉤ 저온부식을 방지하기 위하여 절탄기 출구측 배가스 온도를 노점온도(약 150℃) 이상이 될 수 있도록 조절하여야 한다.

(4) 공기예열기(Air preheater)

- 보일러의 배기가스 덕트(즉, 연도)에 설치하여 배기가스의 폐열로 연소용 공기온도를 상승시켜 줌으로써, 손실되는 열을 회수하여 연료를 절감하는 공기예열장치이다.

① **설치목적** : 연소가스의 배기열을 이용하여 보일러에 공급되는 연소용 공기를 예열함으로써 연료의 절약과 증발량의 증가 및 열효율을 향상시키기 위하여 설치한다.

② **공기예열기의 전열방법에 따른 종류**

㉠ 전열식(또는, 전도식)

: 연소가스를 열교환기 형식으로 공기를 예열하는 방식으로 원관을 다수 조립한 형식의 관형(Sell and tube) 공기예열기와 강판을 여러 겹 조립한 형식의 판형(Plate) 공기예열기가 있다.

㉡ 재생식(Regenerator 또는, 축열식)

: 축열실에 연소가스를 통과시켜 열을 축적한 후, 연소가스와 공기를 번갈아 금속판에 접촉시켜 연소가스 통과쪽의 금속판에 열을 축적하여 공기 통과쪽의 금속판으로 이동시켜 공기를 예열하는 방식으로, 전열요소의 운동에 따라 회전식, 고정식, 이동식이 있으며 대형보일러에 주로 사용되는 회전재생식인 융그스트롬(Ljungstrom) 공기예열기가 있다.

㉢ 증기식

: 연소가스 대신에 증기로 공기를 예열하는 방식으로 부식의 우려가 적다.

㉣ 히트파이프식

: 배관 표면에 핀튜브를 부착시키고 진공으로 된 파이프 내부에 작동유체(물, 알코올, 프레온 등)를 넣고 봉입한 것을 경사지게 설치하여, 작동유체의 열이동에 따른 상변화를 이용한 것으로 보일러 공기예열기용의 히트파이프 작동유체에는 물이 주로 사용된다.

5. 보일러 계측기기

(1) 압력 측정

① 1차 압력계의 종류 및 특징

㉠ 액주식 압력계(액주계, Manometer, 마노미터)

- 액주 속의 액체로는 물, 수은, 기름 등이 많이 이용되며, 두 액면에 미치는 압력의 차(ΔP)는 액체의 밀도(ρ)와 액주의 높이(h)를 측정하여 $P_2 - P_1 = \rho g h$ 공식에 의해 계산한다.

ⓐ U자관식 압력계

- U자형으로 구부러진 유리관에 기름, 물, 수은 등을 넣어 양쪽 끝에 각각의 압력을 가해서, 양쪽 액면의 높이차에 의해 차압을 측정한다.

ⓑ 단관식 압력계

- U자관에 있는 한쪽 관의 단면적을 다른 쪽 관의 단면적에 비해서 매우 크게 간단히 변형한 것이며, 압력측정범위는 5 ~ 2000 mmH_2O 이다.

ⓒ 경사관식 압력계 암기법 : 미경이

- U자관을 변형하여 한쪽 관을 경사시켜 놓은 것으로서, 약간의 압력변화에도 액주의 변화가 크므로 **미세한 압력**을 측정하는데 적당하다.

ⓓ 링밸런스식(Ring balance type 또는, 환상천평식) 압력계

- 원통 모양의 고리 안쪽 위에 격벽(隔壁)을 만들고, 도너츠 모양의 측정실에 액체(기름, 수은)를 반쯤 채우고 지점의 중심에서 아랫부분에 추를 달아서 평형시키고, 고리의 중심을 날받침(knife edge)으로 받쳐 고리가 날의 둘레를 자유롭게 회전할 수 있도록 한 것이다.

㉡ 침종식 압력계

ⓐ 단종식 압력계

- 액체 속에 일부분이 잠겨 있는 금속제의 침종이 내외의 압력의 변화에 따라 오르내리는 것을 이용하여 압력의 크기를 눈금으로 지시한다.

ⓑ 복종식 압력계

- 2개의 침종을 사용한 것으로서 2개의 침종이 1개의 지레에 의해 연결되어 있으므로 침종 내외의 차압에 의한 부력은 2배로 증가하고 감도가 높게 된다.

㉢ **분동식 압력계(또는, 부유 피스톤식 압력계)**

- 램(ram, 부유피스톤), 실린더, 기름탱크, 가압펌프 등으로 구성되어 있는 분동식 표준압력계는 분동에 의해 압력을 측정하는 형식으로, 탄성식 압력계의 일반 교정용 및 피검정 압력계의 검사 및 시험을 행하는데 주로 이용된다.

② **2차 압력계의 종류 및 특징**

㉠ **탄성식 압력계**

ⓐ 부르돈관식(Bourdon tube type) 압력계

- 타원형의 관을 원호상으로 구부려 한쪽 끝을 고정하고 다른 쪽 끝은 폐쇄한 관인 부르돈관에 압력이 가해지면 관의 내압이 대기압보다 클 경우 관의 곡률반경이 커지면서 지침이 회전하여 측정되는 압력을 지시한다.

ⓑ 다이어프램식(Diaphragm type 또는, 격막식 · 칸막이식· 박막식) 압력계

- 금속 또는 비금속, 합성수지 등의 탄성이 있는 얇은 막(박판)에 가해지는 압력을 받아 일으키는 막의 변형(변위) 크기를 기계적 확대 기구에 의해 확대하여 측정압력 눈금을 지시한다.

ⓒ 벨로스식(Bellows type 또는, 벨로우즈식) 압력계

- 탄성체인 금속 벨로우즈(주름상자형의 주름을 갖고 있는 원통상의 관)가 압력을 받으면 신축(팽창·수축)하여 발생하는 변위로써 측정하는 방식인데, 변위에 따르는 히스테리시스(hysteresis) 현상을 없애기 위하여 벨로우즈에 보조로 코일 스프링을 조합하여 특성을 개선하여 사용한다.

【비교】 • 탄성식 압력계의 종류별 압력 측정범위 **암기법** : 탄돈 벌다

- 부르**돈**관식 > **벨**로우즈식 > **다**이어프램식
(0.5 ~ 3000 kg/cm^2) (0.01 ~ 10 kg/cm^2) (0.002 ~ 0.5 kg/cm^2)

㉡ **전기식 압력계**

- 압력의 변형량을 전기적인 양으로 변환시켜 측정하는 원리로서, 그 종류에는 전기저항식, 압전식, 정전용량형, 자기변형식, 전위차형 압력계가 있다.

ⓐ 지시 및 기록이 쉽다.

ⓑ 전류 전송 방식이므로 반응속도(응답성)가 빠르고 원격측정이 가능하다.

ⓒ 정밀도가 좋으며, 안정된 측정을 할 수 있다.

ⓓ 소형인 구조로 되어 있다.

(2) 액면 측정

① 액면계(또는, 액위계)의 구비조건

㉠ 구조가 간단하고 조작이 용이할 것
㉡ 고온, 고압에 잘 견디어야 할 것
㉢ 연속 측정이 가능할 것
㉣ 지시 기록의 원격 측정이 가능할 것
㉤ 자동제어가 가능할 것
㉥ 내식성이 있을 것
㉦ 보수가 용이하고, 가격이 저렴할 것

② 측정방식에 따른 액면계의 종류 **암기법** : 직접 유리 부검

분류	측정방식	측정의 원리	종류
직접법	직관식(유리관식)	액면의 높이가 유리관에도 나타나므로 육안으로 높이를 읽는다	원형유리 평형반사식 평형투시식 2색 수면계
	부자식(플로트식)	액면에 띄운 부자의 위치를 이용하여 액위를 측정	
	검척식	검척봉으로 직접 액위를 측정	훅 게이지 포인트 게이지
간접법	압력식(액저압식)	액면의 높이에 따른 압력을 측정하여 액위를 측정	기포식(퍼지식) 다이어프램식
	차압식	기준수위에서의 압력과 측정액면에서의 차압을 이용하여 밀폐용기 내의 액위를 측정	U자관식 액면계 변위 평형식 액면계 햄프슨식 액면계
	편위식	플로트가 잠기는 아르키메데스의 부력 원리를 이용하여 액위를 측정	고정 튜브식 토크 튜브식 슬립 튜브식
	초음파식(음향식)	탱크 밑에서 초음파를 발사하여 반사시간을 측정하여 액위를 측정	액상 전파형 기상 전파형
	정전용량식	정전용량 검출소자를 비전도성 액체 중에 넣어 측정	
	방사선식(γ 선식)	방사선 세기의 변화를 측정	조사식 투과식 가반식
	저항 전극식(전극식)	전극을 전도성 액체 내부에 설치하여 측정	

(3) 유량 측정

① 유량 측정방법에 따른 분류

㉠ 직접법 : 유체의 체적이나 중량을 직접 측정하는 방법으로 유체의 성질에 영향을 적게 받는다. 그러나 구조가 복잡하고 취급하기 어렵다.

㉡ 간접법 : 유속 등을 측정하여 유량을 구하는 방법으로 유체에 관한 베르누이의 정리를 응용한 것이다.

② 측정방식에 따른 유량계의 종류 및 원리

분류	측정방식	유량측정의 원리	종류
직접법	용적식	용적이 일정한 용기에 유체를 유입시켜 회전자를 사용하여 유량을 실제 측정, 적산유량	오벌(Oval)식 습식 가스미터(드럼형) 루트(Roots)식 로터리 팬(Rotary fan) 로터리 피스톤식 로터리 베인식 왕복 피스톤식, 다이어프램식(도시가스미터)
간접법	면적식	교축기구 차압을 일정하게 하고 유로에 설치된 교축기구의 단면적을 변화시켜서 유량을 측정	피스톤(Piston)식 로터미터(Rotameter) 플로트식(Float, 부자식) 게이트(Gate)식
	속도수두 측정식	액체의 전압과 정압의 차로부터 유속을 측정하여 유량을 측정	피토관식 유량계, 아뉴바 유량계
	유속식	유체의 속도에 의해 유체 속에 설치된 프로펠러나 터빈의 회전수를 측정하여 유량을 측정	임펠러식 유량계 - 단상식, 복상식 터빈식 유량계 - 워싱턴식, 월트만식
	차압식	교축기구 전·후의 유속변화로 인한 차압(압력차)을 측정하여 유량을 측정	오리피스, 벤투리 플로-노즐
	와류식	인위적인 소용돌이(와류)를 발생시켜 와류의 발생수를 응용하여 유량을 측정	칼만(Kalman) 유량계 스와르미터 델타(Delta) 유량계
	전자식	도전성 유체에 자기장을 형성시켜 기전력 측정(패러데이의 전자기유도 법칙)에 의하여 유량을 측정	전자 유량계
	열선식	유체흐름에 의한 가열선의 냉각효과를 측정하여 유량을 측정	미풍계(열선풍속계) 토마스식 유량계 서멀 유량계
	초음파식	초음파의 도플러효과(파동의 전파 시간차)를 이용하여 유량을 측정	초음파 유량계

(4) 가스 측정

① **물리적 방법** 　　**암기법** : 세자가, 밀도적 열명을 물리쳤다.

㉠ **세**라믹법
㉡ **자**기식
㉢ **가**스크로마토그래피 방법
㉣ **밀**도법
㉤ **도**전율법
㉥ **적**외선법 또는, 적외선흡수법
㉦ **열**전도율법

② **화학적 방법** 　　**암기법** : 화학 흡연자

㉠ **흡**수분석법(오르사트식, 헴펠식) : 흡수제를 이용
㉡ **연**소열법(연소식, 미연소식)
㉢ **자**동화학식 분석법

③ **오르사트식(Orsat type) 가스분석기**

㉠ CO_2 : 수산화칼륨(KOH) 30% 수용액에 흡수된다.
㉡ O_2 : 알칼리성 피로가놀(피로갈롤) 용액에 흡수된다.
㉢ CO : 암모니아성 염화제1구리(CuCl) 용액에 흡수된다.

(5) 온도 측정

① **측정방법에 따른 분류**

분 류	측정원리	종 류
접촉식 온도계	열기전력을 이용	열전대 온도계
	전기저항 변화를 이용	전기저항 온도계, 서미스터
	압력의 변화를 이용	압력식 온도계
	열팽창을 이용	액체봉입 유리제 온도계 바이메탈 온도계
	상태변화를 이용	제게르콘, 서모컬러
비접촉식 온도계	전방사 에너지를 이용	방사 온도계, 적외선 온도계
	단파장 에너지를 이용	색 온도계, 광고온계, 광전관 온도계

- 접촉식 **암기법** : 접전, 저 압유리바, 제
- 비접촉식 **암기법** : 비방하지 마세요. 적색 광(고·전)

② **접촉식 온도계의 종류**

㉠ **열전대 온도계(또는, 열전 온도계, 열전쌍 온도계, Thermocouple)**

ⓐ 측정원리 : 두 가지의 서로 다른 금속선을 접합시켜 양 접점(온접점과 냉접점)의 온도를 서로 다르게 해주면 열기전력(전위차)이 발생하는 현상인 "제백(Seebeck) 효과"를 이용한다.

제8장

ⓑ 열전대 재료의 종류에 따른 극성 및 특징

종류	호칭	(+)전극	(-)전극	측정온도범위(℃)	암기법
PR	R 형	백금로듐	백금	0 ~ 1600	PRR
CA	K 형	크로멜	알루멜	-20 ~ 1200	CAK (칵~)
IC	J 형	철	콘스탄탄	-20 ~ 800	아이씨 재바
CC	T 형	구리(동)	콘스탄탄	-200 ~ 350	CCT(V)
CRC	E 형	크로멜	콘스탄탄	-200 ~ 700	

㉡ 전기저항식 온도계(또는, 저항 온도계)

ⓐ 측정원리 : 온도가 상승함에 따라 금속의 전기저항이 증가하는 현상을 이용한다.

ⓑ 측온저항체의 종류에 따른 사용온도범위 암기법 : 써니구백

저항소자	사용온도범위
서미스터	- 100 ~ 300 ℃
니켈	- 50 ~ 150 ℃
구리	0 ~ 120 ℃
백금	- 200 ~ 500 ℃

㉢ 압력식 온도계

ⓐ 측정원리 : 밀폐된 관에 수은 등과 같은 액체나 기체를 봉입한 것으로 온도에 따른 열팽창에 의한 체적변화를 일으켜 관내에 생기는 압력의 변화를 이용하여 온도를 측정한다.

ⓑ 종류 : 액체압력(팽창)식, 기체압력(팽창)식, 증기압력(팽창)식 온도계

㉣ 액체봉입 유리제 온도계(또는, 유리제 온도계)

ⓐ 측정원리 : 유리나 금속으로 만든 용기 안에 액체를 봉입하여 액체의 온도에 따른 열팽창 현상을 이용한다.

ⓑ 종류 : 알코올 온도계, 수은 온도계, 베크만 온도계

㉤ 바이메탈식 온도계(Bimetal pyrometer)

ⓐ 측정원리 : 열팽창계수가 서로 다른 2개의 얇은 금속판을 마주 접합한 것으로 온도변화에 의해 선팽창계수가 다르므로 휘어지는 현상을 이용한다.

ⓑ 측정온도 범위 : - 50 ~ 500 ℃

㉥ 제게르콘 온도계(Seger cone 또는, 제게르콘 Seger Kegel cone)

ⓐ 측정원리 : 내열성의 점토, 규석질 및 금속산화물을 적절히 배합하여 만든 삼각추로서, 가열시켜 일정한 용융온도에 도달하게 되면 연화하여 머리 부분이 숙여지는 각도(즉, 물체의 형상변화)를 이용하여 내화물의 온도(즉, 내화도) 측정에 사용된다.

ⓑ 측정온도 범위 : 600 ℃(SK 022) ~ 2000 ℃(SK 42)

ⓢ 서모컬러(Thermocolor, 측온도료 또는 변색안료, 카멜레온도료)

ⓐ 측정원리 : 온도에 따라 화학변화를 일으켜 색이 변하는 성질을 가진 화합물을 이용하여 측정하려는 물체의 표면에 칠하고, 색변화에 따른 그 온도 변화를 감시한다.

ⓑ 측정온도 범위 : 35 ~ 600 ℃

③ 비접촉식 온도계의 종류

㉠ 방사 온도계(또는, 복사 온도계)

ⓐ 측정원리 : 물체로부터 방사되는 모든 파장의 전 방사에너지를 측정하여 온도를 측정한다.

ⓑ 열복사에 의한 열전달량(즉, 방사열량)은 스테판-볼츠만의 법칙으로 계산된다.

- $Q = \varepsilon \cdot \sigma \cdot T^4 \times A$

$$= \varepsilon \cdot C_b \left(\frac{T}{100}\right)^4 \times A$$

여기서, σ : 스테판 볼츠만 상수($5.67 \times 10^{-8}\ W/m^2 \cdot K^4$)
ε : 표면 복사율 또는 흑도
T : 물체 표면의 절대온도(K)
A : 방열 표면적(m^2)
C_b : 흑체복사정수($5.67\ W/m^2 \cdot K^4$)

㉡ 적외선 온도계(또는, 적외선 방사 온도계)

ⓐ 측정원리 : 방사온도계의 원리와 같다.

ⓑ 적외선 파장의 영역 : 0.75 ~ 400 μm

㉢ 색 온도계

ⓐ 측정원리 : 고온의 물체로부터 발광하는 색을 절대온도를 이용해 숫자로 표시한 것이다.

ⓑ 온도와 색의 관계　　　　암기법 : 젖팔오 주구, 백일삼

온도(℃)	색	온도(℃)	색
600	암적색(어두운색)	1300	백적색
850	적색(붉은색)	1500	눈부신 황백색
950	주황색(오렌지색)	2000	휘백색
1100	황적색	2500	청백색
1200	황색(노란색)		

㉣ 광고온계(또는, 광학적 고온계)

- 고온 물체에서 방사되는 에너지 중에서 특정한 파장(0.65μm)인 적색단색광의 방사에너지(즉, 휘도)를 다른 비교용 표준전구의 필라멘트 휘도와 같을 때 필라멘트에 흐른 전류로부터 온도를 측정한다.

ⓜ 광전관식 온도계(또는, 광전관 온도계)

- 광고온계는 수동측정이므로 개인차가 생기는 등의 불편함에 따라 광전관식은 이를 자동화한 것이다.

(6) 열량 측정

① 봄브(Bomb)식 열량계에 의한 방법

㉠ 단열식 열량계일 때

- 발열량 $Q = \dfrac{\text{물의 비열} \times \text{상승온도} \times (\text{내통수량} + \text{물당량})}{\text{시료량}}$

㉡ 비단열식 열량계일 때

- 발열량 $Q = \dfrac{\text{물의 비열} \times (\text{상승온도} + \text{냉각보정}) \times (\text{내통수량} + \text{물당량})}{\text{시료량}}$

② 원소분석에 의한 방법 [공통단위 : kcal/kg]

㉠ 고위발열량 $H_h = 8100\,C + 34000\left(H - \dfrac{O}{8}\right) + 2500\,S$

㉡ 저위발열량 $H_L = 8100\,C + 28600\left(H - \dfrac{O}{8}\right) + 2500\,S - 600\left(w + \dfrac{9}{8}O\right)$

제9장 보일러 부대설비 설치

1. 증기설비

(1) 증기보일러의 분류

① 증기의 용도에 따른 분류

㉠ 동력용 보일러 : 발생증기를 터빈 등의 동력발생장치에 사용한다.
㉡ 난방용 보일러 : 겨울철 실내의 난방용으로 사용한다.
㉢ 가열용 보일러 : 발생증기의 잠열을 이용하여 기타 장치의 가열원으로 사용한다.
㉣ 온수용 보일러 : 온수나 급탕 용수를 만들어 목욕탕, 세면장 등에 사용한다.

② 보일러의 증발량에 따른 분류

㉠ 소형 보일러 : 증발량이 10 ton/h 미만의 소용량일 때
㉡ 중형 보일러 : 증발량이 10 ~ 100 ton/h 인 용량일 때
㉢ 대형 보일러 : 증발량이 100 ton/h 를 초과하는 대용량일 때

(2) 주증기관

① 주증기관의 일반적 사항

㉠ 주증기관의 역할은 보일러에서 발생시킨 고압의 증기를 증기헤더로 보내는데 사용되는 배관으로서, 증기의 마찰저항과 열손실을 감안하여 관경을 결정한다.
㉡ 주증기관은 응축수가 고이지 않도록 적당한 구배(기울기)를 주어야 한다.
㉢ 증기관은 증기가 흐르는 방향으로 경사지게(경사도는 약 1/250) 배관하여야 한다.
㉣ 증기관은 방열되는 손실을 방지하기 위해 보온피복을 시공해야 한다.
㉤ 증기관에 구배를 주지 않거나, 보온피복을 시공하지 않거나, 냉각되거나, 관경이 너무 작으면 수격작용의 원인이 된다.
㉥ 증기관에서 신축이음장치의 간격은 고압인 경우는 10 m 당 1개, 저압인 경우는 30 m 당 1개를 설치하여야 한다.

② 주증기밸브(main steam valve 또는, 증기정지밸브 steam stop valve)

㉠ 밸브의 역할 : 보일러에서 발생한 증기를 송기 및 정지하기 위해 사용한다.
㉡ 밸브의 부착위치 : 보일러 동체의 최상부 증기 취출구에 부착한다. 다만, 과열기가 있는 경우에는 과열기 출구측에 부착하여야 한다.
㉢ 밸브의 강도 : 보일러의 최고사용압력 이상이어야 하며, 적어도 0.7 MPa 이상의 압력에는 견뎌야 한다.

㉣ 기타 사항
  ⓐ 물이 고이는 위치에 밸브가 설치될 때에는 물빼기를 설치하여야 한다.
  ⓑ 주증기밸브로 가장 많이 사용되는 밸브는 앵글밸브이다.
  ⓒ 주증기밸브의 개폐는 아주 천천히(3분에 1회전) 한다.

(3) 감압밸브

① 설치목적
  ㉠ 고압유체의 압력을 저압으로 바꾸어 사용하기 위해
  ㉡ 고압측의 압력변동에 관계없이 저압측의 압력을 항상 일정하게 유지시키기 위해
  ㉢ 부하변동에 따른 증기 소비량을 줄이기 위해
  ㉣ 고압과 저압을 동시에 사용하기 위해

② 저압증기를 사용하는 이유
  ㉠ 저압증기가 증발잠열이 크므로 증기 사용량을 절감시켜 에너지를 절약한다.
  ㉡ 감압을 하게 되면 증기의 총 보유열량은 변하지 않으나 현열량은 감소하게 되므로 증기의 건도가 향상된다.
  ㉢ 고압의 증기는 저압의 증기에 비하여 비체적이 작으므로, 같은 양의 증기를 운송할 경우에 고압증기는 저압증기에 비하여 배관구경이 작아도 된다.

③ 감압밸브의 종류
  ㉠ 구조에 따라 : 스프링식, 추식
  ㉡ 작동방법에 따라 : 피스톤식, 벨로스식, 다이어프램식

④ 감압밸브 설치 시 주의사항
  ㉠ 생산공정에서 사용하는 증기설비는 더욱 균일한 압력과 온도를 요구하므로, 감압밸브는 보일러실보다는 가급적 증기 사용처인 공정 측 부하설비에 가깝게 설치하는 것이 관리도 용이하고 감압밸브와 배관 등의 비용도 적게 든다.
  ㉡ 이물질이 끼면 감압이 되지 않으므로 감압밸브는 수평인 배관로에 연결하고, 이물질의 제거를 위해 반드시 감압밸브 앞에는 스트레이너(여과기)를 설치한다.
  ㉢ 설비 및 공정이 요구하는 압력을 부하변동에 관계없이 일정하게 유지해주기 위하여 감압밸브를 사용하여 1차측 압력은 높고 2차측 압력은 낮게 해주는데, 감압밸브 1차측(앞)에는 편심 리듀서를 설치하여 응축수가 고이지 않게 하고, 2차측(뒤)에는 동심 리듀서(reducer)를 사용한다.
  ㉣ 감압밸브 앞에는 기수분리기 또는 증기트랩에 의해 응축수가 제거되어야 한다.
  ㉤ 배관계에 바이패스(Bypass) 배관 및 바이패스 밸브를 나란히 설치하고 감압밸브의 점검·고장·수리 시에 증기를 바이패스 할 수 있도록 한다.
  ㉥ 감압밸브와 수평 또는 상부에 바이패스 라인을 설치하는 것이 좋으며, 바이패스 밸브의 구경은 일반적으로 감압밸브 구경과 같게 한다.
  ㉦ 감압밸브 앞쪽에 감압전의 1차 압력을, 감압밸브 뒤쪽에는 감압후의 2차 압력을 나타내는 압력계를 설치하여, 운전 중의 압력을 조절할 수 있도록 한다.

(4) 증기헤더(Steam header)

① 설치목적 : 보일러에서 발생시킨 증기를 한 곳에 모아 증기의 공급량을 조절하여 불필요한 증기의 열손실을 방지한다.

② 증기헤더의 크기 : 헤더에 부착된 최대 증기관 지름의 2배 이상으로 하여야 한다.

③ 증기헤더 설치시 이점

㉠ 송기 및 정지가 편리하다.

㉡ 불필요한 증기의 열손실을 방지한다.

㉢ 증기의 과부족을 일부 해소할 수 있다.

㉣ 증기 발생과 공급의 균형을 맞춰 보일러와 증기 사용처의 안정을 기한다.

④ 기타 사항

㉠ 증기헤더의 하부에는 드레인관 및 증기트랩 등을 설치한다.

㉡ 증기헤더의 접속관에 설치하는 밸브류는 조작이 용이하도록 바닥으로부터 1.5 m 정도의 높이에 설치한다.

(5) 증기트랩(Steam trap, 스팀트랩)

① 설치목적 암기법 : 응수부방

㉠ 응축수 배출로 인한 수격작용 방지 (∵ 관내 유체흐름에 대한 저항이 감소되므로)

㉡ 응축수 배출로 인한 관내부의 부식 방지 (∵ 급수처리된 응축수를 재사용하므로)

㉢ 응축수 회수로 인한 열효율 증가 (∵ 응축수가 지닌 폐열을 이용하므로)

㉣ 응축수 회수로 인한 연료 및 급수비용 절약

② 작동원리에 따른 증기트랩의 분류 및 종류

분류	작동원리	종류
기계식 트랩 (Mechanical trap)	증기와 응축수의 비중차를 이용하여 분리한다. (버킷 또는 플로트의 부력을 이용)	버킷식 플로트식
온도조절식 트랩 (Thermostatic trap)	증기와 응축수의 온도차를 이용하여 분리한다. (금속의 신축성을 이용)	바이메탈식 벨로스식 다이어프램식
열역학적 트랩 (Thermodynamic trap)	증기와 응축수의 열역학적 특성차를 이용하여 분리한다.	디스크식 오리피스식

(6) 증기축열기(Steam Accumulator, 스팀 어큐뮬레이터, 증기축압기)

- 보일러 연소량을 일정하게 하고 수요처의 저부하 시 잉여 증기를 증기사용처의 온도·압력보다 높은 온도·압력의 포화수 상태로 저장하여 축적시켰다가 갑작스런 부하변동이나 과부하 시 저장한 증기를 방출하여 증기의 부족량을 보충하는 압력용기로서, 증기의 부하변동에 대처하기 위해 사용되는 장치이다.

2. 급탕설비

(1) 급탕방식 분류

① 중앙식 : 대규모 급탕이 필요한 건물에 사용되는 방식으로 건물에 가열장치, 온수탱크, 순환펌프를 설치하고 배관을 통해 건물 전체에 온수를 공급한다.

㉠ 직접가열식 : 온수보일러와 탱크를 직접 연결하여 순환 가열하는 방식으로 열효율 측면에서 경제적이지만, 새로운 물이 계속 유입되기 때문에 부식에 대한 대책이 필요하다.

㉡ 간접가열식 : 탱크 내 설치된 가열코일에 열원을 통과시켜 물을 간접적으로 가열하는 방식으로 스케일 부착이 적고 전열효율이 높다.

② 개별식 : 온수를 필요로 하는 곳이 분산된 주택 또는 소규모 건물에서 소형 가열기를 설치하여 온수를 공급한다.

㉠ 순간식 : 소량의 온수를 얻기 위해 가열코일이 내장된 순간온수기가 사용된다.

㉡ 저탕식 : 일시적으로 탱크내 온수를 저장하였다가 최대부하시 사용하는 방식이다.

㉢ 기수혼합식 : 증기를 직접 불어넣어 물을 가열하거나 기수혼합 밸브를 사용하여 증기와 물을 혼합하여 온수를 얻는 방식이다.

(2) 급탕설비 설계

① 급탕온도

㉠ 일반적으로 급탕온도는 가열된 온수와 물을 약 60 ~ 70℃로 혼합하여 사용되며, 급탕온도는 사용 목적에 따라 자유롭게 온도를 설정할 수 있다. 하지만, 급탕온도가 너무 낮게 설정되면 급탕량이 늘어나게 되고 급탕온도가 너무 높으면 화상의 위험과 더불어 배관 내에서 기수분리가 발생된다. 따라서 에너지절약 및 열손실과의 균형을 고려한 급탕온도 설계가 필요하다.

㉡ 온수와 냉수의 혼합온도($t_{혼합}$)

- 온수가 잃은 열량 $Q_{온수} = C_{물}\, m_{온수}\, \Delta t = C_{물}\, m_{온수}(t_{온수} - t_{혼합})$
- 냉수가 얻은 열량 $Q_{냉수} = C_{물}\, m_{냉수}\, \Delta t = C_{물}\, m_{냉수}(t_{혼합} - t_{냉수})$

열평형법칙에 의해 (온수가 잃은 열량($Q_{온}$) = 냉수가 얻은 열량($Q_{냉}$)) 이므로,

$$C_{물}\, m_{온수}(t_{온수} - t_{혼합}) = C_{물}\, m_{냉수}(t_{혼합} - t_{냉수})$$

$$\therefore\ t_{혼합} = \frac{m \cdot LSUB냉수\, t_{냉수} + m_{온수} \cdot t_{온수}}{m_{냉수} + m_{온수}}$$

② 급탕량

㉠ 사용인원수 : 중앙급탕방식에서 용량을 결정할 때 많이 사용

㉡ 시설이용 예측 : 사용량이 일시적으로 집중되는 시설에서 많이 이용

㉢ 급탕단위 : 순간최대유량을 산출하기 위해 이용

㉣ 최적 유량·온도 설정 : 국소급탕방식에서 많이 활용

㉤ 물사용 시간과 시설급탕단위 : 급탕단위를 사용하여 순간최대급탕량 산출

③ 급탕배관 관경

: 급탕배관 관경은 온수의 수요처 구간에서의 순간최대급탕량을 계산하고 허용마찰 손실수두, 열손실 및 관내유속을 통하여 설계한다.

(3) 급탕 가열설비

① 직접가열 설비 : 연료를 연소시켜 보일러의 전열면을 통해 물을 직접 가열한다.

㉠ 가스가열 순간온수기

㉡ 가스가열 저탕식 온수기

㉢ 심야전력 온수기

㉣ 온수보일러

② 간접가열 설비 : 저탕조 내에 가열코일을 설치하고, 난방용 보일러에서 얻은 증기 또는 온수를 통과시켜 간접적으로 물을 가열한다.

③ 혼합가열 설비 : 고온의 증기와 물을 혼합하여 가열한다.

④ 태양열 가열 설비 : 물 또는 공기를 열매체로 해서 태양열을 집열하여 물을 가열한다.

3. 압력용기

[에너지이용합리화법 시행규칙 별표1에 의거함.]

(1) 1종 압력용기

최고사용압력(MPa)과 내부 부피(m^3)를 곱한 수치가 0.004 를 초과하는 다음 각 호의 어느 하나에 해당하는 것.

① 증기 그 밖의 열매체를 받아들이거나 증기를 발생시켜 고체 또는 액체를 가열하는 기기로서 용기안의 압력이 대기압을 넘는 것.

② 용기안의 화학반응에 따라 증기를 발생시키는 용기로서 용기안의 압력이 대기압을 넘는 것.

③ 용기안의 액체의 성분을 분리하기 위하여 해당 액체를 가열하거나 증기를 발생시키는 용기로서 용기 안의 압력이 대기압을 넘는 것.

④ 용기안의 액체의 온도가 대기압에서의 비점을 넘는 것.

(2) 2종 압력용기

최고사용압력이 0.2 MPa을 초과하는 기체를 그 안에 보유하는 용기로서 다음 각 호의 어느 하나에 해당하는 것.

① 내부 부피가 0.04 m^3 이상인 것.

② 동체의 안지름이 200 mm 이상이고, 그 길이가 1000 mm 이상인 것.

③ 증기헤더의 경우에는 동체의 안지름이 300 mm 초과이고, 그 길이가 1000 mm 이상인 것.

4. 열교환 장치

열교환기란 서로 온도가 다르고, 고체벽으로 분리되어 있는 두 유체사이에 열교환을 수행하는 장치를 말한다.

(1) 사용목적에 따른 열교환기의 분류

① 가열기(Heater)

: 저온의 유체를 증기 또는 폐열 유체로 가열하여 필요한 온도까지 상승시키기 위하여 사용하는 열교환기이다.

② 예열기(Preheater)

: 가열기와 마찬가지로 저온의 유체를 가열하여 온도를 상승시키는데 사용하지만 저온유체에 미리 열을 줌으로써 다음 공정의 효율을 증대하기 위하여 사용하는 열교환기이다.

③ 과열기(Superheater)

: 가열기와 마찬가지로 유체를 가열하여 온도를 상승시키는데 사용하지만, 유체를 재가열하여 과열상태로 만들기 위하여 사용하는 열교환기이다.

④ 재열기(Reheater)

: 가열기와 마찬가지로 유체를 가열하여 온도를 상승시키는데 사용하지만, 온도가 낮아진 과열증기를 추출하여 다시 가열시켜 과열도를 높이기 위하여 사용하는 열교환기이다.

⑤ 재비기(Reboiler)

: 설비장치 중에서 응축된 유체를 재가열하여 증발시킬 목적으로 사용하는 열교환기로 장치 조작상 증발된 증기만을 송출할 때 사용하는 것과 유체와 발생한 증기의 혼합유체를 송출할 때 사용하는 것이 있다.

⑥ 증발기(Vaporizer evaporator)

: 저온 유체를 가열하여 증기를 발생시키기 위하여 사용하는 열교환기이다.

⑦ 응축기(Condenser)

: 증기를 응축시켜 잠열을 제거하여 액화시키기 위하여 사용하는 열교환기이다.

⑧ 냉각기(Cooler)

: 고온 유체를 열매체로 냉각하여 필요한 온도까지 하강시키기 위하여 사용하는 열교환기이다.

⑨ 열교환기(Heat exchanger)

: 넓은 의미에서는 가열기, 냉각기, 응축기 등도 포함되지만, 일반적으로는 폐열을 회수하기 위하여 사용하는 열교환기이다.

(2) 구조에 따른 열교환기의 종류 및 특징

- 사용목적에 따라 조작상태에 적합한 성능을 발휘할 수 있도록 전열부의 형식에 따라 다음과 같이 분류한다.

① 원통다관식(Shell & tube type, 셸 앤 튜브형) 열교환기

: 두 개의 관판과 이것을 연결한 다수의 전열관(Tube)을 평행하게 구성하고 그 바깥은 원통형의 동체(Shell)로 밀폐한 구조를 가지고 있다.

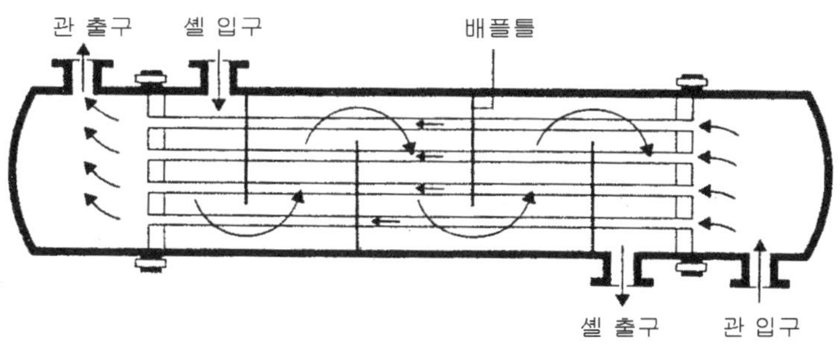

② 이중관식(Double pipe type) 열교환기

: 관을 동심원 상태로 이중으로 하고, 내관 속을 흐르는 유체와 내관과 외관사이를 흐르는 유체사이에 열교환시키는 구조를 가지고 있다.

③ 판형(Plate type, 플레이트식) 열교환기

: 장방형의 얇은 금속판을 다수의 파형이나 반구형의 돌기를 프레스 성형·가공하여 일정 간격으로 늘어놓고 여러 장을 겹쳐 조립한 구조를 가지고 있다.

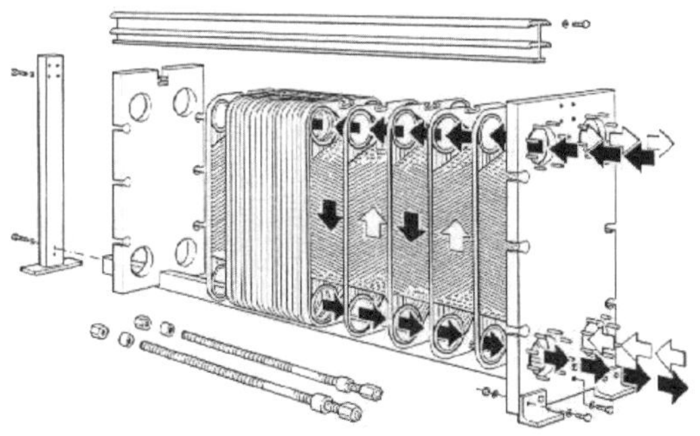

④ 코일형(Coil type) 열교환기 또는, 셸 앤 코일형(Shell & Coil type) 열교환기

: 탱크나 압력용기 내의 유체를 가열하기 위하여 전열관(전기코일, 증기라인 등)을 가는 코일식으로 감은 관다발을 용기 내에 넣어둔 구조를 가지고 있다.

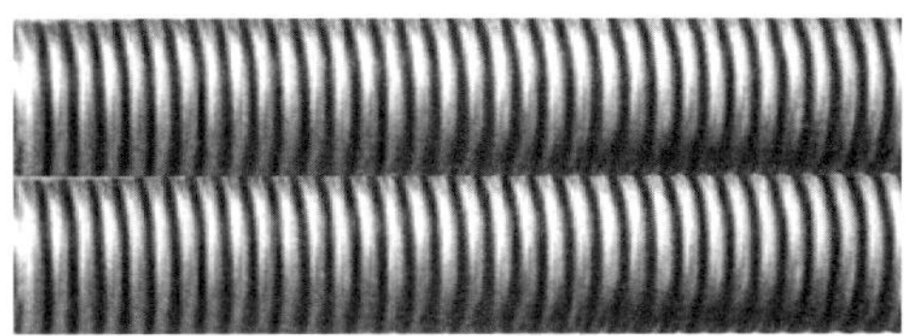

5. 펌프

(1) 원심식 펌프 및 송풍기의 상사성 법칙

- 회전수(N) 변화 및 임펠러 지름(D)의 변화에 따른 유량, 양정, 동력의 변화 관계를 나타낸 것이다.

① 펌프의 유량은 회전수에 비례한다.

$$Q_2 = Q_1 \times \left(\frac{N_2}{N_1}\right) \times \left(\frac{D_2}{D_1}\right)^3$$

② 펌프의 양정은 회전수의 제곱에 비례한다.

$$P_2 = P_1 \times \left(\frac{N_2}{N_1}\right)^2 \times \left(\frac{D_2}{D_1}\right)^2$$

③ 펌프의 동력은 회전수의 세제곱에 비례한다.

$$L_2 = L_1 \times \left(\frac{N_2}{N_1}\right)^3 \times \left(\frac{D_2}{D_1}\right)^5$$

여기서, Q : 유량(또는, 풍량)
P : 양정(또는, 풍압)
L : 축동력
N : 회전수
D : 임펠러의 직경(지름)

(2) 펌프의 점검

① 캐비테이션(Cavitation, 공동현상)

급수의 압력이 낮을 때 생기며 펌프 흡입양정이 너무 높아지면 수중의 기포가 발생하게 되어 펌프실 내의 소음 및 진동을 일으키고 임펠러가 손상되어 물이 흡입되지 않는 현상을 말한다.

【방지대책】 **암기법** : 공캐비, 공동양 위임↓

㉠ (펌프 선정측면) **양**흡입 펌프 또는 2대 이상의 펌프를 사용한다.
㉡ (펌프 설치측면) 펌프의 설치**위**치를 수원보다 낮게 설치하여 흡입양정을 짧게 한다.
㉢ (펌프 운전측면) 펌프의 **임**펠러 회전속도를 낮추어 흡입속도를 작게 운전한다.

② 서징(Surging, 맥동현상)

펌프 입·출구의 진공계 및 압력계의 지침이 흔들리고 동시에 송출 유량이 변화하는 현상을 말한다.

【방지대책】

㉠ 관내의 공기를 제거하고 관의 단면적을 바꾼다.
㉡ 회전자의 회전수를 변화한다.
㉢ 안내 깃(Guide)의 형태 및 치수를 변화시킨다.

6. 난방설비

(1) 온수난방

- 온수보일러에서 가열된 온수를 배관을 통해 실내 방열기에 공급하고 온수의 온도 강하에 따른 현열을 활용하여 실내를 난방하는 형식이다.
- 온수난방의 구성 : 보일러(또는 열교환기), 배관, 방열기, 순환펌프, 팽창탱크

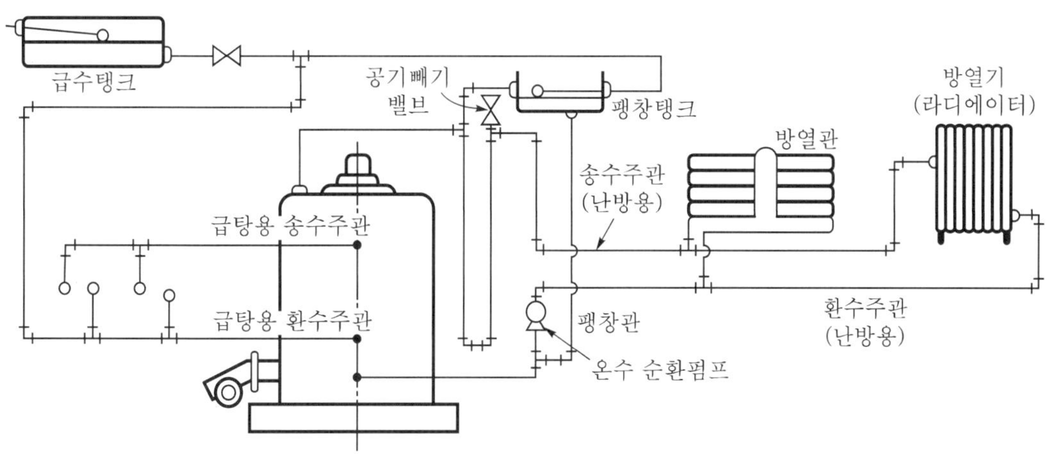

[온수난방 개략도]

① **온수난방의 특징**

[장점]

㉠ 난방부하의 변동에 따른 방열량 조절이 쉬워 온도조절이 용이하다.
㉡ 증기난방과 비교하여 연료소비량이 적다.
㉢ 현열을 이용한 난방이므로 증기 난방 대비 실내 쾌감도가 우수하다.
㉣ 온수난방 중지 시 여열로 인하여 난방효과가 지속된다.
㉤ 소규모주택에 적합하고, 증기트랩이 불필요하다.
㉥ 보일러 취급이 쉽고, 안전성이 높다.
㉦ 방열기 표면온도가 낮으므로 화상의 우려가 낮다.

[단점]

㉠ 증기난방과 비교하여 방열 면적 및 배관 관경이 커서 설비비가 높다.
㉡ 열용량이 커 온수 예열에 시간이 오래 걸린다.
㉢ 일반 온수보일러의 사용압력이 낮아 대규모 빌딩에서 사용이 제한된다.
㉣ 온도가 매우 낮은 지역에서 동결의 우려가 있다.

② **온수난방의 분류**

㉠ 온수순환 방식에 의한 분류

ⓐ 중력(자연)순환식

- 온수의 대류작용에 의한 순환력을 이용하여 자연 순환시키는 방식으로 소규모 난방에 적합하며, 보일러는 최하위의 방열기보다 낮은 곳에 설치한다.

ⓑ 강제순환식

- 순환펌프를 통하여 배관 내 온수를 강제 순환시키는 방식으로 대규모 난방에 적합하며, 순환 펌프 종류로는 센트리퓨갈, 축류형, 하이드로레이터 등이 있다.

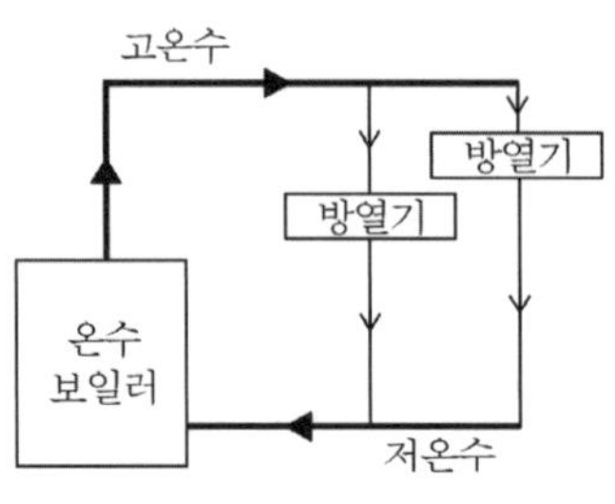

[중력(자연)순환식 온수난방]

[강제순환식 온수난방]

㉡ 배관방식에 의한 분류

ⓐ 단관식 : 송수주관과 환수주관이 동일한 한 개의 관으로 배관하는 방식

ⓑ 복관식 : 송수주관과 환수주관을 별개의 관으로 배관하는 방식

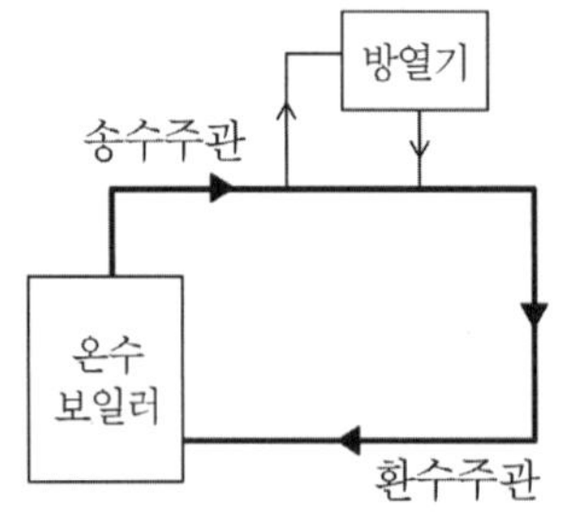

[단관식 온수난방]

[복관식 온수난방]

㉢ 사용 온수온도에 의한 분류

ⓐ 저온수식 : 100℃ 이하(일반적으로 80℃)의 온수를 사용하는 방식

ⓑ 고온수식 : 100℃ 이상의 온수를 사용하는 방식

㉣ 온수 공급방식에 의한 분류

ⓐ 상향식 : 송수주관을 방열기의 하부에 설치하고 공급관을 상향으로 배관하여 각 방열기에 연결하는 방식

ⓑ 하향식 : 송수주관을 방열기의 상부에 설치하고 공급관을 하향으로 배관하여 각 방열기에 연결하는 방식

㉤ 귀환관의 배관방법에 의한 분류

ⓐ 직접 귀환식 : 온수의 귀환 거리를 최단 거리로 순환하게 배관하는 방식

ⓑ 역귀환식 : 각 방열기에 공급되는 온수 수량을 일정하게 분배하기 위하여 송수주관과 환수주관의 배관길이가 같도록 환수관을 역회전시켜 배관하는 방식으로 온수의 유량분배가 균일하게 되지만, 배관 길이가 길어지고 배관을 위한 추가 공간이 더 필요하게 된다.

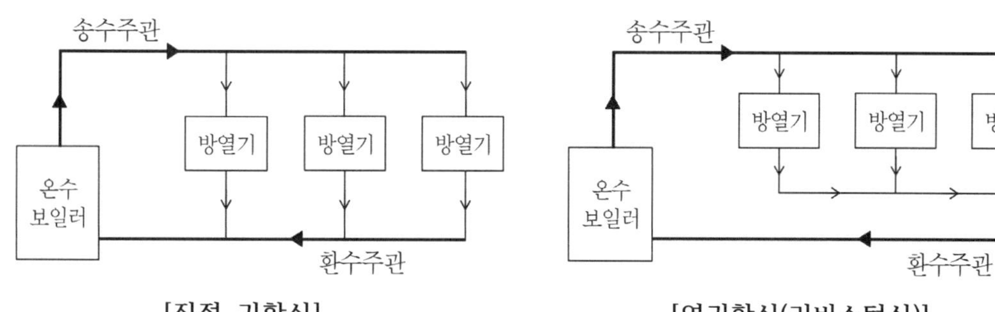

[직접 귀환식] **[역귀환식(리버스턴식)]**

③ 온수난방 배관 구배

- 팽창탱크나 공기빼기 밸브를 향해 상향구배로 주고 기울기는 1/250 이상으로 한다.

㉠ 단관 중력순환식

- 온수가 중력의 힘으로 순환하는 방식이므로 배관을 주관 쪽으로 앞 내림 구배(즉, 선하향 구배)로 설치하여 관 내의 공기가 방열기 쪽으로 빠지도록 한다.

㉡ 복관 중력순환식

ⓐ 하향공급식은 송수관이나 환수관 모두 다 선단하향 구배이다.

ⓑ 상향공급식은 송수관을 선단상향 구배, 환수관은 선단하향 구배이다.

㉢ 강제순환식

ⓐ 배관의 구배는 선단 상향 및 하향과는 무관하다.

ⓑ 배관 내에 에어포켓을 만들어서는 안된다.

㉣ 직접 귀환식

- 방열기에 이르는 배관들의 길이가 다르기 때문에 온수의 순환율 차이로 인한 일정한 온수 온도 공급이 어렵다.

㉤ 역환수식(역귀환식)

ⓐ 각 방열기마다 온수의 유량분배가 균일하여 전·후방 방열기의 온수 온도를 일정하게 할 수 있는 장점이 있다.

ⓑ 환수관의 길이가 길어져 설치비용이 많아지고 추가 배관 공간이 더 요구된다.

④ 온수난방 시공

㉠ 온수난방 배관 시공

ⓐ 편심 이음쇠 : 수평배관에서 관의 지름이 변경될 때 사용한다.

- 상향 구배 : 관의 윗면에 일치시켜 배관한다.
- 하향 구배 : 관의 아랫면에 일치시켜 배관한다.

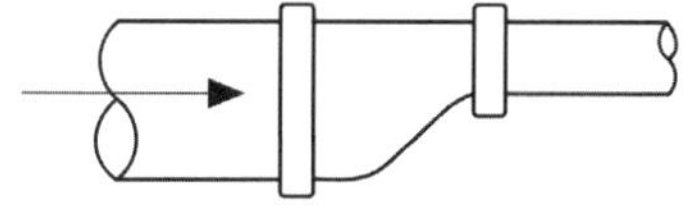

[편심 이음쇠(상향 구배)]

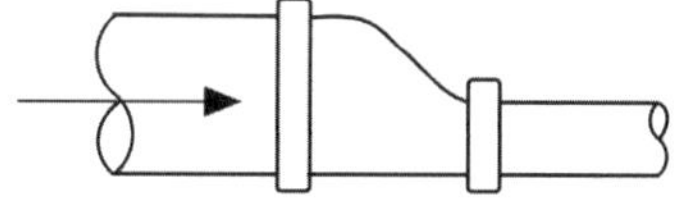

[편심 이음쇠(하향 구배)]

ⓑ 지관의 접속 : 주관을 기준으로 45° 구배로 배관한다.

ⓒ 배관의 분기 및 합류 : 직접 티(Tee)를 사용하지 않고 신축을 흡수하기 위해 엘보를 사용한다.

ⓓ 공기 배출 : 배관 중 에어 포켓(Air pocket) 발생 우려 시에 공기빼기 밸브를 설치하여 공기를 배출한다.
공기빼기 밸브는 조작이 쉬운 곳에 설치하고 밸브의 축은 수평으로 설치한다.

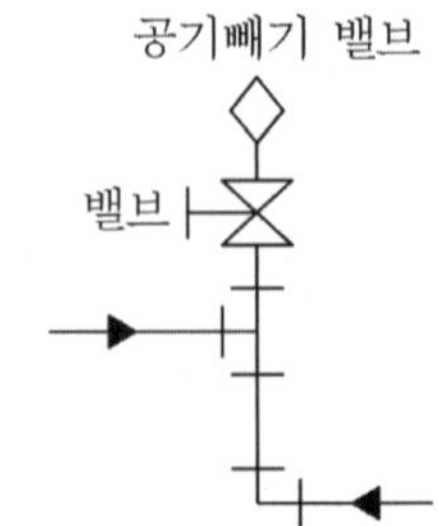

㉡ 온수난방 시공방법

ⓐ 배관은 1/200 ~ 1/250 의 일정 구배로 시공한다.

ⓑ 방열기에는 수동 공기빼기 밸브를 설치한다.

ⓒ 시공 시 게이트밸브 또는 스윙식 체크밸브를 사용한다.

ⓓ 배관의 저항을 최소화하기 위해 절단면의 거스러미를 완전하게 제거한다.

ⓔ 배관의 온도변화에 의한 신축 발생에 대비하여 신축이음을 설치한다.

ⓕ 일반적으로 팽창탱크는 펌프의 흡입측에 연결하고 순환펌프는 환수관에 연결한다.

⑤ 팽창탱크(Expansion Tank)

㉠ 설치목적 : 온수 배관 시스템 내의 온도상승에 대한 물의 팽창에 대하여 여유가 없는 상태에서 팽창수로 인해 배관 내 체적과 압력이 높아져 설치기기나 배관이 파손될 수 있다. 따라서 물의 팽창, 수축과 같은 체적변화 및 발생하는 압력을 흡수하기 위하여 설치한다.

㉡ 팽창탱크 설치 시 유의사항

ⓐ 팽창관의 말단은 팽창탱크 바닥보다 25 mm 이상 높게 설치한다.

ⓑ 팽창탱크 내 수위를 쉽게 알 수 있는 구조로 설치한다.

ⓒ 100℃ 이상에서 변형이 되지 않아야 한다.

ⓓ 필요시에는 자동급수장치를 함께 설치하는 것을 원칙으로 한다.

ⓔ 팽창탱크 및 연결 관들은 동결방지 조치를 취해야 한다.

ⓕ 팽창관에는 유체의 흐름을 차단하는 밸브가 설치되어서는 안된다.

ⓖ 팽창탱크는 규정량 이상으로 용량을 설계한다.

㉢ 팽창탱크의 종류 및 특징

ⓐ 개방식 팽창탱크

- 구성 : 배기관, 오버플로우관(일수관), 방출관(안전관), 급수관, 배수관, 팽창관
- 체적팽창에 의한 온수의 수위가 높아지면 오버플로우(over flow) 관을 통해 외부로 분출시켜 탱크 내의 물이 넘치지 않게 한다.
- 팽창관은 물을 온수로 가열할 때마다 배관 내 체적 팽창한 수량을 팽창탱크로 배출해 주는 도피관이므로 보일러에서 팽창탱크에 이르는 팽창관의 도중에는 온수의 흐름을 방해하는 밸브류를 절대로 설치해서는 안 되고, 단독배관으로 팽창탱크에 개방시킨다.

- 설비비가 적게 든다.
- 유지·보수가 까다롭다.
- 배관수의 증발 또는 오버플로우(over flow)에 의한 손실 및 공기흡입에 의한 배관 부식현상이 있다.

ⓑ 밀폐식 팽창탱크

- 구성 : 압력계, 안전(방출)밸브, 수면계, 콤프레셔(압축공기), 급수관, 배수관
- 배관을 완전히 밀폐시킴으로써 온수보일러 가동 여부에 따라 온도 변화에 따르는 압력변동이 있다.
- 압력 변동을 완화하기 위하여 밀폐탱크 상부에 압축공기를 채운다.
- 주로 고온·고압 난방에 사용된다.
- 증발 또는 오버플로우(over flow)에 의한 배관수 손실이 없어 유지·보수가 거의 필요없다.
- 배관 부식현상이 없다.
- 개방식 팽창탱크에 비해 구조가 복잡하고 부대설비가 비싸다.

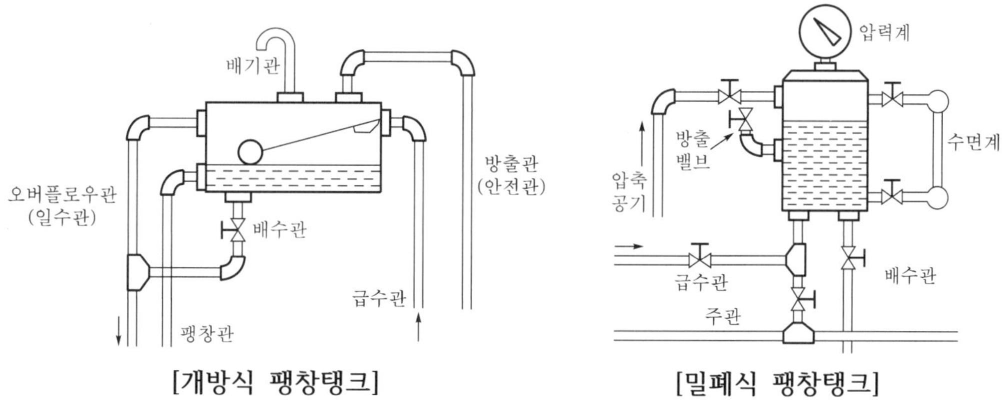

[개방식 팽창탱크] [밀폐식 팽창탱크]

(2) 증기난방

- 생성된 증기는 증기주관을 통해 실내의 방열기로 보내져 증발잠열 방출을 통한 난방이 이루어지고, 방출 이후 생성된 응축수는 환수주관을 통해 보일러로 보내 재가열된다.
- 증기난방의 구성 : 보일러(또는 열교환기), 배관, 방열기, 순환펌프, 증기트랩

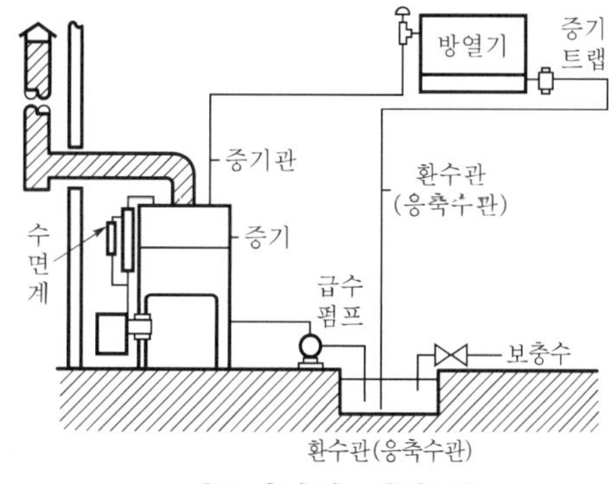

[증기난방 개략도]

① **증기난방의 특징**

[장점]

㉠ 증발잠열을 활용하기 때문에 증기순환이 빠르고, 열 운반능력이 우수하다.

㉡ 온수난방에 비해 예열시간이 짧다.

㉢ 배관 관경과 방열면적이 온수난방 대비 작다.

㉣ 설비비 및 유지·보수 비용이 낮다.

㉤ 추운 지역에서도 동결의 우려가 낮다.

[단점]

㉠ 외부온도 변화에 의한 방열량 조절이 어렵다.

㉡ 응축수 환수배관의 부식이 발생할 수 있다.

㉢ 열용량이 낮아 지속적인 난방이 어렵고 쾌감도가 떨어진다.

㉣ 온수난방과 비교하여 연료소비량이 크다.

② **증기난방의 분류**

㉠ 배관방식에 의한 분류

ⓐ 단관식 : 증기주관과 환수주관이 동일하며 증기트랩을 설치하지 않는 방식

ⓑ 복관식 : 증기주관과 환수주관이 별개이며 증기트랩을 설치하는 방식

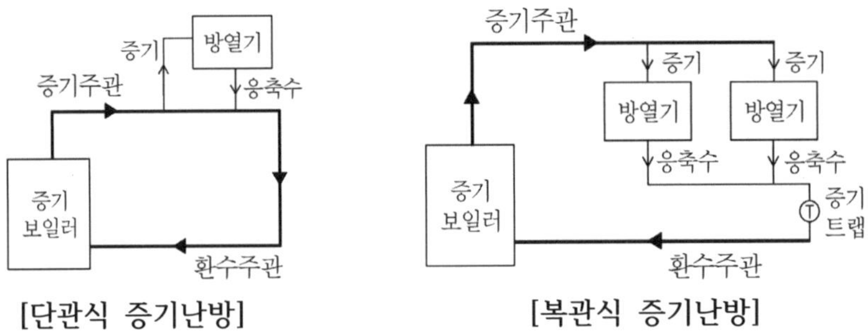

[단관식 증기난방] **[복관식 증기난방]**

㉡ 증기 공급방식에 의한 분류

ⓐ 상향식 : 증기주관을 방열기 하부에 설치하고 공급관을 상향으로 배관하여 각 방열기에 연결하는 방식

ⓑ 하향식 : 증기주관을 방열기 상부에 설치하고 공급관을 하향으로 배관하여 각 방열기에 연결하는 방식

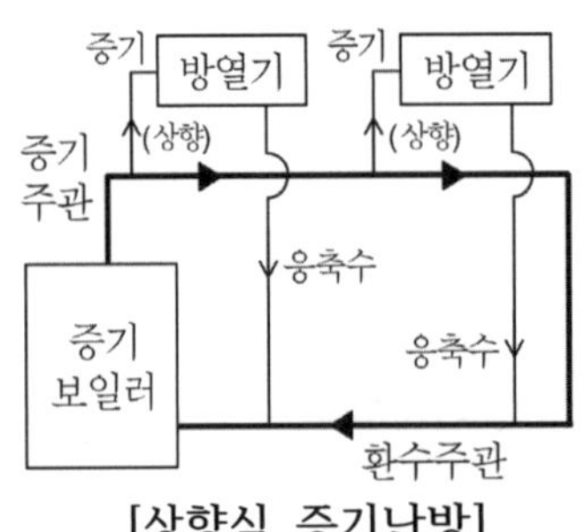

[상향식 증기난방]

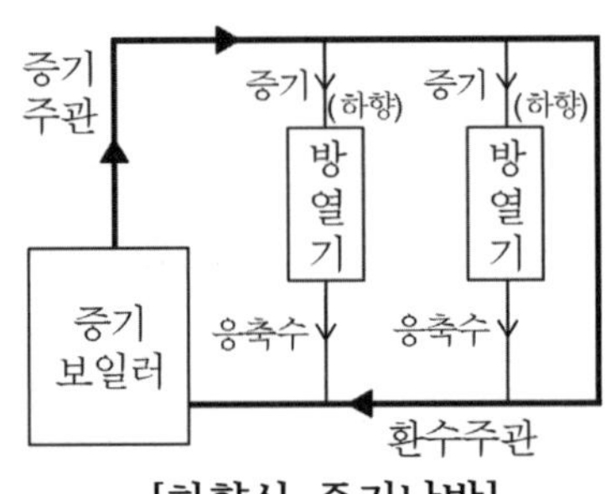

[하향식 증기난방]

㉢ 증기압력에 의한 분류

ⓐ 저압식 : 사용되는 증기의 압력이 0.15 ~ 0.35 kg/cm^2 범위의 방식

ⓑ 고압식 : 사용되는 증기의 압력이 1 kg/cm^2 이상의 방식

ⓒ 진공압식 : 사용되는 증기의 압력이 대기압 이하의 방식

㉣ 환수주관 위치에 의한 분류

ⓐ 습식환수식 : 환수주관을 보일러 수면보다 낮은 위치에 설치하여 항상 만수 상태로 흐르는 방식으로 저압증기난방에서 사용 시 접속부 누수로 인한 이상감수 현상을 막기 위해 하트포드 접속을 실시한다.

ⓑ 건식환수식 : 환수주관을 보일러 수면보다 높은 위치에 설치하여 응축수가 환수관의 하부를 따라 흐르는 방식으로 관말에 냉각레그와 증기트랩을 설치해야 한다.

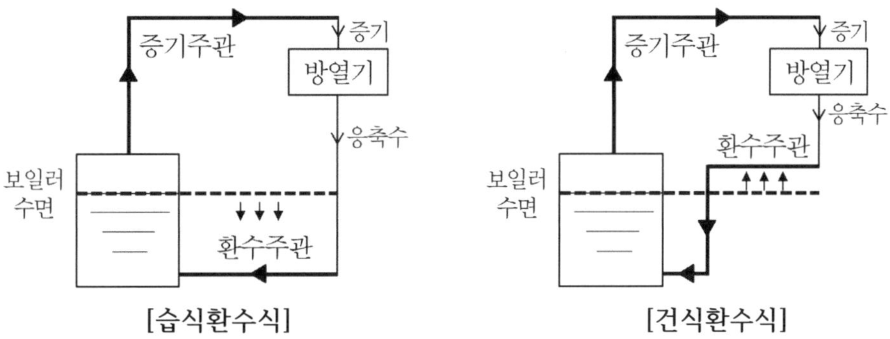

[습식환수식] [건식환수식]

㉤ 응축수 환수방식에 의한 분류

ⓐ 중력환수식 : 방열기에서 배출된 응축수가 중력을 통해 자연적으로 순환하는 방식

ⓑ 기계환수식 : 탱크 내 모아진 응축수를 펌프를 통해 보일러로 환수시키는 방식

- 방열기에서 응축수 탱크까지는 중력으로 환수된 응축수를 펌프로 보일러에 급수(환수)하는 방식이다.
- 탱크내에 들어온 공기는 자동 공기빼기 밸브에 의해 배기된다.
- 방열기 밸브의 반대편에는 열동식 트랩을 설치한다.
- 응축수가 중력 환수되지 않는 건축물에 사용한다.
- 방열기의 설치위치에 제한을 받지 않는다.

ⓒ 진공환수식 : 환수주관 말단부에 진공펌프를 설치하고 관 내 압력을 대기압 이하로 유지시켜 응축수를 환수시키는 방식

- 환수관 끝(보일러 바로 앞)부분에 진공펌프를 설치하여 환수관 안에 있는 공기 및 응축수를 흡인하여 환수시킨다. 이때 환수관의 진공도는 100 ~ 250 mmHg 정도로 유지하여 응축수 배출 및 방열기 내 공기를 빼낸다.
- 증기의 발생 및 순환이 가장 빠르다.
- 응축수 순환이 빠르므로 환수관의 직경이 작다.
- 환수(응축수)는 펌프에 의해 회수하므로 환수관의 기울기를 작게 할 수 있다.

- 방열기 밸브를 통해 방열량을 광범위하게 조절 가능하다.
- 대규모 건축물의 난방에 적합하다.
- 보일러 및 방열기의 설치위치에 제한을 받지 않는다.

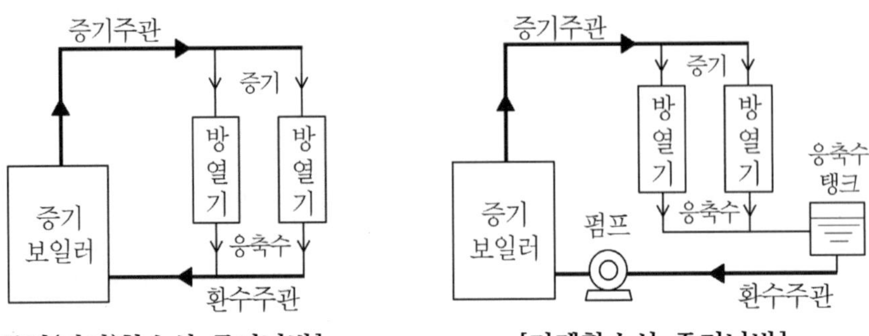

[중력(자연)환수식 증기난방] [기계환수식 증기난방]

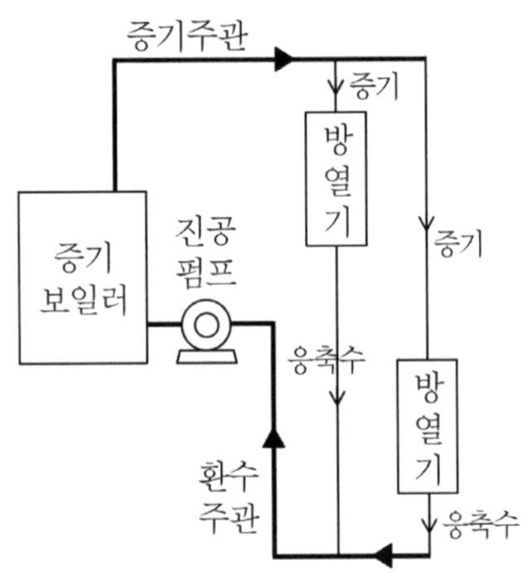

[진공환수식 증기난방]

③ **증기난방 배관 구배**

㉠ 단관 중력환수식 : 상향식, 하향식 모두 선단 하향구배로 설치한다.

ⓐ 하향식(순류관) : 1/100 ~ 1/200

ⓑ 상향식(역류관) : 1/50 ~ 1/100

ⓒ 공급관(증기주관)과 응축수관(환수주관)이 1개의 동일한 배관으로 흐르도록 하는 방식이다.

ⓓ 배관이 짧아 설비비가 절약된다.

ⓔ 난방이 불안정하여 구배를 잘못하면 수격현상이 발생하므로 소규모 주택의 난방에 사용된다.

㉡ 복관 중력환수식

ⓐ 건식환수식 : 1/200 선단 하향구배로 설치하며 환수주관은 보일러 수면보다 높게 설치한다.

ⓑ 습식환수식 : 선단 상향/하향구배 구분 없이 환수주관이 보일러 수면보다 낮게 설치된다.

ⓒ 공급관(증기주관)과 응축수관(환수주관)이 각각 다른 2개의 배관으로 흐르도록 하는 방식이다.

ⓓ 증기관과 환수관이 연결되는 곳에는 반드시 증기트랩을 설치하여 증기가 환수관으로 흐르지 않도록 방지한다.

㉢ 진공환수식

ⓐ 증기주관은 1/200 ~ 1/300 의 선단 하향구배로 설치한다.

ⓑ 저압 증기 환수관이 진공 펌프의 흡입구보다 낮은 위치에 있을 때 응축수를 순환시키기 위한 리프트 피팅(Lift fitting)을 설치한다.

④ 증기난방 시공

㉠ 하트포드(Hart ford) 배관법

ⓐ 저압증기 난방에 사용되는 보일러 내의 수면이 안전 저수위 이하로 내려가거나 보일러가 빈 상태로 되는 것을 막기 위하여 균형관을 달고 안전 저수위보다 높은 위치에 환수관을 접속하여 보일러수 유출을 막기 위하여 배관을 연결하는 방법이다.

ⓑ 균형관에 접속하는 환수주관의 분기 위치는 보일러 표준수면에서 약 50 mm 아래가 적합하다.

㉡ 냉각레그(Cooling leg) 시공법

ⓐ 증기관에서 발생한 증기나 응축수를 냉각하여 완전한 응축수로 건식 환수 관말에 보내기 위해 냉각레그(Cooling leg)를 설치하며, 증기주관과 동일한 지름으로 100 mm 이상 내리고 추가로 150 mm 이상 하부로 연장하여 드레인 포켓(Drain pocket)을 만든다.

ⓑ 냉각관은 길이를 주관으로부터 최소 1.5 m 이상 설치하여 냉각면적을 크게 하며 냉각효과를 높이기 위해 배관은 보온하지 않는다.

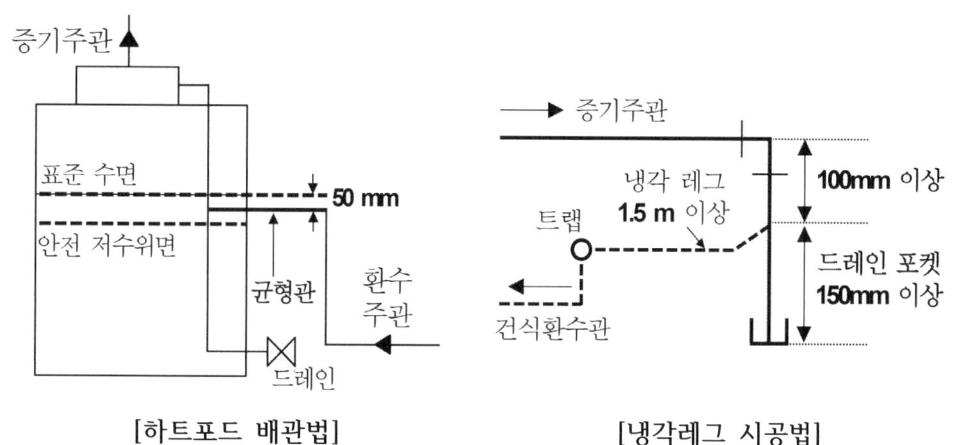

[하트포드 배관법] [냉각레그 시공법]

㉢ 방열기 주변 시공법

- 방열기 연결관은 배관의 신축을 흡수하기 위한 스위블 이음을 설치하며 증기관은 선단 상향구배로 환수관은 선단 하향구배로 설치한다. 벽걸이형 방열기는 바닥으로부터 150 mm 띄워서 설치하며, 주형 방열기는 벽으로부터 50 ~ 60 mm 간격을 두고 설치한다.

㉣ 감압밸브

- 고압유체의 압력을 저압으로 바꾸어 사용하기 위해 설치한다.

㉤ **바**이패스 배관 설치

- 계기(**유**량계, **감**압밸브, 증기**트**랩)의 장치를 점검, 수리, 고장 시 유체를 원활히 공급하기 위하여 설치한다. **암기법** : 바, 유감트

㉥ 증발탱크(Flash tank)

- 고압증기 환수관을 그대로 저압증기 환수관에 연결할 경우 저압 측에서 응축수 회수가 어렵기 때문에 증발탱크에서 고압증기의 압력을 낮춘 후 저압증기 환수관으로 보내기 위해 설치한다.

㉦ 리프트 피팅(Lift fitting)

- 진공환수식 증기난방의 배관법에서 부득이 방열기보다 높은 곳에 환수관을 배관해야 할 경우나 진공펌프 보다 낮은 위치에 환수주관을 설치할 경우에 리프트 이음(Lift fitting) 방법을 사용하여 환수관의 응축수를 끌어올린다. 이 때, 리프트관인 수직관은 환수주관보다 한 치수 작은 관을 사용하며 1단의 흡상높이는 1.5 m 이내로 한다. 또한, 높이가 1.6 m 이하인 경우 1단, 3.2 m 이하인 경우 2단으로 시공한다.

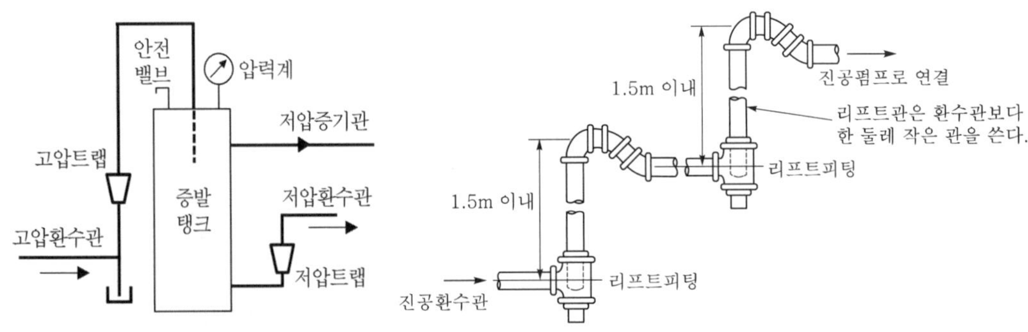

[증발탱크 설치 예시] [리프트 피팅 설치 예시]

◎ 증기난방 설계 시 유의사항

ⓐ 난방 구간별 난방부하 및 방열면적을 산출한다.

ⓑ 증기 배관방법을 결정하고 방열기 1개의 면적은 10 m^2 이하가 되도록 한다.

ⓒ 각 배관 구간들의 증기량을 산출한다.

ⓓ 증기가 배관 통과 시 생기는 마찰저항 손실을 고려하여 배관의 관경을 결정한다.

ⓔ 응축수 배출방법 및 배관의 온도 변화에 따른 신축이음 설치를 결정한다.
ⓕ 증기 생성을 위한 보일러 용량을 결정한다.
ⓖ 증기 보일러 및 사용처의 수요량에 따라 증기난방 방식을 최종 결정한다.

⑤ 증기트랩(Steam trap, 스팀트랩)

- 증기 사용설비 및 증기관의 도중에 응축(응결)수가 고이기 쉬운 장소에 설치하여 응축수를 자동적으로 배출시켜 증기의 잠열을 유효하게 이용할 수 있도록 하고 수격작용을 방지하고 증기의 건도를 높여 준다.

㉠ 버킷(Bucket)식 트랩
- 물통 모양의 버킷에 들어간 드레인이 일정량에 달하면 버킷이 부력을 상실하고 낙하하여 밸브를 열고 증기압력에 의해 드레인이 배출되며, 버킷 내의 드레인이 감소하면 다시 부력을 얻어 상승하여 밸브를 닫는 온·오프 동작에 의해 드레인을 배출하는 형식의 증기 트랩으로, 드레인과 증기의 비중차를 이용하여 부력으로 개폐된다.

㉡ 플로트(Float)식 트랩
- 드레인 양이 적을 때에는 플로트가 밸브시트를 눌러 멈추고 있으나, 어느 이상이 되면 적은 양의 드레인이 들어오더라도 그 양만큼 배출하므로 다량의 드레인(drain, 응축수)을 연속적으로 처리할 수 있는 형식의 증기 트랩으로, 드레인과 증기의 비중차를 이용하여 플로트의 부력으로 개폐된다.

㉢ 바이메탈(Bimetal)식 트랩
- 응축수가 증기트랩 내에 고이면 트랩 내의 온도가 낮아져, 열팽창율이 다른 2종의 금속을 붙인 바이메탈의 휘어지는 작용에 의해서 볼 밸브가 열려 응축수가 배출된다.

㉣ 벨로즈(Bellows)식 트랩
- 온도변화에 따라서 벨로즈의 신축작용으로 응축수를 배출하도록 되어 있다.

㉤ 다이어프램(Diaphragm)식 트랩
- 증기와 응축수의 온도차에 의해 팽창과 수축을 하는 물질을 이용하여 응축수를 배출하도록 되어 있다.

㉥ 디스크(Disc)식 트랩
- 응축수가 증기트랩 내에 고이면 트랩 내의 온도가 낮아져서 변압실 내의 압력이 저하되기 때문에 디스크가 들어 올려져 응축수가 배출된다.

㉦ 오리피스(Orifice)식 트랩
- 트랩 출구에 오리피스가 설치되어, 통기 초기에는 공기가 배출되고 응축수가 오면 오리피스를 통과할 때 기체에 비해 압력 강하가 크므로 밸브가 열려 응축수가 배출된다.

(3) 복사난방

- 가열코일(패널)을 바닥, 벽, 천장에 매설하여 그 코일 내에 열매체인 온수나 증기를 순환시켜 그 **복사열**로 난방하는 형식으로 패널(Panel)난방이라고도 한다.

① 복사난방의 특징

[장점]

㉠ (실내온도의 분포가 균일하여) 쾌감도가 높다.
㉡ (방열기를 설치하지 않으므로) 바닥면의 이용도가 높다.
㉢ (평균온도가 낮아서) 동일 방열량에 대하여 열손실이 비교적 적다.
㉣ (공기의 대류가 적어서 바닥면의 공기상승에 의한) 오염도가 적다.
㉤ 천장이 높은 건물 및 주택의 난방에도 적합하다.

[단점]

㉠ (외기온도 변화에 따른) 방열량 조절이 어렵다.
㉡ (배관을 매설하기 때문에) 시공· 수리가 어렵고, 초기 설치비용이 많이 든다.
㉢ (열손실을 차단하기 위하여) 단열재의 시공이 필요하다.
㉣ 구조 및 방의 모양을 변경하기가 어렵다.
㉤ 고장 시 발견이 어렵고, 매설 부분에 균열이 발생한다.

② 복사난방의 분류

㉠ 열매체의 종류에 의한 분류

ⓐ 온수 복사난방
- 매설된 코일에 65 ~ 82℃의 온수를 순환시켜 난방한다.

ⓑ 증기 복사난방
- 저압증기를 사용하며, 100℃ 이상의 고온이므로 매설은 피하고 구조체의 내·외벽 사이에 코일을 배치하여 간접적으로 난방한다.

ⓒ 온풍 복사난방
- 온풍을 덕트로 바닥, 벽, 천장 내에 설치된 통로에 불어넣어 난방한다.

ⓓ 전열 복사난방
- 전열선을 이용하여 바닥, 벽, 천장 등을 가열하며 특수전열 패널을 사용한다.

㉡ 가열면의 위치에 의한 분류

ⓐ 바닥 복사난방
- 바닥면을 가열면으로 하는 것이므로 온도는 30℃ 정도 이내로 한다.

ⓑ 벽 복사난방
- 창틀 부근에 설치하므로 시공이 곤란하여 바닥, 천장난방의 보조용으로 사용된다.

ⓒ 천장 복사난방
- 천장이 높은 곳(건물 로비, 체육관, 강당 등)에 고온 복사패널을 설치하여 난방하는 형식으로 천장면의 온도를 40℃까지 할 수 있다.

(4) 지역난방

- 열공급시설(열병합발전소)에서 다량의 고압 증기 또는 고온수를 생산하여 배관을 통해 대단위의 지역에 일괄공급하여 난방하는 방식으로 열사용처에서는 공급받은 열매체를 보일러 설비 없이 직접 또는 열교환기로 저압 증기 또는 저온수로 바꾸어 난방 및 급탕에 사용한다.

① **지역난방의 특징**

[장점]

㉠ 광범위한 지역의 대규모 난방에 적합하다.
㉡ 열매체로는 주로 고온수 및 고압증기가 사용된다.
㉢ 대규모 시설의 관리로 고효율이 가능하다.
㉣ 소비처에서 연속난방 및 연속급탕이 가능하다.
㉤ 인건비와 연료비가 절감된다.
㉥ 설비 합리화에 따라 매연처리 및 폐열 활용이 가능하다.
㉦ 각 건물에 보일러를 설치하는 것에 비해 건물 내의 유효면적이 증가한다.

[단점]

㉠ 시설비용이 많이 든다.
㉡ 열매체의 이송 배관이 길어지므로 배관에서의 방열에 의한 열손실이 크다.
㉢ 고압증기, 고온수를 사용하므로 취급에 기술이 필요하다.
㉣ 지역발전소에서 보내주는 열매체의 온도 이상으로 실내온도를 높이는 데에는 보조 난방기구를 추가해야 한다.

② 지역난방의 열매체

㉠ 증기 : 게이지압력 $1\ kg/cm^2 \cdot g \sim 15\ kg/cm^2 \cdot g$ (0.1 MPa ~ 1.5 MPa)이 주로 사용된다.
㉡ 온수 : 100℃ 이상의 고온수(약 120℃ ~ 210℃)가 주로 사용된다.

③ 지역난방의 증기 배관

㉠ 감압밸브는 가급적이면 난방부하의 중앙지점에 설치하며, 순환펌프실은 지역 중 가장 낮은 장소에 설치하는 것이 바람직하다.
㉡ 옥외 증기배관은 하향구배로 하고 이송 배관 도중에 설치하는 증기트랩이나 감압밸브가 있는 장소에는 점검 및 수리가 용이하도록 맨홀을 설치하여야 한다.

④ 지역난방의 고온수 배관

㉠ 옥외 온수배관은 공기가 체류하지 않도록 1/250 이상의 하향 또는 상향구배로 하고 공기가 체류하는 곳에는 플로트식 자동 공기빼기 밸브를 부착한다.
㉡ 배관 중 가장 낮은 장소에는 드레인(drain) 밸브를 설치하여 배관 내에 잔존하는 찌꺼기 및 물을 배수시켜 배관의 동파 및 부식을 방지한다.

(5) 방열기(Radiator 라디에이터)

- 온수나 증기가 보유한 열을 대류현상을 통해 실내로 방출하여 난방하기 위한 설비

① 방열기의 종류

㉠ 주형 방열기 : 2주형(Ⅱ), 3주형(Ⅲ), 3세주형(3), 5세주형(5)이 있다.

㉡ 길드 방열기 : 주철로 된 파이프에 핀을 부착한 것이다.

㉢ 벽걸이형 방열기 : 주철제로서 입형과 횡형이 있다.

㉣ 대류 방열기(Convector, 컨벡터) : 대류작용을 극대화하기 위해 강판제 케이스 속에 가열히터를 넣은 것이다.

㉤ 유닛 히터 : 송풍기에 의한 강제 대류형이다.

② 방열기의 부속장치

㉠ 방열기 밸브(packless, 팩리스 밸브) : 방열기 입구에 설치해서 증기나 온수의 유량을 수동으로 조절하는 밸브이다.

㉡ 방열기 트랩 : 방열기 출구에 설치하는 열동식 트랩은 응축수를 환수관에 보내는 역할을 한다.

③ 방열기의 설치위치

㉠ 대류작용을 원활히 하기 위해 외기와 접하는 창 밑에 설치한다.

㉡ 벽면과는 50 ~ 60 mm 떨어진 곳에, 바닥으로부터는 150 mm 높여서 설치한다.

④ 표준방열량($Q_{표준}$) : 열매체인 증기와 온수를 기준으로 구별하여 계산한다.

암기법 : 수 사오공, 증 육오공

열매체 종류	표준방열량 (kcal/m²·h)	표준방열량 (kJ/m²·h)	방열기내 평균온도(℃)	실내온도 (℃)	방열계수 (kJ/m²·h·℃)	표준온도차 (℃)
온수	450	1890	80	18.5	30.1	61.5
증기	650	2730	102	18.5	33.5	83.5

⑤ 상당방열면적(EDR, m^2) : 방열기의 전체방열량을 표준방열량으로 나눈 값이다.

- $EDR = \dfrac{Q}{Q_{표준}} \left(\dfrac{전체방열량}{표준방열량}\right)$

⑥ 실내 방열기의 난방부하(Q)

- $Q = Q_{표준} \times A_{방열면적}$

  $= Q_{표준} \times C \times N \times a$

  여기서, C : 보정계수(단, 제시 없으면 생략함.)
  N : 쪽수, a : 1쪽당 방열면적

⑦ 방열기의 방열량(Q)

- $Q = K \times \Delta t$

  여기서, K : 방열계수(W/m²·℃)
  Δt : 방열기 내 온수의 평균온도차(℃)

⑧ 방열기 내의 응축수량(w)

- $w_{응축수량} = \dfrac{Q}{R_w}\left(\dfrac{방열량}{물의\ 증발잠열}\right)$

⑨ 방열기 도시법 및 도시기호

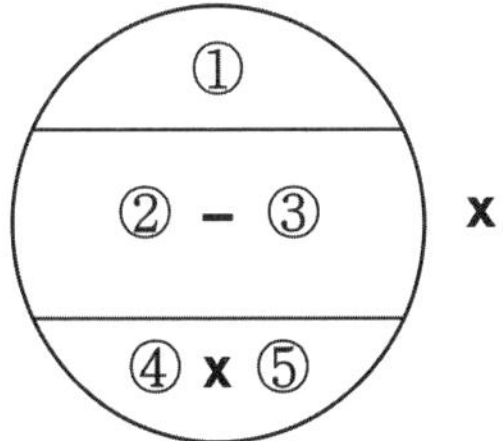

①: 쪽수(섹션수)
②: 종별
③: 형(치수, 높이)
④: 유입관 지름
⑤: 유출관 지름
⑥: 설치개수

구 분	종 별	도시기호
주형	2주형	Ⅱ
	3주형	Ⅲ
	3세주형	3
	5세주형	5
벽걸이형 (W)	수평형(횡형)	H
	수직형(종형)	V

⑩ 방열기 호칭법

- 주형 방열기 : 종별 - 높이 × 쪽수
- 벽걸이형 방열기 : 종별 - 형 × 쪽수

제10장 보일러 설비 운영

1. 보일러(Boiler) 관리

① 보일러의 정의 : 연료를 연소시켜 발생된 열로 압력용기 속의 물에 전달하여 온수 및 고온·고압의 증기를 발생시키는 장치를 말한다.

② 보일러 구성의 3대 요소 : 연소장치, 본체, 부속장치로 이루어져 있다.

암기법 : 3연대 본부

(1) 보일러의 구성

① 연소장치 : 연소실에 공급되는 연료를 연소시키는 장치로서, 일반적으로 고체연료를 사용하는 보일러에서는 주로 화격자(火格子)를 사용하고 액체연료 및 기체연료를 사용하는 보일러에서는 버너(Burner)를 주로 사용한다.

② 본체(本體) : 연료의 연소열을 이용하여 온수 발생 및 고온·고압의 증기를 발생시키는 부분으로서, 기수드럼의 경우에는 동(또는 Drum, 드럼) 내부 체적의 2/3 ~ 4/5 정도 물이 채워지는 수부와 증기부로 구성된다.

③ 부속장치 : 보일러를 안전하고 경제적인 운전을 하기 위한 장치 및 부속품으로서, 급수장치, 송기장치, 폐열회수장치(과열기, 재열기, 절탄기, 공기예열기), 안전장치, 분출장치, 통풍장치를 비롯하여 보일러 자동제어장치, 처리장치 및 계측기기 등이 이에 속한다.

㉠ 급수장치 : 급수탱크, 응축수탱크, 급수배관, 급수펌프, 인젝터, 급수밸브, 급수내관 등

㉡ 송기장치 : 주증기관, 주증기밸브, 보조증기관, 보조증기밸브, 비수방지관, 기수분리기, 증기헤더, 증기트랩(스팀트랩), 감압밸브, 신축이음장치 등

㉢ 폐열회수장치 : 과열기, 재열기, 절탄기, 공기예열기 등 암기법 : 과재절공

㉣ 안전장치 : 안전밸브, 저수위 경보기, 방폭문, 가용마개, 화염검출기, 압력제한기, 압력조절기, 전자밸브 등

㉤ 분출장치 : 분출관, 분출밸브, 분출콕 등

㉥ 통풍장치 : 송풍기, 연도, 댐퍼, 연돌(굴뚝) 등

㉦ 자동제어장치 : 부하에 따른 연료량·공기량 및 급수량을 제어하는 장치 등

㉧ 처리장치 : 집진장치, 매연취출장치, 급수처리장치, 여과기(스트레이너) 등

㉨ 계측장치 : 온도계, 압력계, 수고계, 수면계, 유량계, 통풍계(드래프트게이지), 가스미터 등

㉠ 연료공급장치 : 오일(Oil) 저장탱크, 서비스탱크, 오일 예열기(오일 프리히터), 송유관, 오일펌프 등

㉡ 동 내부 부속장치 : 급수내관, 비수방지관, 기수분리기 등

(2) 보일러의 분류

① 사용 재질에 따른 분류

㉠ 강철제 보일러 : 강철(주로, 저탄소강)으로 제작한 보일러이다.

㉡ 주철제 보일러 : 주철로 제작한 보일러이다.

② 구조 및 형식에 따른 분류

㉠ 원통형 보일러 : 보일러 본체가 지름이 큰 동(胴, 원통)으로 구성되어 있으며 이곳에서 증기를 발생시킨다.

㉡ 수관식 보일러 : 보일러 본체가 다수의 수관(水管)으로 구성되어 있으며 수관에서 증기를 발생시킨다.

㉢ 특수 보일러 : 주철제 보일러, 특수 열매체 보일러, 폐열보일러, 간접가열식 보일러 등

<table>
<tr><th>분류</th><th>형식</th><th colspan="2">종류</th></tr>
<tr><td rowspan="4">원통형 보일러
(둥근형 보일러)</td><td>입형 (또는, 직립형)</td><td colspan="2">입형연관 보일러, 입형횡관 보일러, 코크란 보일러</td></tr>
<tr><td rowspan="3">횡형 (또는, 수평형)</td><td>노통 보일러</td><td>랭커셔 보일러, 코니시 보일러</td></tr>
<tr><td>연관 보일러</td><td>횡연관 보일러, 기관차 보일러, 케와니 보일러</td></tr>
<tr><td>노통연관 보일러</td><td>스카치 보일러, 로코모빌 보일러, 하우덴 존슨 보일러, 부르동카푸스 보일러, 노통연관패키지형 보일러</td></tr>
<tr><td rowspan="3">수관식 보일러</td><td>자연순환식</td><td colspan="2">바브콕 보일러, 가르베 보일러, 야로식 보일러, 다꾸마 보일러, 스네기치 보일러, 2동수관식, 2동D형수관식 보일러</td></tr>
<tr><td>강제순환식</td><td colspan="2">베록스 보일러, 라몬트 보일러</td></tr>
<tr><td>관류식</td><td colspan="2">람진 보일러, 벤슨 보일러, 앤모스 보일러, 슐처 보일러</td></tr>
<tr><td rowspan="6">특수 보일러</td><td>주철제 보일러</td><td colspan="2">주철제 증기보일러, 주철제 온수보일러</td></tr>
<tr><td>열매체(또는, 특수유체) 보일러</td><td colspan="2">시큐리티 보일러, 모빌썸 보일러, 다우삼 보일러, 수은 보일러, 카네크롤 보일러</td></tr>
<tr><td>폐열 보일러</td><td colspan="2">리보일러, 하이네 보일러</td></tr>
<tr><td>간접가열식 보일러
(2중 증발 보일러)</td><td colspan="2">슈미트 보일러, 레플러 보일러</td></tr>
<tr><td>특수연료 보일러</td><td colspan="2">톱밥 보일러, 바크 보일러, 버개스 보일러</td></tr>
<tr><td>전기 보일러</td><td colspan="2">전극형 보일러, 저항형 보일러</td></tr>
</table>

③ 연소실(또는, 화실)의 위치에 따른 분류

㉠ 내분식(內焚式) 보일러 : 연소실이 보일러 본체 속에 있는 보일러이다.
(입형보일러, 노통보일러, 노통연관보일러)

㉡ 외분식(外焚式) 보일러 : 연소실이 보일러 본체 밖에 있는 보일러이다.
(횡연관 보일러, 수관식 보일러, 관류식 보일러)

④ 발생 열매체에 따른 분류

㉠ 증기 보일러 : 증기를 발생시키는 것으로 대부분의 보일러에 해당된다.
㉡ 온수 보일러 : 온수를 발생시키는 것으로 난방용 및 급탕용으로 사용된다.
㉢ 열매체 보일러 : 포화온도가 높은 유기열매체를 이용한 것으로 고온에서 가열, 증류, 건조 등을 하는 공정에 사용된다.

⑤ 사용연료에 따른 분류

㉠ 석탄 보일러 : 석탄을 연료로 사용한다.
㉡ 유류 보일러 : 중유(벙커C유), 경유, 등유 등의 오일(기름)을 연료로 사용한다.
㉢ 가스 보일러 : LNG, LPG 등의 가스를 사용한다.
㉣ 목재 보일러 : 폐목재 등의 나무를 사용한다.
㉤ 폐열 보일러 : 공업용 요로에서 배출되는 고온의 배가스를 이용한다.
㉥ 특수연료 보일러 : 산업 폐기물 등을 사용한다.

⑥ 보일러 본체의 구조에 따른 분류

㉠ 노통 보일러 : 동체 내에 노통이 있는 보일러이다.
㉡ 연관 보일러 : 동체 내에 노통의 유무에 관계없이 다수의 연관이 있는 보일러이다.

⑦ 증기의 용도에 따른 분류

㉠ 동력용 보일러 : 발생증기를 터빈 등의 동력발생장치에 사용한다.
㉡ 난방용 보일러 : 겨울철 실내의 난방용으로 사용한다.
㉢ 가열용 보일러 : 발생증기의 잠열을 이용하여 기타 장치의 가열원으로 사용한다.
㉣ 온수용 보일러 : 온수나 급탕 용수를 만들어 목욕탕, 세면장 등에 사용한다.

⑧ 물의 순환방식에 따른 분류 암기법 : 수자 강관

㉠ **자**연순환식 보일러 : 보일러수의 가열에 따른 포화수와 포화증기의 비중량차에 의하여 관수가 자연적으로 순환된다.
㉡ **강**제순환식 보일러 : 순환펌프를 이용하여 관수를 강제로 순환시킨다.
㉢ **관**류식 보일러 : 드럼이 없고 긴 수관만으로 구성된, 일종의 강제순환식이다.

⑨ 사용장소에 따른 분류

㉠ 육용 보일러 : 육지에 설치하여 사용한다. (육상용 보일러)
㉡ 선박용 보일러 : 선박에 설치하여 사용한다. (해상용 보일러)

⑩ 가열형식에 따른 분류

㉠ 직접가열식 보일러 : 보일러 본체내의 물을 직접 가열시키는 형식이다.
㉡ 간접가열식 보일러 : 보일러 본체내의 물을 열교환기를 이용하여 간접적으로 가열시키는 형식이다.

⑪ 보일러의 증발량에 따른 분류

㉠ 소형 보일러 : 증발량이 10 ton/h 미만의 소용량일 때
㉡ 중형 보일러 : 증발량이 10 ~ 100 ton/h 인 용량일 때
㉢ 대형 보일러 : 증발량이 100 ton/h를 초과하는 대용량일 때

2. 보일러의 종류 및 특징

(1) 원통형 보일러(Cylinderical boiler, 또는 둥근형 보일러)

보일러 본체가 지름이 큰 동(胴, 원통)형 용기를 주체로 하여 그 내부에 노통, 연관, 화실(Fire box, 연소실)이 구성되어 있는 보일러로서 다음과 같은 특징을 갖는다.

① 큰 동체를 가지고 있어, 보유수량이 많다.
② 구조가 간단하여 취급이 용이하고, 내부의 청소 및 검사가 용이하다.
③ 일시적인 부하변동에 대하여 보유수량이 많으므로 압력변동이 적다.
④ 구조상 전열면적이 작고 수부가 커서 증기발생속도가 느리다. (증기발생시간이 길다.)
⑤ 저압 · 소용량의 경우에 적합하므로, 고압 · 대용량에는 부적당하다.
⑥ 보유수량이 많아 파열 사고 시에는 피해가 크다.
⑦ 열효율은 낮은 편이다.

1) 입형 보일러(Vertical boiler 또는, 직립형 보일러, 수직형 보일러)

원통형의 보일러 본체를 수직으로 세워 연소실을 그 밑부분에 설치해 놓은 내분식(內焚式) 보일러이다.

① 장점

㉠ 형체가 적은 소형이므로 설치면적이 적어 좁은 장소에 설치가 가능하다.
㉡ 구조가 간단하여 제작이 용이하며, 취급이 쉽고, 급수처리가 까다롭지 않다.
㉢ 전열면적이 적어 증발량이 적으므로 소용량에 적합하고, 가격이 저렴하다.
㉣ 설치비용이 적으며 운반이 용이하다.
㉤ 연소실 상면적이 적어, 내부에 벽돌을 쌓는 것을 필요로 하지 않는다.
㉥ 최고사용압력은 10 kg/cm^2 이하, 전열면 증발률은 10 ~ 15 $kg/m^2 \cdot h$ 정도이다.

② 단점

㉠ 연소실이 내분식이고 용적이 적어 연료의 완전연소가 어렵다.
㉡ 전열면적이 적고 열효율이 낮다. (40 ~ 50%)
㉢ 열손실이 많아서 보일러 열효율이 낮다.
(열효율 및 용량이 큰 순서 : 코크란 보일러 〉 입형연관 〉 입형횡관)
㉣ 구조상 증기부(steam space)가 적어서 습증기가 발생되어 송기되기 쉽다.
㉤ 보일러가 소형이므로, 내부의 청소 및 검사가 어렵다.

③ 입형 보일러의 종류

㉠ 입형 횡관식 보일러
: 전열면적을 증가시키기 위하여 화실내 수부에서 화실을 가로질러 수평으로 2 ~ 3개의 횡관(Galloway-tube)을 설치한 보일러이다.

㉡ 입형 연관식 보일러
: 전열면적을 증가시키기 위하여 화실 천장판과 관판의 사이에 소구경의 연관을 수직으로 설치하고, 연관내로 연소가스를 흐르게 하는 보일러이다.

㉢ 코크란(Cochran) 보일러

: 입형연관보일러의 단점을 보완한 것으로 다수의 연관을 수평으로 배치하였으며 입형보일러 중에서 가장 효율이 좋고 용량이 큰 보일러로서, 선박용보일러 보조용으로 사용되고 있다. 또한, 연소실의 구조를 변경하면 폐열 보일러로도 적당한 구조이다.

2) 횡형 보일러(horizontal boiler 또는, 수평형 보일러)

지름이 큰 원통형의 보일러 본체내에 앞 경판과 뒷 경판사이로 둥근 형태로 제작한 노통 또는 다수의 연관을 설치한 대표적인 내분식 보일러로서 횡형으로 설치하여 사용하며, 열가스의 흐름이 2pass 로서 입형보일러에 비하여 전열량이 많아 열효율이 좋고 용량이 큰 편이다. 그 종류는 노통보일러, (횡)연관보일러, 노통연관보일러로 구분된다.

① 노통 보일러(flue tube boiler)

원통형 드럼과 양면을 막는 경판(鏡板)으로 구성되며, 그 내부에 노통을 설치한 보일러이다.

㉮ 노통의 종류

㉠ 평형 노통

평판의 금속판을 여러 개로 접합할 때 양 끝의 판면과 판면을 휘어서 아담슨 조인트(Adamson-joint)로 하여 둥글게 제작한 것이다.

[특징] ⓐ 제작이 쉽고, 청소 및 검사가 용이하다.
ⓑ 열에 의한 신축성이 나쁘다.
ⓒ 외압에 대한 강도가 낮다.
ⓓ **아담슨 이음**(Adamson-joint)의 설치목적은 열에 의한 평형노통의 신축을 조절하여 노통의 변형을 방지하기 위한 것으로서,
노통은 전열범위가 크기 때문에 불균일하게 가열되어 열팽창에 의한 신축이 심하므로, 열에 의한 노통의 변형을 방지하기 위하여 노통을 여러 개로 나누어 접합할 때 양끝부분을 굽혀서 만곡부를 형성하고 윤판을 중간에 넣어 보강시키는 이음을 말한다.

㉡ 파형 노통

평판의 금속판을 프레스에 눌러 파형으로 만든 것으로 대부분은 파형(물결 모양)의 노통이 사용된다.

[특징] ⓐ 고열에 의한 신축과 팽창이 용이하다.
ⓑ 외압에 대한 강도가 크다.
ⓒ 전열면적이 크다.
ⓓ 제작이 어려워 가격이 비싸고, 청소 및 검사가 어렵다.
ⓔ 스케일(scale)이 생성되기 쉽다.
ⓕ 통풍저항이 커지므로 통풍력을 약화시킨다.

㉯ 원통형 동내의 드럼(Drum)을 관통하는 1개 또는 2개의 노통을 설비한 것으로 노통 내에 버너나 화격자 연소장치가 장착되어 있다.

㉠ 노통이 1개 설치된 것 : 코니시(Cornish 또는, 코르니시) 보일러

㉡ 노통이 2개 설치된 것 : 랭커셔(Lancashire 또는, 랭카셔) 보일러

※ 노통이 2개이므로 교대운전이 가능하다.

㉰ 노통 전방에서 연료의 연소로 생긴 열가스는 노통을 관통하여 벽돌벽으로 만든 연도(煙道)를 흐르고 동(胴)을 다시 외부에서 가열하여 댐퍼(damper)를 통하여 연돌(굴뚝)로 배출된다.

㉱ 노통이 1개짜리인 코니시 보일러의 노통을 중앙에서 좌우 편심(한쪽으로 기울어지게)으로 부착하는 이유는 보일러수의 순환을 양호하게 하기 위한 것이다.

㉲ 노통보일러의 특징

㉠ 장점

ⓐ 구조가 간단하여 제작이 쉽고 견고하다.

ⓑ 동체내에 들어가 내부청소 및 검사가 용이하다.

ⓒ 용량이 적어서(약 3 ton/h) 취급이 용이하다.

ⓓ 보유수량이 많아 일시적인 부하변동에 대하여 압력변화가 적다.

ⓔ 급수처리가 까다롭지 않다.

㉡ 단점

ⓐ 전열면적에 비해 보유수량이 많아 증기발생에 소요되는 시간이 길다.

ⓑ 전열면적이 적어 증발열이 적다.

ⓒ 보일러 효율이 나쁘다. (50% 전후)

ⓓ 보유수량이 많아 파열 사고시 피해가 크다.

ⓔ 내분식이기 때문에 연소실의 크기에 제한을 받으므로, 양질의 연료를 선택하여야 한다.

ⓕ 구조상 고압, 대용량에는 부적당하다.

㉳ 브레이징 스페이스(Breathing-space, 완충구역 또는 완충폭)

경판의 탄성(강도)를 높이기 위한 것으로서, 노통보일러의 평형경판에 부착하는 거싯스테이 하단과 노통의 상단부 사이의 신축거리를 말하며, 경판의 일부가 노통의 고열에 의한 신축작용에 따라 탄성작용을 하는 역할을 한다.

(경판의 두께에 따라 달라지며 아래[표]와 같이 최소한 230 mm 이상을 유지하여야 한다.)

※ 경판 두께에 따른 브레이징-스페이스

경판의 두께	브레이징-스페이스 (완충폭)	경판의 두께	브레이징-스페이스 (완충폭)
13 mm 이하	230 mm 이상	19 mm 이하	300 mm 이상
15 mm 이하	260 mm 이상	19 mm 초과	320 mm 이상
17 mm 이하	280 mm 이상		

제10장

㉳ 갤로웨이 관(Galloway tube)
노통에 직각으로 2 ~ 3개 정도 설치한 관으로 노통을 보강하고 전열면적을 증가시키며, 보일러수의 순환을 촉진시킨다.

㉴ 버팀(Stay, 스테이)
노통보일러에서 강도가 약한 부분(동판, 경판, 관판 등)의 강도를 보강하기 위하여 사용되는 지지장치를 말하며, 다음과 같이 여러 종류가 있다.

㉠ 거싯 스테이(gusset stay) : 3각 모양의 평판을 사용하여 경판, 동판 또는 관판이나 동판을 지지하여 보강하는데 사용된다.
㉡ 경사 스테이(oblique stay, 경사버팀) : 화실천장 과열부분의 압궤현상을 방지하기 위해 경판 보강에 사용된다.
㉢ 도그 스테이(dog stay) : 맨홀 뚜껑을 보강하는데 사용된다.
㉣ 튜브 스테이(tube stay, 관버팀) : 연관의 팽창에 따른 관판이나 경판의 팽출에 대한 보강재이다.
㉤ 볼트 스테이(bolt stay, 나사버팀) : 평행한 부분의 거리가 짧고 서로 마주보는 2매의 평판의 보강에 주로 사용한다.
㉥ 바 스테이(bar stay, 봉버팀) : 관(pipe)대신에 연강 환봉을 사용하여 화실천장판을 보강하는데 사용된다.
㉦ 거더 스테이(girder stay, 시렁버팀) : 화실천장판을 경판에 매달아 보강하는 둥근 막대버팀으로 화실천장 과열부분의 압궤현상을 방지하는데 사용된다.

② 연관 보일러(smoke tube boiler)

보일러 동체의 수부(水部)에 연소가스의 통로가 되는 다수의 연관(煙管)을 동축에 평행하게 설치하여 연소가스가 연관속으로 흐르도록 함으로써 전열면적을 증가시킨 보일러로서 연소실 위치에 따라 내분식과 외분식이 있다.

㉮ 내분식 연관보일러
: 연소실을 보일러 본체 속에 설치한 것이므로, 벽돌의 외부 연관을 필요로 하지 않는다.

㉯ 외분식 횡연관보일러
: 수평으로 놓여진 보일러동의 밑에 벽돌을 쌓아올린 연소실을 설치한 것으로 연소가스는 동의 밑부분을 가열하고, 한편 연관으로 들어가 다시 드럼의 측면을 외부로부터 가열되도록 유도된다.

㉰ 종류 **암기법** : 연기 켁!~

㉠ **기**관차(Locomotive)식 보일러 : 내분식
㉡ **케**와니(Kewanee) 보일러 : 내분식
㉢ 횡연관식 보일러 : 외분식

㉱ 원통형의 다른 보일러(노통 보일러, 노통 연관 보일러)에 비하여 횡연관 보일러는 보유수량이 적은 편이므로 증기발생속도가 빠르다. 따라서 연관의 배열을 바둑판 모양으로 교차되는 지점에 규칙적으로 배치하는 주된 이유는 보일러수의 순환을 빠르게 흐르도록 촉진하기 위해서이다.

㉲ 연관보일러의 특징

㉠ 장점

ⓐ 연관으로 인해 전열면적이 커서, 노통보일러보다 효율이 좋다. (약 70%)

ⓑ 전열면적당 보유수량이 적어 증기발생 소요시간이 비교적 짧다.

ⓒ 외분식인 경우는 연소실의 설계가 자유로워 연료의 선택범위가 넓다.

㉡ 단점

ⓐ 연관의 부착으로 내부구조가 복잡하여 청소, 수리, 검사가 어렵다.

ⓑ 연관을 관판에 부착하는 부분에 누설이나 고장을 일으키기 쉽다.

ⓒ 외분식인 경우에 분출관은 연소실에 노출되어 있으므로 과열을 방지하기 위하여 주위를 내화재로 피복하여야 한다.

ⓓ 내부구조가 복잡하여 청소가 곤란하므로 양질의 물을 급수하여야 한다.

③ 노통연관식 보일러(flue smoke tube boiler)

지름이 큰 동체를 몸체로 하여 그 내부에 노통과 연관을 동체축에 평행하게 설치하여 노통을 나온 연소가스가 연관을 통해 연도로 빠져나가도록 되어 있는 구조의 내분식 보일러로서, 노통보일러와 연관보일러를 조합시켜 서로의 장점을 이용한 것이다.

㉮ 종류

㉠ 스코치(Scotch) 보일러 : 선박용

㉡ 하우덴 존슨(Howden-Johnson) 보일러 : 선박용

㉢ 부르동카푸스(Bourdon-karpus) : 선박용

㉣ 로코모빌(Locomobile) 보일러 : 육용

㉤ 노통연관 패키지(Package)형 보일러 : 육용

㉯ 노통연관식 보일러의 특징

㉠ 장점

ⓐ 전열면적당 보유수량이 적어 증기발생 소요시간이 비교적 짧다.

ⓑ 노통에 의한 내분식(內焚式)이므로 노벽을 통한 복사열의 흡수가 커서, 방산에 의한 손실열량이 적다.

ⓒ 보일러의 크기에 비하여 전열면적이 크고 원통형 중 효율이 가장 좋다. (약 80%)

ⓓ 동일용량의 수관식 보일러에 비해 보유수량이 많아서 부하변동에 대해 쉽게 대응할 수 있다. (압력이나 수위의 변화가 적다.)

ⓔ 패키지(Package)형으로 설치공사의 시간과 비용을 절약할 수 있다.

ⓛ 단점

ⓐ 다른 원통형(노통, 연관식)보일러들 보다는 고압·대용량이지만 기본적으로 원통형 보일러는 수관식 보일러에 비해 고압·대용량에는 부적당하다.

ⓑ 연관의 부착으로 내부구조가 복잡하여 청소가 곤란하다.

ⓒ 증기발생속도가 빨라서 까다로운 급수처리가 필요하다.

ⓓ 노통연관식 보일러는 보일러 동의 수부에 연소가스의 통로가 되는 다수의 연관을 설치하여 노통을 포함하여 열량을 전열면에서 잘 흡수시키기 위해 2-패스, 3-패스, 4-패스 등의 흐름구성을 갖도록 설계하여 전열면적을 증가시킨다.

(2) 수관식 보일러 (Water tube boiler)

보일러 본체가 지름이 작은 드럼(Drum)과 지름이 작은 다수의 수관(水管)으로 구성되어 있으며 수관을 전열면으로 하여 수관 내에 있는 물을 증기로 발생시키는 보일러로서, 물의 순환을 좋게 하기 위하여 승수관과 강수관을 설치하며 물의 순환방식에 따라 **자**연순환식, **강**제순환식, **관**류식으로 구분된다. 암기법 : 수자강관

① 수관식 보일러는 원통형보일러에 비하여 다음과 같은 특징을 갖는다.

㉠ 외분식이므로 연소실의 크기 및 형태를 자유롭게 설계할 수 있어 연소상태가 좋고, 연료에 따라 연소방식을 채택할 수 있어 연료의 선택범위가 넓다.

㉡ 드럼의 직경 및 수관의 관경이 작아, 구조상 **고압 · 대용량**의 보일러 제작이 가능하다. (일반적으로 국내에서는 용량이 10 ton/h, 보일러 본체의 증기압력 10 kg/cm^2 (≒ 10 bar) 이상의 고압, 대용량의 보일러에 적합하다.)

㉢ 관수의 순환(1 m/s)이 좋아 열응력을 일으킬 염려가 적다.

㉣ 구조상 전열면적당 관수 보유량이 적으므로, 단위시간당 증발량이 많아서 증기발생 소요시간이 매우 짧다. 따라서, 열량을 전열면에서 잘 흡수시키기 위한 별도의 설계를 하지 않아도 된다.

㉤ 보일러 효율이 높다. (90% 이상)

㉥ 드럼의 직경 및 수관의 관경이 작으므로, 보유수량이 적다.

㉦ 보유수량이 적어 파열 사고 시에도 피해가 적다.

㉧ 일시적인 부하변동에 대하여 관수 보유수량이 적으므로 압력과 수위변동이 크다.

㉨ 증기발생속도가 매우 빨라서 스케일 발생이 많아 수관이 과열되기 쉬우므로 철저한 수처리를 요한다.

㉩ 구조가 복잡하여 내부의 청소 및 검사가 곤란하다.

㉪ 제작이 복잡하여 가격이 비싸다.

㉫ 구조가 복잡하여 취급이 어려워 숙련된 기술을 요한다.

㉬ 연소실 주위에 울타리 모양 상태로 수관을 배치하여 연소실 벽을 구성한 수냉벽을 로에 구성하여, 고온의 연소가스에 의해서 내화벽돌이 연화·변형되는 것을 방지한다.

㉭ 수관의 특성상 기수분리의 필요가 있는 드럼 보일러의 특징을 갖는다. (참고로, 드럼이 없는 보일러는 관류식 보일러 밖에 없다.)

② 수관식 보일러의 분류

㉠ 수관내 물의 순환에 따른 분류 : 자연순환식, 강제순환식, 관류식
㉡ 수관의 배열 형태에 따른 분류 : 직관식, 곡관식
㉢ 수관의 경사도에 따른 분류 : 수평관식, 경사관식, 수직관식
㉣ 동(drum)의 개수에 따른 분류 : 무동형, 단동형, 2동형, 3동형

③ 수냉노벽(Water cooled wall 또는, Water wall 수냉벽)

수관식 보일러에서 수관을 직관 또는 곡관으로 하여 연소실 주위에 마치 울타리 모양으로 수관을 배치하여 연소실 내벽을 형성하고 있는 수관군을 말한다.

※ 수냉벽의 설치목적

㉠ 전열면적의 증가로 연소실의 전열효율을 상승시켜 보일러 효율이 증가한다.
㉡ 내화물인 노벽이 과열되어 손상(연화 및 변형)되는 것을 방지할 수 있다.
㉢ 노벽의 지주 역할도 하여 노벽의 중량을 감소시킨다.
㉣ 노벽 내화물의 수명이 길어진다.
㉤ 수냉관으로 하여금 복사열을 흡수시켜 복사에 의한 열손실을 줄일 수 있다.
㉥ 연소실의 기밀을 유지할 수 있어 가압연소가 가능하다.

1) 자연순환식 보일러

드럼과 많은 수관으로 보일러수의 순환 회로를 만들어 구성된 보일러로서 가열에 의한 보일러수의 온도상승에 따른 물의 비중차(또는, 비중량차)를 이용하여 보일러수에 자연순환을 일으키게 한다.

① 물의 자연적 순환을 높이기 위한 조건

㉠ 수관을 수직으로 하거나 경사지게 한다.
㉡ 수관의 직경을 크게 한다. (물의 유동저항을 적게 한다.)
㉢ 강수관이 가열되지 않도록 한다.
(강수관에 단열재를 피복하거나 2중관으로 하여 연소가스에 직접 접촉을 방지한다.)
㉣ 보일러수의 비중차를 크게 한다.

② 종류 **암기법** : 자는 바·가·(야로)·다, 스네기찌

㉠ 직관식 수관보일러 : 전열면으로서 곧은 수관군을 경사지게 설치한 구조의 것이다.

ⓐ 바브콕(Babcock) 보일러
ⓑ 가르베(Garbe) 보일러
ⓒ 다꾸마(Takuma) 보일러
ⓓ 스네기찌(Tsunekichi) 보일러

㉡ 곡관식 수관보일러 : 노벽 내변에 수관을 배치한 수냉노벽이 널리 사용되어 이 노벽 수관군과 상하드럼을 연결하는 곡(曲)수관군으로 연소실을 둘러싼 구조의 것이다.

ⓐ 야로(Yarrow) 보일러
ⓑ 스털링(Stirling) 보일러

ⓒ 와그너(Wagner) 보일러
ⓓ 2동 D형 보일러 : 수드럼 1개, 기수드럼 1개로 구성
ⓔ 3동 A형 보일러 : 수드럼 2개, 기수드럼 1개로 구성

2) 강제순환식 보일러 **암기법** : 강제로 베라~

자연순환식 수관보일러의 발생증기압력이 높을수록(고압이 될수록) 포화수와 포화증기의 비중량의 차이가 점점 줄어들기 때문에 자연적인 순환력이 작아져서, 자연적 순환력을 확보할 수가 없다. 이러한 결점을 보완하기 위하여 순환펌프를 보일러수의 순환회로 도중에 설치하여 펌프에 의하여 보일러수를 강제로 순환 촉진시킨다.

① 순환비 : 발생증기량에 대한 순환수량과의 비를 말한다.

- 순환비 = $\dfrac{\text{순환수량}}{\text{발생증기량}}$

② 종류
㉠ 베록스(Velox) 보일러 : 순환비가 10 ~ 15 정도이다.
㉡ 라몬트(Lamont) 보일러 : 순환비가 4 ~ 10 정도이다.

3) 관류식(단관식) 보일러

하나로 된 긴 관의 일단에서 급수를 펌프로 압입하여 도중에서 가열, 증발, 과열을 한꺼번에 시켜 과열증기로 내보내는 보일러로서, 드럼이 없으며, 가는 수관으로만 구성된 일종의 강제순환식 보일러이다.

① 특징
㉠ 장점
ⓐ 순환비가 1이므로 드럼이 필요 없다.
ⓑ 드럼이 없어 초고압용 보일러에 적합하다.
ⓒ 관을 자유로이 배치할 수 있어서 전체를 합리적인 구조로 할 수 있다.
ⓓ 전열면적당 보유수량이 가장 적어 증기발생 시간이 매우 짧다.
ⓔ 보유수량이 대단히 적으므로 파열 시 위험성이 적다.
ⓕ 보일러 중에서 효율이 가장 높다. (95% 이상)

※ 보일러 효율이 높은 순서
관류식 〉 수관식 〉 노통연관식 〉 연관식 〉 노통식 〉 입형 보일러

㉡ 단점
ⓐ 긴 세관 내에서 급수의 거의 전부가 증발하기 때문에 철저한 급수처리가 요구된다.
ⓑ 일시적인 부하변동에 대하여 관수 보유수량이 적으므로 압력변동이 크다.
ⓒ 따라서 연료연소량 및 급수량을 빠르게 하는 고도의 자동제어장치가 필요하다.
ⓓ 관류보일러에는 반드시 기수분리기를 설치해주어야 한다.

② 종류 　　　　　**암기법** : 관류 람진과 벤슨이 앤모르게 슐처먹었다.

㉠ 람진(Ramsin) 보일러

㉡ 벤슨(Benson) 보일러

㉢ 앤모스(Atmos, 엣모스) 보일러

㉣ 슐쳐(Sulzer, 슐저) 보일러

【참고】 ※ 원통형 보일러와 수관식 보일러의 비교

구분	원통형 보일러	수관식 보일러
보일러 효율	나쁘다	좋다
전열면적	작다	크다
보유수량	많다	적다
파열사고시 피해	크다	적다
용도	저압 · 소용량	고압 · 대용량
압력변화	적다	크다
열부하변동에 대한 대응	좋다	나쁘다
급수처리	간단하다	복잡하다
급수조절	쉽다	어렵다

(3) 특수 보일러

일반적인 보일러 연료 이외의 연료를 사용하거나, 물 대신에 특별한 열매체를 사용하든지 열원으로서 배열(排熱), 다른 장치의 부산물로 나온 폐열(廢熱)을 이용하는 보일러 또는 특수한 구조의 보일러를 말한다.

1) 주철제(주철제 섹션) 보일러

일반적으로 산업용보일러는 모두 강철제이지만 주철로 제작한 상자형의 섹션(section, 부분)을 여러 개(5 ~ 20개 정도)를 조합하여 니플(nipple)을 끼워 결합시킨 내분식의 보일러로서, 충격이나 고압에 약하기 때문에 주로 난방용의 저압증기 발생용 및 온수 보일러로 사용된다.

① 발생열매체에 따른 종류

㉠ 증기 보일러

: 최고사용압력 1 kg/cm^2 (= 0.1 MPa) 이하에서 주로 사용되고 있으며, 주요장치로는 압력계, 수면계, 안전밸브, 온도계를 설치한다.

㉡ 온수 보일러

: 최고수두압 50 mH$_2$O (= 0.5 MPa) 이하, 온수의 온도 120℃ 이하에서 난방용으로 사용되고 있으며, 주요장치로는 수고계, 방출관, 온도계, 순환펌프를 설치한다.

【참고】 **수고계**(水高計, water height gauge, water pressure gauge)

- 주철제 온수보일러의 온수압력인 수두압(水頭壓)을 측정하는 계측기기로 압력계와 유리제온도계를 조합시킨 구조로써 1개의 계측기로 수고와 온도를 동시에 측정할 수 있으며, 주철제 증기보일러의 압력계에 해당하는 것이다.

② **특징**

㉠ 장점

ⓐ 섹션을 설치장소에서 조합할 수 있어 공장으로부터의 운반이 편리하다.
ⓑ 조립식이므로 반입 및 해체작업이 용이하다.
ⓒ 주조에 의해 만들어지므로 다소 복잡한 구조도 제작할 수 있다.
ⓓ 섹션수의 증감이 용이하여 용량조절이 가능하다.
ⓔ 전열면적에 비하여 설치면적을 적게 차지하므로 좁은 장소에 설치할 수 있다.
ⓕ 저압이므로 파열 사고시 피해가 적다.
ⓖ 내식성, 내열성이 우수하여 수처리가 까다롭지 않다.

㉡ 단점

ⓐ 구조가 복잡하여 내부 청소가 곤란하다.
ⓑ 주철은 인장 및 충격에 약하다.
ⓒ 내압강도가 약하여 고압, 대용량에는 부적합하다.
ⓓ 열에 의한 부동(不同)팽창 때문에 균열이 생기기 쉽다.
ⓔ 보일러 효율이 낮다.

2) 열매체(특수액체) 보일러 **암기법** : 열매 세모 다수

(건)포화수증기는 열사용처의 난방용, 가열용 등의 열매체로 널리 사용된다. 그러나 물로 300℃ 이상 되는 고온의 수증기를 얻으려면 증기압력이 고압(80 kg/cm^2)이 되어야 하므로 보일러의 내압강도 문제가 발생된다. 따라서 고온도에서도 포화압력이 낮은 물질인 특수 유체를 열매체(열전달매체)로 이용하는 것이 열매체 보일러이다.

① 열매체의 종류 : 시큐리티(Security), 모빌섬(Mobil therm), 다우삼(Dowtherm),
수은(Hg), 카네크롤(PCB, 폴리염화비페닐) 등

② 특징

㉠ 저압(2 kg/cm^2)에서도 고온(약 300℃)의 증기를 얻을 수 있다.
㉡ 열매체유의 대부분은 정유과정에서 얻는 유기화합물이므로, 자극성, 가연성 및 인화성의 물질특성을 지니고 있어 화재예방에 주의하여야 한다.
㉢ 사용온도 한계가 일정하여 그 이내의 온도에서 사용하여야 한다.
㉣ 겨울철에도 동결의 우려가 적다.
㉤ 특수유체를 사용하므로 수처리장치나 청관제 주입장치가 필요하지 않게 된다.
㉥ 물이나 스팀에 비하여 전열 특성이 좋지 못하다.
㉦ 열매체가 고가이므로 보일러 본체의 구조는 열매체의 수용량을 되도록 적게 한다.
㉧ 석유·화학 공장에서 주로 사용하고 있다.

③ 일반적으로, 원통형 · 수관식 보일러의 안전밸브는 스프링식 안전밸브를 사용하지만, 열매체 보일러와 같이 인화성 증기를 발생하는 증기보일러에서는 안전밸브를 밀폐식 구조로 하여 안전밸브로부터의 배기를 보일러실 밖의 안전한 장소에 배출시키도록 하여야 한다.

3) 폐열 보일러

디젤기관, 가스터빈, 소각로, 공업용 요로 등에서 발생하는 고온의 배기가스를 이용하여 증기 및 온수를 발생시키는 폐열회수 보일러로서 연료와 연소장치가 필요 없으며, 연도로만 구성되어 있으나 매연분출장치를 필요로 한다.

그 종류에는 리보일러(reboiler), 코크란(Cochran), 하이네(Heine) 보일러가 있다.

4) 간접가열식 보일러(또는, 2중증발 보일러)

급수의 질이 좋지 않거나 보일러에 공급되는 용수를 수처리하기가 곤란한 경우에 급수처리를 하지 않은 물을 사용하여도 스케일(scale) 부착에 의한 불순물 장애를 일으키지 않도록 고안된 간접가열식(2중 증발) 장치로서,

그 종류에는 슈미트(Schmidt) 보일러, 레플러(Löffler) 보일러가 있다.

5) 특수연료 보일러

보일러의 일반적 연료(석탄, 중유, 가스) 대신에 특수연료를 사용하는 보일러를 말한다.

① 버개스(Bagasse) 보일러 : 사탕수수를 짠 찌꺼기를 사용
② 바크(Bark) 보일러 : 펄프 원목의 나무껍질을 사용
③ 흑액(black liquor) 보일러 : 펄프 제조 중에 나오는 흑색의 폐액을 사용
④ 펠릿(Pellet) 보일러 : 주로 목재 펠릿을 사용

6) 전기 보일러(Electric boiler)

전기의 발열을 이용하는 보일러를 말하며, 주로 소용량의 것이 사용된다.

① 형식에 따른 종류
　㉠ 전극형 : 보일러수 자체를 전기저항체로 하여 전극간에 전류를 통하여 주울(Joule)열을 발생시킨다.
　㉡ 저항형 : 보일러수 속에 직접 또는 간접으로 금속 저항선을 넣고 전류를 통하여 주울(Joule)열을 발생시킨다.

② 특징
　㉠ 소음과 냄새가 없으며 연료 보충의 번거로움이 없다.
　㉡ 구조가 간단하고 위생적이다.
　㉢ 과열 등의 사고 위험성이 적다.
　㉣ 화력조절이 쉽다.
　㉤ 효율이 매우 높다.
　㉥ 초기 설치비용이 매우 비싸서 위생환경이 엄격한 장소인 병원 등에 사용된다.
　㉦ 전력사용량의 누진세 적용으로 유지비가 많이 든다.

3. 보일러 열효율 및 성능

(1) 실제증발량(w_2)

① 측정된 온도와 압력의 조건에서 발생되는 증발량을 말한다.

② 표시단위 : kg/h

③ 실제증발량이 주어지지 않는 경우는 급수량을 대입한다.

(2) 상당증발량(w_e 또는, 환산증발량, 기준증발량, Equivalent evaporation)

① 증기의 엔탈피는 측정온도, 측정압력에 따라 그 값이 달라지므로 발생증기가 갖는 열량을 기준상태(1기압 하에서, 100℃ 포화수를 100℃의 건포화증기로 증발시킬 때의 증발잠열 539 kcal/kg 또는 2257 kJ/kg)의 증발량의 값으로 환산한 것을 말한다.

② 상당증발량(w_e) 계산공식

- $w_e \cdot \mathrm{R} = w_2 \cdot (H_2 - H_1)$
- $w_e = \dfrac{w_2 \times (H_2 - H_1)}{539\,kcal/kg} = \dfrac{w_2 \times (H_2 - H_1)}{2257\,kJ/kg}$

여기서, R : 물의 증발(잠)열, w_2 : 실제증발량, 발생증기량, 급수량
H_2 : 발생증기의 엔탈피, H_1 : 급수의 엔탈피

③ 표시단위 : kg/h

④ 실제증발량이 ton 으로 주어지면 주어진 ton에 1000을 곱하여 대입한다.

⑤ 실제증발량에 시간이 주어지면 주어진 시간으로 나누어 대입한다.

⑥ 급수온도(℃)는 엔탈피의 단위가 kcal/kg 일 때만 동일한 계수값으로 대입한다. 예를 들어, 급수온도 23℃ 로만 주어져 있을 때에는 급수엔탈피 H_1 = 23 kcal/kg 으로 계산한다. 그러나 급수온도의 엔탈피가 아예 제시되어 있을 때에는

$H_1 = 23\,\mathrm{kcal/kg} = 23\,\mathrm{kcal/kg} \times \dfrac{4.1868\,kJ}{1\,kcal} \fallingdotseq 96.3\,\mathrm{kJ/kg} = 0.0963\,\mathrm{MJ/kg}$

으로 제시해 준 값을 단위를 맞춰 넣어서 계산하라는 뜻이다.

(3) 보일러마력(BHP 또는 HP, Boiler horse power)

① 1 보일러마력은 표준대기압에서 100℃의 포화수 15.65 kg을 1시간 동안에 100℃의 건조포화증기로 바꿀 수 있는 능력을 말한다.

② 1 보일러마력은 상당증발량으로 15.65 kg/h (34.5 lb/h)의 증기를 발생시키는 능력이다.

(여기서, $34.5\,\mathrm{lb/h} \times \dfrac{0.453592\,kg}{1\,lb} \fallingdotseq 15.65\,\mathrm{kg/h}$ 로 계산됨)

③ 보일러마력(BHP) 계산공식

- 보일러 마력(BHP) = $\dfrac{w_e}{15.65} = \dfrac{w_2 \times (H_2 - H_1)}{539 \times 15.65}$ 여기서, w_e : 상당증발량(kg/h)

④ 1 보일러마력의 출력을 열량으로 환산하면 8435 kcal/h 가 된다.
(여기서, 15.65 kg/h × 539 kcal/kg ≒ 8435 kcal/h 로 계산됨)

(4) 레이팅(Rating, 정격)

① 레이팅(Rating)은 보일러 전열면의 성능을 나타내는 표시방법의 하나이다.

② 전열면적 1 ft^2 당의 상당증발량 34.5 lb/h (15.65 kg/h)를 기준으로 하여 이것을 100% 레이팅이라 말한다.
(또는, 전열면적 1 m^2 당의 상당증발량 16.85 kg/h을 100% 정격이라고 한다.)

(5) 전열면의 상당증발량(B_e 또는, 환산증발량)

① 보일러 전열면적 1 m^2 에서 1시간 동안에 발생하는 상당증발량을 말한다.

② 계산공식

$$\bullet\ B_e = \frac{w_e}{A_b}\left(\frac{\text{매시 환산증발량}}{\text{보일러 전열면적}}\right) = \frac{w_2\cdot(H_2 - H_1)}{A_b \times 539}$$

$$= \frac{(\quad)kg/h \times (\qquad - \qquad)\ kcal/kg}{(\quad)m^2 \times 539\ kcal/kg} = (\qquad)\ \mathrm{kg/m^2\cdot h}$$

(6) 전열면 증발률(e 또는, 전열면 증발량)

① 보일러 전열면적 1 m^2 에서 1시간 동안에 발생하는 실제증발량을 말한다.

② 계산공식

$$\bullet\ \mathrm{e} = \frac{w_2}{A_b}\left(\frac{\text{매시 실제증발량, } kg/h}{\text{보일러전열면적, } m^2}\right) = (\qquad)\ \mathrm{kg/m^2\cdot h}$$

(7) 전열면 열부하(H_b 또는, 전열면 열발생률)

① 보일러 전열면적 1 m^2 에서 1시간 동안에 발생하는 열량을 말한다.

② 계산공식

$$\bullet\ H_b = \frac{w_2\cdot(H_2 - H_1)}{A_b} = \frac{\text{발생증기량} \times (\text{발생증기 엔탈피} - \text{급수엔탈피})}{\text{전열면적}}$$

$$= \frac{(\quad)\ kg/h \times (\qquad - \qquad)\ kcal/kg}{(\quad)m^2} = (\qquad)\ \mathrm{kcal/m^2\cdot h}$$

(8) 증발배수(R_2 또는, 실제증발배수)

암기법 : 배연실

① 매시간당 연료사용량에 대한 매시간당 실제증발량을 말한다.

② 계산공식

$$\bullet\ R_2 = \frac{w_2}{m_f}\left(\frac{\text{매시 실제증발량}}{\text{매시 연료사용량}}\right) = \frac{(\quad)\ \ kg/h}{(\quad)\ \ kg_{-f}/h} = (\qquad)\ kg/kg_{-f}$$

(9) 상당증발배수(R_e)

① 매시간당 연료소비량에 대한 매시간당 상당증발량을 말한다.

② 계산공식

$$\bullet\ R_e = \frac{w_e}{m_f}\left(\frac{\text{매시 상당증발량}}{\text{매시 연료사용량}}\right) = \frac{(\quad)\ \ kg/h}{(\quad)\ \ kg_{-f}/h} = (\qquad)\ kg/kg_{-f}$$

제10장

(10) 증발계수(f 또는, 증발력) 　　　　암기법 : 계실상

① 실제증발량에 대한 상당증발량의 비를 말한다.

② 보일러의 증발능력을 표준상태와 비교하여 표시한 값으로 단위가 없으며, 그 값은 1보다 항상 크다.

③ 계산공식

$$\bullet\ f = \frac{w_e}{w_2}\left(\frac{상당증발량}{실제증발량}\right) = \frac{\frac{w_2 \cdot (H_2 - H_1)}{539}}{w_2} = \frac{H_2 - H_1}{539}$$

(11) 보일러 부하율(L_f) 　　　　암기법 : 부최실

① 최대연속증발량(정격용량)에 대한 실제증발량의 비를 말한다.

② 보일러 운전 중 가장 이상적인 부하율(즉, 경제부하)은 60 ~ 80% 정도이다.

③ 슈트블로워 작업시 보일러 부하율은 50% 이상에서 실시해야 한다.

④ 계산공식

$$\bullet\ L_f = \frac{w_2}{w_{max}}\left(\frac{실제증발량}{최대연속증발량}\right) = \frac{(\quad)\,kg/h}{(\quad)\,kg/h} \times 100 = (\quad)\,\%$$

(12) 연소실 열부하(Q_V 또는, 연소실 열발생률)

① 연료의 연소시 연소실의 단위체적($1\,m^3$)에서 1시간 동안에 발생하는 열량을 말한다.

② 계산공식

$$\bullet\ Q_V = \frac{Q_{in}}{V} = \frac{m_f \cdot (H_\ell + 연료의\ 현열 + 공기의\ 현열)}{V_{연소실의\ 체적}} = (\quad)\,kcal/m^3 \cdot h$$

(13) 화격자 연소율(b)

① 화격자 $1\,m^2$ 에서 1시간 동안에 소비되는 연료사용량을 말한다.

② 계산공식

$$\bullet\ b = \frac{m_f}{A}\left(\frac{연료사용량,\ kg/h}{화격자면적,\ m^2}\right) = (\quad)\,kg/m^2 \cdot h$$

(14) 보일러 효율(η) 　　　　암기법 : (효율좋은) 보일러 사저유

① 입·출열법에 의한 방법(직접법)

$$\bullet\ \eta = \frac{Q_s}{Q_{in}} = \frac{유효출열(또는,\ 발생증기의\ 흡수열량)}{총입열량}$$

여기서, m_f : 연료사용량(또는, 연료소비량)

H_ℓ : 연료의 저위발열량

$$= \frac{w_2 \cdot (H_2 - H_1)}{m_f \cdot H_\ell} \times 100 = (\quad)\,\%$$

또는, 상당증발량(w_e)과 실제증발량(w_2)의 관계식을 이용하면

$w_e \times 539 = w_2 \times (H_2 - H_1)$ 에서,

$w_2 = \frac{w_e \times 539}{H_2 - H_1}$ 이므로

$$= \frac{\frac{w_e \times 539}{H_2 - H_1} \cdot (H_2 - H_1)}{m_f \cdot H_\ell} = \frac{w_e \times 539}{m_f \cdot H_\ell} \times 100 = (\qquad)\%$$

② 열손실법에 의한 방법(간접법)

- $\eta = \frac{Q_s}{Q_{in}} = \frac{Q_{in} - L_{out}}{Q_{in}}$

$$= 1 - \frac{L_{out}}{Q_{in}} = \left(1 - \frac{총손실열}{총입열량}\right) \times 100 = (\qquad)\%$$

4. 보일러의 자동제어 (ABC, Automatic Boiler Control)

(1) 보일러 자동제어의 목적

① 경제적으로 열매체를 얻을 수 있다.
② 보일러의 운전을 안전하게 할 수 있다.
③ 효율적인 운전으로 연료비가 절감된다.
④ 온도나 압력이 일정한 증기를 얻을 수 있다.
⑤ 인원 감축에 따른 인건비가 절감된다.

(2) 보일러 자동제어 (ABC, Automatic Boiler Control)의 종류

① **연소제어** (ACC, Automatic Combustion Control)
보일러에서 발생되는 증기압력 또는 온수온도, 노 내의 압력 등을 적정하게 유지하기 위하여 연료량과 공기량을 가감하여 연소가스량을 조절한다.

② **급수제어** (FWC, Feed Water Control)
보일러의 연속 운전 시 부하의 변동에 따라 수위 변동도 일어난다. 증기발생으로 인하여 저감된 수량에 급수를 연속적으로 공급하여 수위를 일정하게 유지할 수 있도록 조절한다. 보일러 수위를 제어하는 방식에는 1요소식, 2요소식, 3요소식이 있다.

㉠ 1요소식(단요소식) : 보일러의 수위만을 검출하여 급수량을 조절하는 방식이다.
㉡ 2요소식 : 수위, 증기유량을 검출하여 급수량을 조절하는 방식이다.
(부하변동에 따라 수위가 조절되므로 수위의 변화폭이 적다.)
㉢ 3요소식 : 수위, 증기유량, 급수유량을 검출하여 급수량을 조절하는 방식이다.

③ **증기온도제어** (STC, Steam Temperature Control)
과열증기 온도를 적정하게 유지하기 위하여 주로 댐퍼나 버너의 각도를 조절하여 과열기 전열면을 통과하는 전열량을 조절한다.

④ **증기압력제어** (SPC, Steam Pressure Control)
보일러 동체 내에 발생하는 증기압력을 적정하게 유지하기 위하여 압력계를 부착하여 동체 내 증기압력에 따라 압력조절기에서 연료조절밸브 및 공기댐퍼의 개도를 조절하여 연료량과 공기량을 조절한다.

(3) 보일러 인터록(Inter lock)

암기법 : 저압, 불프저

어떤 조건이 충족되지 않으면 충족될 때까지 다음 동작을 저지하는 것을 "인터록"이라 한다. 보일러의 점화 및 운전 중에 중 작동상태가 원활하지 못할 때 다음 동작을 진행하지 못하도록 제어하여 보일러 사고를 미연에 방지할 수 있는 안전관리장치이다.

① **저수위 인터록**
수위감소가 심할 경우 경보를 울리고 안전저수위까지 수위가 감소하면 연료공급 전자밸브를 닫아 보일러 운전을 정지시킨다.

② **압력초과 인터록**
보일러의 운전시 증기압력이 설정치를 초과할 때 연료공급 전자밸브를 닫아 운전을 정지시킨다.

③ **불착화 인터록**
연료의 노내 착화과정에서 착화에 실패할 경우, 미연소가스에 의한 폭발 또는 역화현상을 막기 위하여 연료공급 전자밸브를 닫아서 연료공급을 차단시켜서 운전을 정지시킨다.

④ **프리퍼지 (Pre-purge) 인터록**
송풍기의 고장으로 노내에 통풍이 되지 않을 경우, 연료공급을 차단시켜서 운전을 정지시킨다. (즉, 송풍기가 작동되지 않으면 연료공급 전자밸브가 열리지 않는다.)

⑤ **저연소 인터록**
운전 중 연소상태가 불량하거나, 연소점화 및 연소정지 시 온도의 급변으로 인한 보일러 재질의 악영향을 방지하기 위하여 최대부하의 약 30 % 정도로 저연소로 전환을 시키는데 이것이 순조롭게 이행되지 못하고 급격한 연소로 인해 저연소 전환이 되지 않을 경우 연료공급 전자밸브를 닫아서 연료 공급을 차단시켜서 운전을 정지시킨다.

제11장 냉동설비 운영

1. 냉동기관

- 냉동(Refrigeration, 冷凍)이란 열기관과 반대로 어떤 물체나 계(system, 系)로부터 인위적으로 열을 흡수하여 그 주위의 온도보다 저온으로 냉각하는 조작을 말한다. 열역학 제2법칙에 따르면 열은 저온의 물체에서 고온의 물체 쪽으로 스스로 이동할 수는 없으므로, 열기관과는 다르게 외부에 일을 하는 것이 아니라 반대로 외부로부터 기계적 일(Work)을 가해 줌으로써 저열원으로부터 흡수한 열량을 고열원으로 운반하여 방출시키는 장치가 필요한데 이것을 냉동기(Refrigerator)라 하며, 냉동기에 사용되는 작동유체를 냉매(Refrigerant)라 부른다. 냉동기는 저열원에서 흡열하는 것을 주목적으로 하는 장치이다.

(1) 냉동열량의 표시방법

① 냉동능력(Q_2)

: 단위 시간당 냉동기가 흡수하는 열량(kcal/h, kJ/h)을 말한다.

② 냉동효과(q_2)

: 냉매 1 kg 이 흡수하는 열량(kcal/kg, kJ/kg)을 말한다.

③ 냉동톤(Ton of Refrigeration)

㉠ 정의 : 0 ℃의 물 1 ton을 1일(24 hour) 동안에 0 ℃의 얼음으로 만드는 냉동능력

㉡ 표준기압(1기압)하에서 얼음의 융해열은 79.68 kcal/kg ≒ 80 kcal/kg 이다.

㉢ 1 RT(냉동톤) = $\dfrac{1\,Ton}{1\,\text{일}} = \dfrac{10^3\,kg \times 79.68\,kcal/kg}{24\,h}$ ≒ 3320 kcal/h

㉣ 1 USRT(미국냉동톤) = $\dfrac{2000\,lb \times 144\,Btu/lb \times \dfrac{1\,kcal}{3.968\,Btu}}{24\,h}$ ≒ 3024 kcal/h

④ 냉매 순환량(m_R)

- $m_R = \dfrac{Q_2\ (\text{냉동능력})}{q_2\ (\text{냉동효과})} = \dfrac{kcal/h}{kcal/kg}$ = kg/h

(2) 냉동률

- 1 PS 의 동력으로 1시간에 발생하는 이론 냉동능력을 말한다.

(3) 성능계수($COP_{(R)}$ 또는, 성적계수, 동작계수, 실행계수)

① 냉동기의 성능계수

$$COP_{(R)} = \frac{Q_2}{W}\left(\frac{\text{냉동열량}}{\text{압축일량}}\right)$$

$$= \frac{Q_2}{Q_1 - Q_2}$$

$$= \frac{T_2}{T_1 - T_2}$$

② 열펌프의 성능계수

$$COP_{(h)} = \frac{Q_1}{W}\left(\frac{\text{방출열량}}{\text{압축일량}}\right)$$

$$= \frac{Q_1}{Q_1 - Q_2}$$

$$= \frac{T_1}{T_1 - T_2}$$

③ 냉동기와 열펌프의 COP 관계　　**암기법** : **따뜻함**과 **차가움**의 차이는 1 이다.

$$COP_{(R)} = \frac{Q_2}{W} = \frac{Q_1 - W}{W} = \frac{Q_1}{W} - 1 = COP_{(h)} - 1$$

(즉, 냉동기의 성능계수가 열펌프의 성능계수보다 항상 1이 작다.)

$$COP_{(h)} - COP_{(R)} = 1$$

【예제】 0 ℃의 물 1000 kg을 24시간 동안에 0 ℃의 얼음으로 냉각하는 냉동 능력은 약 몇 kW인가? (단, 얼음의 융해열은 335 kJ/kg 이다.)

[해설] 냉동능력 Q_2 = 1 RT = 3320 kcal/h = $\frac{m \cdot R}{24h}$

$= \frac{1000\,kg \times 335\,kJ/kg}{24 \times 3600\,\sec}$

= 3.877 kW ≒ **3.88** kW

(4) 냉매 (Refrigerant)

- 냉동장치 내를 순환하면서 저온부로부터 열을 흡수하여 고온부로 열을 운반하는 작업 유체를 냉매라고 하며, 물리적 및 화학적으로도 우수한 성질을 갖추어야 한다.
- **냉매의 구비조건** **암기법** : 냉전증인임↑
  - ㉠ **전**열이 양호할 것. (또는, 증발잠열이 큰 순서) **암기법** : 암물프공이
    (전열이 양호한 순서 : NH_3 > H_2O >Freon(프레온) > Air(공기) > CO_2(이산화탄소))
  - ㉡ **증**발잠열이 클 것.
    (1 RT당 냉매순환량이 적어지므로 냉동효과가 증가된다.)
  - ㉢ **인**화점이 높을 것. (폭발성이 적어서 안정하다.)
  - ㉣ **임**계온도가 높을 것.
    (상온에서 비교적 저압으로도 응축이 용이하다.)
  - ㉤ 상용**압**력범위가 낮을 것. **암기법** : 압점표값과 비(비비)는 내린다↓
  - ㉥ **점**성도와 **표**면장력이 작아 순환동력이 적을 것.
  - ㉦ **값**이 싸고 구입이 쉬울 것.
  - ㉧ **비**체적이 작을 것.
    (한편, 비중량이 크면 동일 냉매순환량에 대한 관경이 가늘어도 됨)
  - ㉨ **비**열비가 작을 것.
    (비열비가 작을수록 압축후의 토출가스 온도 상승이 적다)
  - ㉩ **비**등점이 낮을 것.
  - ㉪ 금속 및 패킹재료에 대한 부식성이 적을 것.
  - ㉫ 환경 친화적일 것.
  - ㉬ 독성이 적을 것.

2. 냉동기의 종류 및 부속장치

(1) 증기압축식 냉동기

① 주요 구성요소 **암기법** : 압→응→팽→증

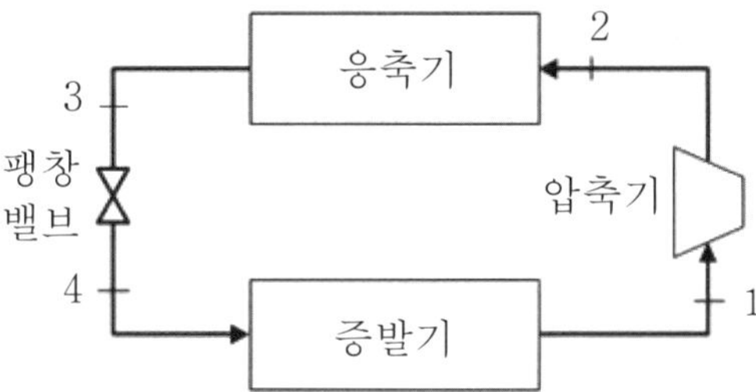

㉠ 압축기(Compressor)

저온·저압측에서 증발한 냉매가스를 압축하여 고온·고압의 과열증기로 만들어서 응축기로 보낸다. 압축기는 전동기(Motor)에 의하여 운전된다.

㉡ 응축기(Condenser)

압축기에서 토출된 고온·고압의 과열증기를 공랭식, 수냉식, 증발식으로 냉각하여 응축시킨다.

㉢ 팽창밸브(또는, 팽창변 Expansion valve)

수액기 내의 고압액화 냉매가 팽창밸브의 좁은 통로를 지날 때 **교축작용**에 의해 온도와 압력을 하강시킴으로서 증발기에서 증발이 쉽게 되도록 하는 작용과 함께 증발기의 냉매유량을 조절하는 역할도 한다.

㉣ 증발기(Evaporator)

팽창밸브를 통한 습증기 내에서 주위로부터 열을 흡수하여 증발하면서 포화증기로 된다.

② 냉매의 순환 경로

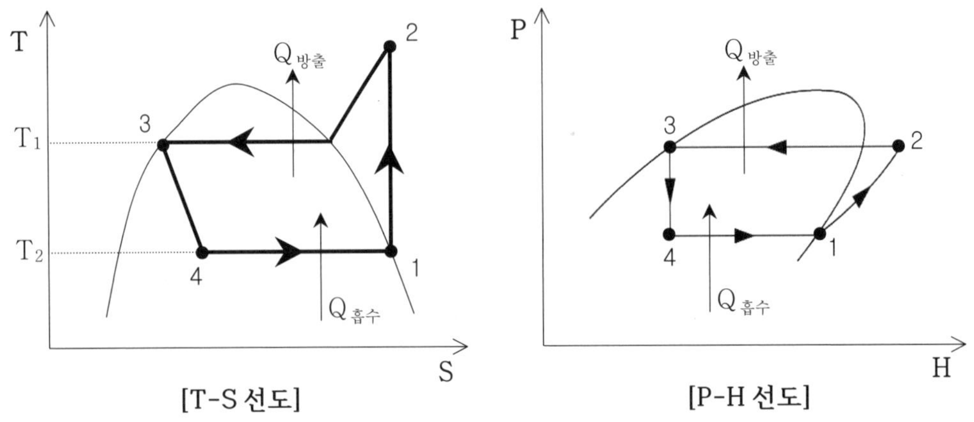

[T-S 선도] [P-H 선도]

- 1 → 2 : 증발기에서 나온 저온·저압의 가스를 압축기에 의해서 단열적으로 압축하여 고온·고압의 과열증기로 만든다.
- 2 → 3 : 압축기에 의하여 고온·고압이 된 냉매증기는 응축기에서 냉각수나 공기에 의해서 열을 방출하고 냉각되어 액화된다.
  즉, 과열증기가 냉각됨으로써 엔트로피는 감소하여 건포화증기가 되고 더욱 상태 변화하여 습증기를 거쳐서 포화액으로 된다.
- 3 → 4 : 응축기에서 액화된 냉매는 팽창밸브를 통하여 교축팽창을 하게 된다. 따라서 온도와 압력이 하강하고 일부가 증발하여 습증기로 변한다.
  교축과정 중에는 외부와 열을 주고받는 일이 없으므로 이 과정은 단열팽창인 동시에 등엔탈피 변화이다.
- 4 → 1 : 팽창밸브를 통하여 증발기의 압력까지 팽창한 냉매는 주위로부터 증발에 필요한 잠열을 흡수하여 증발한다. 이 과정은 등온·등압팽창 과정이다.

(2) 흡수식 냉동기

- 흡수식 냉동기는 냉매가스가 용액에 용해하는 비율이 온도·압력에 따라서 다른 것을 이용한 방식으로, 증기압축식에서의 기계 압축기를 사용한 냉매가스의 압축방식 대신에 흡수기로 냉매가스를 흡수하여 재생기에서 용액을 고온으로 가열하여 냉매가스를 분리 처리하는 것이 다르다.

① 흡수식 냉동기의 구성과 원리

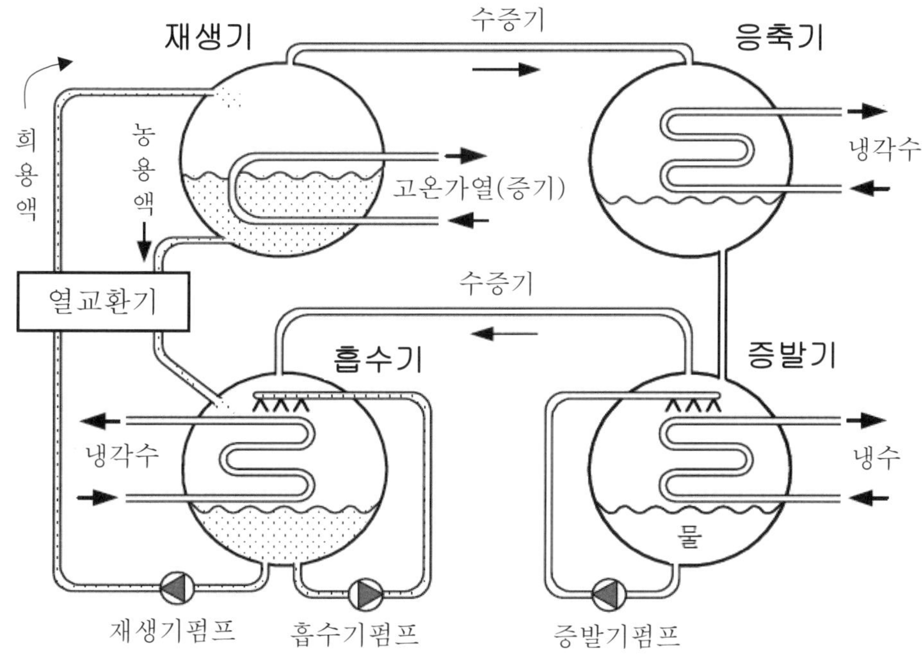

㉠ 흡수기

: 흡수기에서는 냉각관 위에 흡수제인 LiBr 용액(리튬브로마이드 용액)이 살포되는데 이 용액은 소금물의 성질을 띠므로 수증기에 대한 흡수 능력이 상당히 강하다. 흡수기의 냉각관은 흡수용액이 수증기를 흡수할 때 발생하는 흡수열을 냉각하고, 흡수용액의 온도를 일정하게 유지하기 위해 설치되어 있다.

흡수용액이 수증기를 다량으로 흡수하면 농도가 묽어져서 희석용액이 되면 흡수력을 잃게 되므로, 필요한 흡수능력을 증가시키기 위하여 재생기로 보내 농축해서 흡수기에 되돌아오는 과정을 통해서 용액의 농도를 항상 일정하게 유지시켜야 한다.

한편, LiBr 용액은 금속에 대한 부식성이 매우 강하므로 용기내의 부식현상을 방지하기 위해서 부식억제제(LiOH)를 넣어 pH를 중성에 가깝게 유지한다.

㉡ 재생기 (또는, 발생기)

: 흡수기로부터 공급된 희석용액을 열원에 의하여 고온·가열하여 수증기를 발생시키고 흡수 능력이 증가된 농축용액으로 다시 흡수기로 보내진다.

냉매의 순환을 위하여 응축기에 응축압력의 수증기를 공급해야만 한다.

ⓒ 응축기

: 응축기에서 냉각수로 증기를 냉각하여 물로 변환시키고 액상의 냉매는 팽창밸브를 통하여 증발기로 보내진다.

ⓓ 증발기

: 응축기로부터 응축된 냉매(물)가 실내기 순환수와 열교환을 하면서 수증기로 된다. 냉매인 물이 증발하면서 증발기 내의 전열관을 통해 순환되는 순환수의 열을 빼앗아 약 7℃의 냉수로 변환되고 이를 실내기로 보내 실내공기와 열교환시켜 냉방을 한다.

② 흡수식 냉동사이클의 냉매순환

- 흡수기 → 재생기 → 응축기 → (팽창밸브) → 증발기

③ 흡수식 냉동기의 성적계수

- $COP = \dfrac{Q_e}{Q_{re}} = \dfrac{\text{증발기에서 냉각한 열량(냉수가 갖고 나간 열량)}}{\text{재생기에 공급해준 열량}}$

【비교】 압축식 냉동기의 $COP = \dfrac{Q_2}{W}$

④ 흡수식 냉동기의 장점과 단점

[장점] 냉방시 압축기를 사용하는 전력구동 방식과는 달리 냉매(물)속에 투입된 흡수용액의 열원으로 가스직화식 또는 증기를 사용함으로써 적은 전력소모량으로 전기압축기와 같은 효과를 얻을 수 있으며, 환경오염의 우려가 거의 없다.

[단점] 흡수제로 사용되는 LiBr 용액이 부식성이 크므로 부식억제제 및 세심한 유지관리가 요구된다.

(3) 흡수식 냉동기와 압축식 냉동기의 차이점

- 흡수식 냉동기에서는 증발기 내에서 발생한 냉매증기를 압축기 대신에 "흡수기 + 재생기"라는 2개의 열교환기로 대치하여 이들 열교환기 사이를 순환하는 흡수용액의 온도와 농도를 가열·냉각에 의해 승온·농축하는 것이다.
  나머지 요소인 응축기, 증발기, 팽창밸브는 압축식 냉동기와 마찬가지이다.

【참고】 **불응축가스(공기) 존재 시 발생되는 현상의 비교**

압축식 냉동기	흡수식 냉동기
응축압력 증가	응축압력 증가
압축기 토출가스온도 상승	응축능력 감소(열교환 저하)
압축기 소요동력 증가	고온부인 재생기 온도 상승
압축기 과열	재생기의 가스소비량 증가
COP 감소	흡수능력 저하
냉동능력 감소	냉동능력 감소(증발기 냉수온도 상승)

3. 냉각탑(Cooling Tower)

- 냉각탑은 냉각수로 사용된 물의 열을 공기로 냉각하여 재사용하기 위한 장치로 기본 원리는 증발잠열과 현열에 의한 열이동을 통해 순환되는 물의 온도를 낮춰 냉각시킨다.

(1) 냉각탑의 분류

① 통풍방식에 의한 분류 : 강제통풍식, 대기압식, 자연통풍식
② 공기 흐름에 의한 분류 : 대향류식, 직교류식, 평행류식
③ 송풍방식에 의한 분류 : 흡입식, 압송식
④ 충진제 형태에 의한 분류 : 필름형, 비말형, 무필형
⑤ 열전달 방식에 의한 분류 : 개방식, 밀폐식, 습식, 건식, 공랭식
⑥ 설치방식에 의한 분류 : 공장조립형, 현장설치형, 모듈러

(2) 냉각탑의 구성요소

① 충진제(Fill) : 냉각수와 공기가 열교환되는 부분으로 냉각수가 충진제 표면을 흐르는 동안 공기와 접촉하여 열교환이 이루어지기 때문에 넓은 표면적이 필요하다.
② 송풍기(Fan) : 냉각탑 내 공기를 유입시키고 흐름량을 조절하여 냉각 효율을 조절한다.
③ 비산방지판(Eliminator) : 기류에 의해 유출되는 작은 물방울을 제거하기 위한 장치로 냉각탑에서 배출되는 공기 중 냉각수의 유출을 막는다.
④ 분사노즐(Spray Nozzle) : 대향류식에는 압력분사식, 직교류형에는 중력식이 사용되며 열교환능력에 중요한 역할을 하기 때문에 고른 분포를 위한 일정한 압력을 필요로 한다.
⑤ 타워 구조물 : 냉각탑 자체의 골격을 유지하기 위해 다양한 부하를 견디게 해준다.

(3) 냉각탑의 성능

① 냉각톤(Cooling Refrigeration Ton)
: 1 USRT 당 응축기에서 제거해야할 열량을 말하며, 냉각탑 선정 시 용량의 단위이다.
② 1 CRT = 증발기 흡수 열량 + 압축기 소모 열량
③ 1 CRT(냉각톤) = 1 USRT + 압축일
= 3024 kcal/h + 860 kcal/h
≒ 3900 kcal/h

(4) 냉각탑 설계 및 운영

① 냉각탑 설계 시 검토 사항
㉠ 배출된 공기가 다시 외부 출입구로 들어가지 않도록 설계
㉡ 냉각탑 내부로 충분한 양의 공기가 들어갈 수 있도록 설계
㉢ 냉각탑 공기 배출 상단부가 주변 벽보다 높게 설계
㉣ 냉각탑 설치 시 주변에 배관, 동선, 보수공간을 확보하여 설계
㉤ 주변 민원을 고려한 저소음 설계

② 냉각수계 발생 장애 현상

㉠ 스케일 장애 : 냉각수에 용해되어 있는 Ca, Mg 등의 염류가 냉각수계에 농축되어 냉각탑 내 기기 중 열부하가 높은 부분에서 스케일을 형성

㉡ 부식 장애 : 냉각수에 용해되어 있는 용존 산소 및 산성 성분(황산, 염산 등)에 의해 냉각탑내 설치된 장치류 등에 부식을 초래

㉢ 슬라임 장애 : 냉각탑 내에서 번식한 미생물 및 조류들이 냉각수를 통해 오염물질을 생성하고 열교환기 및 배관 등에 침적 및 부착하여 2차 부식을 일으킴

③ 냉각탑 운영

㉠ 냉각탑 운전 전

ⓐ 냉각탑 내 기기류(송풍기, 펌프, 노즐 등) 내 이물질 제거

ⓑ 냉각수계 수질관리를 통해 장애 성분 제거

㉡ 냉각탑 운전 중

ⓐ 냉각탑 적정 운전 수위까지 급수

ⓑ 냉각수 순환량이 설계량과 일치하는지 확인

ⓒ 냉각수 온도가 설계온도와 일치하는지 확인

ⓓ 열교환 이후 배출되는 공기 내 수분함량 확인

ⓔ 기타 장치류 이상음 및 진동상태 확인

㉢ 냉각탑 운전 후

ⓐ 송풍기 및 펌프류 오일 및 베어링 점검

ⓑ 냉각탑 내 충진제 상태 점검

ⓒ 냉각탑 내부 및 금속부분 부식 여부 점검

에너지관리산업기사 실기

제2편

과년도 출제문제

www.cyber.co.kr

2010년 제1회 ~ 최근까지의 기출문제 수록

2010년 에너지관리산업기사 실기 기출문제 모음

01

불연속 동작인 ON-OFF 동작의 간단한 설명 및 특징을 3가지만 쓰시오.

【해답】 • **2위치 동작(또는, On-Off 동작)**

- 제어량이 설정값에 차이가 나면 조작부를 전폐 또는 전개하여 시동하는 동작

• **2위치 동작의 특징**

[장점] ① 동작방식이 간단하여 조절기의 구조가 간단하다.
② 값이 싸다.

[단점] ① 조작빈도가 많은 경우 접점의 마모가 빨라져서 잔류편차가 생긴다.
② 조작빈도가 많은 경우에는 부적합하다.
③ 단지 2개의 가능한 조치만으로는 공정을 정확하게 제어할 수 없으므로, 정밀한 제어에는 부적합하다.
④ 설정값 부근에서 제어량이 일정하지 않다.
⑤ 목표값을 중심으로 가동부분의 진동이 심하여 손상을 가져올 우려 및 소음이 발생한다.
⑥ 제어의 결과가 사이클링(Cycling : 상하진동)을 일으킨다.

02

강(Steel)을 만드는 제강로인 전로의 종류를 4가지만 쓰시오.

【해답】 ※ **전로의 종류 4가지**

① 산성 전로(또는, Bessemer 베세머 전로)
② 염기성 전로(또는, Thomas 토마스 전로)
③ 순산소 전로(또는, Linz - Donawitz LD 전로)
④ 칼도(Kaldo) 전로

03

다음에 주어진 식을 이용하여 메탄(CH_4) 1 kg 이 완전연소시 저위발열량(MJ/kg)과 고위발열량(MJ/kg)을 계산하시오. (단, 물의 증발잠열은 2.5 MJ/kg 이다.)

$$C + O_2 \rightarrow CO_2(g) + 360\ MJ/kmol$$

$$H_2 + \frac{1}{2}O_2 \rightarrow H_2O(\ell) + 280\ MJ/kmol$$

【해답】 **고위발열량 : 57.5 MJ/kg, 저위발열량 : 51.9 MJ/kg**

【해설】 • 메탄의 열화학반응식에서 총발열량(고위발열량)은 생성된 H_2O가 액체(ℓ) 상태인 물일 때이므로, 메탄(CH_4)의 연소반응식에서 생성물 관계를 이용하여 풀이한다.

$$CH_4 + O_2 \rightarrow CO_2(g) + 2H_2O(\ell)$$

(1 kmol) (2 kmol)

(16 kg) (2 × 18 kg = 36 kg)

- 메탄 1 kmol 의 고위발열량 = Σ(생성물의) 생성열
  = (1 × 360 MJ/kmol) + (2 × 280 MJ/kmol)
  = 920 MJ/kmol

∴ 메탄 1 kg 의 고위발열량 = $\dfrac{920\,MJ}{kmol \times \dfrac{16\,kg}{1\,kmol}}$ = **57.5 MJ/kg**

- 메탄 1 kg 의 저위발열량(H_L) = 고위발열량(H_h) - 물의 증발잠열(R_w) 에서,

한편, 메탄 1 kg 에 의해 생성되는 물의 질량은 $\dfrac{2 \times 18\,kg}{16} = \dfrac{36\,kg}{16}$ 이 생성되므로

∴ 저위발열량(H_L) = 57.5 MJ/kg - 2.5 MJ/kg × $\dfrac{36}{16}$ ≒ **51.9 MJ/kg**

04

폐열회수장치에 사용되는 유체 중 현열과 잠열을 이용할 수 있는 것을 2가지만 쓰시오.

【해답】 **물, 에탄올, 암모니아, 수은 등**

05

중공원관의 내경이 100 mm이고 외경이 300 mm 이다. 배관내부의 유체온도가 300℃, 배관외부의 온도가 30℃ 이며, 관의 총길이가 1 m 일 때 관 표면에서의 손실열량(W)을 계산하시오. (단, 열전도율은 0.05 W/m·℃ 이다.)

암기법 : 손전온면$_m$두

【해답】 <계산과정> : $\dfrac{0.05\times(300-30)\times2\times\pi\times1}{\ln\left(\dfrac{0.15}{0.05}\right)}$

<답> : **77.21 W**

【해설】 • 원통형 배관이므로 대수평균면적으로 계산해서 얻은 공식을 이용한다.
내경은 지름을 말하며, 내반경은 반지름을 말하는 것임에 유의해야 한다.

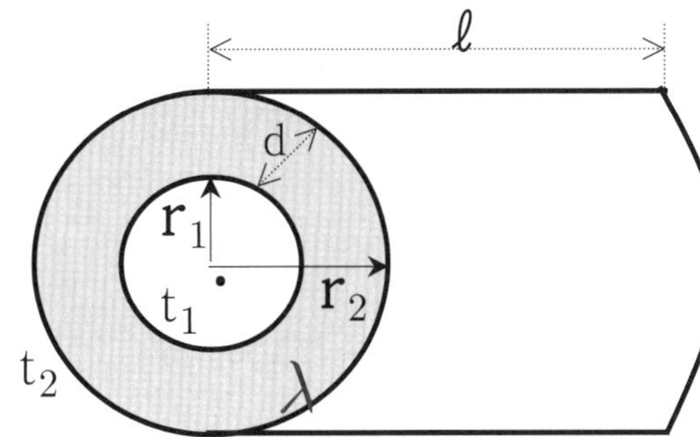

한편, r_1 = 50 mm = 0.05 m
d = 100 mm = 0.1 m
r_2 = r_1 + d = 0.15 m
l = 1 m
t_1 = 300 ℃
t_2 = 30 ℃
λ = 0.05 W/m·℃
Q = ? W

• 손실열 $Q = \dfrac{\lambda\cdot\Delta t\cdot A_m}{d}$

한편, 대수평균전열면적 $A_m = \dfrac{2\pi l\cdot(r_2-r_1)}{\ln\left(\dfrac{r_2}{r_1}\right)}$

(여기서, r_1 : 내반경(m), r_2 : 외반경(m), d : 배관의 두께(m))

$$= \frac{\lambda\cdot\Delta t}{(r_2-r_1)}\times\frac{2\pi l\cdot(r_2-r_1)}{\ln\left(\dfrac{r_2}{r_1}\right)}$$

$$= \frac{\lambda\cdot\Delta t\cdot2\pi l}{\ln\left(\dfrac{r_2}{r_1}\right)} = \frac{0.05\ W/m\cdot℃\times(300-30)℃\times2\times\pi\times1m}{\ln\left(\dfrac{0.15}{0.05}\right)}$$

= 77.209 ≒ **77.21 W**

06

프로판 1 Sm^3 을 공기비 1.3 으로 완전연소 시킬 때 소요되는 공기량(Sm^3)은 얼마인가?

암기법 : 프로판 3,4,5

【해답】 30.95 Sm^3

【해설】 • 기체연료의 완전연소 반응식을 이용하여 이론산소량을 먼저 알아야 한다.

$$C_mH_n + \left(m + \frac{n}{4}\right) O_2 \rightarrow m\,CO_2 + \frac{n}{2} H_2O$$

$$C_3H_8 + \left(3 + \frac{8}{4}\right) O_2 \rightarrow 3CO_2 + \frac{8}{2} H_2O$$

$$C_3H_8 + 5\,O_2 \rightarrow 3CO_2 + 4\,H_2O$$

(1 kmol) (5 kmol) 몰비는 체적비이므로,

(1 Sm^3) (5 Sm^3)

• 이론산소량 O_0 = 5 Sm^3

한편, 공기 중 산소의 부피비는 21 %를 적용하여

• 이론공기량 $A_0 = \frac{O_0}{0.21} = \frac{5\,Sm^3}{0.21} = 23.81\ Sm^3$

• 실제 소요공기량 $A = mA_0 = 1.3 \times 23.81\ Sm^3 ≒$ **30.95 Sm^3**

07

보일러 가동 중의 오일(Oil) 버너에서 기름이 잘 분사되지 않을 때, 그 원인을 3가지만 쓰시오.

【해답】 **※ 버너 내 무화 불량의 원인**

① 오일탱크의 오일이 부족한 경우
② 버너노즐이 막혔을 경우
③ 오일내에 슬러지가 많아서 급유관이 막혔을 경우
④ 연료의 분무압력이 너무 낮을 경우

08

온수의 평균온도가 80 ℃로 흐르고 있는 길이 10 m 배관의 외경이 100 mm, 열전달률은 209 kJ/m^2·h·℃인 원통형 강관에 열손실 방지를 위해서 두께가 50 mm 인 보온피복재로 감아놓는 시공을 하였다. 보온재 시공 후 보온 효과의 효율(%)을 계산하시오. (단, 강관의 외경온도는 온수온도와 동일하다고 가정하며, 피복 후 보온재 표면의 온도는 30 ℃ 이고 외기온도는 15 ℃ 이고, 보온재 표면과 외기와의 열전달률은 84 kJ/m^2·h·℃ 이다.)

암기법 : 교관온면

【해답】 81.45 %

【해설】 • Q_1 : 보온전 손실열(나관의 열손실)

Q_2 : 보온후 손실열이라 두면,

$Q = K \cdot \Delta t \cdot A = K \times \Delta t \times \pi D \ell$ 에서,

Q_1 = 209 kJ/m^2·h·℃ × (80 – 15)℃ × π × 0.1 m × 10 m = **42678.5 kJ/h**

한편, $D_2 = D_1 + 2d = 0.1 + 2 \times 0.05 = 0.2$ m 이므로

Q_2 = 84 kJ/m^2·h·℃ × (30 – 15)℃ × π × 0.2 m × 10 m = **7916.8 kJ/h**

이제, 보온피복으로 인한 **보온 효과의 효율**(η) 공식을 쓰자.

$$\eta = \frac{\Delta Q}{Q_1} \times 100 = \frac{Q_1 - Q_2}{Q_1} \times 100$$

$$= \frac{42678.5 - 7916.8}{42678.5} \times 100 \fallingdotseq 81.45\ \%$$

09

차압식 유량계의 측정원리에 관한 설명이다. (　　) 안에 알맞은 말을 쓰시오.

오리피스 유량계의 원리는 차압을 측정하여 유량이 차압의 (①)에 비례하는 관계식을 통해 유량을 구하고, 피토관 유량계는 유체의 (②)를 측정하여 (③)을 곱하여 유량을 구한다.

【해답】 ① **제곱근**　　② **속도**　　③ **단면적**

【해설】 • 체적유량 Q(또는, $\dot{V}$) = $A \times v$

여기서, $v = \sqrt{2gh} = \sqrt{2g \times \frac{\Delta P}{\gamma}} = \sqrt{2 \times \frac{\Delta P}{\rho}}$

10

과열기(Super heater)에 의해 생성되는 과열증기의 과정을 순서대로 4단계로 구분하여 쓰시오.

【해답】 **포화수 - 습포화증기(또는, 습증기) - 건포화증기(또는, 포화증기) - 과열증기**

【해설】 • P-V 선도에서 증기의 상태변화

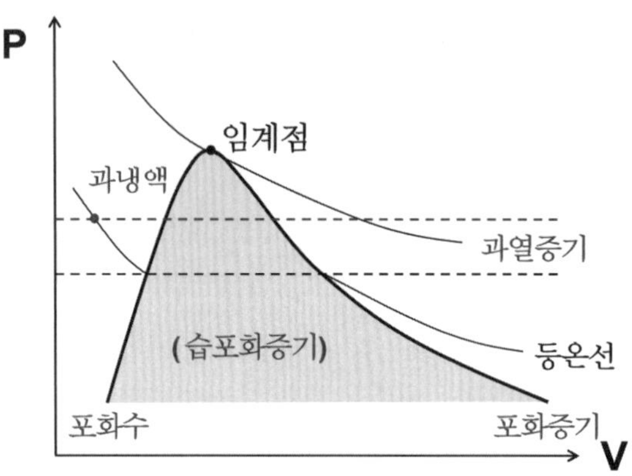

11

내화물 손상 중 마그네시아질, 돌로마이트질 노재의 성분인 산화마그네슘(MgO), 산화칼슘(CaO) 등은 수증기와 작용하여 $Ca(OH)_2$, $Mg(OH)_2$ 를 생성하게 되는 비중 변화에 의해 체적팽창을 일으키며 균열이 발생하고 붕괴되는 현상을 무엇이라고 하는가?

【해답】 **슬래킹(Slaking) 현상**

【해설】 ※ **내화물의 열적 손상에 따른 현상**

1) **스폴링(Spalling, 박리 또는 박락)**
   - 불균일한 가열 및 급격한 가열·냉각에 의한 심한 온도차로 벽돌에 균열이 생기고 표면이 갈라져서 떨어지는 현상

2) **슬래킹(Slaking)** 암기법 : 염(암) 수슬
   - 마그네시아, 돌로마이트를 포함한 소화(消火)성의 **염**기성 내화벽돌은 수증기의 작용을 받으면 수증기를 흡수하여, 비중변화에 의해 체적팽창을 일으키며 분해가 되어 노벽에 가루모양의 균열이 생기고 떨어져 나가는 현상

12

어떤 보일러의 매 시간당 증발량이 3000 kg 이고, 증기압이 2 MPa 이며, 급수온도는 50 ℃로 공급된다고 한다. 이 압력에서 발생증기의 엔탈피는 2721 kJ/kg 일 때,

① 증발배수

② 보일러 효율은 얼마인가?

(단, 연료사용량은 1400 kg/h 이고, 연료의 저위발열량은 6280 kJ/kg 이며, 물의 증발잠열은 2257 kJ/kg 로 계산한다.)

암기법 : 배연실, (효율좋은)보일러 사저유

【해답】 ① 2.14 kg-증기/kg-연료　② 85.7 %

【해설】 • 증발배수 R $= \dfrac{w_2\,(\text{실제증발량})}{m_f\,(\text{연료소비량})}$

$= \dfrac{3000\ kg_{-\text{증기}}/h}{1400\ kg_{-\text{연료}}/h} = 2.1428 \fallingdotseq$ **2.14 kg-증기/kg-연료**

• 보일러 효율 $\eta = \dfrac{Q_s}{Q_{in}} = \dfrac{\text{유효출열(발생증기의 흡수열)}}{\text{총입열량}}$

$= \dfrac{w_2 \cdot (H_2 - H_1)}{m_f \cdot H_L} \times 100\,(\%)$

$= \dfrac{3000\,kg/h \times (2721 - 50 \times 4.1868)\,kJ/kg}{1400\,kg/h \times 6280\,kJ/kg} \times 100 \fallingdotseq$ **85.7 %**

【참고】 • 증발계수 f $= \dfrac{w_e\,(\text{상당증발량})}{w_2\,(\text{실제증발량})} = \dfrac{H_2 - H_1}{2257} = \dfrac{\text{발생증기 엔탈피} - \text{급수엔탈피}}{\text{증발잠열}}$

$= \dfrac{(2721 - 50 \times 4.1868)}{2257} \fallingdotseq$ **1.11**

• 상당증발량 $w_e = \dfrac{w_2 \cdot (H_2 - H_1)}{2257}$　여기서, w_2 : 실제증발량

$= \dfrac{3000 \times (2721 - 50 \times 4.1868)}{2257} \fallingdotseq$ **3338.49 kg-증기/h**

• 환산증발배수 $R_e = \dfrac{w_e\,(\text{상당증발량})}{m_f\,(\text{연료소비량})}$

$= \dfrac{3338.49\ kg_{-\text{증기}}/h}{1400\ kg_{-\text{연료}}/h} \fallingdotseq$ **2.38 kg-증기/kg-연료**

13

대향류식 열교환기를 통하여 다음과 같은 작동상태로 열교환이 이루어진다. 다음 물음에 답하시오. (단, 전열벽의 열전달률은 26.83 W/m^2·℃ 이다.)

구분	고온유체	저온유체
비열	2.1 kJ/kg·℃	4.186 kJ/kg·℃
유량	200 kg/h	400 kg/h
입구온도	140℃	20℃
출구온도	60℃	?

① 저온유체측의 출구온도(℃)를 구하시오.
② 대수평균온도차(LMTD)를 구하시오.
③ 고온유체측에 대한 전열량(kJ/h)을 구하시오.
④ 저온유체측에 대한 전열량(kJ/h)을 구하시오.
⑤ 열교환기에 소요되는 전열면적(m^2)을 구하시오.
⑥ 고온유체측의 온도효율을 구하시오.
⑦ 저온유체측의 온도효율을 구하시오.

암기법 : 큐는 씨암탉
암기법 : 교관온면

【해답】 ① Q_1(고온유체가 잃은 열량) = Q_2(저온유체가 얻은 열량)

$$C_1 \cdot m_1 \cdot \Delta t_1 = C_2 \cdot m_2 \cdot \Delta t_2$$

$$2.1 \times 200 \times (140 - 60) = 4.186 \times 400 \times (t_2{}' - 20)$$

$$\therefore\ t_2{}' = \mathbf{40.07}\ ℃$$

② 향류식(서로 반대방향)의 열교환

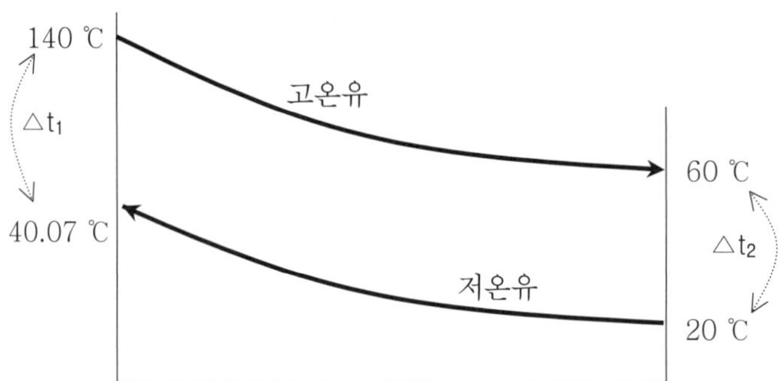

대수평균온도차 $\Delta t_m = \dfrac{\Delta t_1 - \Delta t_2}{\ln\left(\dfrac{\Delta t_1}{\Delta t_2}\right)} = \dfrac{(140 - 40.07) - (60 - 20)}{\ln\left(\dfrac{140 - 40.07}{60 - 20}\right)}$

$= 65.455 ≒$ **65.46 ℃**

③ $Q_1 = C_1 \cdot m_1 \cdot \Delta t_1 = 2.1\ \text{kJ/kg·℃} \times 200\ \text{kg/h} \times (140 - 60)\text{℃} =$ **33600 kJ/h**

④ $Q_2 = C_2 \cdot m_2 \cdot \Delta t_2 = Q_1 =$ **33600 kJ/h**

⑤ 교환열 $Q_1 = K \cdot \Delta t_m \cdot A$ 에서,

$33600 \times 10^3\ \text{J/h} \times \dfrac{1h}{3600\sec} = 26.83\ \text{W/m}^2\text{·℃} \times 65.46\ \text{℃} \times A$

∴ 전열면적 A = **5.31 m²**

⑥ 고온측 온도효율 $\eta_h = \dfrac{\text{고온측 온도감소량}}{\text{온도낙차}} = \dfrac{t_1 - t_1'}{t_1 - t_2} = \dfrac{140 - 60}{140 - 20} \times 100$

≒ **66.67 %**

⑦ 저온측 온도효율 $\eta_c = \dfrac{\text{저온측 온도증가량}}{\text{온도낙차}} = \dfrac{t_2' - t_2}{t_1 - t_2} = \dfrac{40.07 - 20}{140 - 20} \times 100$

≒ **16.73 %**

14

특고압(30 ~ 60 kV)의 직류전압을 사용하여 적당한 불평등 전계를 형성시켜 그 사이로 연도가스를 통과시키면 전극의 코로나 방전에 의해 배기가스 중의 분진 입자는 (-) 전하로 대전되어 전기력에 의해 집진극인 (+)극으로 끌려가서 포집된다. 추타장치로 일정 시간마다 전극을 진동시켜서 포집된 분진을 아래로 떨어뜨리는 형식의 집진장치를 무엇이라 하는가?

【해답】 **전기식 집진장치(또는, Cottrell 코트렐식 집진장치)**

15

보온재의 경제적 두께란 무엇인지 간단히 설명하시오.

【해답】 보온재를 두껍게 하면 방산에 의한 손실열량(Q)은 감소하지만, 시공비(P)는 증가하게 된다. 따라서 P + Q 의 최소치를 "경제적 두께"라고 한다.

16

그림에 보여 준 마노미터 압력계의 수치가 8 mmHg 진공의 진공도(%)를 계산하시오.
(단, 대기압은 760 mmHg 이다)

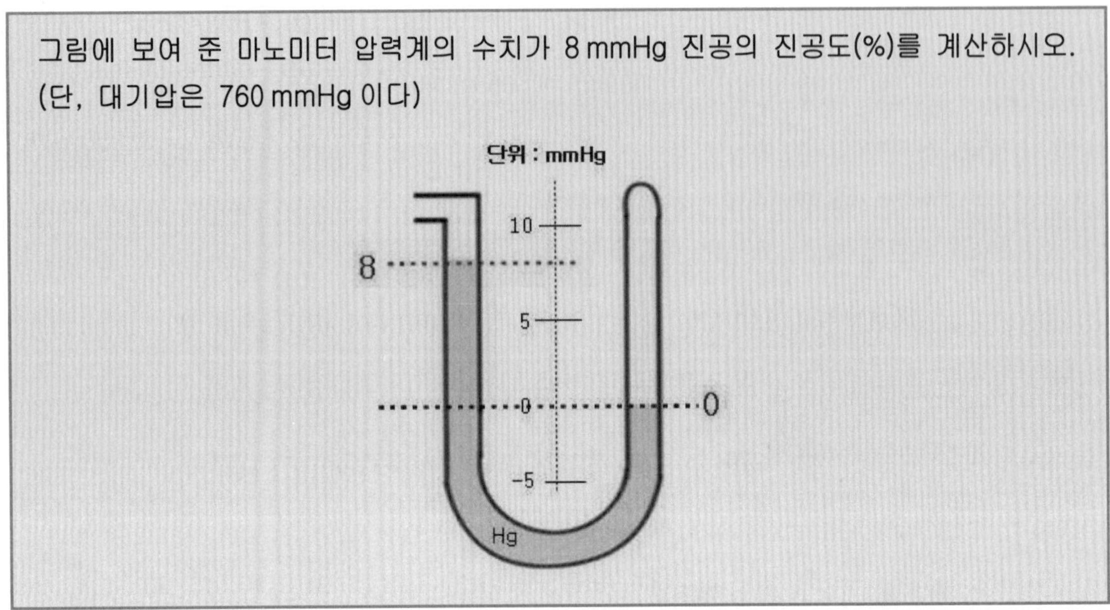

암기법 : 절대마진

【해답】 98.95 %

【해설】 마노미터의 좌·우 수은 액면의 높이차는 절대압력을 의미한다.

- 절대압력 = 대기압 - 진공압
- 진공압 = 대기압 - 절대압력

= 760 mmHg - 8 mmHg

= 752 mmHg

∴ 진공도 계산은 $\dfrac{100\ \%}{760\ mmHg} = \dfrac{x}{752\ mmHg}$ 에서

진공도 x = **98.95 %**

2011년 에너지관리산업기사 실기 기출문제 모음

01

물체의 표면온도가 200℃인 경우 방사에 의한 열손실은 100 W 였다고 한다. 만약, 물체의 표면온도가 400℃로 상승한다면 방사에 의한 열손실량(W)은 얼마인가?

【해답】 409.8 W

【해설】 복사에 의한 손실열(Q)은 스테판-볼츠만 법칙 $Q = \sigma T^4$ 으로 계산한다.

한편, 물체의 열손실량은 절대온도(K)에만 관계되므로

$$\frac{Q_2}{Q_1} \propto \left(\frac{T_2}{T_1}\right)^4 = \left(\frac{273 + 400}{273 + 200}\right)^4 \fallingdotseq 4.098$$

$$\therefore\ Q_2 = 4.098 \times Q_1 = 4.098 \times 100\text{ W} = \mathbf{409.8\text{ W}}$$

02

보일러의 노통이나 화실과 같은 원통 부분이 외측으로부터의 압력에 견딜 수 없게 되어 눌려 찌그러져 찢어지는 압궤 현상의 발생 원인을 3가지만 쓰시오.

【해답】 ※ **압궤 현상의 발생 원인**

① 노통이나 화실에 부착된 스케일 누적으로 인한 전열면의 과열

② 보일러수 중에 유지분이 포함될 때

③ 보일러수의 이상감수에 따른 저수위에 의한 과열

④ 설계나 제작 불량

⑤ 국부적으로 강한 복사열을 받을 때

【해설】 • 압궤, 팽출, 만곡 현상은 보일러의 과열이 원인이 되어 발생하는 손상이므로, 보일러가 과열되지 않도록 주의한다면 손상을 방지할 수 있다.

03

향류식 열교환기를 사용하여 연소가스가 1200℃로 들어가서 800℃로 나오고, 연소용 공기는 20℃에서 100℃로 예열되었다고 한다. 원관의 직경은 100 mm, 원관의 길이는 2 m, 원관의 개수는 15개일 때, 이 열교환기의 대수평균온도차를 이용하여 공기 예열에 전달된 열량(W)을 계산하시오. (단, 열관류율은 10 W/m²·℃ 이다.)

【해답】 87686.07 W

【해설】 • 향류식(서로 반대방향)의 열교환

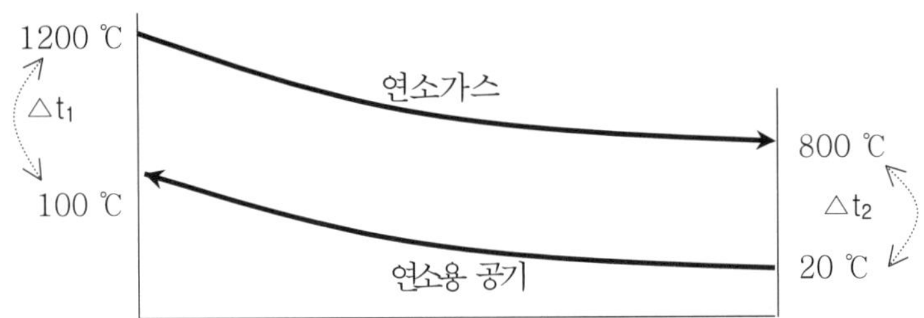

대수평균온도차 $\Delta t_m = \dfrac{\Delta t_1 - \Delta t_2}{\ln\left(\dfrac{\Delta t_1}{\Delta t_2}\right)} = \dfrac{(1200-100)-(800-20)}{\ln\left(\dfrac{1200-100}{800-20}\right)}$

$\fallingdotseq 930.85$ ℃

• 열교환기 총면적 $A = \pi D \times L \times n$

$= \pi \times 0.1\,m \times 2\,m$/개 $\times 15$ 개 $\fallingdotseq 9.42\,m^2$

• 교환된 열량 $Q = K \cdot \Delta t_m \cdot A$ **암기법** : 교관온면

$= 10\,W/m^2 \cdot ℃ \times 930.85 ℃ \times 9.42\,m^2 \fallingdotseq$ **87686.07 W**

04

대기압이 750 mmHg 일 때 보일러의 압력계가 3.8 kgf/cm² 을 가리키고 있다. 이 때, 보일러 내부의 절대압력은 몇 kPa 인가?

암기법 : 절대계

【해답】 472.65 kPa

【해설】 • **절**대압력 = **대**기압 + **게**이지압(계기압력)

$$= 750\ \text{mmHg} \times \frac{101.325\, kPa}{760\, mmHg} + 3.8\ \text{kgf/cm}^2 \times \frac{101.325\, kPa}{1.0332\, kgf/cm^2}$$

≒ 472.65 kPa

05

중유를 매 시간당 110 L/h 연소시키는 보일러가 있다. 이 보일러의 증기압력이 1 MPa, 급수온도 50 ℃, 매시 증발량 1500 kg 일 때 보일러의 효율을 계산하시오.
(단, 중유의 비중은 0.95 이며, 저위발열량은 40950 kJ/kg, 1 MPa 하에서 증기엔탈피는 2864 kJ/kg 이며, 50 ℃의 급수엔탈피는 210 kJ/kg 이다.)

암기법 : (효율좋은)보일러 사저유

【해답】 93.03 %

【해설】 • 보일러의 열효율 $\eta = \frac{Q_s}{Q_{in}} = \frac{\text{유효출열(발생증기의 흡수열)}}{\text{총입열량}}$

$$= \frac{w_2 \cdot (H_2 - H_1)}{m_f \cdot H_L} \times 100\,(\%)$$

여기서, w_2 : 증기발생량(증발량)
H_2 : 발생증기의 엔탈피
H_1 : 급수온도의 엔탈피
m_f : 연료**사**용량
H_L : **저**위발열량

$$= \frac{1500\, kg/h \times (2864 - 210)\, kJ/kg}{110\ L/h \times 0.95\, kg/L \times 40950\, kJ/kg} \times 100\,(\%)$$

≒ 93.03 %

06

> 분진을 포함하고 있는 가스를 왕복 선회시키면 분진입자에 원심력이 작용하여 분진입자를 가스로부터 분리시키는 방식의 집진장치의 명칭을 쓰시오.

【해답】 **원심력식 집진장치**

【해설】 • 원심력 집진장치란 함진가스(분진을 포함하고 있는 가스)를 선회 운동시키면 입자에 원심력이 작용하여 분진입자를 가스로부터 분리하는 장치이다. 종류에는 사이클론(cyclone)식과 소형사이클론을 몇 개 병렬로 조합하여 처리량을 크게 하고 집진효율을 높인 멀티-(사이)클론(Multi-cyclone)식이 있다.

【key】 사이클론(cyclone) : "회오리(선회)"를 뜻하므로 빠른 회전에 의해 원심력이 작용한다.

07

> 보일러에서 발생한 습증기 속에 포함되어 있는 수분을 분리·제거하기 위해서 작은 구멍이 많이 있는 판을 증기 취출구에 설치하여, 수분이 혼입된 증기의 진행방향을 급전환시키면 관성력에 의하여 수분이 분리되는 방식의 기수분리기 명칭을 쓰시오.

암기법 : 기스난 (건) 배는 싸다

【해답】 **배플(Baffle)식**

【해설】 • 수관식보일러의 기수드럼의 증기 취출구에 부착하는 내부 부속품으로, 상승하는 증기 속에 혼입된 수분을 분리하는 장치인 **기**수분리기에는 다음과 같은 종류가 있다.

① **스**크레버식 : 파형의 다수 강판을 조합한 것
② **건**조 스크린식 : 금속 그물망의 판을 조합한 것
③ **배**플식(반전식) : 증기의 진행방향 전환을 이용한 것
④ **싸**이클론식 : 원심분리기를 사용한 것
⑤ **다**공판식 : 다수의 구멍판을 이용한 것

【참고】 ※ **기수분리기의 설치목적**

㉠ 습증기 발생을 방지하여 수격작용을 예방한다.
㉡ 발생증기 속의 물방울을 제거하여 증기의 건도를 높인다.
㉢ 관내 마찰손실을 줄이고 부식 방지를 한다.

08

수관식 보일러의 장점을 4가지만 쓰시오.

【해답】 ※ **수관식 보일러의 [장점]**

① 드럼의 직경이 작으므로 구조상 고온·고압의 대용량에 적합하다.
② 증기발생 소요시간이 짧다. (전열면적은 크나 보일러수의 보유수량이 적어서)
③ 보일러수의 순환이 빨라서 좋다.
④ 보일러 효율이 높다.
⑤ 연소실의 크기 및 형태의 설계가 자유롭다.
⑥ 수관의 설계가 용이하다.
⑦ 연료의 선택범위가 넓다.

【참고】 ※ **수관식 보일러의 [단점]**

① 스케일 생성이 빠르다.
② 양질의 급수공급을 필요로 하므로 급수처리 비용이 많다.
③ 구조가 복잡하여 청소 및 보수가 불편하다.
④ 구조가 복잡하고 제작이 까다로워서 가격이 비싸다.
⑤ 전열면에 비해 보유수량이 적어서 부하변동시 압력의 변동이 크다.

09

온도 측정기기인 광고온계의 장점을 2가지만 쓰시오.

【해답】 ※ **광고온계의 [장점]**

① 고온(700 ~ 3000℃) 측정에 적합하다.
② 비접촉식 온도계 중에서 정도가 가장 높다.
③ 방사온도계보다 방사율에 의한 보정량이 적다.
④ 피측온체와의 사이에 수증기, CO_2, 먼지 등의 영향을 적게 받는다.

【참고】 ※ **광고온계의 [단점]**

① 저온(700 ℃ 이하)의 측정은 곤란하다.
(∵ 저온에서는 물체의 발광에너지가 약하기 때문)
② 광고온계는 수동측정이므로 측정에 시간의 지연이 있다.
③ 수동측정이므로 기록, 경보, 자동제어가 불가능하다.

10

다음 그림과 같이 수관의 2개 지점의 압력 차를 측정하기 위하여 하부에 수은을 넣은 U자관을 부착시켰다. 이 때, 수은주의 높이차는 h = 100 mm 이다. 두 지점의 압력 차이 $P_1 - P_2$는 몇 mH_2O 인가? (단, 수은의 비중은 13.6이다.)

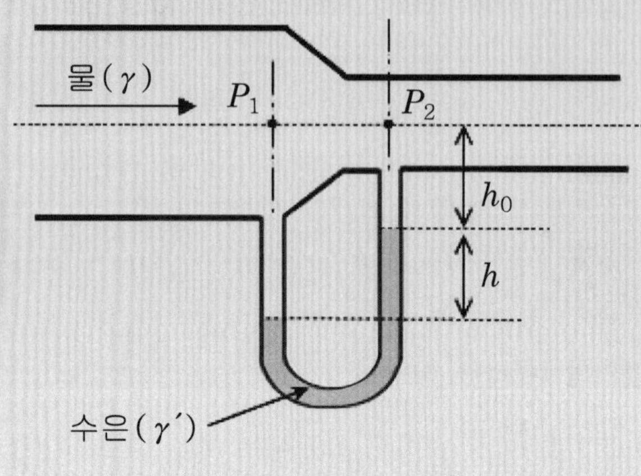

【해답】 1.26 mH_2O

【해설】 • 파스칼의 원리에 의하면 수평한 두 지점의 경계면에 작용하는 압력은 같다.

$$P_A = P_B$$

$$P_1 + \gamma \cdot (h_0 + h) = P_2 + \gamma \cdot h_0 + \gamma' \cdot h$$

$$P_1 - P_2 = \gamma \cdot h_0 + \gamma' \cdot h - \gamma \cdot h_0 - \gamma \cdot h$$

$$= \gamma' \cdot h - \gamma \cdot h$$

$$= h(\gamma' - \gamma)$$

$$= h(s' \cdot \gamma - \gamma)$$

$$= h(s' - 1)\gamma$$

$$= 0.1\,m \times (13.6 - 1) \times 1000\,kgf/m^3$$

$$= 1260\,kgf/m^2$$

$$= 1260\,kgf/m^2 \times \frac{10.332\,mH_2O}{10332\,kgf/m^2}$$

$$= 1.26\,mH_2O$$

2011

11

다음 그림을 보고 물음에 답하시오.

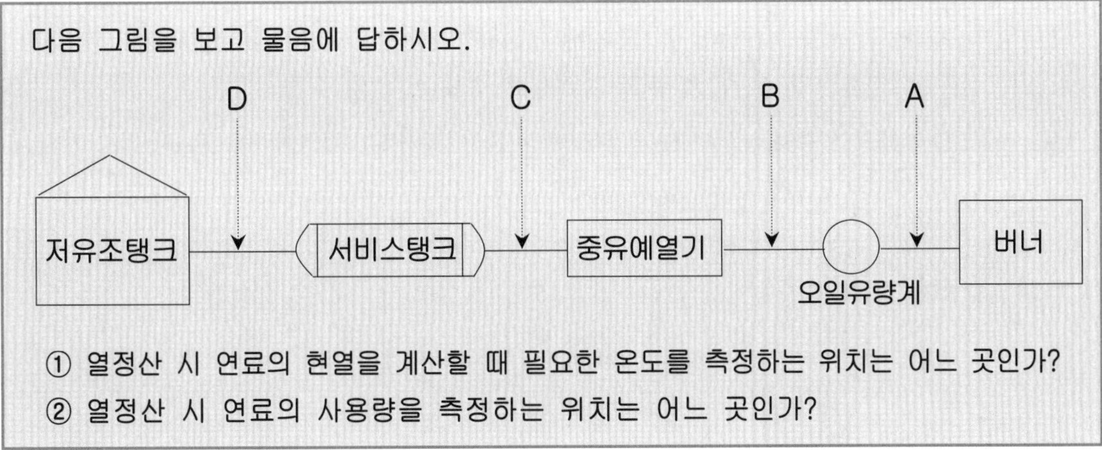

① 열정산 시 연료의 현열을 계산할 때 필요한 온도를 측정하는 위치는 어느 곳인가?

② 열정산 시 연료의 사용량을 측정하는 위치는 어느 곳인가?

【해답】 ① B ② A

【해설】 ① 연료가열기가 있을 때의 열정산 시 연료가열기는 포함하지 않으므로, 연료가열기(중유예열기) 출구온도인 B 위치에서 측정한다.

즉, 연료의 현열(Q_f) = $C_f \cdot \Delta t$ = $C_f \times (t_f - t_0)$ = ( ) kJ/kg_{-f}

여기서, C_f : 연료의 평균비열(kJ/kg·℃)

t_f : 버너 전 온도, 연료가열기 출구온도(℃)

t_0 : 외기온도(℃)

② 중유의 사용량을 측정할 때에는 오일유량계에서의 누설 우려가 있으므로 오일유량계를 지난 A 위치에서 온도를 측정하여 비중(d) 및 체적보정계수(K)를 곱하여 연료사용량을 계산한다.

12

도시가스 등의 연료를 연소하여 여름에는 냉수를 겨울에는 온수를 1대의 기기에서 생산하는 가스직화식 냉·온수기에서 사용되는 냉매를 쓰시오.

【해답】 물

【참고】 ※ **흡수식 냉온수기의 특징**

① 냉매가 물이므로 가격이 싸고, 환경오염 우려가 없다.

② 전기로 구동하는 압축기가 없으므로 전력소비량이 적다.

13

단열된 노즐에서 속도 10 m/s 로 유입된 유체의 엔탈피가 250 kJ/kg 만큼 낮아진 상태로 출구로 유출된다. 노즐 출구에서 유체의 속도(m/s)를 구하시오.
(단, 정상상태 정상유동을 가정하고, 위치에너지의 변화는 무시할 수 있다.)

【해답】 **707.18 m/s**

【해설】 • 정상상태의 유동유체에 관한 에너지보존 법칙($E_1 = E_2$)을 써서 푼다.

$$mH_1 + \frac{1}{2}mv_1^2 + mgZ_1 = mH_2 + \frac{1}{2}mv_2^2 + mgZ_2$$

한편, 위치에너지 변화는 $Z_1 = Z_2$ 이므로

$$H_1 + \frac{v_1^2}{2} = H_2 + \frac{v_2^2}{2}$$

여기서, 1 : 노즐의 입구
2 : 노즐의 출구

$$\therefore\ v_2 = \sqrt{v_1^2 + 2(H_1 - H_2)}$$

$$= \sqrt{v_1^2 + 2 \times \Delta H}$$

$$= \sqrt{(10\,m/s)^2 + 2 \times 250 \times 10^3 J/kg}$$

$= 707.177 ≒$ **707.18 m/s**

14

압력이 2 MPa, 포화온도 200 ℃인 포화수의 엔탈피 1000 kJ/kg, 포화증기 엔탈피 3000 kJ/kg, 건도 0.95 인 습증기의 엔탈피는 몇 kJ/kg 인가?

【해답】 **2900 kJ/kg**

【해설】 • 습증기의 엔탈피 공식 $h_x = h_1 + x(h_2 - h_1)$

= 1000 kJ/kg + 0.95 × (3000 - 1000) kJ/kg

= **2900 kJ/kg**

15

관로 상에 설치된 지름 20 mm 인 오리피스를 통하여 물이 흐르고 있다. 오리피스 전후의 압력수두 차이가 120 mmH_2O 일 때 유량(L/min)을 구하시오.

2011

【해답】 28.91 L/min

【해설】 • 유량 $Q = A_0 \cdot v = A_0 \cdot \sqrt{2g \times \frac{(P_1 - P_2)}{\gamma}} = \left(\frac{\pi D^2}{4}\right) \times \sqrt{2gh}$

여기서, A_0 : 오리피스의 단면적 (m^2)

h : 압력수두차 (m)

$= \frac{\pi \times (0.02m)^2}{4} \times \sqrt{2 \times 9.8 m/sec^2 \times 0.12 m}$

$= 4.818 \times 10^{-4}\ m^3/sec$

$= 4.818 \times 10^{-4} \times \frac{m^3 \times \frac{1000L}{1m^3}}{sec \times \frac{1min}{60sec}}$

$= 28.908 ≒$ **28.91 L/min**

2012년 에너지관리산업기사 실기 기출문제 모음

01

보일러에서 발생된 증기를 이용하여 터빈 등을 구동시킬 때 포화증기 상태로 사용하지 않고 과열증기로 사용하는데 이 과열증기를 만드는 장치의 명칭과 과열증기를 사용하는 이유를 4가지만 쓰시오.

- 장치명 :
- 이 유 :

【해답】 • 장치명 : 과열기

• 이유 : ① 같은 압력의 포화증기에 비해 보유열량이 많은 증기를 얻을 수 있다.
② 열효율이 증가한다.
③ 증기의 마찰저항이 감소된다. (터빈 운전의 장애 제거)
④ 증기 중의 수분이 감소하기 때문에 터빈의 날개나 증기기관 등에 발생하는 부식이 감소된다.

【참고】 • 보일러 본체에서 발생된 증기 중의 수분을 과열기로 다시 가열하여 완전히 증발시키고 더욱 온도를 높게 하여 사이클 효율 증가를 위하여 과열증기를 사용한다.

02

대체 에너지로서 태양열과 태양광으로부터 얻는 에너지의 차이점에 대하여 간단히 설명하시오.

【해답】 • 태양열 에너지 : 태양의 열에너지를 오목 반사경으로 모아서 난방·온수의 에너지원으로 이용하거나 변환시켜 태양열 발전으로 이용한다.

• 태양광 에너지 : 태양의 빛에너지를 태양전지판에 쏘이면 전기가 발생하는 원리를 이용한다.

03

탄소(C)의 불완전연소와 일산화탄소(CO)의 완전연소반응식이 다음과 같을 때, 탄소 1 kg 이 완전 연소할 때의 반응열(저위발열량)은 몇 MJ/kg 인가?

【보기】 : $C + 0.5\,O_2 \rightarrow CO + 283$ MJ/kmol
$CO + 0.5\,O_2 \rightarrow CO_2 + 122$ MJ/kmol

2012

【해답】 33.75 MJ/kg

【해설】 • 주어진 식을 통해 C의 완전연소 반응식 $C + O_2 \rightarrow CO_2$ 으로 만든다.

$C + 0.5\,O_2 \rightarrow CO + 283$ MJ/kmol ------ ①

$C + 0.5\,O_2 - CO \rightarrow + 283$ MJ/kmol ---- ①′

$CO + 0.5\,O_2 \rightarrow CO_2 + 122$ MJ/kmol ----- ②

①′ + ② 식을 해서 정리를 해나가면,

$C + 0.5\,O_2 - CO + CO + 0.5\,O_2 \rightarrow CO_2 + (283 + 122)$ MJ/kmol

$C + O_2 \rightarrow CO_2 + 405$ MJ/kmol

∴ C의 완전연소시 반응열(발열량)은 **405 MJ/kmol**이 됩니다.

한편, C(탄소) 1 kmol의 분자량은 12 kg이므로,

∴ 저위발열량 H_ℓ = 405 MJ/kmol = $\dfrac{405\,MJ}{1\,kmol \times \dfrac{12\,kg}{1\,kmol}}$ = **33.75 MJ/kg**

【참고】 **여기서 항상 최종적으로, 단위환산에 주의해서 정답을 써야 합니다!!**
왜냐하면, 생성열은 물질 1 kmol 에 대한 값으로 주어진 것에 비하여
발열량은 연료 1 kg당 이나 혹은 1 Sm^3 당에 대하여 표기한 값이다.
따라서 발열량은 연소열을 연료 1 kmol 의 질량(분자량) 또는 체적 22.4 Sm^3 으로 나눠주어 구해야 하며, 그 단위는 MJ/kg 또는 MJ/Sm^3 로 표기해야만 한다.

04

메탄(CH_4) 1 Sm^3 을 공기 중에서 완전연소 시킬 때, 필요한 이론공기량(Sm^3)은 얼마인가?

【해답】 9.52 Sm^3

【해설】 • 기체연료의 완전연소 반응식을 이용하여 이론산소량을 먼저 알아야 한다.

• $C_mH_n + \left(m+\frac{n}{4}\right) O_2 \rightarrow m\,CO_2 + \frac{n}{2} H_2O$

$CH_4 + \left(1+\frac{4}{4}\right) O_2 \rightarrow CO_2 + \frac{4}{2} H_2O$

$CH_4 + 2\,O_2 \rightarrow CO_2 + 2\,H_2O$

(1 kmol) (2 kmol) 몰비는 체적비이므로,

(1 Sm^3) (2 Sm^3)

• 메탄(CH_4) 1 Sm^3 의 이론산소량 O_0 = 2 Sm^3

한편, 공기 중 산소의 부피비는 21 %를 적용하여

• 이론공기량 $A_0 = \frac{O_0}{0.21} = \frac{2\,Sm^3}{0.21} = 9.5238 \fallingdotseq$ **9.52 Sm^3**

05

보일러에서 저온부식의 발생 원인에 대하여 설명하시오.

【해답】 폐열회수장치인 절탄기나 공기예열기를 설치할 때, 연도의 배가스온도가 노점 (150 ~ 170℃) 이하로 낮아지게 되면, 연료 중의 S(황)성분이 연소된 황산화물 SO_x 에 의해 폐열회수장치 표면에 부식이 발생하고 이를 저온부식이라고 한다.

【참고】 **※ 저온부식 방지대책**

① 유황분이 적은 연료를 사용한다.
② 공기비를 적게 한다.
③ 연소가스 온도를 이슬점(170℃) 이상으로 한다.
④ 전열면은 내식성 재료를 이용한다.
⑤ 중유를 사전처리하여 황분을 제거한다.
⑥ 분말상태의 마그네시아, 돌로마이트 등을 2차공기에 섞어 연소실 내에 불어 넣는다.

06

매 시간당 98 kg 을 연소시키는 중유 보일러가 있다. 이 보일러의 증기압력이 1 MPa, 급수온도 90℃, 매시 증발량 1300 kg 일 때, 보일러의 효율은 얼마인가?
(단, 중유의 저위발열량은 40950 kJ/kg 이며, 1 MPa 에서 증기엔탈피는 2864 kJ/kg, 90℃의 급수엔탈피는 378 kJ/kg 이다.)

암기법 : (효율좋은)보일러 사저유

【해답】 80.53 %

【해설】 • 보일러의 열효율 $\eta = \dfrac{Q_s}{Q_{in}} \times 100\,(\%)$

$$= \frac{\text{유효출열(발생증기의 흡수열)}}{\text{총입열량}}$$

$$= \frac{w_2 \cdot (H_2 - H_1)}{m_f \cdot H_L} \times 100\,(\%)$$

여기서, w_2 : 증기발생량(증발량)
H_2 : 발생증기의 엔탈피
H_1 : 급수온도의 엔탈피
m_f : 연료**사**용량
H_L : **저**위발열량

$$= \frac{1300\,kg/h \times (2864 - 378)\,kJ/kg}{98\,kg/h \times 40950\,kJ/kg} \times 100\,(\%)$$

≒ 80.53 %

07

대기압이 750 mmHg 일 때 보일러의 압력계가 3.8 kgf/cm^2 을 가리키고 있다. 이 때, 보일러 내부의 절대압력은 몇 kPa 인가?

암기법 : 절대계

【해답】 472.65 kPa

【해설】 • **절**대압력 = **대**기압 + **계**이지압(계기압력)

$$= 750\,\text{mmHg} \times \frac{101.325\,kPa}{760\,mmHg} + 3.8\,\text{kgf/cm}^2 \times \frac{101.325\,kPa}{1.0332\,kgf/cm^2}$$

≒ 472.65 kPa

08

> 에너지 이용의 고효율화 일환으로 사용되는 열병합 시스템에 대하여 설명하고, 이 시스템의 장점을 3가지만 쓰시오.
>
> - 열병합 시스템 :
> - 장점 :

【해답】 • 열병합(CHP)발전시스템은 하나의 에너지원으로부터 1차적으로 전력을 생산한 후 배출되는 열을 회수하여 2차적으로 이용함으로써, 기존의 발전효율인 약 35% 정도보다 50% 이상의 에너지 절약효과를 거둘 수 있는 고효율에너지 이용 기술이다.

• [장점]

① 전기와 열을 동시에 생산하여 이용하므로 종합에너지이용 효율이 향상된다.
② 에너지 절약에 의해 에너지 비용을 절감할 수 있다.
③ 에너지원의 분산을 도모하여 비상시 전력과 열의 안정적 확보가 가능하다.
④ 지구온난화 요인인 온실가스(CO_2) 배출을 감소시킨다.
⑤ 자가발전 증가로 하절기 피크부하가 감소되어 계절에 따른 에너지 수급 합리화를 도모할 수 있다.

【참고】 • [단점]

① 개별 사용자 입장에서 투자비가 비교적 크다.
② 시설단위가 전력회사의 기존 발전설비에 비해 매우 작다.
③ 전력 및 열 수요 변동의 불확실성이 클 경우 에너지이용 효율이 감소할 수 있다.
④ 화석연료(유류, 가스)를 주로 사용함으로써 향후 연료비용의 불확실성에 따라 어려울 위험성이 있다.

09

> "정지 유체 내부의 압력은 어느 방향에서나 일정하다."라는 사실을 설명하는 법칙을 무엇이라고 하는가?

【해답】 **파스칼의 법칙**

【해설】 • 파스칼(Pascal)의 법칙 : "정지상태의 유체 내부에 작용하는 압력은 작용하는 방향에 관계없이 어느 방향에서나 일정하다."

10

보일러에서 발생하는 장애인 역화의 원인을 4가지만 쓰시오.

암기법 : 노통댐 착공

【해답】 • 역화(Back fire)현상

- 보일러의 점화시 연소실의 화염이 갑자기 밖으로 나오는 현상

① 원인

㉠ **노**내 미연가스가 충만해 있을 경우

㉡ **통**풍이 불충분한 경우

㉢ **댐**퍼의 개도가 너무 적을 경우

㉣ 점화시에 **착**화가 늦을 경우

㉤ **공**기보다 연료가 먼저 투입된 경우

② 방지대책

㉠ 착화 지연 방지

㉡ 통풍이 충분하도록 유지

㉢ 댐퍼의 개도, 연도의 단면적 등을 충분히 확보

㉣ 연소 전에 연소실의 충분한 환기

㉤ 역화 방지기 설치

2012

11

안전밸브의 구비조건에 대해 2가지만 쓰시오.

【해답】 ※ **안전밸브의 구비조건**

① 증기의 누설이 없을 것

② 밸브의 개폐가 자유롭고 신속히 이루어질 것

③ 설정압력 초과시 증기 배출이 충분할 것

【참고】 • 안전밸브는 쉽게 검사할 수 있는 곳에 설치해야 하며, 보일러 몸체의 증기부 상단에 직접 부착시키며, 밸브 축을 동체에 수직으로 설치하여야 한다.

12

금속의 열전도율을 구하는 실험에서 지름 12 mm, 길이 250 mm 의 중실원형 시편으로 한쪽 끝면을 100 ℃, 다른 쪽 끝을 0 ℃로 유지하였을 때 정상상태에서의 열유량은 2 W 이었다. 이 시편의 열전도율은 몇 W/m·℃ 인가?
(단, 시편의 측면은 주위로부터 충분히 단열되어 있으므로 열출입은 일어나지 않는다.)

암기법 : 손전온면 두

【해답】 44.21 W/m·℃

【해설】

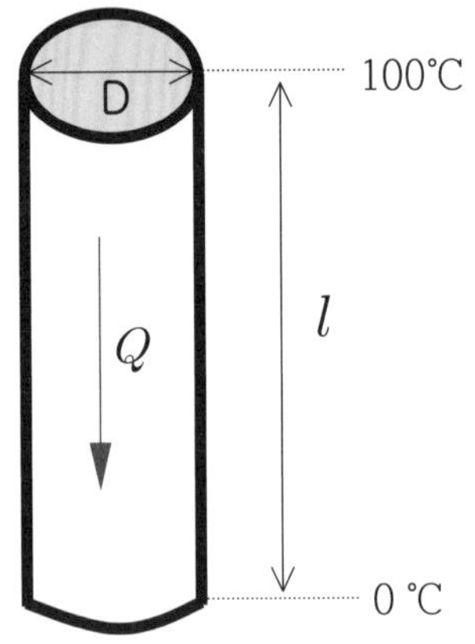

여기서, λ : 열전도율
l : 길이
A : 단면적
D : 지름
Δt : 온도차
T : 열전도시간
Q : 전도열량(또는, 손실열량)
$\frac{Q}{T}$: 열유량(J/s = W)

- 전도열량 $Q = \lambda \times \frac{A \cdot \Delta t}{l} \times T$

$$\frac{Q}{T} = \lambda \cdot \frac{A \cdot \Delta t}{l}$$

$$\frac{Q}{T} = \lambda \times \frac{\frac{\pi D^2}{4} \times (t_2 - t_1)}{l}$$

$$2\,\text{W} = \lambda \times \frac{\frac{\pi \times (0.012\,m)^2}{4} \times (100 - 0)℃}{0.25\,m}$$

이제, 네이버에 있는 에너지아카데미 카페(주소 : cafe.naver.com/2000toe)의 "방정식 계산기 사용법"으로 λ를 미지수 x로 놓고 입력해 주면

$\therefore\ \lambda$ = 44.21 W/m·℃

2012

13

그림은 시료 가스를 각각 특정한 용액에 흡수시켜서 흡수 전·후의 가스 체적의 차이에서 흡수된 양을 측정하여 가스의 성분을 분석하는 오르사트 가스분석 장치이다.

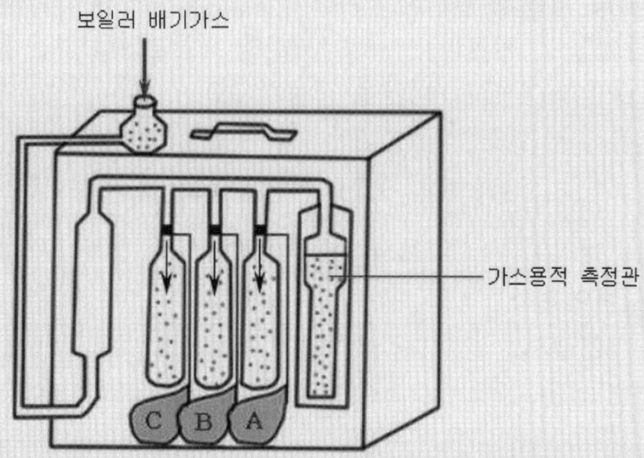

이 장치로 측정 가능한 배기가스 중에 함유되어 있는 가스의 성분을 측정되는 순서대로 쓰시오.

암기법 : 이→산→일

【해답】 A - **일산화탄소(CO)**, B - **산소(O_2)**, C - **이산화탄소(CO_2)**

【해설】 • 오르사트 가스분석기 : 이(CO_2) → 산(O_2) → 일(CO)의 순서대로 선택적으로 흡수하여 분리시킨다.

• 흡수액 : CO_2 - 수산화칼륨(KOH) 30% 용액
O_2 - 알칼리성 피로가롤 용액
CO - 암모니아성 염화제일구리 용액

14

정류탑 설비는 물질의 어떤 물성(특성)을 이용하여 분리하는 장치인지 쓰시오.

【해답】 **끓는점 차이** 또는, **비등점 차이**

15

A공장은 시간당 용량 5톤, 최고사용압력 7 kgf/cm^2, 열효율 87.5 %의 노통연관식 보일러 2대에서 벙커 C유를 6370 kL를 사용하였다.
또한, 400 kW의 디젤 발전기 1대를 보유하고 있는데 작년에 860 MWh를 발전하여 경유 190 kL를 사용하였고, 한전에서 6780 MWh를 수전받았다. A공장의 에너지 사용 및 설비현황을 아래 양식에 따라 빈칸을 작성하시오.
(단, 석유환산계수(toe)는 벙커C유 : 0.99, 경유 : 0.92
유연탄 : 0.66, 전기 : 0.25 를 적용한다.)

설비명	형식	용량	대수	에너지 사용량(toe)
보일러	노통연관식	①	②	③
발전기	디젤	④	⑤	⑥

【해답】

설비명	형식	용량	대수	에너지 사용량(toe)
보일러	노통연관식	**5톤/h**	2	6306.3
발전기	디젤	**400 kW**	1	174.8

③ 노통연관식 보일러의 에너지 사용량 : 6370 kL × 0.99 toe/kL = **6306.3 toe**

⑥ 디젤발전기의 에너지 사용량 : 190 kL × 0.92 toe/kL = **174.8 toe**

【참고】 • 에너지총계 = 연료 + 전력

= (6306.3 toe + 174.8 toe) + 6780 MWh × 0.25 toe/MWh

= 6481.1 toe + 1695 toe = **8176.1 toe**

16

LNG (Liquefied Natural Gas)의 주성분을 화학식으로 쓰시오.

【해답】 **CH_4 (메탄)**

【참고】
- LNG(Liquefied Natural Gas, 액화천연가스)
  : 메탄(CH_4)이 주성분이며 소량의 에탄(C_2H_6) 등이 포함되어 있다.
- LPG(Liquefied Petroleum Gas, 액화석유가스)
  : 프로판(C_3H_8)과 부탄(C_4H_{10})이 주성분이며 소량의 프로필렌(C_3H_6), 부틸렌(C_4H_8) 등이 포함되어 있다.

17

압력이 0.1 MPa, 온도 25 ℃인 공기 3 kg 이 $PV^{1.3} = C$ (일정)인 폴리트로픽 변화를 거쳐 온도가 300 ℃가 되었다. 이 때의 압축비는 얼마인가?
(단, 비열비 k = 1.4, 정적비열 C_v = 0.71 kJ/kg·K 이다.)

【해답】 8.84

【해설】 • 압축비란 압축 전·후의 체적비 $\epsilon = \dfrac{V_1}{V_2}$ 를 말한다.

• 단열변화 공식에서 비열비 k 대신에 폴리트로픽 지수 n 으로 대입하면 된다.

• 폴리트로픽 변화의 T·V 방정식 $T_1 \cdot V_1^{n-1} = T_2 \cdot V_2^{n-1}$

$$\left(\frac{V_1}{V_2}\right)^{n-1} = \frac{T_2}{T_1}$$ 에서 양변의 지수에 $\dfrac{1}{n-1}$ 을 곱하면

$$\therefore \text{ 압축비 } \epsilon = \frac{V_1}{V_2} = \left(\frac{T_2}{T_1}\right)^{\frac{1}{n-1}}$$

$$= \left(\frac{273 + 300}{273 + 25}\right)^{\frac{1}{1.3-1}}$$

$$= 8.84$$

2013년 에너지관리산업기사 실기 기출문제 모음

01

저위발열량 25000 kJ/kg, 고위발열량 26000 kJ/kg 인 연료를 한 시간당 100 kg 을 소비하고 있다. 보일러로 들어갈 때 입구의 급수엔탈피 80 kJ/kg 이 출구에서는 3000 kJ/kg 로 나온다. 매시 증발량 600 kg/h 일 때, 보일러 효율은 얼마인가?

암기법 : (효율좋은)보일러 사저유

【해답】 70.08 %

【해설】 • 보일러의 열효율 $\eta = \dfrac{Q_s}{Q_{in}} \times 100\,(\%)$

$$= \frac{\text{유효출열(발생증기의 흡수열)}}{\text{총입열량}}$$

$$= \frac{w_2 \cdot (H_2 - H_1)}{m_f \cdot H_L} \times 100\,(\%)$$

여기서, w_2 : 증기발생량(증발량)

H_2 : 발생증기의 엔탈피

H_1 : 급수온도의 엔탈피

m_f : 연료사용량

H_L : 저위발열량

$$= \frac{600\,kg/h \times (3000 - 80)\,kJ/kg}{100\,kg/h \times 25000\,kJ/kg} \times 100\,(\%)$$

$\fallingdotseq$ 70.08 %

02

전로의 종류를 4가지만 쓰시오.

【해답】 • **전로의 종류 4가지**

① 산성 전로(또는, Bessemer 베세머 전로)

② 염기성 전로(또는, Thomas 토마스 전로)

③ 순산소 전로(또는, Linz - Donawitz LD 전로)

④ 칼도(Kaldo) 전로

2013

03

온도차 T, 두께 x, 열전도율 k, 전열면적 A 인 벽에서의 열전달량이 Q 이다. 이 벽의 온도차와 전열면적은 일정하고, 열전도율을 4배, 두께를 2배로 하였을 때 열전달량은 몇 배로 되는가?

암기법 : 손전온면두

【해답】 **2배**

【해설】 • 전도열량 $Q_2 = \frac{k_2 \cdot \Delta T \cdot A}{d_2}$

$$= \frac{4\,k_1 \times \Delta T \times A}{2\,d_1} = 2 \times \frac{k_1 \times \Delta T \times A}{d_1} = 2\,Q_1$$

04

수관식 보일러 중에서 강제순환식 보일러의 종류를 2 가지 쓰시오.

암기법 : 강제로 베라!~

【해답】 **베록스 보일러, 라몬트 보일러**

05

열기관이 100 kW 의 출력으로 운전하면서 5시간 동안 300 kg 의 연료를 소비하였다. 연료발열량은 40 MJ/kg 일 때, 이 열기관으로부터 단위 시간당 방출되는 열량(MJ)은 얼마인가?

【해답】 **2040 MJ/h**

【해설】 • $Q_2 = Q_1 - W$

$= m_f \cdot H_L - W$

$= \dfrac{300\ kg}{5\ h} \times 40\ \text{MJ/kg} - 100\ \text{kW} = 2400\ \text{MJ/h} - 100\ \text{kW}$

한편, $1\ \text{kW} = 1\ \text{kJ/sec} = \dfrac{10^3\ J}{\sec \times \dfrac{1\ h}{3600\ \sec}} = 3.6 \times 10^6\ \text{J/h} = 3.6\ \text{MJ/h}$

$= 2400\ \text{MJ/h} - 360\ \text{MJ/h}$

$= $ **2040 MJ/h**

【참고】 ※ **열기관의 원리**

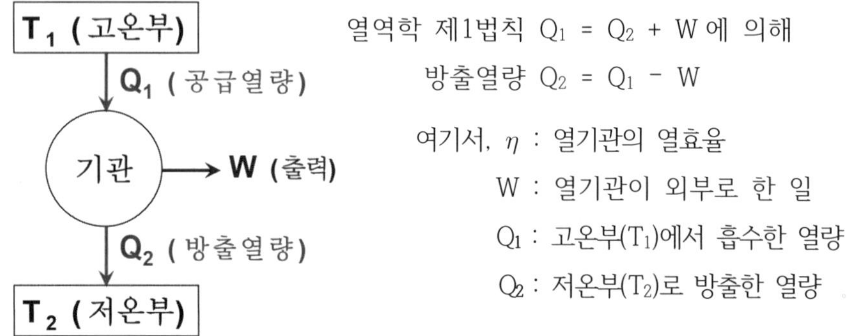

06

천연가스, 메탄올 중의 수소와 공기 중의 산소를 전기화학적으로 반응하여 전기와 열을 생산하는 고효율적인 친환경 발전시스템을 무엇이라고 하는가?

【해답】 **연료전지 발전시스템**

07

열교환기에서 전열량이 결정되어 있을 때 전열면적을 최소화하려면 다음 값들을 어떻게 변화시켜야 하는가?

- 고온유체와 저온유체의 평균온도차 :
- 열통과율 :

암기법 : 교관온면

【해답】 • **평균온도차를 크게 한다.**

• **열통과율을 크게 한다.**

【해설】 • 교환열량 $Q = K \cdot \Delta t_m \cdot A$ 에서, (K : 열통과율, Δt_m : 평균온도차)

전열면적 $A = \dfrac{Q}{K \cdot \Delta t_m} \propto \dfrac{1}{K \cdot \Delta t_m}$

08

탄소(C) 86%, 수소(H_2) 12%, 황(S) 2% 의 조성을 갖는 중유 100 kg 을 표준상태(0℃, 101.325 kPa)에서 완전연소 시킬 때 압력 101.325 kPa, 온도 590 K 에서 연소가스의 체적(m^3)을 구하시오.

【해답】 640.49 m^3

【해설】 • 이 문제에서는 연소로 생성된 "연소가스"만을 지칭했음에 유의해야 한다.

중유 1 kg 의 완전연소로 생성된 연소가스량 G는

$$G = 22.4 \times \left(\frac{C}{12} + \frac{H}{2} + \frac{S}{32}\right) \ Nm^3/kg_{\text{-연료}}$$

$$= 1.867 \times 0.86 + 11.2 \times 0.12 + 0.7 \times 0.02 = 2.96362 \ Nm^3/kg_{\text{-연료}}$$

중유 100 kg 이므로 $G_{총} = 2.96362 \ Nm^3/kg_{\text{-연료}} \times 100 \ kg_{\text{-연료}} = 296.362 \ Nm^3$

보일-샤를 법칙에 따른 표준상태로의 환산 부피 $\dfrac{P_0 V_0}{T_0} = \dfrac{P_1 V_1}{T_1}$ 에 의해,

$$\frac{101.325 \times 296.362}{0 + 273} = \frac{101.325 \times V_1}{590} \qquad \therefore \ V_1 = 640.49 \ m^3$$

09

벽의 두께(ℓ), 열전도율(λ), 열통과율(α_A), 열통과율(α_B) 일 때, 열통과율 K를 구하는 식을 쓰시오.

ℓ

α_A λ α_B

암기법 : 교관온면

【해답】 • 열통과율(또는, 총괄 열전달계수) $K = \dfrac{1}{\dfrac{1}{\alpha_A} + \dfrac{\ell}{\lambda} + \dfrac{1}{\alpha_B}}$

여기서, α_A : 실내측(내면) 열전달계수
α_B : 실외측(외면) 열전달계수
λ : 열전도율(열전도도)
ℓ : 벽의 두께

10

보일러에 설치되는 안전밸브와 방출밸브는 모두 안전을 위해 설치하는 것으로서 설정 압력보다 클 때, 기계적으로 개방되는 것이다. 이 두 밸브의 적용보일러와 분출매체의 관점에서 차이점을 설명하시오.

【해답】 **방출밸브는 온수 발생 보일러의 안전장치 역할을 하며, 분출되는 매체는 온수이다.**
안전밸브는 증기 발생 보일러의 안전장치 역할을 하며, 분출되는 매체는 증기이다.

11

20 bar 증기를 발생하는 보일러의 연속분출수(CBD) 2.2 t/h 가 개방탱크인 집수탱크로 배출되어 재증발증기 및 폐수 형태로 분리되고 있다. 에너지 절감 차원에서 플래쉬 탱크(Flash Tank)를 설치하여 재증발 증기(3 bar)를 탈기기의 가열 열원으로 활용하는 방안으로 연속분출수 열을 폐열로 이용하고자 한다.
아래 표를 참고하여 플래쉬 탱크에서 발생되는 재증발증기량(kg/h)을 구하시오.

절대압력	포화수 엔탈피 (kJ/kg)	포화수 온도 (℃)	증기잠열 (kJ/kg)
20 bar	904.1	221.4	1892.7
3 bar	558.6	132.9	2165.2

2013

【해답】 351.05 kg/h

【해설】 • 재증발증기(w_2)가 얻은 열량 = 분출수(m_1)가 잃은 열량

$$w_2 \cdot R = m_1 \times (H_1 - H_3)$$

$$w_2 \times 2165.2\ \text{kJ/kg} = 2200\ \text{kg/h} \times (904.1 - 558.6)\ \text{kJ/kg}$$

$$\therefore\ w_2 = 351.05\ \text{kg/h}$$

12

다음은 자동제어에 대한 설명은 제어방법에 관한 것이다.

가) 미리 정해진 순서에 따라 제어의 각 단계가 순차적으로 진행되는 제어를 무엇이라고 하는가?

나) 결과(출력)을 원인(입력)쪽으로 되돌려 입력과 출력과의 편차를 계속적으로 수정시키는 제어를 무엇이라고 하는가?

암기법 : 미정순 시쿤둥~

【해답】 가) 시퀀스 제어

나) 피드백 제어 (또는, 되먹임 제어)

13

열매체보일러의 효율 구하는 공식에서 A, B, C 에 알맞은 용어를 쓰시오.

• 보일러효율 = $\frac{A(m^3/h) \times 비중 \times 비열(kJ/kg\cdot℃) \times 열매체\ 입\cdot출구\ 온도차(℃)}{B\ (kg/h)\ \times\ C\ (kJ/kg)}$

암기법 : (효율좋은) 보일러, 사저유

【해답】 A - **단위시간당 열매체사용량**

B - **단위시간당 연료소비량, 또는 단위시간당 연료사용량**

C - **연료의 저위발열량**

【해설】 • 보일러 열효율 = $\frac{Q_s}{Q_{in}}$ = $\frac{유효출열량\ (열매체의\ 흡수열량)}{총입열량}$

$= \frac{C\cdot m\cdot \Delta t}{m_f\cdot H_L}$ 한편, $m(질량) = s\cdot V$ 이므로

$= \frac{V\times s\times C\times(t_{출구} - t_{입구})}{m_f\times H_L}$

여기서, C : 열매체의 비열

s : 열매체의 비중

V : 단위시간당 열매체사용량

14

보일러 화염 또는 용광로의 열을 측정할 때 사용하는 광고온계의 특징을 3가지 쓰시오.

【해답】 ※ **광고온계의 특징**

① 광고온계는 수동측정이므로 측정에 시간의 지연이 있다.

② 광고온계는 비접촉식으로서, 온도계 중에서 가장 높은 온도(700 ~ 3000℃)를 측정할 수 있으며 정도가 가장 높다.

③ 방사온도계보다 방사율에 의한 보정량이 적다.

④ 저온(700 ℃ 이하)의 물체 온도측정은 곤란하다.

(∵ 저온에서는 물체의 발광에너지가 약하기 때문)

【참고】 • 광고온계(光高溫計, Optical Pyrometer)의 원리는 고온의 물체로부터 방사되는 특정 파장(보통은 파장이 0.65 μ인 적외선)의 방사에너지(즉, 휘도)를 표준온도의 고온 물체 방사에너지(전구의 필라멘트 휘도)와 비교하여 온도를 측정한다.

15

보일러에서 공기예열기 사용 시 장점 3가지만 쓰시오.

【해답】 ※ **공**기예열기 설치에 따른 [**장**점]　　**암기법** : 공장, 연료절감 노고, 공비질효

① **연료**를 **절감**할 수 있다.

② **노**내 온도를 **고**온으로 유지 시킬 수 있다.

③ 연소용 공기를 예열함으로써 적은 **공**기**비**로 연료를 완전연소 시킬 수 있다.

④ **질**이 낮은 연료의 연소에도 유리하다.

⑤ 연소효율의 증가로 열**효**율이 증가한다.

【참고】 ※ **공**기예열기 설치에 따른 [**단**점]　　**암기법** : 공단 저(금)통 청부 설마?

① **저**온부식을 일으킬 수 있다. (∵ 배기가스 중의 황산화물에 의해서)

② **통**풍력이 감소된다. (∴ 강제통풍이 요구되기도 한다.)

③ **청**소 및 검사, 보수가 **불**편하다.

④ **설**비비가 비싸다.

⑤ 배기가스 흐름에 대한 **마**찰저항이 증가한다.

2013

2014년 에너지관리산업기사 실기 기출문제 모음

01

가스엔진 소형 열병합 시스템의 장점을 2가지만 쓰시오.

【해답】 ※ **열병합 시스템의 [장점]**

① 가스로 엔진을 구동하여 발전하고 엔진의 냉각수 및 배가스의 폐열을 열교환을 하여 냉방, 난방 및 급탕수로 이용하므로 종합에너지 이용 효율을 80 ~ 90% 까지 향상시킬 수 있다.

② 종합 에너지이용 효율을 높임으로써 화석연료 절감에 따른 온실가스(CO_2) 발생량을 감축할 수 있다.

③ 분산형 전원시스템으로 하절기의 전력피크 시에 안정된 전력수급에 기여 할 수 있다.

④ 원거리 전력송전에 의한 설비비 및 송전 손실비용을 줄일 수 있다.

02

보일러에 설치되는 방폭문의 기능에 대해 간단히 설명하시오.

【해답】 • 기능 : 보일러 연소실 내부에서 미연소가스로 인한 폭발가스를 보일러 밖으로 배출시켜 보일러 내부의 파열을 방지하기 위한 장치로 후부에 설치한다.

03

노재온도가 600℃인 가열로가 있다. 0.5 m × 0.5 m 의 사각 출입구를 열 경우 손실되는 열량(W)을 구하시오. (단, 노재의 방사율 0.38 이며, 실내온도 30℃ 이다.)

【해답】 3083.3 W

【해설】 • 열전달 방법 중 복사(또는, 방사)에 의한 방열 손실열량(Q)은 스테판-볼츠만의 법칙으로 계산된다.

$$Q = \varepsilon \times \sigma (T_1^4 - T_2^4) \times A$$
$$= 0.38 \times 5.67 \times 10^{-8}\ \text{W/m}^2\cdot\text{K}^4 \times [(273+600)^4 - (273+30)^4]\ \text{K}^4 \times (0.5 \times 0.5)\ \text{m}^2$$
$$= 3083.3\ \text{W}$$

여기서, σ : 스테판 볼츠만 상수(5.67×10^{-8} W/m^2·K^4)
ε : 표면 방사율(복사율) 또는 흑도
T_1 : 방열물체의 표면온도(K)
T_2 : 실내온도(K)
A : 방열물체의 표면적(제시없으면 1 m^2)

【참고】 • 스테판 볼츠만 상수 $\sigma = 4.88 \times 10^{-8}$ kcal/m^2·h·K^4

$$= 4.88 \times 10^{-8} \times \frac{kcal \times \frac{4.1868\,kJ}{1\,kcal} \times \frac{10^3\,J}{1\,kJ}}{h \times \frac{3600\sec}{1\,h} \times m^2 \cdot K^4}$$
$$= 5.67 \times 10^{-8}\ \frac{J/\sec}{m^2 \cdot K^4}$$
$$= 5.67 \times 10^{-8}\ \text{W/m}^2\cdot\text{K}^4$$

04

경수연화장치의 사용목적과 재생할 경우 사용되는 일반적인 재생제를 쓰시오.

【해답】 ① 사용목적 : 보일러에 급수되는 용수내의 Ca, Mg 등의 경수성분을 제거하여 연수로 공급하기 위해서 설치한다.
② 재생제 : 소금(NaCl)

05

압력계의 눈금이 50 (빨간눈금)을 지시하고 있다. 이 압력계의 게이지압력(kgf/cm^2)은 얼마인지 구하시오. (단, 대기압은 1 kgf/cm^2 또는 760 mmHg 로 한다.)

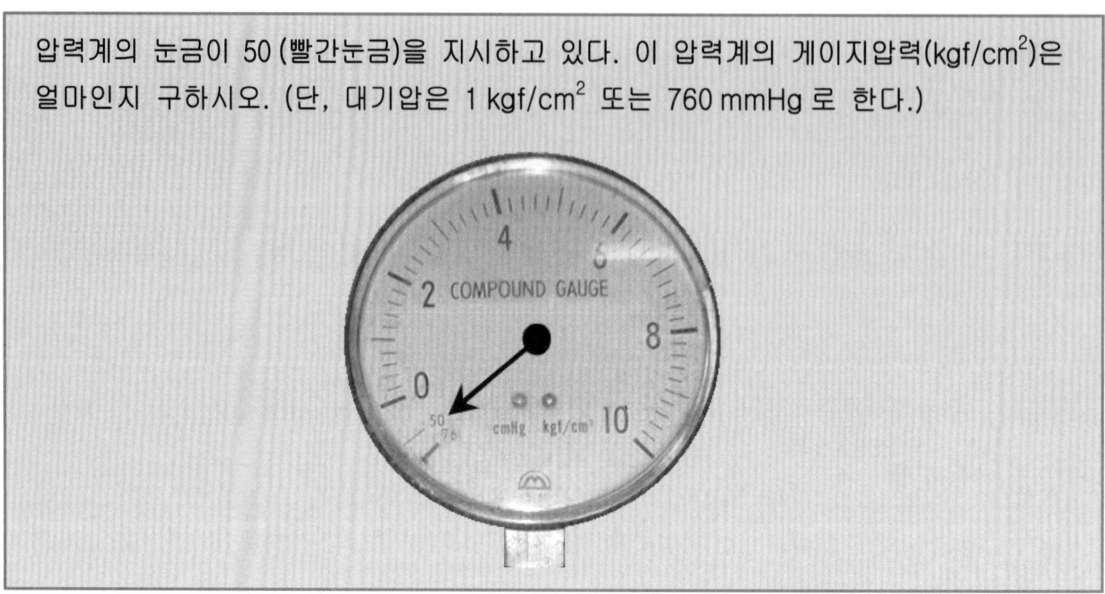

암기법 : 절대계, 절대마진

【해답】 - 0.66 kgf/cm^2

【해설】 그림에서의 게이지압력은 부(-)압인 진공압이므로

$$-\text{게이지 압력} = -\left(50\,cmHg \times \frac{1\,kgf/cm^2}{76\,cmHg}\right) = -0.6578 \fallingdotseq -0.66\ \text{kgf/cm}^2$$

【참고】 • 절대압력 = 대기압 - 진공압

$$= 1\,\text{kgf/cm}^2 - \left(50\,cmHg \times \frac{1\,kgf/cm^2}{76\,cmHg}\right) \fallingdotseq 0.34\,\text{kgf/cm}^2$$

절대압력 = 대기압 + 게이지압

∴ 게이지압 = 절대압력 - 대기압

$$= 0.34\,\text{kgf/cm}^2 - 1\,\text{kgf/cm}^2 = -0.66\ \text{kgf/cm}^2$$

06

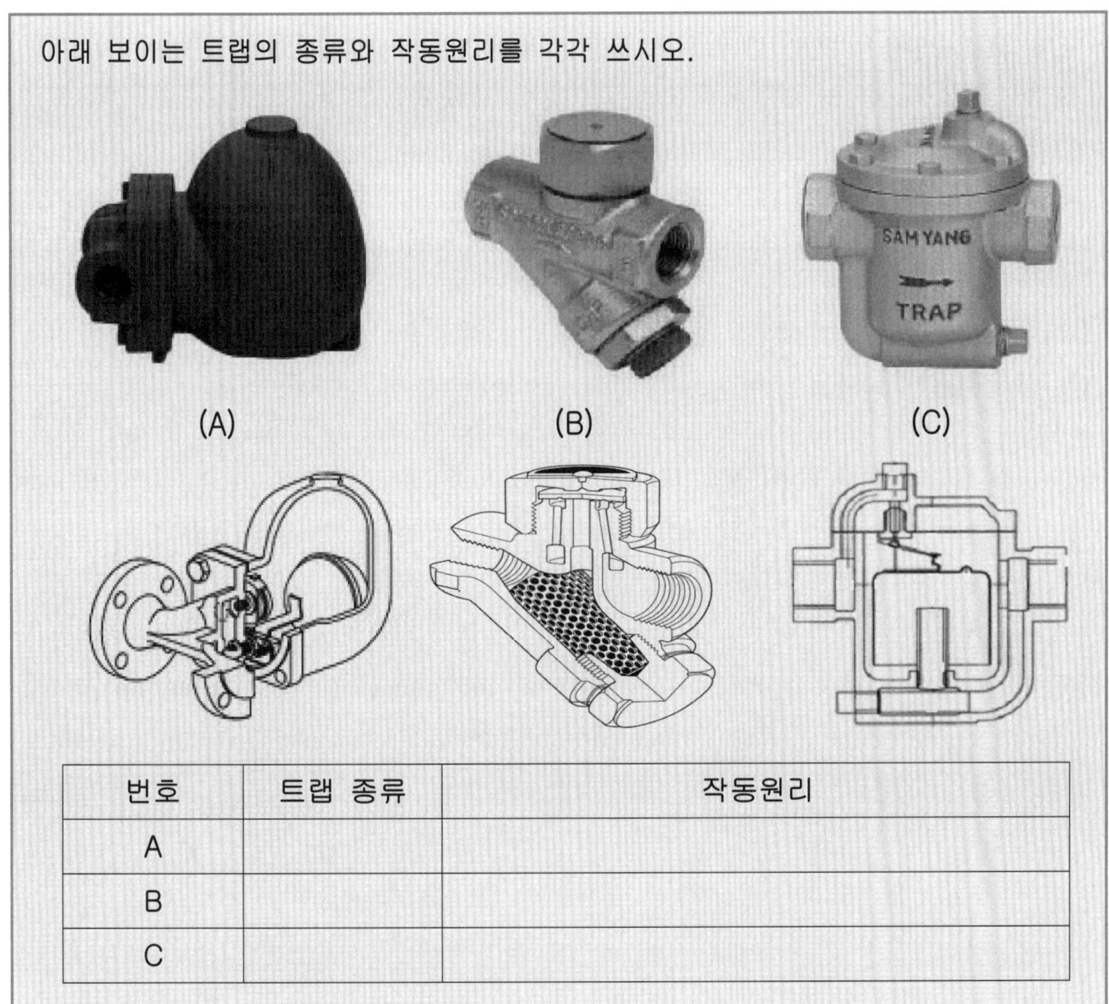

아래 보이는 트랩의 종류와 작동원리를 각각 쓰시오.

번호	트랩 종류	작동원리
A		
B		
C		

【해답】

번호	트랩 종류	작동원리
A	플로트식	증기와 응축수의 비중차를 이용
B	디스크식	증기와 응축수의 열역학적 특성(유속차)을 이용
C	버킷식	증기와 응축수의 비중차를 이용

2014

07

> 내화물에 불균일한 가열 또는 냉각 등으로 발생하는 열팽창의 차에 의해 내화재의 변형과 균열이 생기는 현상을 무엇이라 하며, 내화물이란 SK 몇 번 이상, 온도 몇 ℃ 이상의 내화조건을 가져야 하는지 쓰시오.
>
> ① 현상 :
>
> ② 내화물 : SK는 (　　　)번 이상, 　온도는 (　　　)℃ 이상이어야 한다.

【해답】 ① **스폴링** 　　　② SK **26번** 이상, 온도 **1580** ℃ 이상

【해설】 **암기법** : 내화도 – 독일공업규격에 따른 Seger cone (제게르콘) 26번 이상을 사용온도범위에 따라서 SK 번호로 나타낸다.

26 + 10번 = 36번

36 + 6번 = 42번 --------> 2000 ℃

	↓-40	41
	↓-40	40
	↓-40	39
1850	(중간)	38
빨리 와!~(825)		37

26 : **1580** ℃ ↓+30
27 : **1610** ℃ ↓+20
28 : 1630 ℃(↓+20)씩 증가
29 : 1650
30 : 1670
31 : 1690
32 : 1710
33 : 1730
34 : 1750
35 : 1770
36 : 1790 ℃

37 : 1825 ℃(빨리 와!~)
38 : 1850 ℃
39 : 1880 ℃
40 : 1920 ℃
41 : 1960 ℃
42 : 2000 ℃

【해설】 ※ **내화물의 열적 손상에 따른 현상**

1) **스폴링(Spalling, 박리 또는 박락)** 　　**암기법** : 폴(뽈)차로, 벽균표

- 불균일한 가열 및 급격한 가열·냉각에 의한 심한 온도**차**로 **벽**돌에 **균**열이 생기고 **표**면이 갈라져서 떨어지는 현상

2) 슬래킹(Slaking) **암기법** : 염(암) 수슬

- 마그네시아, 돌로마이트를 포함한 소화(消火)성의 **염**기성 내화벽돌은 수증기의 작용을 받으면 수증기를 흡수하여, 비중변화에 의해 체적팽창을 일으키며 분해가 되어 노벽에 가루모양의 균열이 생기고 떨어져 나가는 현상

3) 버스팅(Bursting) **암기법** : 크~, 롬멜버스

- 크롬을 원료로 하는 염기성 내화벽돌은 1600℃ 이상의 고온에서는 산화철을 흡수하여 표면이 부풀어 오르고 떨어져 나가는 현상

08

냉동기의 COP(성적계수)가 3.7 일 때, 입력되는 전력이 시간당 100 kW 라면 냉방출력은 몇 kJ/h 인가?

【해답】 **냉방출력 : 1332000 kJ/h**

【해설】 • 성적계수 COP = $\frac{Q_2}{W}$

여기서, Q_2 : 냉방능력(또는, 냉방출력)
W : 압축기의 소비동력(또는, 소비전력)

$\therefore\ Q_2$ = COP × W

= 3.7 × 100 kW × $\frac{3600\,kJ/h}{1\,kW}$ = **1332000 kJ/h**

【참고】 • 단위환산 : 1 kW = k × $\frac{1\,J}{1\,\text{sec}}$ = k × $\frac{1\,J}{1\,\text{sec} \times \frac{1\,h}{3600\,\text{sec}}}$ = 3600 kJ/h

09

보일러 용수의 pH가 적정하지 않으면 어떤 현상이 발생하는지 쓰시오.

【해답】 • 보일러 용수의 pH가 적정하지 않으면 기수 순환계통의 각 부에 부식 등의 장애가 발생한다.
그러므로 보일러의 형식과 압력에 따라 적정 pH 를 조정할 필요가 있다.

10

다음은 안전밸브에 대한 설명이다. 각각의 질문에 답하시오.

1) 안전밸브의 작동시험 시, 1개의 밸브가 보일러 최고사용압력 이하에서 작동되도록 설정되어 있다면, 나머지 1개의 밸브는 최고 사용 압력의 몇 배 이하에서 작동될 수 있도록 조정하는지 쓰시오.
2) 점검은 분출 압력의 ( ) % 이상 되었을 때, 1일 1회 이상 행하도록 하는지 쓰시오.

【해답】 1) 작동압력 : 최고사용압력의 (**1.03**) 배의 압력 이하
2) (**75**) %

【참고】
- 안전밸브의 분출압력은 1개일 경우 최고사용압력 이하, 안전밸브가 2개 이상인 경우 그 중 1개는 최고사용압력(1.0배) 이하, 기타는 최고사용압력의 1.03배 이하일 것
- 설치위치는 쉽게 검사할 수 있도록 증기부 상단에 동체에 수직으로 직접 부착해야 하며, 수동에 의한 점검은 분출압력의 75 % 이상 되었을 때 시험레버를 작동시켜 보는 것으로 1일 1회 이상 시행한다.

11

안전밸브를 양정에 따라 4가지로 분류하여 쓰시오.

암기법 : 안양, 고저 전전

【해답】 **고양정식, 저양정식, 전양정식, 전량식**

【참고】
- 설치목적 : 증기보일러에서 증기압력이 규정상용압력 이상으로 높아지면 보일러가 폭발사고 위험이 있으므로 이것을 사전에 방지하기 위하여 설정압력 이상이 되면 자동적으로 밸브를 열어 증기를 분출시켜 과잉압력을 저하시킨다.
- 설치방법 : 안전밸브는 쉽게 검사할 수 있는 곳에 설치해야 하며, 보일러 몸체의 증기부 상단에 직접 부착시키며, 밸브 축을 동체에 수직으로 설치하여야 한다.
- 구비조건 : ① 증기의 누설이 없을 것
② 밸브의 개폐가 자유롭고 신속히 이루어질 것
③ 설정압력 초과시 증기 배출이 충분할 것

12

풍속계로 측정한 지시값이 1 m/s, 24.2℃ 이다. 면적이 1 m^2 일 때 풍량(Nm^3/h) 은 얼마인가? (단, 절대온도는 273 K 이다.)

<계산과정> :

<답> :

【해답】 <계산과정> : $\frac{1\times V_0}{273} = \frac{1\times 3600}{273 + 24.2}$

<답> : 3306.86 Nm^3/h

【해설】 • 풍량의 체적유량 = 면적 × 속도 이므로,

$$\dot{V} = A\cdot v = 1\,m^2 \times 1\,m/sec = 1\,m^3/s \times \frac{3600\,sec}{1h} = 3600\,m^3/h$$

• 기체의 체적(부피)는 고체, 액체와는 달리 온도와 압력 조건에 따라 그 부피변화가 매우 크므로 사용량을 표준상태(0℃, 1기압)에서의 값으로 보정해줘야 한다.

• 보일-샤를의 법칙 공식에 의하면, $\frac{P_0 V_0}{T_0} = \frac{P_1 V_1}{T_1}$

여기서, 0 : 표준상태(0℃, 1기압)의 환산값

1 : 측정값(24.2℃, 1기압)

P : 절대압력

V : 배가스의 체적유량

T : 절대온도(K)

표준상태(0 ℃, 1 기압) → (273.15 K ≒ 273 K, 1 atm)

V_0 : 표준상태로 환산한 체적유량(Nm^3/h)

V_1 : 측정온도에서의 체적유량(m^3/h)

한편, 위 문제에서는 압력에 대한 제시가 없었으므로 대기압을 1 atm 으로 한다.

따라서, $\frac{1\times V_0}{273} = \frac{1\times 3600}{273 + 24.2}$ 에서 ∴ V_0 ≒ 3306.86 Nm^3/h

2014

13

다음은 가스연료 연소 보일러의 구성 장치이다. 각각의 장치들에 대해 설명하시오.

가. 가스차단밸브 (볼밸브)
나. 가스미터 (유량계)
다. 가스여과기 (가스필터)
라. 정압기 (거버너)
마. 가스차단용 전자밸브

【해답】 ※ **가스연료의 연소장치**

가. 가스차단밸브(볼 밸브) : 가스의 공급 및 차단을 위한 장치이다.
나. 가스미터(유량계) : 가스 사용량을 측정하는 계기이다.
다. 가스 여과기(가스필터) : 가스 중에 이물질을 제거시켜 연소상태를 양호하게 한다.
라. 정압기(거버너) : 가스의 공급압력을 감압하여 사용기구에 적당한 압력으로 공급하기 위하여 사용한다.
마. 가스차단용 전자밸브 : 보일러 가동 중 이상압력 상승시 연소실 내로 유입되는 가스를 자동으로 차단시키기 위한 장치이다.

14

오일 서비스탱크의 설치 목적을 4가지만 쓰시오.

【해답】 ※ **오일서비스 탱크의 설치 목적**

① 점도가 높은 중유의 예열(약 65℃ 정도)을 위하여 설치한다.
② 연소용 연료를 임시 저장할 수 있다.
③ 버너에 연료의 공급을 원활하게 한다.
④ 보일러 열효율을 증가시킨다.

15

수관식 보일러의 급수량이 3500 L/h 이고 이 중 45 %는 85℃의 응축수, 나머지는 15℃의 보충수 일 때 아래 물음에 답하시오.

(1) 10 kg/cm^2 의 포화수 온도가 135℃일 때 보일러에 공급되는 급수의 온도는 몇 ℃ 인지 구하시오.

(2) 급수온도가 6 ℃ 상승하면 1 % 의 연료가 절감된다고 가정할 경우에 절감효과(%)를 계산하시오.

암기법 : 큐는 씨암탉

2014

【해답】 • 혼합후의 급수온도를 t 라 두면, 열량보존 법칙에 의하여

$$\text{응축수가 잃은 열량}(Q_1) = \text{보충수가 얻은 열량}(Q_2)$$

$$C \cdot m_1 \cdot \Delta t_1 = C \cdot m_2 \cdot \Delta t_2$$

$$C \cdot m_1 \cdot (t_1 - t) = C \cdot m_2 \cdot (t - t_2)$$

$$3500 \times 0.45 \times (85 - t) = 3500 \times 0.55 \times (t - 15)$$

이제, 네이버에 있는 에너지아카데미 카페(주소 : cafe.naver.com/2000toe)의 "방정식 계산기 사용법"으로 t를 미지수 x로 놓고 입력해 주면

∴ 응축수 회수에 따른 급수의 온도 t = **46.5 ℃**

∴ 응축수 회수에 따른 급수온도 상승 = 회수 후 급수온도 - 회수 전 급수온도
= 46.5℃ - 15℃
= 31.5℃ 이므로

따라서, 연료절감율 = $\frac{1\,\%}{6\,℃} \times 31.5℃$ = **5.25 %**

【참고】 ※ **연료 절감시 착안사항**

착안사항	개선효과
연소용 공기온도 상승	20 ℃ 상승시 연료 1 % 절감
보일러 급수온도 상승	6 ℃ 상승시 연료 1 % 절감
배기가스 폐열 회수 (배가스 온도 하강)	25 ℃ 하강시 연료 1 % 절감
적정 공기비 조정	0.1 낮추면 연료 1 % 절감
증기건도 상승	1 % 상승시 연료 0.8 % 절감
스케일 제거	1 mm 제거시 연료 2.2 % 절감
전열면 그을음 제거	0.5 mm 제거시 연료 1.5 % 절감
보일러 효율 향상	효율 1 % 향상시 온실가스 1.3 % 감소

16

외경 30 mm 인 파이프에 두께 15 mm 의 보온피복재를 감아 시공한 증기관이 있다. 관 표면온도는 100 ℃ 이고, 보온재 표면온도는 20 ℃ 이며, 증기관의 길이는 15 m 일 때, 보온 후의 손실열량(kJ/h)을 계산하시오.
(단, 보온재의 열전도율은 0.21 kJ/m·h·℃ 이다.)

암기법 : 손전온면$_m$두

【해답】 <계산과정> : $\dfrac{0.21 \times (100 - 20) \times 2\pi \times 15}{\ln\left(\dfrac{0.03}{0.015}\right)}$

<답> : **2284.31 kJ/h**

【해설】 배관 외경의 반지름 r_1 = 15 mm = 0.015 m
보온재 피복의 두께 d = 15 mm = 0.015 m
보온재 피복후 표면까지의 반지름 $r_2 = r_1 + d = 0.03$ m
증기배관의 길이 l = 15 m
증기배관 표면온도 t_1 = 100 ℃
보온재 표면온도 t_2 = 20 ℃
보온재의 열전도율 λ = 0.21 kJ/m·h·℃
보온피복 후 보온재 표면에서의 손실열량 Q = ? kJ/h

- 손실열 $Q = \dfrac{\lambda \cdot \Delta t \cdot A_m}{d}$

$$= \frac{\lambda \cdot \Delta t}{(r_2 - r_1)} \times \frac{2\pi l \times (r_2 - r_1)}{\ln\left(\dfrac{r_2}{r_1}\right)}$$

$$= \frac{\lambda \cdot \Delta t \cdot 2\pi l}{\ln\left(\dfrac{r_2}{r_1}\right)}$$

$$= \frac{0.21 \times (100 - 20) \times 2\pi \times 15}{\ln\left(\dfrac{0.03}{0.015}\right)}$$

= **2284.31 kJ/h**

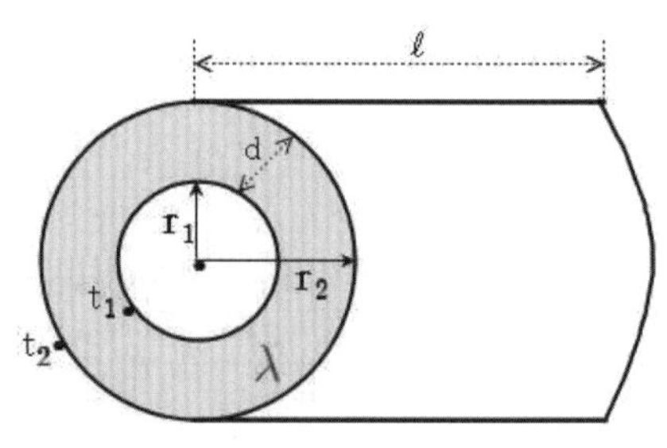

17

여과기(스트레이너)의 설치 목적에 대해 간단히 설명하시오.

【해답】 • 목적 : 내부의 여과망에서 유류 속에 포함되어 있는 고체의 이물질을 제거 해줌으로써 유량계가 막히는 것을 방지한다.

【해설】 • 유량계 바로 앞에는 여과기(스트레이너)를 반드시 설치하여야 한다.

18

보일러 연소실 내 그을음은 상온에서의 열전도율이 얼마인지 쓰시오.

암기법 : 구알철물고공

【해답】 0.1 kcal/m·h·℃

【해설】 **※ 주요 재료의 상온에서 열전도율(kcal/m·h·℃) : 고체 〉 액체 〉 기체**

재료	열전도율	재료	열전도율	재료	열전도율
은	360	스케일	2	고무	0.137
구리	340	콘크리트	1.2	그을음	0.1
알루미늄	175	유리	0.8	공기	0.022
니켈	50	물	0.5	일산화탄소	0.020
철	40	수소	0.153	이산화탄소	0.013

19

아래에 주어진 압력기준 증기표를 이용하여 온도 218℃의 습증기를 교축하여 압력 1.5 kg/cm²·abs 로 감압시켰더니 온도가 111℃ 가 되었다면, 218℃에서 포화수의 엔탈피(kJ/kg)를 구하시오. (단, 1.5 kg/cm²·abs , 111℃ 에서의 증기 엔탈피는 2692 kJ/kg 이다.)

압력 (kg/cm²·abs)	온도 (℃)	포화수 엔탈피(kJ/kg)	포화증기 엔탈피(kJ/kg)
20	211.38	903.59	2798.88
22	216.23	925.76	2800.55
24	220.75	946.76	2802.23

【해답】 <계산과정> $925.76 + \dfrac{946.76 - 925.76}{220.75 - 216.23} \times (218 - 216.23)$

<답> **933.98 kJ/kg**

【해설】 218℃ 에서의 포화수 엔탈피(h_1) 값은 보간법을 써서 구해야 한다.

$$h_1 = 925.76 + \frac{946.76 - 925.76}{220.75 - 216.23} \times (218 - 216.23)$$

$\fallingdotseq$ **933.98 kJ/kg**

【추가】 위 문제에서 교축 전인 218℃ 에서의 증기의 건도를 계산하여 보자.
218℃ 에서의 포화증기 엔탈피(h_2) 값은 보간법을 써서 구해야 한다.

$$h_2 = 2800.55 + \frac{2802.23 - 2800.55}{220.75 - 216.23} \times (218 - 216.23)$$

$\fallingdotseq$ 2801.21 kJ/kg

습증기의 엔탈피 공식 $h_x = h_1 + x(h_2 - h_1)$ 에서

$$2692 = 933.98 + x(2801.21 - 933.98)$$

∴ 교축 전의 증기건도 x = 0.9415 ≒ **0.94** 또는 **94 %**

【참고】 **보간법** (또는, 내삽법) 이란?

- 도표를 사용하는 경우에 주어진 2개 이상의 변수 x_1, x_2 의 값들이 알려져 있을 때 그 사이의 임의의 x 에 대한 함수값을 구할 때 보간공식을 사용한다.

• 보간공식 : $y = y_1 + \dfrac{x - x_1}{x_2 - x_1} \times (y_2 - y_1)$

2015년 에너지관리산업기사 실기 기출문제 모음

01

A공장은 시간당 용량 5 톤, 최고사용압력 7 kgf/cm^2, 열효율 87.5 %의 노통연관식 보일러 2대에서 벙커 C유를 6370 kL를 사용하였다.
또한, 400 kW의 디젤 발전기 1대를 보유하고 있는데 작년에 860 MWh를 발전하여 경유 190 kL를 사용하였고, 한전에서 6780 MWh를 수전받았다. A공장의 에너지 사용 및 설비현황을 아래 양식에 따라 빈칸을 작성하시오.
(단, 석유환산계수(toe)는 벙커C유 : 0.99, 경유 : 0.92
유연탄 : 0.66, 전기 : 0.25 를 적용한다.)

설비명	형식	용량	대수	에너지 사용량(toe)
보일러	노통연관식	①	②	③
발전기	디젤	④	⑤	⑥

【해답】

설비명	형식	용량	대수	에너지 사용량(toe)
보일러	노통연관식	5톤/h	2	6306.3
발전기	디젤	400 kW	1	174.8

③ 노통연관식 보일러의 에너지 사용량 : 6370 kL × 0.99 toe/kL = **6306.3 toe**

⑥ 디젤발전기의 에너지 사용량 : 190 kL × 0.92 toe/kL = **174.8 toe**

【참고】 • 에너지총계 = 연료 + 전력

= (6306.3 toe + 174.8 toe) + 6780 MWh × 0.25 toe/MWh

= 6481.1 toe + 1695 toe = **8176.1 toe**

2015

02

에너지 사용에 따른 지구 온난화 현상에 가장 많은 영향을 미치는 온실가스를 화학식으로 쓰시오.

【해답】 CO_2 (이산화탄소)

03

그림에 보이는 유량계의 명칭을 쓰고, 괄호에 알맞은 말을 쓰시오.

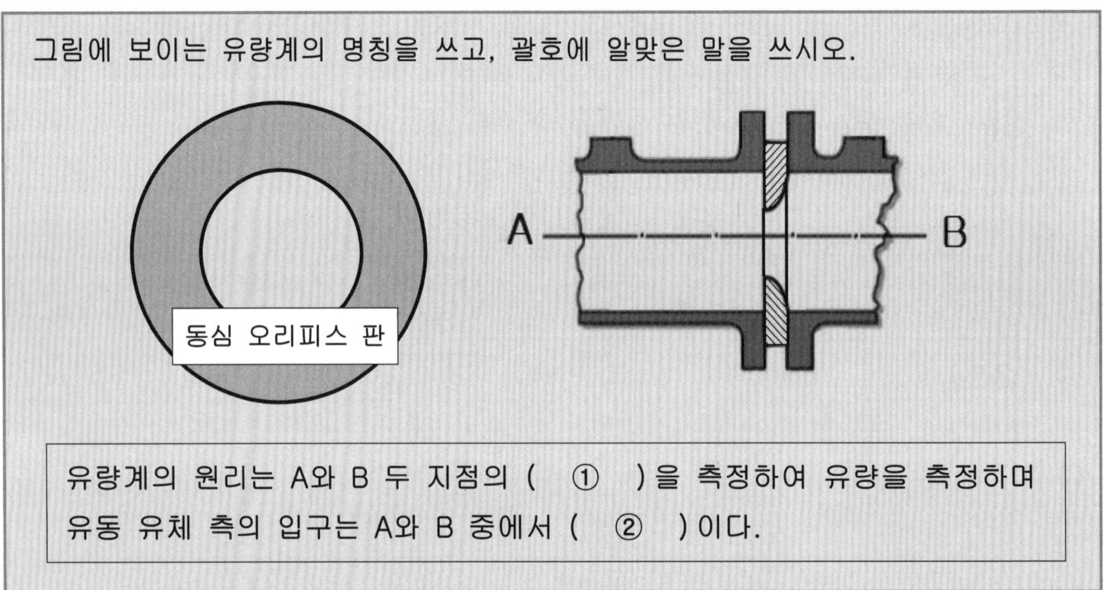

유량계의 원리는 A와 B 두 지점의 (①)을 측정하여 유량을 측정하며 유동 유체 측의 입구는 A와 B 중에서 (②) 이다.

【해답】 • 명칭 : **오리피스 유량계**

• 괄호 : ① **차압**, ② A

【해설】 위 그림에서 빗금 친 부분이 유체를 분출시키는 구멍인 오리피스 단면이다. A쪽보다 B쪽으로 확장되어 있으므로 유체가 흐르는 방향은 A → B 이다.

04

에너지를 절약할 대상설비에 ESCO (Energy Service Company)를 이용하였을 때 나타나는 효과를 간단히 쓰시오.

<ESCO 성과배분 개념도>

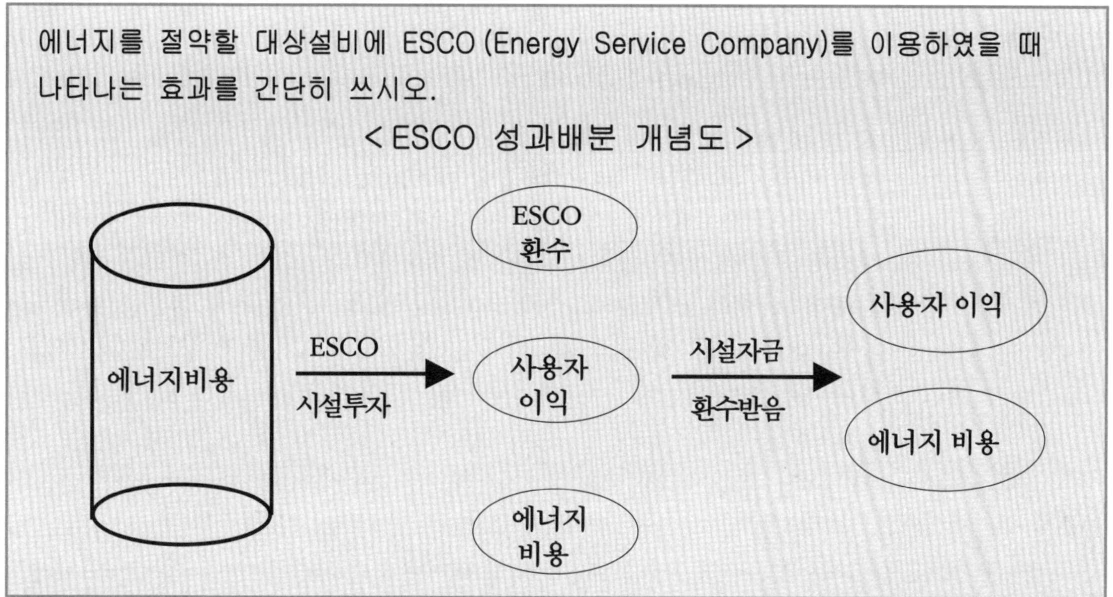

【해답】 에너지절약 대상설비에 ESCO사업(절약시설의 투자)으로 인하여 달성되는 에너지절감 비용에서 투자비를 환수하고, 에너지 비용의 절감 및 온실가스 감축에도 기여한다.

【해설】 ※ **에너지절약전문기업(ESCO, 에스코 사업) 제도의 계약방식**

① 성과배분 계약 : ESCO가 에너지사용자의 대상 사업장을 대신하여 자금을 융자해주거나 조달해주고, 에너지사용자의 절감액을 배분해 나누어 가지는 방식이다.

② 성과보증 계약 : 에너지사용자가 투자재원을 조달하고 ESCO는 제시하는 사업의 성과만 보증하는 방식이다.

05

여과기(스트레이너)의 설치 목적에 대해 간단히 설명하시오.

【해답】 • 목적 : 내부의 여과망에서 유류 속에 포함되어 있는 고체의 이물질을 제거해줌으로써 유량계가 막히는 것을 방지한다.

【해설】 • 유량계 바로 앞에는 여과기(스트레이너)를 반드시 설치하여야 한다.

06

감압밸브의 기능에 대해 설명하시오.

【해답】 • 기능 : 증기사용설비에서 이용하는 열은 주로 잠열이며 따라서 저압증기로 감압을 하면 이용 가능 열량인 증발잠열이 증가하여 증기사용량이 감소하여 보일러에서 공급되는 증기사용량을 절약할 수 있으며, 고압의 증기는 비체적이 적기 때문에 구경이 작은 배관으로 증기를 수송하여 부하설비 가까이에서 저압으로 감압하여 구경이 큰 배관으로 시공할 수 있으므로 배관비용을 절감할 수 있다. 또한, 솔레노이드 및 온도조절밸브 등을 추가로 설치하여 감압기능 외에도 온도조절 기능 및 원격으로 On - Off 할 수 있는 기능도 추가 할 수 있다.

07

어느 공장에서의 제품 생산능력은 9,597,000 톤/년이며 완제품을 생산하여 판매한 제품 생산량은 5,392,500 톤/년이다. 연간 에너지 사용량은 B-C 유 : 7,426,000 L/년, 경유 : 188,500 L/년, 전력 : 4,347,000 kWh/년을 소비한다. (단, 에너지환산계수는 B-C 유는 0.99 kg/L, 경유는 0.92 kg/L, 전력은 0.25 kg/kWh 이다.)

위 조건에서 제품 톤당 생산시 소요되는 에너지원단위(KOE/톤)를 계산하시오.

【해답】 <계산과정> : $\dfrac{8{,}611{,}910\ \ KOE/\text{년}}{5{,}392{,}500\ \ \text{톤}/\text{년}}$

<답> : 1.60 KOE/톤

【해설】 • 에너지 = 연료 + 전기 이므로,

연간 에너지사용량 = (7,426,000 L/년 × 0.99 kg/L)
+ (188,500 L/년 × 0.92 kg/L)
+ (4,347,000 kWh/년 × 0.25 kg/kWh)
= 8,611,910 kg(OE)/년

$$\therefore \text{에너지 원단위} = \frac{\text{년간 에너지사용량}}{\text{년간 완제품 생산량}} = \frac{8{,}611{,}910\ \ kgOE/\text{년}}{5{,}392{,}500\ \ \ \text{톤}/\text{년}}$$

= 1.597 kgOE/톤

≒ 1.60 KOE/톤

08

다음은 자동제어에 대한 설명은 제어방법에 관한 것이다.

가) 미리 정해진 순서에 따라 제어의 각 단계가 순차적으로 진행되는 제어를 무엇이라고 하는가?

나) 결과(출력)을 원인(입력)쪽으로 되돌려 입력과 출력과의 편차를 계속적으로 수정시키는 제어를 무엇이라고 하는가?

암기법 : 미정순 시쿤둥~

【해답】 **가) 시퀀스 제어**

나) 피드백 제어 (또는, 되먹임 제어)

09

보일러 버너 부속장치 중 하나인 화염검출기의 주 기능을 쓰시오.

【해답】 • 기능 : 연소실 내의 화염의 유무를 검출하여 연소상태를 감시하고, 이상 화염 시에는 연료차단용 전자밸브에 신호를 보내서 연료공급밸브를 차단시켜, 연소실내로 들어오는 연료를 차단시켜 보일러의 운전을 정지시킨다.

【참고】 ※ **화염검출기의 종류**

- 플레임 아이, 플레임 로드, 스택 스위치

10

회전분무식 버너의 특징을 3가지만 쓰시오.

암기법 : 버너회사는 설에 자유다(多)

【해답】 • 특징 : ㉠ **설**비가 간단하다.

㉡ **자**동제어가 편리하다.

㉢ **유**량조절범위가 넓다.

2015

11

보일러의 배기가스 손실열을 측정하기 위해서 계측하여야 할 측정 항목을 2가지만 쓰시오.

【해답】 ① 배기가스의 온도 측정
② 배기가스 중 산소의 농도 측정
③ 배기가스 중 이산화탄소의 농도 측정
④ 배기가스의 시료 채취
⑤ 배기가스의 성분 분석

【해설】 • 배기가스 손실열(Q_g) **암기법** : 배,씨배터

$$Q_g = C_g \cdot G \cdot \Delta t$$
$$= C_g \cdot G \cdot (t_g - t_0)$$

여기서, C_g : 배기가스의 평균비열
G : 단위연료당 실제배기가스량($G = G_0 + (m - 1)A_0$)
t_g : 배기가스 온도 또는 보일러동체 출구온도
t_0 : 외기온도

12

소각설비에 집진장치를 사용 시 기대효과를 3가지 쓰시오.

【해답】 ① 소각로 배출가스 중의 유해가스를 환경 기준치 이하로 제거할 수 있다.
② 산업공정에서 발생하는 먼지를 제거할 수 있다.
③ 도시의 대기환경을 보전할 수 있다.

【참고】 ※ **집진장치의 분류와 형식**
- 건식 집진장치 : 중력식, 원심력식, 관성력식, 여과식(백필터식), 음파식
- 습식 집진장치 : 유수식, 가압수식, 회전식
- 전기식 집진장치 : 코트렐식

13

연돌의 높이가 80 m, 배기가스의 평균온도 230℃, 외기온도 20℃ 이고, 표준상태에서 대기의 비중량은 1.29 kg/m^3, 배기가스의 비중량은 1.32 kg/m^3 일 때, 연돌의 통풍력(mmH_2O)을 구하시오.

【해답】 <계산과정> : $273 \times 80 \times \left(\frac{1.29}{273+20} - \frac{1.32}{273+230}\right)$

<답> : 38.84 mmH_2O

【해설】 표준상태(0℃, 1기압)에서 외기와 배기가스의 온도, 비중량이 각각 제시된 경우, 외기와 배기가스의 온도차 및 비중량차에 의한 계산은 다음의 공식으로 구한다.

- 이론통풍력 $Z\,[mmH_2O] = 273 \times h\,[m] \times \left(\frac{\gamma_a}{273+t_a} - \frac{\gamma_g}{273+t_g}\right)$

비중량 $\gamma = \rho \cdot g$ 의 단위를 공학에서는 [kgf/m^3] 또는 [kg/m^3] 으로 표현한다.

$$= 273 \times 80 \times \left(\frac{1.29}{273+20} - \frac{1.32}{273+230}\right)$$

$$≒ 38.84\,[mmH_2O = mmAq = kgf/m^2]$$

2015

14

자동제어의 설계 시 주의해야 할 사항을 3가지만 쓰시오.

암기법 : 안경신 보제

【해답】 ① 시스템의 성능에 따른 **안**정성

② **경**제성을 고려하여 적합한 설계방법을 선정한다.

③ 시스템의 사용범위에 따른 **신**뢰성

④ **보**수 및 관리가 용이해야 한다.

⑤ 환경조건(온도, 습도 등)에 따른 **제**한사항을 충분히 고려해야 한다.

15

플랜지 이음의 설치목적에 대해 간단하게 쓰시오.

【해답】 • 설치목적 : 배관의 조립 및 수리 시에 교체를 쉽게 하고자 볼트와 너트를 이용하여 접합시키는 방식으로서, 열팽창에 따른 신축을 흡수할 수 있다.

16

배관 내 바이패스 회로를 설치하는 목적에 대해 간단히 쓰시오.

암기법 : 바, 유감트

【해답】 • 목적 : 계기(**유**량계, **감**압밸브, 증기**트**랩)의 장치를 점검, 수리, 고장 시 유체를 원활히 공급하기 위하여 설치한다.

【해설】 • 유량계, 감압밸브, 증기트랩에는 반드시 바이패스 배관을 설치하여야 한다.

17

수관식 보일러 내부에 설치된 수냉벽의 장점을 3가지 쓰시오.

【해답】 ① 전열면적의 증가로 연소실의 열부하를 높여 보일러 효율이 증가한다.
② 내화물인 노벽의 과열을 방지할 수 있다.
③ 노벽의 지주 역할도 하여 노벽의 중량을 감소시킨다.
④ 노벽 내화물의 수명이 길어진다.

【참고】 ※ **수냉벽(water wall) 또는, 수냉 노벽**

- 수관식 보일러에서 수관을 직관 또는 곡관으로 하여 연소실 주위에 마치 울타리 모양으로 배치하여 연소실 내벽을 형성하고 있는 수관군을 말한다. 수냉벽의 설치는 노벽의 지주 역할도 하며, 수냉관으로 하여금 복사열을 흡수시켜 복사에 의한 열손실을 줄일 수 있으며, 전열면적의 증가로 전열효율이 상승하여 보일러 효율이 높아진다. 또한, 내화물인 노벽이 과열되어 손상(연화 및 변형)되는 것을 방지할 수 있어 노벽 내화물의 수명이 길어진다.

18

보일러에 부착된 스케일의 상온에서의 열전도율과 스케일이 보일러에 끼치는 악영향에 대하여 3가지만 쓰시오.

【해답】 1) 열전도율 : 2 kcal/m·h·℃

2) 악영향 : ㉠ 스케일은 열전도의 방해물질이므로 열전도율이 감소된다.

㉡ 보일러 열효율이 저하된다.

㉢ 배기가스의 온도가 높아진다.

㉣ 연료소비량이 많아진다.

【참고】 ※ **주요 재료의 상온에서 열전도율(kcal/m·h·℃) : 고체 〉 액체 〉 기체**

재료	열전도율	재료	열전도율	재료	열전도율
은	360	스케일	2	고무	0.137
구리	340	콘크리트	1.2	그을음	0.1
알루미늄	175	유리	0.8	공기	0.022
니켈	50	물	0.5	일산화탄소	0.020
철	40	수소	0.153	이산화탄소	0.013

2016년 에너지관리산업기사 실기 기출문제 모음

01

산업 현장에서 쓰이는 용접 종류를 3가지만 쓰시오.

암기법 : 용알가전

【해답】 **알곤용접,　전기용접,　가스용접**

【해설】
- 알곤용접 : 아르곤가스를 이용
- 전기용접(아크용접) : 전기불꽃을 이용
- 가스용접(산소용접) : 산소-아세틸렌 혼합가스를 이용

02

냉동기의 COP(성적계수)가 3.7 일 때, 입력되는 전력이 시간당 100 kW 라면 냉방출력은 몇 kJ/h 인가?

【해답】 **냉방출력 : 1332000 kJ/h**

【해설】
- 성적계수 COP = $\frac{Q_2}{W}$

　　여기서, Q_2 : 냉방능력(또는, 냉방출력)
　　　　　W : 압축기의 소비동력(또는, 소비전력)

$\therefore\ Q_2$ = COP × W

= 3.7 × 100 kW × $\frac{3600\,kJ/h}{1\,kW}$ = **1332000 kJ/h**

【참고】
- 단위환산 : 1 kW = k × $\frac{1\,J}{1\sec}$ = k × $\frac{1\,J}{1\sec \times \frac{1\,h}{3600\sec}}$ = 3600 kJ/h

03

열전대 온도계의 측정원리에 대해 간단히 설명하시오.

【해답】 • 측정원리 : 열전대 온도계는 2개의 서로 다른 열전쌍(Thermo couple) 재질의 금속선의 양단을 접합하고, 두 접점 사이의 온도차에 따라 발생되는 열기전력을 측정하여 온도를 계측하는 온도계로서, 냉접점의 기준 온도는 0℃로 유지한다.

04

아래 버킷식 트랩에 대한 질문에 각각 답하시오.

가) 버킷식 트랩의 작동원리는 어떤 힘을 이용하여 개폐하는지 쓰시오.
나) 버킷식 트랩의 형식상 종류 3가지 쓰시오.

【해답】 가) 부력
나) 상향 버킷식, 하향 버킷식, 프리볼 버킷식

05

노통연관보일러가 100% 메탄가스를 시간당 100 Nm^3 을 연소하고 있다. 이 보일러의 공기비를 1.2 로 연소시킬 경우 연소에 필요한 공기량은 시간당 약 몇 Nm^3 이 되어야 하는지 구하시오.

【해답】 1142.86 Nm^3/h

【해설】 • 기체의 완전연소반응식 $C_mH_n + (m + \frac{n}{4})O_2 \rightarrow mCO_2 + \frac{n}{2}H_2O$

CH_4 + $2O_2$ → CO_2 + $2H_2O$ 에서,
(1 kmol) (2 kmol) 한편, 몰수비는 체적비이므로
(1 Nm^3) (2 Nm^3)
100 Nm^3/h 200 Nm^3/h

• 실제소요공기량 $A = m \cdot A_0 = m \times \frac{O_0}{0.21} = 1.2 \times \frac{200\ Nm^3/h}{0.21}$

$\fallingdotseq$ 1142.86 Nm^3/h

06

아래 그림은 유량을 자동 조절하기 위해 사용되는 밸브이다. 이 밸브의 명칭과 특징을 2가지만 쓰시오.

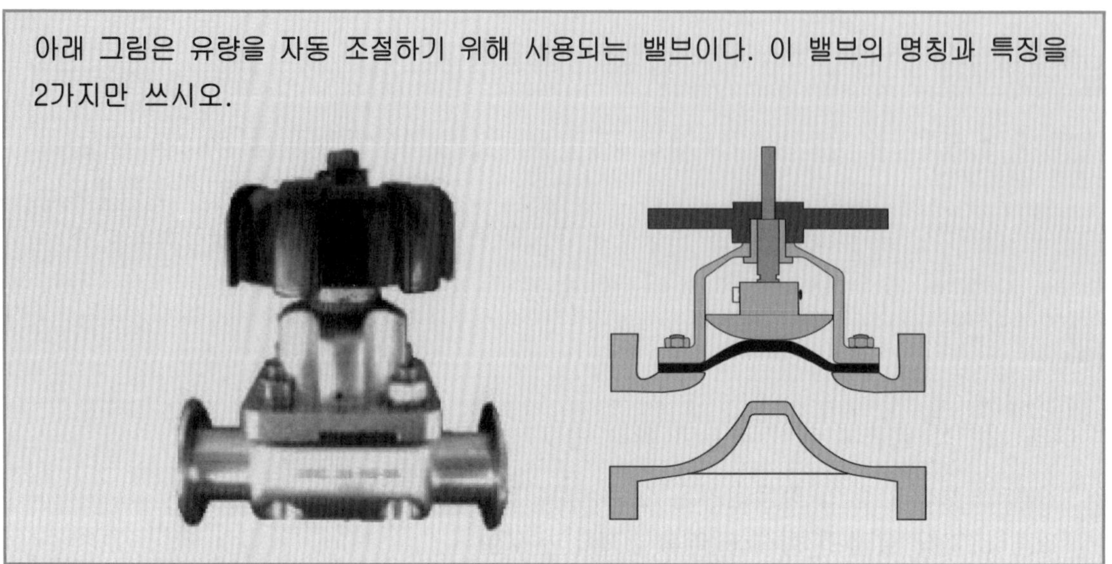

【해답】 • 명칭 : 다이어프램(Diaphragm) 조절밸브

• 특징 : ㉠ 내열, 내약품 고무제의 막판(膜板)을 밸브시트에 밀어붙여서 유량을 조절하는 구조로 되어 있는 특수밸브의 일종이다.

㉡ 기밀을 유지하기 위한 패킹이 불필요하다.

㉢ 화학약품을 차단하여 금속부분의 부식을 방지한다.

㉣ 금속부분이 부식될 염려가 없으므로 화학약품의 관로(管路)에 주로 사용한다.

㉤ 유체의 흐름에 주는 저항이 작다.

【해설】 ※ **다이어프램(Diaphragm) 조절밸브**

- 머리쪽에 금속이나 고무로 만든 다이어프램이 있는 방으로 압축공기압 소정량을 제어지시에 따라 보내게 되면, 다이어프램을 움직여 밸브 로드를 통과하여 밸브가 개폐되고 유체의 유량 조절을 자동으로 제어 가능하게 된다.

07

오벌(Oval, 타원형 기어)식 유량계에 대해 설명하시오.

【해답】 ※ **오벌(Oval, 타원형 기어)식 유량계**

- 원형의 케이싱 내에 2개의 타원형 치차(齒車, 톱니바퀴, 기어) 회전자가 액체의 유입 측과 유출 측의 차압에 의해 회전한다. 1회전마다 일정량을 통과시키므로 그 회전수에 따라서 체적유량이 측정된다.
  설치가 간단하고 내구력이 우수하며 2개의 치차가 서로 맞물려 도는 것을 이용하므로 비교적 측정정도(精度)가 높다.
  구조상, 액체에만 측정할 수 있으며 기체의 유량 측정은 불가능하다.

08

보일러 손상 현상 중 열응력에 의해서 내화벽돌이나 캐스터블이 균열을 일으킨다든가, 쪼개어지는 등 변형되어 손상되는 현상을 무엇이라고 하는지 쓰시오.

【해답】 **스폴링(Spalling)**

【참고】 ※ **내화물의 열적 손상에 따른 현상**

1) **스폴링(Spalling, 박리 또는 박락)** 암기법 : 폴(뽈)차로, 벽균표
   - 불균일한 가열 및 급격한 가열·냉각에 의한 심한 온도차로 벽돌에 균열이 생기고 표면이 갈라져서 떨어지는 현상
2) **슬래킹(Slaking)** 암기법 : 염(암) 수슬
   - 마그네시아, 돌로마이트를 포함한 소화(消火)성의 염기성 내화벽돌은 수증기의 작용을 받으면 수증기를 흡수하여, 비중변화에 의해 체적팽창을 일으키며 분해가 되어 노벽에 가루모양의 균열이 생기고 떨어져 나가는 현상
3) **버스팅(Bursting)** 암기법 : 크~, 롬멜버스
   - 크롬을 원료로 하는 염기성 내화벽돌은 1600℃ 이상의 고온에서는 산화철을 흡수하여 표면이 부풀어 오르고 떨어져 나가는 현상

2016

09

자동제어의 설계 시 주의해야 할 사항을 3가지만 쓰시오.

암기법 : 안경신 보제

【해답】 ① 시스템의 성능에 따른 **안정성**

② **경**제성을 고려하여 적합한 설계방법을 선정한다.

③ 시스템의 사용범위에 따른 **신**뢰성

④ **보**수 및 관리가 용이해야 한다.

⑤ 환경조건(온도, 습도 등)에 따른 **제**한사항을 충분히 고려해야 한다.

10

보일러에 부착된 스케일의 상온에서의 열전도율과 스케일이 보일러에 끼치는 악영향에 대하여 3가지만 쓰시오.

【해답】 1) 열전도율 : **2 kcal/m·h·℃**

2) 악영향 : ㉠ 스케일은 열전도의 방해물질이므로 열전도율이 감소된다.

㉡ 보일러 열효율이 저하된다.

㉢ 배기가스의 온도가 높아진다.

㉣ 연료소비량이 많아진다.

【참고】 **※ 주요 재료의 상온에서 열전도율(kcal/m·h·℃) : 고체 〉 액체 〉 기체**

재료	열전도율	재료	열전도율	재료	열전도율
은	360	스케일	**2**	**고무**	0.137
구리	340	콘크리트	1.2	그을음	0.1
알루미늄	175	유리	0.8	**공기**	0.022
니켈	50	**물**	0.5	일산화탄소	0.020
철	40	수소	0.153	이산화탄소	0.013

11

보일러에서 사용되는 방폭문의 기능에 대해 간단히 설명하시오.

【해답】 • 기능 : 보일러 연소실 내부에서 미연소가스로 인한 폭발가스를 보일러 밖으로 배출시켜 보일러 내부의 파열을 방지하기 위한 장치로 후부에 설치한다.

12

그림은 시료가스를 각각 특정한 용액에 흡수시켜서 흡수 전·후의 가스 체적의 차이에서 흡수된 양을 측정하여 가스의 성분을 분석하는 오르사트 가스분석 장치이다.

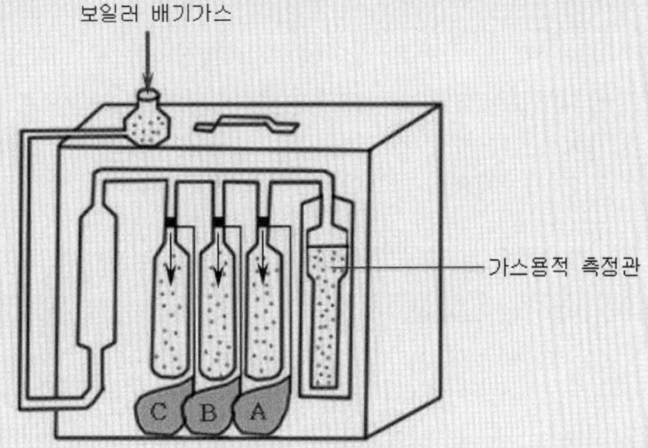

이 장치로 측정 가능한 배기가스 중에 함유되어 있는 가스의 성분을 측정되는 순서대로 쓰시오.

암기법 : 이→산→일

【해답】 A - **일산화탄소(CO)**, B - **산소(O_2)**, C - **이산화탄소(CO_2)**

【해설】 • 오르사트 가스분석기 : 이(CO_2) → 산(O_2) → 일(CO)의 순서대로 선택적으로 흡수하여 분리시킨다.

• 흡수액 : CO_2 - 수산화칼륨(KOH) 30% 용액
O_2 - 알칼리성 피로가롤 용액
CO - 암모니아성 염화제일구리 용액

2016

13

정류탑 설비는 물질의 어떤 물성(특성)을 이용하여 분리하는 장치인지 쓰시오.

【해답】 **끓는점 차이** (또는, **비등점 차이**)

14

안전밸브를 양정에 따라 4가지로 분류하여 쓰시오.

암기법 : 안양, 고저 전전

【해답】 **고양정식, 저양정식, 전양정식, 전량식**

【참고】 • 설치목적 : 증기보일러에서 증기압력이 규정상용압력 이상으로 높아지면 보일러가 폭발사고 위험이 있으므로 이것을 사전에 방지하기 위하여 설정압력 이상이 되면 자동적으로 밸브를 열어 증기를 분출시켜 과잉압력을 저하시킨다.
• 설치방법 : 안전밸브는 쉽게 검사할 수 있는 곳에 설치해야 하며, 보일러 몸체의 증기부 상단에 직접 부착시키며, 밸브 축을 동체에 수직으로 설치하여야 한다.
• 구비조건 : ① 증기의 누설이 없을 것
② 밸브의 개폐가 자유롭고 신속히 이루어질 것
③ 설정압력 초과시 증기 배출이 충분할 것

15

다음은 자동제어에 대한 설명은 제어방법에 관한 것이다.

가) 미리 정해진 순서에 따라 제어의 각 단계가 순차적으로 진행되는 제어를 무엇이라고 하는가?

나) 결과(출력)을 원인(입력)쪽으로 되돌려 입력과 출력과의 편차를 계속적으로 수정시키는 제어를 무엇이라고 하는가?

암기법 : 미정순 시퀀둥~

【해답】 **가) 시퀀스 제어**
나) 피드백 제어 (또는, 되먹임 제어)

2017년 에너지관리산업기사 실기 기출문제 모음

01

보일러 손상 현상 중 열응력에 의해서 내화벽돌이나 캐스터블이 균열을 일으킨다든가, 쪼개어지는 등 변형되어 손상되는 현상을 무엇이라고 하는지 쓰시오.

【해답】 스폴링(Spalling)

【참고】 ※ 내화물의 열적 손상에 따른 현상

1) 스폴링(Spalling, 박리 또는 박락) **암기법** : 폴(뽈)차로, 벽균표

- 불균일한 가열 및 급격한 가열·냉각에 의한 심한 온도차로 벽돌에 균열이 생기고 표면이 갈라져서 떨어지는 현상

2) 슬래킹(Slaking) **암기법** : 염(암) 수슬

- 마그네시아, 돌로마이트를 포함한 소화(消火)성의 염기성 내화벽돌은 수증기의 작용을 받으면 수증기를 흡수하여, 비중변화에 의해 체적팽창을 일으키며 분해가 되어 노벽에 가루모양의 균열이 생기고 떨어져 나가는 현상

3) 버스팅(Bursting) **암기법** : 크~, 롬멜버스

- 크롬을 원료로 하는 염기성 내화벽돌은 1600℃ 이상의 고온에서는 산화철을 흡수하여 표면이 부풀어 오르고 떨어져 나가는 현상

2017

02

보일러에서 사용되는 방폭문의 기능에 대해 간단히 설명하시오.

【해답】 • 기능 : 보일러 연소실 내부에서 미연소가스로 인한 폭발가스를 보일러 밖으로 배출시켜 보일러 내부의 파열을 방지하기 위한 장치로 후부에 설치한다.

03

산업 현장에서 쓰이는 용접 종류를 3가지만 쓰시오.

암기법 : 용알가전

【해답】 **알곤용접, 전기용접, 가스용접**

【해설】
- 알곤용접 : 아르곤가스를 이용
- 전기용접(아크용접) : 전기불꽃을 이용
- 가스용접(산소용접) : 산소-아세틸렌 혼합가스를 이용

04

보일러 보염장치 중 바람상자(윈드박스)의 기능을 3가지만 쓰시오.

【해답】
- 기능 : ㉠ 분무연료와 공기의 혼합을 촉진시킨다.
  ㉡ 화염의 형상을 안정시킨다.
  ㉢ 연소실내 공기흐름을 동압에서 정압 상태로 바꾼다.

05

보일러 버너 부속장치 중 하나인 화염검출기의 주 기능을 쓰시오.

【해답】
- 기능 : 연소실 내의 화염의 유무를 검출하여 연소상태를 감시하고, 이상 화염 시에는 연료차단용 전자밸브에 신호를 보내서 연료공급밸브를 차단시켜, 연소실내로 들어오는 연료를 차단시켜 보일러의 운전을 정지시킨다.

【참고】 ※ **화염검출기의 종류**

- 플레임 아이, 플레임 로드, 스택 스위치

06

정류탑 설비는 물질의 어떤 물성(특성)을 이용하여 분리하는 장치인지 쓰시오.

【해답】 **끓는점 차이** (또는, **비등점 차이**)

07

그림에서 보여주는 A, B, C 증기트랩의 명칭과 설치목적을 2가지만 쓰시오.

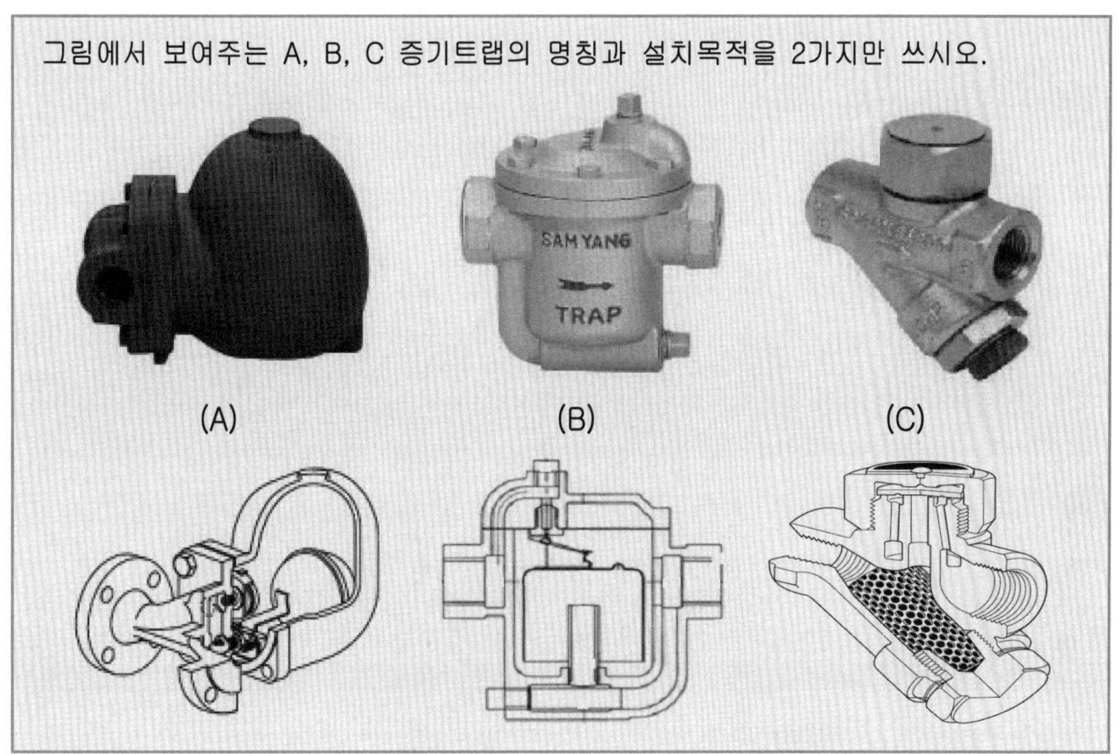

【해답】 • 명칭 : A – **플로트식 증기트랩**

B – **버킷식 증기트랩**

C – **디스크식 증기트랩**

• 설치목적 : ㉠ 관내 응축수 배출로 인해 수격작용 방지　　**암기법** : 응수부방

㉡ 관내 부식 방지

【참고】 ※ **증기트랩의 [장점]**

㉠ 트랩에서의 응축수 배출로 배관내의 수격작용 방지 및 부식을 방지한다.

㉡ 트랩에서의 응축수 회수로 열효율이 증가하고 급수처리 비용이 절감된다.

08

연돌의 높이가 80 m, 배기가스의 평균온도 230℃, 외기온도 20℃ 이고, 표준상태에서 대기의 비중량은 1.29 kg/m³, 배기가스의 비중량은 1.32 kg/m³ 일 때, 연돌의 통풍력 (mmH_2O)을 구하시오.

【해답】 <계산과정> : $273 \times 80 \times \left(\frac{1.29}{273+20} - \frac{1.32}{273+230}\right)$

<답> : **38.84 mmH_2O**

【해설】 표준상태(0℃, 1기압)에서 외기와 배기가스의 온도, 비중량이 각각 제시된 경우, 외기와 배기가스의 온도차 및 비중량차에 의한 계산은 다음의 공식으로 구한다.

- 이론통풍력 $Z\,[mmH_2O] = 273 \times h\,[m] \times \left(\frac{\gamma_a}{273+t_a} - \frac{\gamma_g}{273+t_g}\right)$

비중량 $\gamma = \rho \cdot g$ 의 단위를 공학에서는 [kgf/m³] 또는 [kg/m³] 으로 표현한다.

$$= 273 \times 80 \times \left(\frac{1.29}{273+20} - \frac{1.32}{273+230}\right)$$

$$\fallingdotseq 38.84\,[mmH_2O = mmAq = kgf/m^2]$$

09

냉동기의 COP(성적계수)가 3.7 일 때, 입력되는 전력이 시간당 100 kW 라면 냉방출력은 몇 kJ/h 인가?

【해답】 **냉방출력 : 1332000 kJ/h**

【해설】 • 성적계수 $COP = \frac{Q_2}{W}$

여기서, Q_2 : 냉방능력(또는, 냉방출력)

W : 압축기의 소비동력(또는, 소비전력)

$$\therefore Q_2 = COP \times W$$

$$= 3.7 \times 100\,kW \times \frac{3600\,kJ/h}{1\,kW} = 1332000\,kJ/h$$

【참고】 • 단위환산 : $1\,kW = k \times \frac{1\,J}{1\,sec} = k \times \frac{1\,J}{1\,sec \times \frac{1\,h}{3600\,sec}} = 3600\,kJ/h$

10

보일러에서 공기예열기 사용 시 단점 3가지만 쓰시오.

【해답】 ※ **공**기예열기 설치에 따른 [**단**점]　　**암기법** : 공단 저(금)통 청부 설마?

① **저**온부식을 일으킬 수 있다. (∵ 배기가스 중의 황산화물에 의해서)

② **통**풍력이 감소된다. (∴ 강제통풍이 요구되기도 한다.)

③ **청**소 및 검사, 보수가 **불**편하다.

④ **설**비비가 비싸다.

⑤ 배기가스 흐름에 대한 **마**찰저항이 증가한다.

【참고】 ※ **공**기예열기 설치에 따른 [**장**점]　　**암기법** : 공장, 연료절감 노고, 공비질효

① **연료**를 **절감**할 수 있다.

② **노**내 온도를 **고**온으로 유지 시킬 수 있다.

③ 연소용 공기를 예열함으로써 적은 **공기비**로 연료를 완전연소 시킬 수 있다.

④ **질**이 낮은 연료의 연소에도 유리하다.

⑤ 연소효율의 증가로 열**효**율이 증가한다.

11

보일러 화염 또는 용광로의 열을 측정할 때 사용하는 광고온계의 특징을 3가지 쓰시오.

【해답】 ※ **광고온계의 특징**

① 광고온계는 수동측정이므로 측정에 시간의 지연이 있다.

② 광고온계는 비접촉식으로서, 온도계 중에서 가장 높은 온도(700 ~ 3000℃)를 측정할 수 있으며 정도가 가장 높다.

③ 방사온도계보다 방사율에 의한 보정량이 적다.

④ 저온(700 ℃ 이하)의 물체 온도측정은 곤란하다.
(∵ 저온에서는 물체의 발광에너지가 약하기 때문)

【참고】 • 광고온계(光高溫計, Optical Pyrometer)의 원리는 고온의 물체로부터 방사되는 특정 파장(보통은 파장이 0.65 μ인 적외선)의 방사에너지(즉, 휘도)를 표준온도의 고온 물체 방사에너지(전구의 필라멘트 휘도)와 비교하여 온도를 측정한다.

2017

12

다음은 자동제어에 대한 설명은 제어방법에 관한 것이다.

가) 미리 정해진 순서에 따라 제어의 각 단계가 순차적으로 진행되는 제어를 무엇이라고 하는가?

나) 결과(출력)을 원인(입력)쪽으로 되돌려 입력과 출력과의 편차를 계속적으로 수정시키는 제어를 무엇이라고 하는가?

암기법 : 미정순 시퀀둥~

【해답】 가) 시퀀스 제어

나) 피드백 제어 (또는, 되먹임 제어)

13

보일러 연료 계통에 사용되는 유수분리기의 설치 목적을 간단히 쓰시오.

【해답】 • 설치목적 : 오일에 함유된 물을 분리하여 배출시켜 연소를 원활하게 한다.

14

열전대 온도계의 측정원리에 대해 간단히 설명하시오.

【해답】 • 측정원리 : 열전대 온도계는 2개의 서로 다른 열전쌍(Thermo couple) 재질의 금속선의 양단을 접합하고, 두 접점 사이의 온도차에 따라 발생되는 열기전력을 측정하여 온도를 계측하는 온도계로서, 냉접점의 기준 온도는 0℃로 유지한다.

15

보일러 손상 현상 중 열응력에 의해서 내화벽돌이나 캐스터블이 균열을 일으킨다든가, 쪼개어지는 등 변형되어 손상되는 현상을 무엇이라고 하는지 쓰시오.

【해답】 스폴링(Spalling)

【참고】 ※ **내화물의 열적 손상에 따른 현상**

1) **스폴링(Spalling, 박리 또는 박락)** 암기법 : 폴(뽈)차로, 벽균표

- 불균일한 가열 및 급격한 가열·냉각에 의한 심한 온도차로 **벽**돌에 **균**열이 생기고 **표**면이 갈라져서 떨어지는 현상

2) **슬래킹(Slaking)** 암기법 : 염(암) 수슬

- 마그네시아, 돌로마이트를 포함한 소화(消火)성의 **염**기성 내화벽돌은 수증기의 작용을 받으면 수증기를 흡수하여, 비중변화에 의해 체적팽창을 일으키며 분해가 되어 노벽에 가루모양의 균열이 생기고 떨어져 나가는 현상

3) **버스팅(Bursting)** 암기법 : 크~, 롬멜버스

- **크롬**을 원료로 하는 염기성 내화벽돌은 1600℃ 이상의 고온에서는 산화철을 흡수하여 표면이 부풀어 오르고 떨어져 나가는 현상

16

냉동기에 사용되는 공기압축기 종류를 3가지만 쓰시오.

암기법 : 왕스터

【해답】 **왕복동식**, **스크류식**, **터보형**

17

면적식 유량계인 로터미터의 장점을 2가지 쓰시오.

암기법 : 로고 가사편

【해답】 • 장점 : ㉠ **고**점도 유체의 유량측정도 가능하다.
㉡ **가**격이 싸며, **사**용이 간**편**하다.

2017

18

아래에 주어진 압력기준 증기표를 이용하여 온도 218℃의 습증기를 교축하여 압력 1.5 kg/cm^2·abs 로 감압시켰더니 온도가 111℃ 가 되었다면, 218℃에서 포화수의 엔탈피(kJ/kg)를 구하시오. (단, 1.5 kg/cm^2·abs , 111℃ 에서의 증기 엔탈피는 2692 kJ/kg 이다.)

압력 (kg/cm^2·abs)	온도 (℃)	포화수 엔탈피(kJ/kg)	포화증기 엔탈피(kJ/kg)
20	211.38	903.59	2798.88
22	216.23	925.76	2800.55
24	220.75	946.76	2802.23

【해답】 <계산과정> $925.76 + \dfrac{946.76 - 925.76}{220.75 - 216.23} \times (218 - 216.23)$

<답> **933.98 kJ/kg**

【해설】 218℃ 에서의 포화수 엔탈피(h_1) 값은 보간법을 써서 구해야 한다.

$$h_1 = 925.76 + \frac{946.76 - 925.76}{220.75 - 216.23} \times (218 - 216.23)$$

$\fallingdotseq$ **933.98 kJ/kg**

【추가】 위 문제에서 교축 전인 218℃ 에서의 증기의 건도를 계산하여 보자.
218℃ 에서의 포화증기 엔탈피(h_2) 값은 보간법을 써서 구해야 한다.

$$h_2 = 2800.55 + \frac{2802.23 - 2800.55}{220.75 - 216.23} \times (218 - 216.23)$$

$\fallingdotseq$ 2801.21 kJ/kg

습증기의 엔탈피 공식 $h_x = h_1 + x(h_2 - h_1)$ 에서

$$2692 = 933.98 + x(2801.21 - 933.98)$$

∴ 교축 전의 증기건도 $x = 0.9415 \fallingdotseq$ **0.94** 또는 **94 %**

【참고】 **보간법** (또는, 내삽법) 이란?

- 도표를 사용하는 경우에 주어진 2개 이상의 변수 x_1, x_2 의 값들이 알려져 있을 때 그 사이의 임의의 x 에 대한 함수값을 구할 때 보간공식을 사용한다.

- 보간공식 : $y = y_1 + \dfrac{x - x_1}{x_2 - x_1} \times (y_2 - y_1)$

19

보일러에 사용되는 안전밸브의 구비조건을 5가지만 쓰시오.

【해답】 ① 동작하고 있지 않을 때는 증기의 누설이 없을 것
② 밸브의 개폐가 자유롭고 신속히 이루어질 것
③ 설정된 압력 초과 시 증기 배출이 충분할 것
④ 적절한 정지압력으로 닫힐 것
⑤ 작동압력이 상용압력보다 너무 높지 않을 것

【참고】 • 안전밸브는 쉽게 검사할 수 있는 곳에 설치해야 하며, 보일러 몸체의 증기부 상단에 직접 부착시키며, 밸브 축을 동체에 수직으로 설치하여야 한다.

20

보일러의 배기가스 손실열을 측정하기 위해서 계측하여야 할 측정 항목을 2가지만 쓰시오.

【해답】 ① 배기가스의 온도 측정
② 배기가스 중 산소의 농도 측정
③ 배기가스 중 이산화탄소의 농도 측정
④ 배기가스의 시료 채취
⑤ 배기가스의 성분 분석

【해설】 • 배기가스 손실열(Q_g)　　**암기법** : 배,씨배터

$Q_g = C_g \cdot G \cdot \Delta t$

$= C_g \cdot G \cdot (t_g - t_0)$

여기서, C_g : 배기가스의 평균비열

G : 단위연료당 실제배기가스량($G = G_0 + (m - 1)A_0$)

t_g : 배기가스 온도 또는 보일러동체 출구온도

t_0 : 외기온도

2017

2018년 에너지관리산업기사 실기 기출문제 모음

01

보일러 손상 현상 중 열응력에 의해서 내화벽돌이나 캐스터블이 균열을 일으킨다든가, 쪼개어지는 등 변형되어 손상되는 현상을 무엇이라고 하는지 쓰시오.

【해답】 스폴링(Spalling)

【참고】 ※ 내화물의 열적 손상에 따른 현상

1) 스폴링(Spalling, 박리 또는 박락) 암기법 : 폴(뽈)차로, 벽균표

- 불균일한 가열 및 급격한 가열·냉각에 의한 심한 온도차로 벽돌에 균열이 생기고 표면이 갈라져서 떨어지는 현상

2) 슬래킹(Slaking) 암기법 : 염(암) 수슬

- 마그네시아, 돌로마이트를 포함한 소화(消火)성의 염기성 내화벽돌은 수증기의 작용을 받으면 수증기를 흡수하여, 비중변화에 의해 체적팽창을 일으키며 분해가 되어 노벽에 가루모양의 균열이 생기고 떨어져 나가는 현상

3) 버스팅(Bursting) 암기법 : 크~, 롬멜버스

- 크롬을 원료로 하는 염기성 내화벽돌은 1600℃ 이상의 고온에서는 산화철을 흡수하여 표면이 부풀어 오르고 떨어져 나가는 현상

02

보일러에서 사용되는 방폭문의 기능에 대해 간단히 설명하시오.

【해답】 • 기능 : 보일러 연소실 내부에서 미연소가스로 인한 폭발가스를 보일러 밖으로 배출시켜 보일러 내부의 파열을 방지하기 위한 장치로 후부에 설치한다.

03

산업 현장에서 쓰이는 용접 종류를 3가지만 쓰시오.

암기법 : 용알가전

【해답】 **알곤용접, 전기용접, 가스용접**

【해설】
- 알곤용접 : 아르곤가스를 이용
- 전기용접(아크용접) : 전기불꽃을 이용
- 가스용접(산소용접) : 산소-아세틸렌 혼합가스를 이용

04

연돌의 높이가 80 m, 배기가스의 평균온도 230℃, 외기온도 20℃ 이고, 표준상태에서 대기의 비중량은 1.29 kg/m^3, 배기가스의 비중량은 1.32 kg/m^3 일 때, 연돌의 통풍력 (mmH_2O)을 구하시오. (단, 소수점 둘째자리에서 반올림한다.)

【해답】 <계산과정> : $273 \times 80 \times \left(\frac{1.29}{273+20} - \frac{1.32}{273+230}\right)$

<답> : **38.8 mmH_2O**

【해설】 표준상태(0℃, 1기압)에서 외기와 배기가스의 온도, 비중량이 각각 제시된 경우, 외기와 배기가스의 온도차 및 비중량차에 의한 계산은 다음의 공식으로 구한다.

- 이론통풍력 Z [mmH_2O] = $273 \times h\,[m] \times \left(\frac{\gamma_a}{273+t_a} - \frac{\gamma_g}{273+t_g}\right)$

비중량 $\gamma = \rho \cdot g$ 의 단위를 공학에서는 [kgf/m^3] 또는 [kg/m^3] 으로 표현한다.

$= 273 \times 80 \times \left(\frac{1.29}{273+20} - \frac{1.32}{273+230}\right)$

$= 38.84 \fallingdotseq$ **38.8 [mmH_2O = mmAq = kgf/m^2]**

2018

05

정류탑 설비는 물질의 어떤 물성(특성)을 이용하여 분리하는 장치인지 쓰시오.

【해답】 **끓는점 차이** (또는, **비등점 차이**)

06

보일러에서 공기예열기 사용 시 장점 3가지만 쓰시오.

【해답】 ※ **공**기예열기 설치에 따른 [**장**점] **암기법** : 공장, 연료절감 노고, 공비질효

① **연료**를 **절감**할 수 있다.

② **노**내 온도를 **고**온으로 유지 시킬 수 있다.

③ 연소용 공기를 예열함으로써 적은 **공**기**비**로 연료를 완전연소 시킬 수 있다.

④ **질**이 낮은 연료의 연소에도 유리하다.

⑤ 연소효율의 증가로 열**효**율이 증가한다.

【참고】 ※ **공**기예열기 설치에 따른 [**단**점] **암기법** : 공단 저(금)통 청부 설마?

① **저**온부식을 일으킬 수 있다. (∵ 배기가스 중의 황산화물에 의해서)

② **통**풍력이 감소된다. (∴ 강제통풍이 요구되기도 한다.)

③ **청**소 및 검사, 보수가 **불**편하다.

④ **설**비비가 비싸다.

⑤ 배기가스 흐름에 대한 **마**찰저항이 증가한다.

07

보일러 보염장치 중 바람상자(윈드박스)의 기능을 3가지만 쓰시오.

【해답】 • 기능 : ㉠ 분무연료와 공기의 혼합을 촉진시킨다.

㉡ 화염의 형상을 안정시킨다.

㉢ 연소실내 공기흐름을 동압에서 정압 상태로 바꾼다.

08

저수조를 엠보씽(embossing) 처리하는 이유를 간단히 쓰시오.

암기법 : 엠보씽 강도증가

【해답】 압력을 분산해서 강도를 증가시켜 주기 위하여

09

보일러 후부에 설치되는 맨홀(manhole)의 기능에 대해 간단히 쓰시오.

【해답】 • 기능 : 보일러 내부의 이상 유무를 점검하거나 수리 및 청소를 하기 위해 사람이 출입할 수 있도록 만들어진 구멍이다.

10

배관 내 바이패스 회로를 설치하는 목적에 대해 간단히 쓰시오.

암기법 : 바, 유감트

【해답】 • 목적 : 계기(**유**량계, **감**압밸브, 증기**트**랩)의 장치를 점검, 수리, 고장 시 유체를 원활히 공급하기 위하여 설치한다.

【해설】 • 유량계, 감압밸브, 증기트랩에는 반드시 바이패스 배관을 설치하여야 한다.

11

진공(온수) 보일러의 원리를 간단히 쓰시오.

【해답】 • 원리 : 보일러의 관체 내에는 일정량의 열매수(관수)를 봉입하여 대기압 이하의 진공상태로 유지되며 열매수가 가열되면 즉시 감압증기로 되어 온수가열용의 열교환기에 전달하여 감압증기의 응축열에 의하여 간접가열식으로 온수를 생산하여 순환 공급하는 원리이다. 관수는 봉입되어 항상 일정량이므로 저수위 사고가 없으며, 진공상태를 유지하므로 용존산소에 의한 부식이나 스케일 부착의 염려가 없다.

12

가스엔진 소형 열병합 시스템의 장점을 2가지만 쓰시오.

【해답】 ※ **열병합 시스템의 [장점]**

① 가스로 엔진을 구동하여 발전하고 엔진의 냉각수 및 배가스의 폐열을 열교환을 하여 냉방, 난방 및 급탕수로 이용하므로 종합에너지 이용 효율을 80 ~ 90% 까지 향상시킬 수 있다.

② 종합 에너지이용 효율을 높임으로써 화석연료 절감에 따른 온실가스(CO_2) 발생량을 감축할 수 있다.

③ 분산형 전원시스템으로 하절기의 전력피크 시에 안정된 전력수급에 기여할 수 있다.

④ 원거리 전력송전에 의한 설비비 및 송전 손실비용을 줄일 수 있다.

13

보일러 파일럿 버너(또는 착화용 버너)의 기능을 쓰시오.

【해답】 • 기능 : 가열용 버너인 메인버너를 점화시켜 주기 위하여 쓰인다.

14

보일러에서 튜브관이 외부로 부풀어 오르는 현상의 명칭을 적고 발생 원인을 쓰시오.

암기법 : 팽출, 전과!

【해답】 ① 팽출 : 보일러의 튜브관이 외부로 부풀어 오르는 현상

② 발생원인 : (스케일 생성에 의한) 튜브 **전**열면의 **과**열에 의해, 내압력이 증가하여 바깥쪽으로 부풀어 오른다.

15

흡수식 냉동기에서 흡수제로 사용되는 것의 물질 명칭을 쓰시오.

【해답】 **리튬브로마이드(LiBr)**

【해설】 ※ **흡수식 냉동기의 원리**

- 흡수액의 온도 변화로 냉매를 흡수, 분리하고 응축, 증발시켜서 냉수 등을 만드는 기계 설비로서, **장점**으로는 냉방시 압축기를 사용하는 전력구동 방식과는 달리 냉매(물)속에 투입된 흡수제(LiBr, 리튬브로마이드)에 가스나 증기를 사용함으로써 적은 전력소모량으로 전기압축기와 같은 효과를 얻을 수 있다. **단점**으로는 흡수제로 사용되는 LiBr 용액이 부식성이 크므로 부식억제제 및 세심한 유지관리가 요구된다.

16

소각설비에 집진장치를 사용 시 기대효과 3가지를 쓰시오.

【해답】 ① 소각로 배출가스 중의 유해가스를 환경 기준치 이하로 제거할 수 있다.

② 산업공정에서 발생하는 먼지를 제거할 수 있다.

③ 도시의 대기환경을 보전할 수 있다.

【참고】 ※ **집진장치의 분류와 형식**

- 건식 집진장치 : 중력식, 원심력식, 관성력식, 여과식(백필터식), 음파식
- 습식 집진장치 : 유수식, 가압수식, 회전식
- 전기식 집진장치 : 코트렐식

2018

17

플랜지 이음의 설치목적에 대해 간단하게 쓰시오.

【해답】 • 설치목적 : 배관의 조립 및 수리 시에 교체를 쉽게 하고자 볼트와 너트를 이용하여 접합시키는 방식으로서, 열팽창에 따른 신축을 흡수할 수 있다.

18

다음 설명에 해당하는 보일러의 종류를 쓰시오.

급수는 급수펌프에 의해 강제적으로 긴 관의 입구에서 공급되어 하나의 긴 관내에서 순차적으로 가열되어 증기로 터빈에 공급되는 형태의 드럼이 없는 보일러로서 대표적으로 벤슨(Benson)보일러, 슐처(Sulzer)보일러가 있다.

암기법 : 관류 람진과 벤슨이 앤모르게 슐처먹었다.

【해답】 **관류 보일러(또는, 관류식 보일러)**

【해설】 **※ 관류 보일러의 특징**

- 드럼이 없고, 하나의 긴 관의 입구에서 급수펌프에 의해 강제적으로 급수를 보내서 가열과 증발 및 과열 등을 순차적으로 통과하여 관 출구에서 증기가 취출되어 터빈에 공급되는 형태로 제작된 수관식 보일러로서 보유수량이 적어서 증기 발생시간이 매우 짧으며, 그 종류로는 벤슨(Benson)보일러, 슐처(Sulzer)보일러가 있다.

19

다음은 안전밸브에 대한 내용이다. 아래 질문에 각각 답하시오.

1) 안전밸브의 설치 목적을 쓰시오.
2) 안전밸브를 보일러 본체에 2개 부착시 각각의 작동압력을 쓰시오.

【해답】 1) 설정압력 초과시 증기를 밖으로 배출하여 보일러 폭발사고를 방지한다.

2) 안전밸브를 2개 부착 시 안전밸브의 분출압력은 **1개는 보일러 최고사용압력 이하에서 작동, 나머지 1개는 최고사용압력의 1.03배 이하에서 작동**될 수 있도록 한다.

【참고】
- 안전밸브의 분출압력은 1개일 경우 최고사용압력 이하, 안전밸브가 2개 이상인 경우 그 중 1개는 최고사용압력(1.0배) 이하, 기타는 최고사용압력의 1.03배 이하일 것
- 설치위치는 쉽게 검사할 수 있도록 증기부 상단에 동체에 수직으로 직접 부착해야 하며, 수동에 의한 점검은 분출압력의 75 % 이상 되었을 때 시험레버를 작동시켜 보는 것으로 1일 1회 이상 시행한다.

20

보일러 연료 계통에 사용되는 유수분리기의 설치 목적을 간단히 쓰시오.

【해답】 • 설치목적 : 오일에 함유된 물을 분리하여 배출시켜 연소를 원활하게 한다.

21

보일러에서 예비 급수장치인 인젝터를 동작시킬 때 여는 순서를 번호순으로 쓰시오.

① 증기밸브개방 ② 급수밸브개방 ③ 출구정지밸브개방 ④ 핸들개방

【해답】 여는 순서 : ③ → ② → ① → ④

【해설】 ※ **인젝터(Injector)**

- 보일러 주 급수장치인 게이트밸브가 막힘 등의 고장으로 인해 급수를 할 수 없을 때, 보일러에서 발생된 증기의 압력으로 물을 공급해 주는 무동력 예비펌프로 볼 수 있다. 최근에는 바이패스 배관이 그 역할을 대신하므로 많이 사용되지는 않고 있다.

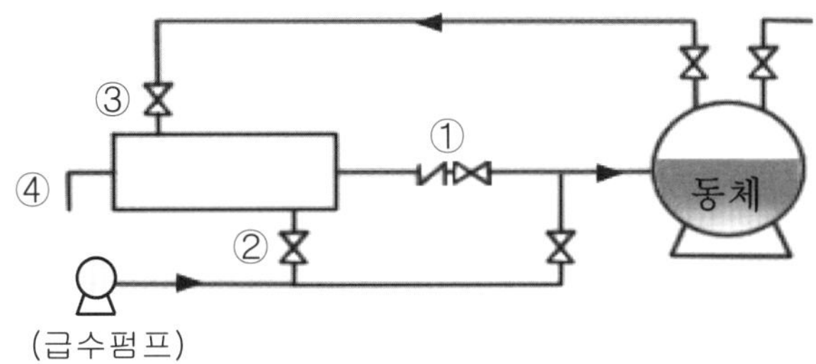

① 출구정지 밸브
② 급수 밸브
③ 증기 밸브
④ 핸들

• 여는 순서 : ① → ② → ③ → ④ **암기법** : 출급증핸

• 닫는 순서 : ④ → ③ → ② → ① **암기법** : 핸증급출

22

수관식 보일러에 공급되는 급수온도가 28℃ 일 때 발생증기의 엔탈피는 2724.8 kJ/kg 이다. 시간당 연료가 300 kg 소비될 때 상당(또는, 환산)증발량은 몇 kg/h 인지 계산하시오. (단, 효율은 70 %, 연료의 저위발열량은 41324 kJ/kg 이다.)

암기법 : (효율좋은) 보일러 사저유

【해답】 ① 보일러 효율 $\eta = \dfrac{Q_s}{Q_{in}} = \dfrac{\text{유효출열(발생증기의 흡수열)}}{\text{총입열량}}$

$$= \frac{w_2 \cdot (H_2 - H_1)}{m_f \cdot H_L}$$

여기서, w_2 : 증기발생량(증발량)

H_2 : 발생증기의 엔탈피

H_1 : 급수온도의 엔탈피

m_f : 연료사용량

H_L : 저위발열량

$$0.7 = \frac{w_2 \times (2724.8 - 28 \times 4.1868)\, kJ/kg}{300\, kg/h \times 41324\, kJ/kg}$$

실제증발량 w_2 ≒ **3328.02 kg/h**

② 상당(또는, 환산)증발량(w_e) 계산공식은 사실 그 의미가 포함된 다음과 같은 등식을 세워서 풀이하는 것이 더 쉬울 수 있다.

$w_e \cdot \mathrm{R} = w_2 \cdot (H_2 - H_1)$ 여기서 R : 물의 증발(잠)열

$w_e \times 2257\ \mathrm{kJ/kg} = 3328.02\ \mathrm{kg/h} \times (2724.8 - 28 \times 4.1868)\ \mathrm{kJ/kg}$

이제, 네이버에 있는 에너지아카데미 카페(주소 : cafe.naver.com/2000toe)의 "방정식 계산기 사용법"으로 w_e를 미지수 x로 놓고 입력해 주면

∴ w_e = **3844.95 kg/h**

【참고】 ※ **급수온도에 따른 급수엔탈피(H_1) 계산**

- 급수온도가 28℃로만 주어져 있을 때는 물의 비열 값인 1 kcal/kg·℃를 대입한 것이므로, 급수 엔탈피 H_1 = 28 kcal/kg 으로 계산해 주면 간단하지만, 그러나 2021년 이후에는 SI 단위계인 kJ/kg으로 출제되고 있으므로 급수엔탈피(H_1)의 값을 kJ/kg 단위로 환산해 주기 위해서는 1 kcal = 4.1868 kJ ≒ 4.186 kJ 의 관계를 반드시 암기하여 활용할 수 있어야 합니다!

2019년 에너지관리산업기사 실기 기출문제 모음

01

보온재의 구비조건을 5가지만 쓰시오.

암기법 : 흡열장비다↓

【해답】 ㉠ **흡**수성이 적을 것
㉡ **열**전도율이 작을 것
㉢ **장**시간 사용시 변질되지 않을 것
㉣ **비**중이 작을 것
㉤ **다**공질일 것

02

저수조를 엠보씽(embossing) 처리하는 이유를 간단히 쓰시오.

암기법 : 엠보씽 강도증가

【해답】 압력을 분산해서 강도를 증가시켜 주기 위하여

03

보일러에서 사용되는 파형노통의 장점을 2가지만 쓰시오.

【해답】 • 장점 : ㉠ 전열면적이 증가된다.
㉡ 파형부에서 길이방향의 열팽창에 의한 신축이 자유롭다.

04

수위검출기의 기능을 2가지만 쓰시오.

【해답】 • 기능 : ① 이상감수시 경보 발령
② 안전저수위까지 수위가 하강하면 전자밸브에 신호를 보내서 연료공급을 차단시켜 보일러 운전을 정지시켜 준다.

05

냉동기에 사용되는 공기압축기 종류를 3가지만 쓰시오.

암기법 : 왕스터

【해답】 **왕복동식, 스크류식, 터보형**

06

배관 내 바이패스 회로를 설치하는 목적에 대해 간단히 쓰시오.

암기법 : 바, 유감트

【해답】 • 목적 : 계기(**유**량계, **감**압밸브, 증기**트**랩)의 장치를 점검, 수리, 고장 시 유체를 원활히 공급하기 위하여 설치한다.

【해설】 • 유량계, 감압밸브, 증기트랩에는 반드시 바이패스 배관을 설치하여야 한다.

07

그림에서 보여주는 A, B, C 증기트랩의 명칭과 설치목적을 2가지만 쓰시오.

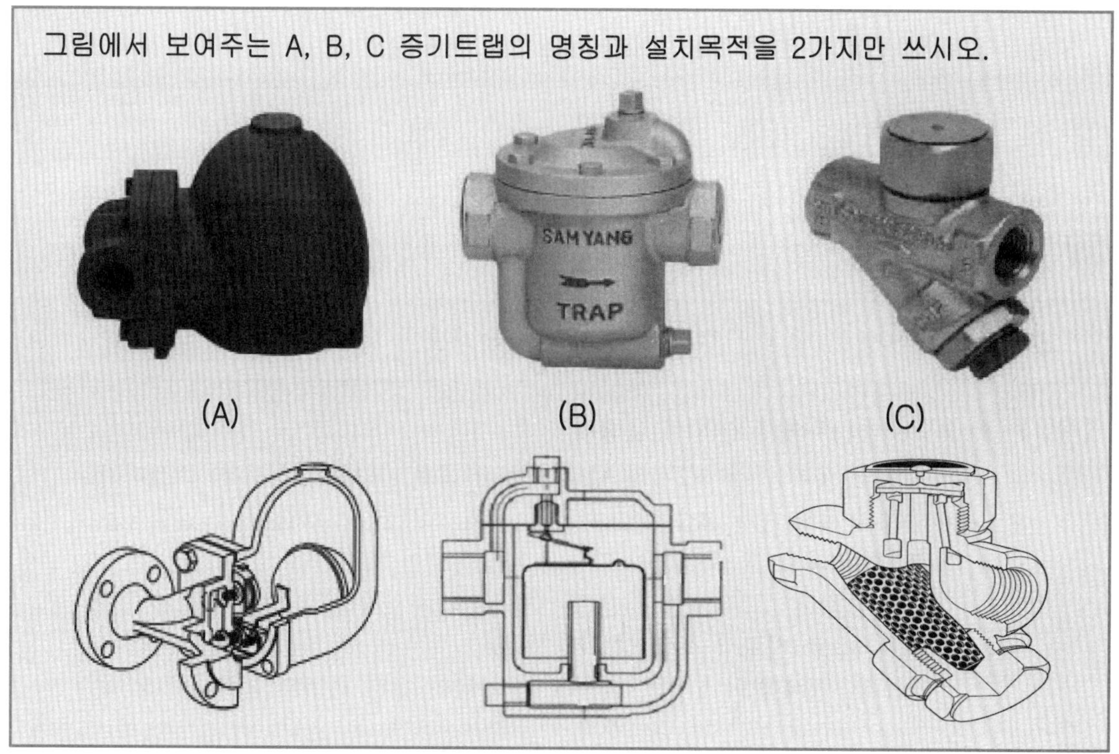

【해답】 • 명칭 : A – **플로트식 증기트랩**

B – **버킷식 증기트랩**

C – **디스크식 증기트랩**

• 설치목적 : ㉠ 관내 응축수 배출로 인해 수격작용 방지 **암기법** : 응수부방

㉡ 관내 부식 방지

【참고】 ※ **증기트랩의 [장점]**

㉠ 트랩에서의 응축수 배출로 배관내의 수격작용 방지 및 부식을 방지한다.

㉡ 트랩에서의 응축수 회수로 열효율이 증가하고 급수처리 비용이 절감된다.

08

보일러 파일럿 버너(또는 착화용 버너)의 기능을 쓰시오.

【해답】 • 기능 : 가열용 버너인 메인버너를 점화시켜 주기 위하여 쓰인다.

09

오벌(Oval, 타원형 기어)식 유량계에 대해 설명하시오.

【해답】 ※ **오벌(Oval, 타원형 기어)식 유량계**

- 원형의 케이싱 내에 2개의 타원형 치차(齒車, 톱니바퀴, 기어) 회전자가 액체의 유입 측과 유출 측의 차압에 의해 회전한다. 1회전마다 일정량을 통과시키므로 그 회전수에 따라서 체적유량이 측정된다.
  설치가 간단하고 내구력이 우수하며 2개의 치차가 서로 맞물려 도는 것을 이용하므로 비교적 측정 정도가 높다.
  구조상, 액체에만 측정할 수 있으며 기체의 유량 측정은 불가능하다.

10

물체의 방사선량을 측정하여 온도를 측정하는 온도계의 명칭을 쓰시오.

【해답】 **방사온도계 (또는, 복사온도계)**

11

증기발생 용량은 시간당 2톤이며, 최고사용압력은 5 kgf/cm^2 인 노통연관보일러에서 보일러와 수주통을 연결하는 연락관의 안지름은 최소 몇 mm 인가?

암기법 : 수위(2) 연락해~

【해답】 20 mm

【해설】 [보일러 제조검사 기준, 17.5 수주관과의 연락관]

- 수주관과 보일러를 연결하는 관(연락관)은 호칭지름 20 mm **이상**으로 한다.

12

보일러에서 공기예열기 사용 시 단점 3가지만 쓰시오.

【해답】 ※ **공**기예열기 설치에 따른 [**단**점] 암기법 : 공단 저(금)통 청부 설마?

① **저**온부식을 일으킬 수 있다. (∵ 배기가스 중의 황산화물에 의해서)

② **통**풍력이 감소된다. (∴ 강제통풍이 요구되기도 한다.)

③ **청**소 및 검사, 보수가 **불**편하다.

④ **설**비비가 비싸다.

⑤ 배기가스 흐름에 대한 **마**찰저항이 증가한다.

【참고】 ※ **공**기예열기 설치에 따른 [**장**점] 암기법 : 공장, 연료절감 노고, 공비질효

① **연료**를 **절감**할 수 있다.

② **노**내 온도를 **고**온으로 유지 시킬 수 있다.

③ 연소용 공기를 예열함으로써 적은 **공**기**비**로 연료를 완전연소 시킬 수 있다.

④ **질**이 낮은 연료의 연소에도 유리하다.

⑤ 연소효율의 증가로 열**효**율이 증가한다.

13

보일러 화염 또는 용광로의 열을 측정할 때 사용하는 광고온계의 특징을 3가지 쓰시오.

【해답】 ※ **광고온계의 특징**

① 광고온계는 수동측정이므로 측정에 시간의 지연이 있다.

② 광고온계는 비접촉식으로서, 온도계 중에서 가장 높은 온도(700 ~ 3000℃)를 측정할 수 있으며 정도가 가장 높다.

③ 방사온도계보다 방사율에 의한 보정량이 적다.

④ 저온(700 ℃ 이하)의 물체 온도측정은 곤란하다.
(∵ 저온에서는 물체의 발광에너지가 약하기 때문)

【참고】 • 광고온계(光高溫計, Optical Pyrometer)의 원리는 고온의 물체로부터 방사되는 특정 파장(보통은 파장이 0.65 μ인 적외선)의 방사에너지(즉, 휘도)를 표준온도의 고온 물체 방사에너지(전구의 필라멘트 휘도)와 비교하여 온도를 측정한다.

2019

14

송풍기의 풍압과 회전수와의 관계를 설명하시오.

암기법 : 1 2 3 회(N)
유 양 축
3 2 5 직(D)

【해답】 • 풍압과 회전수와의 관계 : **풍압은 회전수의 제곱에 비례한다.**

【해설】 ※ **원심식 송풍기의 상사성 법칙(또는, 친화성 법칙)**

㉠ 송풍기의 유량(풍량)은 회전수에 비례한다.

$$Q_2 = Q_1 \times \left(\frac{N_2}{N_1}\right) \times \left(\frac{D_2}{D_1}\right)^3 = Q_1 \times \left(\frac{N_2}{N_1}\right)$$

㉡ 송풍기의 풍압은 회전수의 제곱에 비례한다.

$$P_2 = P_1 \times \left(\frac{N_2}{N_1}\right)^2 \times \left(\frac{D_2}{D_1}\right)^2 = P_1 \times \left(\frac{N_2}{N_1}\right)^2$$

㉢ 송풍기의 동력은 회전수의 세제곱에 비례한다.

$$L_2 = L_1 \times \left(\frac{N_2}{N_1}\right)^3 \times \left(\frac{D_2}{D_1}\right)^5 = L_1 \times \left(\frac{N_2}{N_1}\right)^3$$

여기서, Q : 유량(또는, 풍량)
P : 양정(또는, 풍압)
L : 축동력
N : 회전수
D : 임펠러의 직경(지름)

15

전기저항식 온도계에 쓰이는 측온저항체의 재료를 4가지 쓰시오.

암기법 : 써니 구백

【해답】 **써**미스터, **니**켈, **구**리, **백**금

【참고】 ※ **전기저항온도계의 측온저항체 종류에 따른 사용온도범위**

- 써미스터(-50 ~ 150 ℃), 니켈(-50 ~ 150 ℃), 구리(0 ~ 120 ℃), 백금(-200 ~ 500 ℃)

16

압력계의 눈금이 50 (빨간눈금)을 지시하고 있다. 이 압력계의 게이지압력(kgf/cm^2)은 얼마인지 구하시오. (단, 대기압은 1 kgf/cm^2 또는 760 mmHg 로 한다.)

암기법 : 절대계, 절대마진

【해답】 - 0.66 kgf/cm^2

【해설】 그림에서의 게이지압력은 부(-)압인 진공압이므로

$$- 게이지\ 압력 = -\left(50\,cmHg \times \frac{1\,kgf/cm^2}{76\,cmHg}\right) = -0.6578 \fallingdotseq -0.66\ kgf/cm^2$$

【참고】 • 절대압력 = 대기압 - 진공압

$$= 1\ kgf/cm^2 - \left(50\,cmHg \times \frac{1\,kgf/cm^2}{76\,cmHg}\right) \fallingdotseq 0.34\ kgf/cm^2$$

절대압력 = 대기압 + 게이지압

∴ 게이지압 = 절대압력 - 대기압

$$= 0.34\ kgf/cm^2 - 1\ kgf/cm^2 = -0.66\ kgf/cm^2$$

17

보일러의 증기 배관 라인에 사용되는 기수분리기의 기능에 대해 간략히 설명하시오.

【해답】 • 기능 : 보일러에서 발생한 습증기 속에 포함되어 있는 미세한 물방울을 제거하고자 주증기 배관에 설치하여 증기와 수분을 분리시키는 장치이다.

2019

18

용접봉 건조기의 사용 목적을 간단히 쓰시오.

【해답】 사용 목적 : 용접봉을 건조시켜서 아크불량 등의 용접불량을 방지하기 위해

19

화염검출기의 기능을 설명하고 그 종류를 3가지 쓰시오.

【해답】 • 기능 : 연소실 내의 화염의 유무를 검출하여 연소상태를 감시하고, 이상 화염 시에는 연료차단용 전자밸브에 신호를 보내서 연료공급밸브를 차단시켜, 연소실내로 들어오는 연료를 차단하여 보일러의 운전을 정지시킨다.

• 종류 : 플레임 아이(Flame eye), 플레임 로드(Flame lod), 스택(Stack) 스위치

20

수관식 보일러 내부에 설치된 수냉벽의 장점을 3가지 쓰시오.

【해답】 ① 전열면적의 증가로 연소실의 열부하를 높여 보일러 효율이 증가한다.
② 내화물인 노벽의 과열을 방지할 수 있다.
③ 노벽의 지주 역할도 하여 노벽의 중량을 감소시킨다.
④ 노벽 내화물의 수명이 길어진다.

【참고】 ※ **수냉벽(water wall) 또는, 수냉 노벽**

- 수관식 보일러에서 수관을 직관 또는 곡관으로 하여 연소실 주위에 마치 울타리 모양으로 배치하여 연소실 내벽을 형성하고 있는 수관군을 말한다. 수냉벽의 설치는 노벽의 지주 역할도 하며, 수냉관으로 하여금 복사열을 흡수시켜 복사에 의한 열손실을 줄일 수 있으며, 전열면적의 증가로 전열효율이 상승하여 보일러 효율이 높아진다. 또한, 내화물인 노벽이 과열되어 손상(연화 및 변형)되는 것을 방지할 수 있어 노벽 내화물의 수명이 길어진다.

21

대향류 열교환기에서 가열유체는 80 ℃로 들어가서 50 ℃로 나오고, 수열유체는 30 ℃로 들어가서 40 ℃로 나올 때, 이 열교환기의 대수평균온도차(LMTD)를 계산하시오.

【해답】 28.85℃

【해설】 • 향류식(또는, 대향류식 : 서로 반대방향)의 열교환

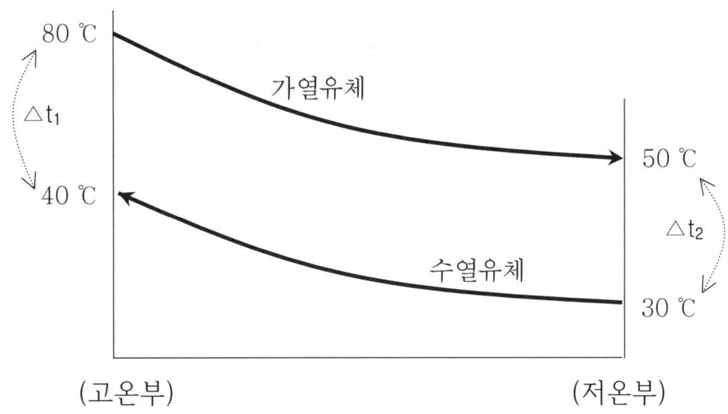

• 대수평균온도차 $\Delta t_m = \dfrac{\Delta t_1 - \Delta t_2}{\ln\left(\dfrac{\Delta t_1}{\Delta t_2}\right)}$

$$= \frac{(80-40)-(50-30)}{\ln\left(\dfrac{80-40}{50-30}\right)}$$

$= 28.8539 ≒$ **28.85** ℃

2019

2020년 에너지관리산업기사 실기 기출문제 모음

01

보일러에 부착된 스케일의 상온에서의 열전도율과 스케일이 보일러에 끼치는 악영향에 대하여 3가지만 쓰시오.

【해답】 1) 열전도율 : 2 kcal/m·h·℃

2) 악영향 : ㉠ 스케일은 열전도의 방해물질이므로 열전도율이 감소된다.

㉡ 보일러 열효율이 저하된다.

㉢ 배기가스의 온도가 높아진다.

㉣ 연료소비량이 많아진다.

【참고】 ※ **주요 재료의 상온에서 열전도율(kcal/m·h·℃) : 고체 〉 액체 〉 기체**

재료	열전도율	재료	열전도율	재료	열전도율
은	360	스케일	2	고무	0.137
구리	340	콘크리트	1.2	그을음	0.1
알루미늄	175	유리	0.8	공기	0.022
니켈	50	물	0.5	일산화탄소	0.020
철	40	수소	0.153	이산화탄소	0.013

02

보일러에서 사용되는 파형노통의 장점을 2가지만 쓰시오.

【해답】 • 장점 : ㉠ 전열면적이 증가된다.

㉡ 파형부에서 길이방향의 열팽창에 의한 신축이 자유롭다.

08

보일러에 사용되는 버너의 종류를 3가지만 쓰시오.

【해답】 ※ **버너의 종류** 암기법 : 고. 이건회유

㉠ **고**압기류식 버너 (또는, 스팀제트식 버너)
㉡ **이**류식 버너
㉢ **건**타입형 버너
㉣ **회**전분무식 버너 (또는, 수평로터리형 버너)
㉤ **유**압분무식 버너

09

감압밸브의 기능에 대해 설명하시오.

【해답】 • 기능 : 증기사용설비에서 이용하는 열은 주로 잠열이며 따라서 저압증기로 감압을 하면 이용 가능열량인 증발잠열이 증가하여 증기사용량이 감소하여 보일러에서 공급되는 증기사용량을 절약할 수 있으며, 고압의 증기는 비체적이 적기 때문에 구경이 작은 배관으로 증기를 수송하여 부하설비 가까이에서 저압으로 감압하여 구경이 큰 배관으로 시공할 수 있으므로 배관비용을 절감할 수 있다. 또한, 솔레노이드 및 온도조절밸브 등을 추가로 설치하여 감압기능 외에도 온도조절 기능 및 원격으로 On - Off 할 수 있는 기능도 추가 할 수 있다.

10

보일러에 사용되는 안전밸브의 설치 목적을 간단히 서술하시오.

【해답】 • 설치목적 : 증기보일러에서 증기압력이 규정상용압력 이상으로 높아지면 보일러가 폭발사고 위험이 있으므로 이것을 사전에 방지하기 위하여 설정압력 이상이 되면 자동적으로 밸브를 열어 증기를 분출시켜 과잉압력을 저하시킨다.

11

향류형일 때 배기가스의 온도는 240 ℃에서 160 ℃ 이고, 연소용 공기는 20 ℃에서 90 ℃로 예열된다. 대수평균온도차(℃)를 계산하시오.

【해답】 <계산과정> : $\dfrac{(240-90)-(160-20)}{\ln\left(\dfrac{240-90}{160-20}\right)}$

<답> : 144.94 ℃

【해설】 ※ **열교환기의 대수평균온도차**(LMTD : logic mean temperature difference)

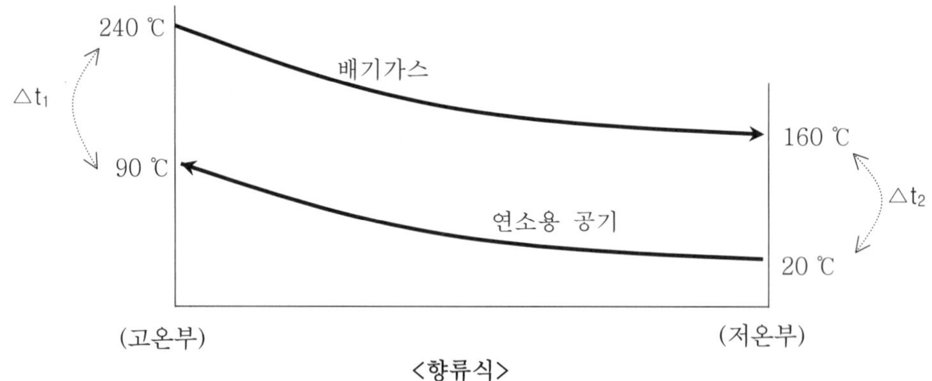

<향류식>

- 대수평균온도차 $\Delta t_m = \dfrac{\Delta t_1 - \Delta t_2}{\ln\left(\dfrac{\Delta t_1}{\Delta t_2}\right)} = \dfrac{(240-90)-(160-20)}{\ln\left(\dfrac{240-90}{160-20}\right)}$

  ≒ 144.94 ℃

12

냉동기에 사용되는 공기압축기 종류를 3가지만 쓰시오.

암기법 : 왕스터

【해답】 **왕복동식**, **스크류식**, **터보형**

13

[보기]에 주어진 [글라스울, 석면, 염화비닐폼, 규산칼슘] 중에서 단열 성능이 우수한 것부터 순서대로 쓰시오.

【보기】 ① 글라스울 ② 석면 ③ 염화비닐폼 ④ 규산칼슘

【해답】 ④ 규산칼슘 → ② 석면 → ① 글라스울 → ③ 염화비닐폼

【해설】 ※ 보온·단열재의 최고안전사용온도(또는, 최고허용온도)

① 보냉, 보온, 단열, 내화재의 최고안전사용온도에 따른 구분

암기법 : 128백 보유무기, 12월35일 닫 네닫 네.
(단 내단 내)

보냉재 - 유기질(보온재) - 무기질(보온재) - 단열재- 내화단열재 - 내화재

보냉재	유기질(보온재)	무기질(보온재)	단열재	내화단열재	내화재
1↓	2↓	8↓	12↓	13~15↓	1580℃↑(이상)
0		0			(SK 26번)
0		0			

(100단위를 숫자아래에 모두 다 추가해서 암기한다.)

② 유기질 보온재의 종류 및 특성

암기법 : 유비(B)가, 콜 택시 (타고) 벨트를 폼으로 맸다.
(텍스) (펠트)

유기질, (B)130↓ 120↓ ⬅ 100↓ ➡ 80℃↓(이하)
(+20) (기준) (-20)
코르크, 텍스, 펠트, 폼

③ 무기질 보온재의 종류 및 특성

(-100) ⬅사➡ (+100)

암기법 : 탄 G 암, 규 석면, 규산리 650필지의 세라믹화이버 무기공장.

250, 300, 400, 500, 550, 650℃↓ (×2) 1300 ↓ (무기질)

탄산마그네슘, 글라스울, 암면
(유리섬유)
규조토, 석면, 규산칼슘
펄라이트(석면+진주암),
세라믹화이버

2020

14

스팀제트식 버너의 특징을 2가지만 쓰시오.

【해답】 ※ **스팀제트식 버너(또는, 고압기류분무식 버너)의 특징**

- 고압(0.2 ~ 0.8 MPa)의 공기나 증기를 이용하여 중유를 무화시키는 방식이다.
  - ㉠ 종류에는 증기분무식, 내부혼합식, 외부혼합식, 중간혼합식이 있다.
  - ㉡ 외부혼합 방식보다 내부혼합 방식이 무화가 잘 된다.
  - ㉢ 분무각은 20° ~ 30° 정도로 가장 좁으며, 화염은 장염이다.
  - ㉣ 유량조절범위가 1 : 10 정도로 가장 커서 고점도 연료도 무화가 가능하다.
  - ㉤ 분무매체는 공기나 증기를 이용한다.
  - ㉥ 부하변동에 대한 적응성이 좋으므로 부하변동이 큰 대용량의 버너에 적합하다.
  - ㉦ 분무매체를 이용하므로, 연소 시 소음발생이 크다.
  - ㉧ 무화용 공기량은 이론공기량의 7 ~ 12 % 정도로 적게 소요된다.

15

급수펌프의 설치 및 시공에 있어서 토출 측에 설치하여 물이 역류되는 것을 방지하는 밸브의 명칭을 쓰고, 이 밸브의 종류를 2가지만 쓰시오.

암기법 : 책(첵), 스리

【해답】 ① 명칭 : **체크 밸브**(check valve 또는 역지밸브)

② 종류 : **스윙**(Swing)식, **리프트**(Lift)식, 디스크(Disc)식, 스윙타입웨이퍼 (Swing type Wafer)식, 스플릿트디스크(Split Disc)식

16

보일러의 증기 배관 라인에 사용되는 기수분리기의 기능에 대해 간략히 설명하시오.

【해답】 • 기능 : 보일러에서 발생한 습증기 속에 포함되어 있는 미세한 물방울을 제거하고자 주증기 배관에 설치하여 증기와 수분을 분리시키는 장치이다.

17

물이 흐르는 배관 속에 피토관을 삽입하여 어떤 지점의 압력을 측정하였더니 전압(전체압력)은 128 kPa, 정압이 120 kPa 일 때 유속은 몇 m/sec 인지 계산하시오.

【해답】 4 m/sec

【해설1】 ● 피토관은 유체의 유속(v)을 측정하는 계측기기로서, $v = \sqrt{2gh}$ 의 만능 공식을 이용하여 빠르게 계산할 수 있다.

$$v = \sqrt{2gh} = \sqrt{2g \times \frac{\Delta P}{\gamma_{유체}}}$$

여기서, γ : 유동유체의 비중량($\gamma = \rho \cdot g$), ΔP : 동압
ρ : 유동유체의 밀도, g : 중력가속도(9.8 m/s²)

한편, 배관 속 유체인 물의 밀도 1000 kg/m³을 암기하고 있어야 하며

$$= \sqrt{2 \times 9.8 m/s^2 \times \frac{8 kPa \times \frac{10332 kgf/m^2}{101.325 kPa}}{1000 kgf/m^3}} \fallingdotseq 4 \text{ m/s}$$

【해설2】 ● $v = \sqrt{2g \times \frac{\Delta P}{\gamma_{유체}}} = \sqrt{2 \times \frac{\Delta P}{\rho_{유체}}} = \sqrt{2 \times \frac{8\ kPa \times \frac{10^3\ N/m^2}{1 kPa}}{1000\ kg/m^3}}$

$$= \sqrt{16\ N \cdot m/kg} = \sqrt{\frac{16 \frac{kg \cdot m}{\sec^2} \times m}{kg}} = \sqrt{16\ m^2/s^2} \fallingdotseq 4 \text{ m/s}$$

【참고】 ● 피토관에서, 앞쪽 구멍의 압력을 **전압**(全壓) 또는 총압(總壓) 또는 전체압력, 뒤쪽을 **정압**(靜壓)이라고 하며, 수주차를 **동압**(動壓)이라고 한다.
∴ 동압 = 전압 - 정압 = 128 kPa - 120 kPa = **8 kPa**

2020

18

다음 그림에서 보여주는 밸브의 명칭 및 특징을 3가지 쓰시오.

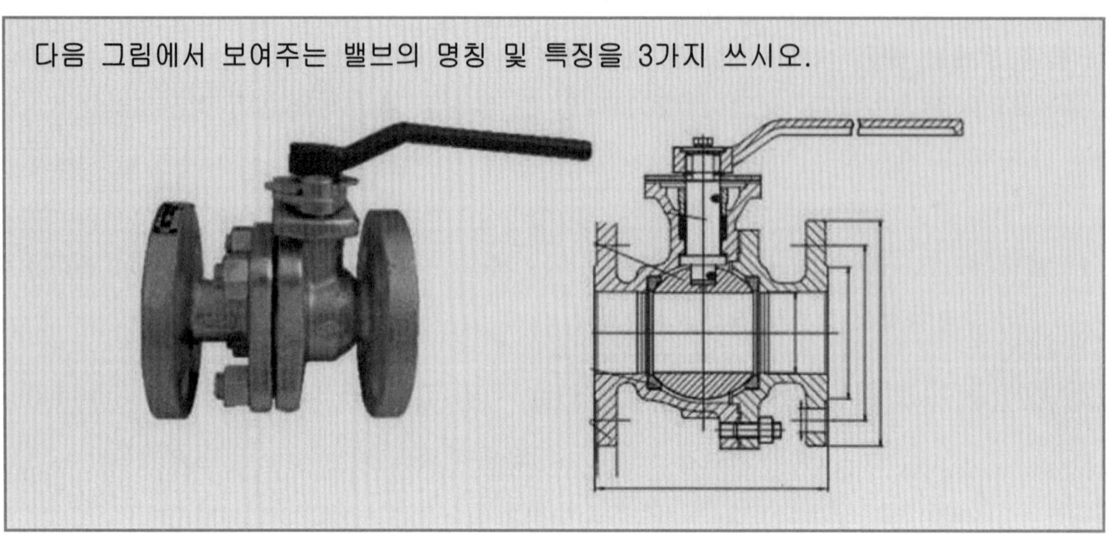

【해답】 • 명칭 : **볼(Ball) 밸브**

• 특징 : ㉠ 구멍이 뚫린 공 또는 원뿔을 좌·우 1° ~ 90° 회전시켜 유량을 조절하고 개폐하는 밸브이다.

㉡ 개폐 동작이 가장 신속하다.

㉢ 완전 열림 시 유체의 흐름에 주는 저항이 작다.

㉣ 기밀을 유지하기 어려워 대유량에는 부적합하다.

㉤ 유체가 흐르는 방향에 따라 2방, 3방, 4방으로 바꾸는 분배 밸브로서 적합하다.

㉥ 구조가 간단하다.

2021년 에너지관리산업기사 실기 기출문제 모음

01

보일러 부속장치 중 수면계의 파손원인을 3가지만 서술하시오.

암기법 : 수면파손으로 경재 너 충격받았니?

【해답】 • 파손원인 : ㉠ (유리관을 너무 오래 사용하여) **경**년 노후화된 경우
㉡ 유리관 자체의 **재**질이 불량할 경우
㉢ 수면계 상·하의 조임 **너**트를 무리하게 조였을 경우
㉣ 외부로부터 무리한 **충격**을 받았을 경우
㉤ 증기압력이 급격히 과다할 경우
㉥ 유리관의 상하 중심선이 일치하지 않을 경우
㉦ 유리에 갑자기 열을 가했을 경우(유리의 열화현상에 의해)

02

보일러 용수의 pH가 적정하지 않으면 어떤 현상이 발생하는지 쓰시오.

【해답】 • 보일러 용수의 pH가 적정하지 않으면 기수 순환계통의 각 부에 부식 등의 장애가 발생한다.
그러므로 보일러의 형식과 압력에 따라 적정 pH를 조정할 필요가 있다.

2021

03

보일러 손상 현상 중 열응력에 의해서 내화벽돌이나 캐스터블이 균열을 일으킨다든가, 쪼개어지는 등 변형되어 손상되는 현상을 무엇이라고 하는지 쓰시오.

【해답】 스폴링(Spalling)

【참고】 ※ **내화물의 열적 손상에 따른 현상**

1) **스폴링(Spalling, 박리 또는 박락)** 암기법 : 폴(뽈)차로, 벽균표
   - 불균일한 가열 및 급격한 가열·냉각에 의한 심한 온도차로 벽돌에 균열이 생기고 표면이 갈라져서 떨어지는 현상

2) **슬래킹(Slaking)** 암기법 : 염(암) 수슬
   - 마그네시아, 돌로마이트를 포함한 소화(消火)성의 염기성 내화벽돌은 수증기의 작용을 받으면 수증기를 흡수하여, 비중변화에 의해 체적팽창을 일으키며 분해가 되어 노벽에 가루모양의 균열이 생기고 떨어져 나가는 현상

3) **버스팅(Bursting)** 암기법 : 크~, 롬멜버스
   - 크롬을 원료로 하는 염기성 내화벽돌은 1600℃ 이상의 고온에서는 산화철을 흡수하여 표면이 부풀어 오르고 떨어져 나가는 현상

04

보일러 버너의 종류 중 건타입 버너의 특징을 2가지만 쓰시오.

【해답】 • 특징 : ㉠ 오일펌프 속에 있는 유압조절밸브에서 조절 공급되므로 연소상태가 양호하다.
㉡ 비교적 소형이며 구조가 간단하다.
㉢ 다익형 송풍기와 버너 노즐을 하나로 묶어서 조립한 장치로 되어 있다.
㉣ 제어장치의 이용도 비교적 손쉽게 되어 있으므로 보일러나 열교환기에 널리 사용된다.
㉤ 사용연료는 등유, 경유이다.
㉥ 노즐에 공급하는 유압은 0.7 MPa(7 kg/cm^2) 이상이다.

05

배관 내 바이패스 회로를 설치하는 목적에 대해 간단히 쓰시오.

암기법 : 바, 유감트

【해답】 • 목적 : 계기(**유**량계, **감**압밸브, 증기**트**랩)의 장치를 점검, 수리, 고장 시 유체를 원활히 공급하기 위하여 설치한다.

【해설】 • 유량계, 감압밸브, 증기트랩에는 반드시 바이패스 배관을 설치하여야 한다.

06

보일러에서 사용되는 안전밸브의 기능을 간단히 서술하시오.

【해답】 • 기능 : 증기보일러에서 발생한 증기압력이 이상 상승하여 설정된 압력 초과 시에 자동적으로 밸브가 열려 증기를 외부로 분출하여 과잉압력을 저하시켜 보일러 동체의 폭발사고를 미연에 방지하기 위한 장치이다.

07

시퀀스 제어와 피드백 제어에 대하여 간단히 설명하시오.

암기법 : 시쿤둥~, 미정순 단동보연

암기법 : 피드설 목제비교 일반보기

【해답】 ① **시퀀**스 제어 - **미**리 **정**해진 **순**서에 따라서 각 **단**계를 **동**작시키는 제어 방식
ex> **보**일러의 **연**소제어

② **피드**백 제어 - **설**정된 **목**표값과 **제**어량을 **비교**하여 **일**치하도록 **반**복시켜 동작하는 제어 방식 ex> **보**일러의 **기**본제어

2021

08

피토관에서 공기가 빠른 속도로 흐르고 있다. 시차식 액주계에 나타난 수은의 수주차는 335 mmHg 이다. 공기의 압력은 101.3 kPa, 15℃에서 비중량은 1.29 kgf/m³ 일 때 공기의 유동속도는 몇 m/s 인가?

【해답】 263 m/s

【해설1】 • $v = \sqrt{2g \times \frac{\Delta P}{\gamma}} = \sqrt{2 \times 9.8\,m/s^2 \times \frac{335\,mmHg \times \frac{10332\,kg/m^2}{760\,mmHg}}{1.29\,kgf/m^3}} \fallingdotseq 263$ m/s

【해설2】 • 피토관은 유체의 유속(v)을 측정하는 계측기기로서 동압을 이용한다.

$$v = \sqrt{2gh} = \sqrt{2g \times \frac{\Delta P}{\gamma}} = \sqrt{2g \times \frac{\Delta P}{\rho \cdot g}} = \sqrt{2 \times \frac{\Delta P}{\rho_{유체}}}$$ 또는,

$$= \sqrt{2g \times \frac{P_0 - P}{\gamma_{유체}}} = \sqrt{2gh\left(\frac{\gamma_0 - \gamma}{\gamma}\right)} = \sqrt{2gh\left(\frac{\gamma_0}{\gamma} - 1\right)}$$

한편, 수은의 비중은 13.6 을 암기하고 있어야 하며

수은의 비중량은 $\gamma_0 = s \cdot \gamma_w$

$= 13.6 \times 1000$ kgf/m³

$= 13600$ kgf/m³

$$= \sqrt{2 \times 9.8\,m/s^2 \times 0.335\,m \times \left(\frac{13600\,kg/m^3}{1.29\,kg/m^3} - 1\right)} \fallingdotseq 263 \text{ m/sec}$$

【참고】 ※ **피토관에서 자주 취급되는 유체의 비중, 밀도, 비중량 값의 이해**

물리량 (기호)	비중 (s)	밀도 (ρ)	비중량 (γ)
물	1	1 g/cm³	γ_w = **1000** kgf/m³
수은	13.6	13.6 g/cm³	$\gamma = s \cdot \gamma_w$ = 13.6 × 1000 kgf/m³ = **13600** kgf/m³
공기	0.001225	ρ_a = 1.225 kg/m³ = $1.225 \times 10^3 g / (10^2 cm)^3$ = $1.225 \times 10^{-3}\, g/cm^3$	γ_a = 1.225 kgf/m³

09

전기식 집진장치의 동작원리에 관한 설명이다. (   )안에 알맞은 말을 번호 순서대로 써넣으시오.

> 전기집진기의 주요작용은 전기력이며, 전기력에 의한 분진 포집원리는 코로나의 (①)의 형성, 분진의 (②), 대전입자의 (③), 포집극 (④) 으로 이루어진다.

【해답】 ① **방전** ② **이온화** ③ **음극** ④ **양극**

10

보일러 파일럿 버너(또는 착화용 버너)의 기능을 쓰시오.

【해답】 • 기능 : 가열용 버너인 메인버너를 점화시켜 주기 위하여 쓰인다.

11

화염검출기의 기능을 설명하고 그 종류를 3가지 쓰시오.

【해답】 ① 기능 - 연소실 내의 화염의 유무를 검출하여 연소상태를 감시하고, 이상 화염 시에는 연료차단용 전자밸브에 신호를 보내서 연료공급밸브를 차단시켜, 연소실내로 들어오는 연료를 차단하여 보일러의 운전을 정지시킨다.

② 종류 - 플레임 아이(Flame eye), 플레임 로드(Flame lod), 스택(Stack) 스위치

2021

12

다음은 보일러 운전의 자동제어(A.B.C)에서 자동제어 명칭에 따른 제어량과 조작량이다. 해당 번호에 알맞은 내용을 쓰시오.

자동제어 명칭	제어량	조작량
①	증기 압력, 노내압	②
③	④	급수량
증기 온도제어(STC)	증기 온도	⑤

【해답】

자동제어 명칭	제어량	조작량
① **자동 연소제어**(ACC)	증기 압력, 노내압	② **연료량,** **공기량,** **연소가스량**
③ **자동 급수제어**(FWC)	④ **보일러 수위**	급수량
증기 온도제어(STC)	증기 온도	⑤ **전열량**

【해설】 ※ **보일러 자동제어 (ABC, Automatic Boiler Control)의 종류**

① 자동연소제어 (ACC, Automatic Combustion Control)
- 보일러에서 발생되는 증기압력 또는 온수온도, 노 내의 압력 등을 적정하게 유지하기 위하여 연료량과 공기량을 가감하여 연소가스량을 조절한다.

② 자동급수제어 (FWC, Feed Water Control)
- 보일러의 연속 운전 시 부하의 변동에 따라 수위 변동도 일어난다. 증기 발생으로 인하여 저감된 수량에 급수를 연속적으로 공급하여 수위를 일정하게 유지할 수 있도록 급수량을 조절한다.

③ 증기온도제어 (STC, Steam Temperature Control)
- 과열증기 온도를 적정하게 유지하기 위하여 주로 댐퍼나 버너의 각도를 조절하여 과열기 전열면을 통과하는 전열량을 조절한다.

④ 증기압력제어 (SPC, Steam Pressure Control)
- 보일러 동체 내에 발생하는 증기압력을 적정하게 유지하기 위하여 압력계를 부착하여 동체 내 증기압력에 따라 압력조절기에서 연료조절밸브 및 공기 댐퍼의 개도를 조절하여 연료량과 공기량을 조절한다.

13

다음 [보기]의 (   )안에 알맞은 단어 또는 숫자를 써 넣으시오.

【보 기】

1) 열전대 온도계의 냉접점의 온도는 (①)로 유지한다.
2) 열선식 유량계는 저항선에 (②)를 흐르게 하여 (③)을 발생시키고 여기에 직각으로 (④)을(를) 흐르게 하여 생기는 온도변화율로부터 유속을 측정하여 유량을 구한다.

【해답】 ① 0℃ ② **전류** ③ **열** ④ **유체**

【해설】 ※ **계측기기의 측정원리**

1) 열전대 온도계
   - 열전쌍(Thermo couple) 회로에서 두 접점 사이의 온도차에 따라 발생되는 열기전력을 측정하여 온도를 계측하는 온도계로서 냉접점의 기준온도는 0℃로 유지하며, 만일 냉접점의 온도가 0℃가 아닌 경우에는 보정을 하여야 한다.
2) 열선(Hot wire)식 유량계
   - 열선식 유량계는 저항선에 전류를 흐르게 하여 주울열을 발생시키고 여기에 직각으로 유체를 흐르게 하여 생기는 온도변화율로부터 유속을 측정하여 유량을 구한다.

14

전기저항식 온도계에 쓰이는 측온저항체의 재료를 4가지 쓰시오.

암기법 : 써니 구백

【해답】 **써**미스터, **니**켈, **구**리, **백**금

【참고】 ※ **전기저항온도계의 측온저항체 종류에 따른 사용온도범위**

- 써미스터(-50 ~ 150 ℃), 니켈(-50 ~ 150 ℃), 구리(0 ~ 120 ℃), 백금(-200 ~ 500 ℃)

2021

15

다음은 액체의 성질을 알아보는 과정이다. (　　)안에 알맞은 말을 쓰시오.

① 푸른색 리트머스 시험지를 산성 액체에 적시면 (　　)색을 띤다.
② 붉은색 리트머스 시험지를 알칼리성 액체에 적시면 (　　)색을 띤다.
③ 푸른색 리트머스 시험지를 중성 액체에 적시면 (　　)색을 띤다.

암기법 : 푸른 산이 붉게 변한다. 염불푸

【해답】 ① 붉은색 또는 적색
② 푸른색 또는 청색
③ 푸른색 또는 청색

【참고】 리트머스 시험지는 중성 액체에서 색깔변화가 없다.

16

다음 [보기]는 증기보일러에 설치하는 안전밸브에 관한 설명이다. (　　) 안에 알맞은 말을 번호 순서대로 써 넣으시오.

【보 기】

증기보일러에는 (①)개 이상의 안전밸브를 설치하여야 한다. 다만, 전열면적 (②) m^2 이하의 증기보일러에서는 (③)개 이상으로 한다.

【해답】 ① 2　② 50　③ 1

【해설】 • 증기보일러 동체(본체)에는 **2개** 이상의 안전밸브를 설치하여야 한다.
(다만, 전열면적이 50 m^2 이하의 증기보일러에서는 **1개** 이상으로 한다.)

17

병류식 열교환기에서 고온 유체가 90℃로 들어가 50℃로 나오고, 저온 유체는 20℃에서 40℃로 가열된다. 대수평균온도차(℃)를 계산하시오.

【해답】 <계산과정> : $\dfrac{(90-20)-(50-40)}{\ln\left(\dfrac{90-20}{50-40}\right)}$

<답> : 30.83 ℃

【해설】 ※ **평행류(또는, 병행류, 병류식 : 서로 같은 방향의 흐름)의 열교환**

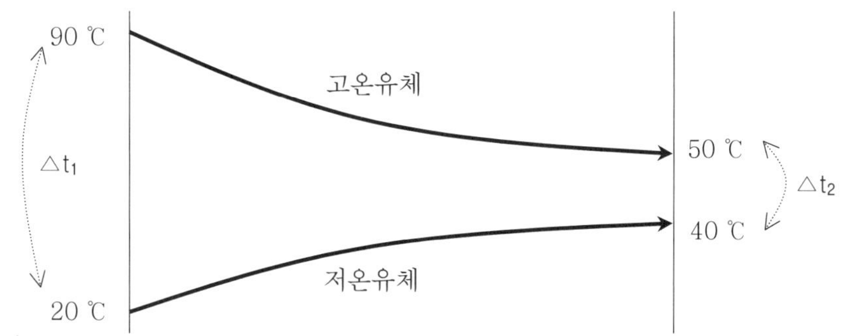

- 대수평균온도차 $\Delta t_m = \dfrac{\Delta t_1 - \Delta t_2}{\ln\left(\dfrac{\Delta t_1}{\Delta t_2}\right)} = \dfrac{(90-20)-(50-40)}{\ln\left(\dfrac{90-20}{50-40}\right)}$

  ≒ 30.83 ℃

18

보일러에서 튜브관이 외부로 부풀어 오르는 현상의 명칭을 적고 발생 원인을 쓰시오.

암기법 : 팽출, 전과!

【해답】 ① 팽출 : 보일러의 튜브관이 외부로 부풀어 오르는 현상

② 발생원인 : (스케일 생성에 의한) 튜브 **전**열면의 **과**열에 의해, 내압력이 증가하여 바깥쪽으로 부풀어 오른다.

2021

19

[보기]에 주어진 [글라스울, 석면, 염화비닐폼, 규산칼슘] 중에서 단열 성능이 우수한 것부터 순서대로 쓰시오.

【보기】 ① 글라스울 ② 석면 ③ 염화비닐폼 ④ 규산칼슘

【해답】 **④ 규산칼슘 → ② 석면 → ① 글라스울 → ③ 염화비닐폼**

【해설】 **※ 보온·단열재의 최고안전사용온도(또는, 최고허용온도)**

① 보냉, 보온, 단열, 내화재의 최고안전사용온도에 따른 구분

암기법 : 128백 보유무기, 12월35일 닫 네닫 네.
(단 내단 내)

보냉재 - 유기질(보온재) - 무기질(보온재) - 단열재- 내화단열재 - 내화재

1↓ 2↓ 8↓ 12↓ 13~15↓ 1580℃↑(이상)
0 0 (SK 26번)
0 0

(100단위를 숫자아래에 모두 다 추가해서 암기한다.)

② 유기질 보온재의 종류 및 특성

암기법 : 유비(B)가, 콜 택시 (타고) 벨트를 폼으로 했다.
(텍스) (펠트)

유기질, (B)130↓ 120↓ ⬅ 100↓ ➡ 80℃↓(이하)
(+20) (기준) (-20)
코르크, 텍스, 펠트, 폼

③ 무기질 보온재의 종류 및 특성

(-100) ⬅사➡ (+100)

암기법 : 탄 G 암, 규 석면, 규산리 650필지의 세라믹화이버 무기공장.

250, 300, 400, 500, 550, 650℃↓ (×2) 1300 ↓ (무기질)

탄산마그네슘, 글라스울, 암면
(유리섬유)
규조토, 석면, 규산칼슘
펄라이트(석면+진주암),
세라믹화이버

20

증기트랩의 종류 중에서 버킷식 트랩에 대한 아래의 물음에 각각 답하시오.

가) 버킷식 트랩의 작동원리는 어떤 힘을 이용하여 개폐하는지 쓰시오.
나) 버킷식 트랩의 형식상 종류 3가지 쓰시오.

【해답】 가) 부력

나) 상향 버킷식, 하향 버킷식, 프리볼 버킷식

21

일반적으로 펌프를 결선하는 주된 이유를 간단히 쓰시오.

【해답】 • 급수펌프의 전동기를 기동할 시에 큰 기동전류가 흐르기 때문에 기동전류를 제한하기 위해서 결선법에 의한 기동법을 사용한다.

【해설】 • 기동 시에는 Y결선으로 기동하여 전류를 $\frac{1}{3}$배로 줄이고, 기동 완료 후 운전 시에는 Δ결선으로 운전한다.

Δ결선을 Y결선으로 바꾸어 주면 전류는 $\frac{1}{3}$배, 전압은 $\frac{1}{\sqrt{3}}$배로 줄어 펌프 운전 시 필요한 동력을 $\frac{1}{3}$배로 줄일 수 있다.

22

다음은 수관식 보일러의 보일러수 순환 과정을 설명한 것이다. 빈 칸에 알맞은 장치나 부품의 명칭을 쓰시오.

> 수관식 보일러에서 보일러수는 (①)에 있는 물을 (②)을 통해서 드럼으로 공급하여 물과 증기를 생성하고 (③)에 의해 물과 증기로 구분된 후, 물은 다시 (④)를(을) 통해서 (①)으로 들어간다.

암기법 : 응급기증

【해답】 ① **응**축수 탱크　　② **급**수내관
③ **기**수분리기　　④ **증**기트랩

23

안전밸브를 양정에 따라 4가지로 분류하여 쓰시오.

암기법 : 안양, 고저 전전

【해답】 **고양정식, 저양정식, 전양정식, 전량식**

【참고】
- 설치목적 : 증기보일러에서 증기압력이 규정상용압력 이상으로 높아지면 보일러가 폭발사고 위험이 있으므로 이것을 사전에 방지하기 위하여 설정압력 이상이 되면 자동적으로 밸브를 열어 증기를 분출시켜 과잉압력을 저하시킨다.
- 설치방법 : 안전밸브는 쉽게 검사할 수 있는 곳에 설치해야 하며, 보일러 몸체의 증기부 상단에 직접 부착시키며, 밸브 축을 동체에 수직으로 설치하여야 한다.
- 구비조건 : ① 증기의 누설이 없을 것
  ② 밸브의 개폐가 자유롭고 신속히 이루어질 것
  ③ 설정압력 초과시 증기 배출이 충분할 것

24

냉동기의 COP(성적계수)가 3.7 일 때, 입력되는 전력이 시간당 100 kW 라면 냉방출력은 몇 kJ/h 인가?

【해답】 **냉방출력 : 1332000 kJ/h**

【해설】 • 성적계수 COP = $\frac{Q_2}{W}$

여기서, Q_2 : 냉방능력(또는, 냉방출력)

W : 압축기의 소비동력(또는, 소비전력)

$\therefore\ Q_2$ = COP × W

= 3.7 × 100 kW × $\frac{3600\,kJ/h}{1\,kW}$ = **1332000 kJ/h**

【참고】 • 단위환산 : 1 kW = k × $\frac{1\,J}{1\sec}$ = k × $\frac{1\,J}{1\sec\times\frac{1\,h}{3600\sec}}$ = 3600 kJ/h

25

자동제어시스템의 패널(Panel) 설계 및 변경 시 주의사항을 3가지만 쓰시오.

암기법 : 안경신 보제

【해답】 ① 시스템의 성능에 따른 **안**정성

② **경**제성을 고려하여 적합한 설계방법을 선정한다.

③ 시스템의 사용범위에 따른 **신**뢰성

【해설】 ※ **자동제어시스템의 패널(Panel) 설계 시 주의사항**

㉠ 시스템의 성능에 따른 **안**정성

㉡ **경**제성을 고려하여 적합한 설계방법을 선정한다.

㉢ 시스템의 사용범위에 따른 **신**뢰성

㉣ **보**수 및 관리가 용이해야 한다.

㉤ 환경조건(온도, 습도 등)에 따른 **제**한사항을 충분히 고려해야 한다.

㉥ 발주자와 충분한 토의를 거쳐 반드시 서로 동의된 상태에서 결정해야 한다.

㉦ 쉽게 조작할 수 있는 안전한 위치에 있도록 해야 한다.

㉧ 공해대책

26

다음 [보기]에 주어진 강관의 명칭을 각각 쓰시오.

【보기】 ① SPP ② SPPH ③ SPPS ④ STBH

【해답】 ① **배관용 탄소강관** ② **고압배관용 탄소강관**
③ **압력배관용 탄소강관** ④ **보일러·열교환기용 탄소강관**

【해설】 ※ **배관의 기호와 명칭**

㉠ SPP (carbon Steel Pipe for ordinary Piping)
- 배관용 탄소강관 : 1.0 MPa↓ (10 kgf/cm^2), 350℃ 이하

㉡ SPPS (Steel Pipe Pressure Service)
- 압력배관용 탄소강관 : 1.0 MPa↑ (10 kgf/cm^2), 350℃ 이하

㉢ SPPH (Steel Pipe Pressure High)
- 고압배관용 탄소강관 : 10 MPa↑ (100 kgf/cm^2), 350℃ 이하
(연료분사용 배관으로 쓰인다.)

㉣ SPHT (Steel Pipe High Temperature)
- 고온배관용 탄소강관 : 350℃ 이상

㉤ STB 또는 STH 또는 STBH (Steel Tubes for Boiler and Heat exchaner)
- 보일러 · 열교환기용 탄소강관

㉥ STHA (Steel Tube Heat Alloy)
- 보일러 · 열교환기용 합금강 강관

27

다음 [보기]의 4가지 보온·단열재의 최고허용온도를 쓰시오.

【보기】 ① 글라스울 ② 석면 ③ 암면 ④ 세라믹화이버

【해답】 ① - 글라스울 : 300 ℃ ② - 석면 : 550 ℃
③ - 암면 : 400 ℃ ④ - 세라믹화이버 : 1300 ℃

【해설】 ※ 보온·단열재의 최고안전사용온도(또는, 최고허용온도)

① 보냉, 보온, 단열, 내화재의 최고안전사용온도에 따른 구분

암기법 : 128백 보유무기, 12월35일 닫 네닫 네.
(단 내단 내)

보냉재 - 유기질(보온재) - 무기질(보온재) - 단열재- 내화단열재 - 내화재

보냉재	유기질(보온재)	무기질(보온재)	단열재	내화단열재	내화재
1↓	2↓	8↓	12↓	13~15↓	1580℃↑(이상)
0		0			(SK 26번)
0		0			

(100단위를 숫자아래에 모두 다 추가해서 암기한다.)

② 유기질 보온재의 종류 및 특성

암기법 : 유비(B)가, 콜 택시 (타고) 벨트를 폼으로 맸다.
(텍스) (펠트)

유기질, (B)130↓ 120↓ ⬅ 100↓ ➡ 80℃↓(이하)
(+20) (기준) (-20)
코르크, 텍스, 펠트, 폼

③ 무기질 보온재의 종류 및 특성

(-100) ⬅사➡ (+100)

암기법 : 탄 G 암, 규 석면, 규산리 650필지의 세라믹화이버 무기공장.

250, 300, 400, 500, 550, 650℃↓ (×2) 1300 ↓ (무기질)

탄산마그네슘, 글라스울, 암면
(유리섬유)
규조토, 석면, 규산칼슘
펄라이트(석면+진주암),
세라믹화이버

2021

2022년 에너지관리산업기사 실기 기출문제 모음

01

보일러에 설치되는 방폭문의 기능에 대해 간단히 설명하시오.

【해답】 • 기능 : 보일러 연소실 내부에서 미연소가스로 인한 폭발가스를 보일러 밖으로 배출시켜 보일러 내부의 파열을 방지하기 위한 장치로 후부에 설치한다.

02

핀-튜브형 열교환기의 장점을 간단히 쓰시오.

【해답】 • 장점 : 튜브에 핀을 부착하여 튜브 표면의 전열면적을 증가시켜 열교환시 전열을 양호하게 해준다. (따라서, 열교환기의 외형 크기를 작게 할 수 있다.)

03

화염검출기의 기능을 설명하고 그 종류를 3가지 쓰시오.

【해답】 ① 기능 - 연소실 내의 화염의 유무를 검출하여 연소상태를 감시하고, 이상 화염 시에는 연료차단용 전자밸브에 신호를 보내서 연료공급밸브를 차단시켜, 연소실내로 들어오는 연료를 차단하여 보일러의 운전을 정지시킨다.

② 종류 - 플레임 아이(Flame eye), 플레임 로드(Flame lod), 스택(Stack) 스위치

04

보일러에 부착된 스케일의 상온에서의 열전도율과 스케일이 보일러에 끼치는 악영향에 대하여 3가지만 쓰시오.

【해답】 1) 열전도율 : 2 kcal/m·h·℃

2) 악영향 : ㉠ 스케일은 열전도의 방해물질이므로 열전도율이 감소된다.

㉡ 보일러 열효율이 저하된다.

㉢ 배기가스의 온도가 높아진다.

㉣ 연료소비량이 많아진다.

【참고】 ※ **주요 재료의 상온에서 열전도율(kcal/m·h·℃) : 고체 〉 액체 〉 기체**

재료	열전도율	재료	열전도율	재료	열전도율
은	360	스케일	2	고무	0.137
구리	340	콘크리트	1.2	그을음	0.1
알루미늄	175	유리	0.8	공기	0.022
니켈	50	물	0.5	일산화탄소	0.020
철	40	수소	0.153	이산화탄소	0.013

05

다음은 안전밸브에 대한 설명이다. 각각의 질문에 답하시오.

1) 안전밸브의 작동시험 시, 1개의 밸브가 보일러 최고사용압력 이하에서 작동되도록 설정되어 있다면, 나머지 1개의 밸브는 최고 사용 압력의 몇 배 이하에서 작동될 수 있도록 조정하는지 쓰시오.
2) 점검은 분출 압력의 (　) % 이상 되었을 때, 1일 1회 이상 행하도록 하는지 쓰시오.

【해답】 1) 작동압력 : 최고사용압력의 (**1.03**) 배의 압력 이하

2) (**75**) %

【참고】
- 안전밸브의 분출압력은 1개일 경우 최고사용압력 이하, 안전밸브가 2개 이상인 경우 그 중 1개는 최고사용압력(1.0배) 이하, 기타는 최고사용압력의 1.03배 이하일 것
- 설치위치는 쉽게 검사할 수 있도록 증기부 상단에 동체에 수직으로 직접 부착해야 하며, 수동에 의한 점검은 분출압력의 75 % 이상 되었을 때 시험레버를 작동시켜 보는 것으로 1일 1회 이상 시행한다.

06

그림에 보이는 유량계의 명칭을 쓰고, 괄호에 알맞은 말을 쓰시오.

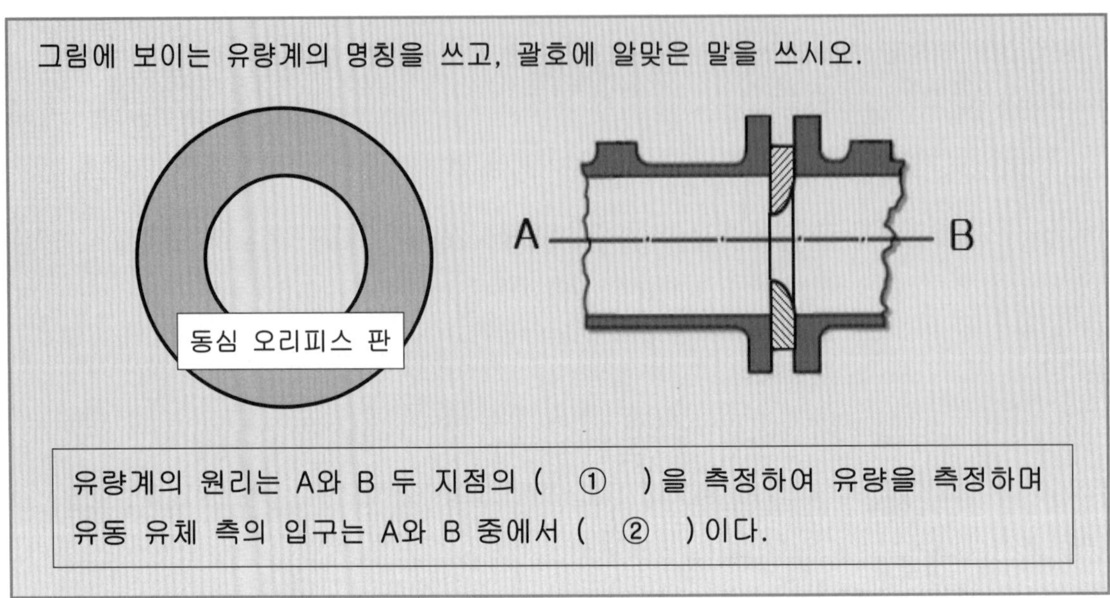

유량계의 원리는 A와 B 두 지점의 (①)을 측정하여 유량을 측정하며 유동 유체 측의 입구는 A와 B 중에서 (②)이다.

【해답】 • 명칭 : **오리피스 유량계**

• 괄호 : ① **차압**, ② A

【해설】 위 그림에서 빗금 친 부분이 유체를 분출시키는 구멍인 오리피스 단면이다. A쪽보다 B쪽으로 확장되어 있으므로 유체가 흐르는 방향은 A → B 이다.

07

흡수식 냉동기에서 흡수제로 사용되는 것의 물질명을 쓰시오.

【해답】 **리튬브로마이드(LiBr)**

【해설】 ※ **흡수식 냉동기의 원리**

- 흡수액의 온도 변화로 냉매를 흡수, 분리하고 응축, 증발시켜서 냉수 등을 만드는 기계 설비로서, **장점**으로는 냉방시 압축기를 사용하는 전력구동 방식과는 달리 냉매(물)속에 투입된 흡수제(LiBr, 리튬브로마이드)에 가스나 증기를 사용함으로써 적은 전력소모량으로 전기압축기와 같은 효과를 얻을 수 있다. **단점**으로는 흡수제로 사용되는 LiBr 용액이 부식성이 크므로 부식억제제 및 세심한 유지관리가 요구된다.

08

A공장은 시간당 용량 5 톤, 최고사용압력 7 kgf/cm^2, 열효율 87.5 %의 노통연관식 보일러 2대에서 벙커 C유를 6370 kL를 사용하였다.
또한, 400 kW의 디젤 발전기 1대를 보유하고 있는데 작년에 860 MWh를 발전하여 경유 190 kL를 사용하였고, 한전에서 6780 MWh를 수전받았다. A공장의 에너지 사용 및 설비현황을 아래 양식에 따라 빈칸을 작성하시오.
(단, 석유환산계수(toe)는 벙커C유 : 0.99, 경유 : 0.92
유연탄 : 0.66, 전기 : 0.25 를 적용한다.)

설비명	형식	용량	대수	에너지 사용량(toe)
보일러	노통연관식	①	②	③
발전기	디젤	④	⑤	⑥

【해답】

설비명	형식	용량	대수	에너지 사용량(toe)
보일러	노통연관식	5톤/h	2	6306.3
발전기	디젤	400 kW	1	174.8

③ 노통연관식 보일러의 에너지 사용량 : 6370 kL × 0.99 toe/kL = **6306.3 toe**

⑥ 디젤발전기의 에너지 사용량 : 190 kL × 0.92 toe/kL = **174.8 toe**

【참고】 • 에너지총계 = 연료 + 전력
= (6306.3 toe + 174.8 toe) + 6780 MWh × 0.25 toe/MWh
= 6481.1 toe + 1695 toe = **8176.1 toe**

09

면적식 유량계인 로터미터의 장점을 2가지 쓰시오.

암기법 : 로고 가사편

【해답】 • 장점 : ㉠ **고**점도 유체의 유량측정도 가능하다.
㉡ **가**격이 싸며, **사**용이 간**편**하다.

10

산업현장에서 쓰이는 냉매의 구비조건을 3가지 쓰시오.

암기법 : 냉전증인임↑

암기법 : 압점표값과 비(비비)는 내린다↓

【해답】 ※ **냉매의 구비조건**

㉠ **전**열이 양호할 것
㉡ **증**발잠열이 클 것
㉢ **인**화점이 높을 것
㉣ **임**계온도가 높을 것
㉤ 상용**압**력범위가 낮을 것
㉥ **점**성도와 **표**면장력이 작아 순환동력이 적을 것
㉦ **값**이 싸고 구입이 쉬울 것
㉧ **비**체적이 작을 것
㉨ **비**열비가 작을 것
㉩ **비**등점이 낮을 것
㉪ 금속 및 패킹재료에 대한 부식성이 적을 것
㉫ 환경 친화적일 것

11

대체 에너지로서 태양열과 태양광으로부터 얻는 에너지의 차이점에 대하여 간단히 설명하시오.

【해답】
- 태양열 에너지 : 태양의 열에너지를 오목 반사경으로 모아서 난방·온수의 에너지원으로 이용하거나 변환시켜 태양열 발전으로 이용한다.
- 태양광 에너지 : 태양의 빛에너지를 태양전지판에 쏘이면 전기가 발생하는 원리를 이용한다.

12

다음 내용은 수면계 부속장치에 대한 설명이다. 각각의 질문에 답하시오.

1) 보일러의 상용수위는 수면계의 어느 부분에 일치시키는지 쓰시오.
2) 보일러 본체와 연결된 수주관(연락관)의 크기는 몇 A 이상으로 하는지 쓰시오.
3) 보일러 수위측정(검출) 장치의 종류를 2가지 쓰시오.
4) 수면계 설치개수를 쓰시오. (단, 소용량 및 1종 관류보일러의 경우는 제외한다.)

【해답】 1) **보일러 상용수위는 수면계의 중심선에 일치시킨다.**

2) 크기 : 20A

3) **플로트식 수위검출기, 전극봉식 수위검출기**

4) **설치개수 : 2개 이상**

【해설】 [보일러 제조검사 기준]에 따르면,

- 노통보일러 및 노통연관보일러의 상용수위는 동체 중심선에서부터 동체 반지름의 65% 이하이어야 한다. 이때 상용수위는 수면계 중심선에 일치시킨다.
- 증기보일러에는 2개(소용량 및 1종 관류보일러는 1개)이상의 유리 수면계를 보일러내의 수위를 육안으로 확인할 수 있도록 동일한 높이에 나란히 부착하여야 한다.

[보일러 제조검사 기준, (수주관과의 연락관)]에 따르면,

- 수주관과 보일러를 연결하는 관(연락관)은 호칭지름 20A(또는, 20 mm) 이상으로 한다. **암기법** : 수리공(20), 연락해

13

보일러 급수 내 슬러지 조정을 위해 사용되는 약품 3가지를 쓰시오.

【해답】 • **리그린, 녹말, 탄닌**

【해설】 ※ **슬러지 조정제** **암기법** : 슬며시, 리그들 녹말 탄니?

- 종류 : 리그린, 녹말, 탄닌
- 급수 속에 녹아있는 성분의 일부가 운전중인 보일러내에서 화학 변화에 의하여 불용성 물질로 되어, 보일러수 속에 현탁 또는 보일러 바닥에 침전하는 불순물을 슬러지(sludge)라고 한다.

14

압력계의 눈금이 50 (빨간눈금)을 지시하고 있다. 이 압력계의 게이지압력(kgf/cm^2)은 얼마인지 구하시오. (단, 대기압은 1 kgf/cm^2 또는 760 mmHg 로 한다.)

암기법 : 절대계, 절대마진

【해답】 - 0.66 kgf/cm^2

【해설】 그림에서의 게이지압력은 부(-)압인 진공압이므로

$$- 게이지\ 압력 = -\left(50\,cmHg \times \frac{1\,kgf/cm^2}{76\,cmHg}\right) = -0.6578 ≒ -0.66\,\mathrm{kgf/cm^2}$$

【참고】 • 절대압력 = 대기압 - 진공압

$$= 1\,\mathrm{kgf/cm^2} - \left(50\,cmHg \times \frac{1\,kgf/cm^2}{76\,cmHg}\right) ≒ 0.34\,\mathrm{kgf/cm^2}$$

절대압력 = 대기압 + 게이지압

∴ 게이지압 = 절대압력 - 대기압

$$= 0.34\,\mathrm{kgf/cm^2} - 1\,\mathrm{kgf/cm^2} = -0.66\,\mathrm{kgf/cm^2}$$

2022

15

그림에서 보여주는 A, B, C 증기트랩의 명칭과 설치목적을 2가지만 쓰시오.

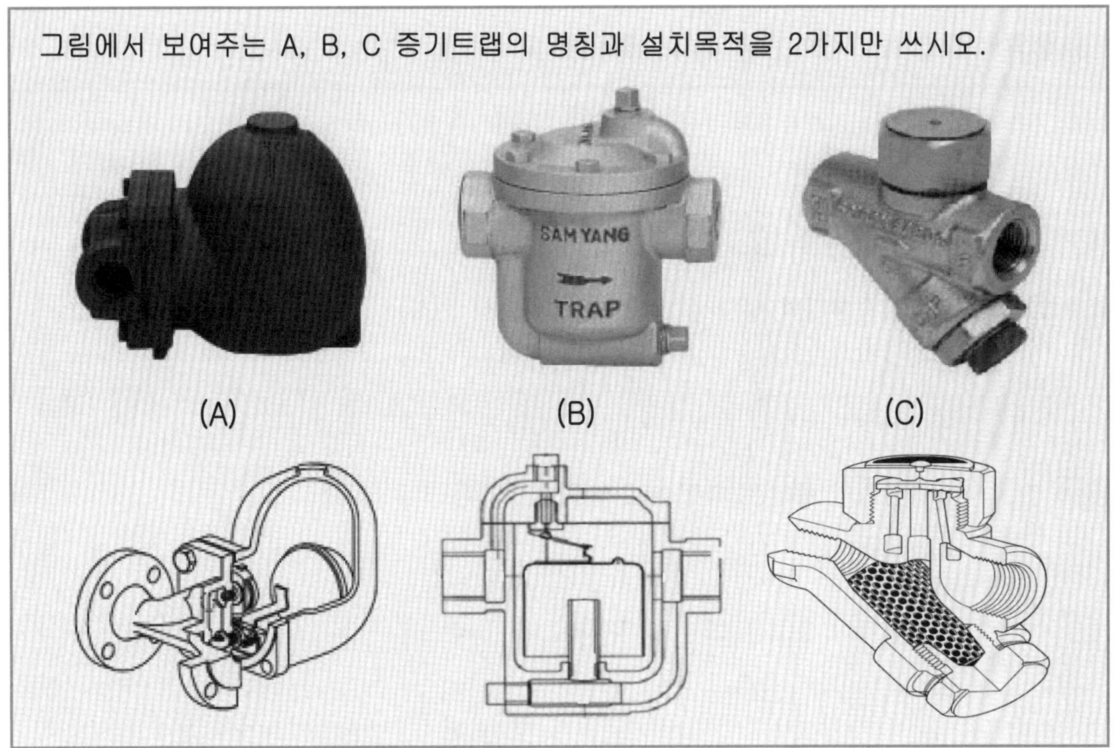

(A) (B) (C)

【해답】 • 명칭 : A - **플로트식 증기트랩**

B - **버킷식 증기트랩**

C - **디스크식 증기트랩**

• 설치목적 : ㉠ 관내 응축수 배출로 인해 수격작용 방지 **암기법** : 응수부방

㉡ 관내 부식 방지

【참고】 ※ **증기트랩의 [장점]**

㉠ 트랩에서의 응축수 배출로 배관내의 수격작용 방지 및 부식을 방지한다.

㉡ 트랩에서의 응축수 회수로 열효율이 증가하고 급수처리 비용이 절감된다.

16

송풍기의 회전수를 4배 증가시키면 풍압은 몇 배 증가하는지 쓰시오.

암기법 : 1 2 3 회(N)
유 양 축
3 2 5 직(D)

【해답】 • **16배** (풍압은 회전수의 제곱에 비례한다.)

【해설】 ※ **원심식 송풍기의 상사성 법칙(또는, 친화성 법칙)**

㉠ 송풍기의 유량(풍량)은 회전수에 비례한다.

$$Q_2 = Q_1 \times \left(\frac{N_2}{N_1}\right) \times \left(\frac{D_2}{D_1}\right)^3 = Q_1 \times \left(\frac{N_2}{N_1}\right)$$

㉡ 송풍기의 풍압은 회전수의 제곱에 비례한다.

$$P_2 = P_1 \times \left(\frac{N_2}{N_1}\right)^2 \times \left(\frac{D_2}{D_1}\right)^2 = P_1 \times \left(\frac{N_2}{N_1}\right)^2$$

㉢ 송풍기의 동력은 회전수의 세제곱에 비례한다.

$$L_2 = L_1 \times \left(\frac{N_2}{N_1}\right)^3 \times \left(\frac{D_2}{D_1}\right)^5 = L_1 \times \left(\frac{N_2}{N_1}\right)^3$$

여기서, Q : 유량(또는, 풍량)
P : 양정(또는, 풍압)
L : 축동력
N : 회전수
D : 임펠러의 직경(지름)

17

다음은 폐열회수장치에 관한 설명이다. (　　)안에 알맞은 장치를 각각 쓰시오.

보일러 배기가스의 여열을 회수하여 급수를 예열하는 장치를 (㉠)라고 하며, 공기를 예열하는 장치를 (㉡)라고 한다.

암기법 : 공예 절수

【해답】 ㉠ **절탄기**　　㉡ **공기예열기**

18

열전대 온도계의 측정원리에 대해 간단히 설명하시오.

【해답】 • 측정원리 : 열전대 온도계는 2개의 서로 다른 열전쌍(Thermo couple) 재질의 금속선의 양단을 접합하고, 두 접점 사이의 온도차에 따라 발생되는 열기전력을 측정하여 온도를 계측하는 온도계로서, 냉접점의 기준 온도는 0℃로 유지한다.

19

안전밸브를 양정에 따라 4가지로 분류하여 쓰시오.

암기법 : 안양, 고저 전전

【해답】 **고양정식, 저양정식, 전양정식, 전량식**

【참고】 • 설치목적 : 증기보일러에서 증기압력이 규정상용압력 이상으로 높아지면 보일러가 폭발사고 위험이 있으므로 이것을 사전에 방지하기 위하여 설정압력 이상이 되면 자동적으로 밸브를 열어 증기를 분출시켜 과잉압력을 저하시킨다.
• 설치방법 : 안전밸브는 쉽게 검사할 수 있는 곳에 설치해야 하며, 보일러 몸체의 증기부 상단에 직접 부착시키며, 밸브 축을 동체에 수직으로 설치하여야 한다.
• 구비조건 : ① 증기의 누설이 없을 것
② 밸브의 개폐가 자유롭고 신속히 이루어질 것
③ 설정압력 초과시 증기 배출이 충분할 것

20

용접봉 건조기의 사용 목적을 간단히 쓰시오.

【해답】 사용 목적 : 용접봉을 건조시켜서 아크불량 등의 용접불량을 방지하기 위해

21

어느 보일러의 매 시간당 증발량이 3000 kg 이고, 증기압이 2 MPa 이며, 급수온도는 50 ℃로 공급된다고 한다. 이 압력에서 발생증기의 엔탈피는 2721 kJ/kg 일 때, 다음 물음에 답하시오. (단, 연료소비량은 1400 kg/h 이고, 연료의 저위발열량은 6280 kJ/kg 이며, 물의 증발잠열은 2257 kJ/kg 로 계산한다.)

① 상당증발량(또는, 환산증발량)

② 증발계수

③ 증발배수

④ 보일러 효율(%)을 구하시오.

암기법 : 계실상, 배연실, (효율좋은)보일러 사저유

【해답】 ① 3338.49 kg-증기/h ② 1.11 ③ 2.14 kg-증기/kg-연료 ④ 85.7 %

【해설】 • 상당증발량 $w_e = \dfrac{w_2 \cdot (H_2 - H_1)}{2257}$ 여기서, w_2 : 실제증발량

$= \dfrac{3000 \times (2721 - 50 \times 4.1868)}{2257} ≒ 3338.49$ kg-증기/h

• 증발계수 f $= \dfrac{w_e\,(\text{상당증발량})}{w_2\,(\text{실제증발량})} = \dfrac{H_2 - H_1}{2257} = \dfrac{\text{발생증기 엔탈피} - \text{급수엔탈피}}{\text{증발잠열}}$

$= \dfrac{(2721 - 50 \times 4.1868)}{2257} ≒ 1.11$

• 증발배수 R $= \dfrac{w_2\,(\text{실제증발량})}{m_f\,(\text{연료소비량})}$

$= \dfrac{3000\ kg_{-\text{증기}}/h}{1400\ kg_{-\text{연료}}/h} = 2.1428 ≒ 2.14$ kg-증기/kg-연료

• 보일러 효율 $\eta = \dfrac{Q_s}{Q_{in}} = \dfrac{\text{유효출열(발생증기의 흡수열)}}{\text{총입열량}}$

$= \dfrac{w_2 \cdot (H_2 - H_1)}{m_f \cdot H_L} \times 100\,(\%)$

$= \dfrac{3000\,kg/h \times (2721 - 50 \times 4.1868)\,kJ/kg}{1400\ kg/h \times 6280\ kJ/kg} \times 100$

$= 85.7\,\%$

22

저압의 증기로 난방을 하는 건물에서 증기방열기의 표면적이 780 m^2 일 때 방열기에서 발생하는 응축수량(kg/h)을 계산하시오.
(단, 표준방열량으로 하고, 증기배관에서 응축수량은 방열량의 30 % 로 계산한다.)

【해답】 <계산과정> : $2730\ kJ/m^2 \cdot h \times 780\ m^2 \times 0.3 = x \times 2257\ kJ/kg$

<답> : **283.04 kg/h**

【해설】 ※ **열매체에 따른 표준방열량과 상당방열면적**

암기법 : 수 사오공 , 증 육오공

열매체 종류	표준방열량 ($kcal/m^2 \cdot h$)	표준방열량 ($kJ/m^2 \cdot h$)	방열기내 평균온도(℃)	실내온도 (℃)	방열계수 ($kJ/m^2 \cdot h \cdot ℃$)	표준온도차 (℃)
온수	450	1890	80	18.5	30.1	61.5
증기	650	**2730**	102	18.5	33.5	83.5

- 방열에 의한 총열손실 $Q_{총} = Q_{표준} \times A$

$= 2730\ kJ/m^2 \cdot h \times 780\ m^2$

$= 2129400\ kJ/h$

- 응축수 발생량(m_w)은 $Q_{총} \times 0.3 = m_w \cdot R$

여기서, R : 증발잠열 (2257 kJ/kg)

$$\therefore \text{응축수량 } m_w = \frac{Q_{총} \times 0.3}{R} = \frac{2129400\ kJ/h \times 0.3}{2257\ kJ/kg}$$

$= \mathbf{283.04\ kg/h}$

23

내화물에 불균일한 가열 또는 냉각 등으로 발생하는 열팽창의 차에 의해 내화재의 변형과 균열이 생기는 현상을 무엇이라 하며, 내화물이란 SK 몇 번 이상, 온도 몇 ℃ 이상의 내화조건을 가져야 하는지 쓰시오.

① 현상 :

② 내화물 : SK는 (　　)번 이상, 온도는 (　　)℃ 이상이어야 한다.

【해답】 ① **스폴링** ② SK **26번** 이상, 온도 **1580** ℃ 이상

【해설】 **암기법** : 내화도 – 독일공업규격에 따른 Seger cone (제게르콘) 26번 이상을 사용온도범위에 따라서 SK 번호로 나타낸다.

26 + 10번 = 36번

36 + 6번 = 42번 --------> 2000 ℃

	↓-40	41
	↓-40	40
	↓-40	39
1850	(중간)	38
빨리 와!~(825)		37

26 : **1580** ℃ ↓+30
27 : **1610** ℃ ↓+20
28 : 1630 ℃ (↓+20)씩 증가
29 : 1650
30 : 1670
31 : 1690
32 : 1710
33 : 1730
34 : 1750
35 : 1770
36 : 1790 ℃

37 : 1825 ℃(빨리 와!~)
38 : 1850 ℃
39 : 1880 ℃
40 : 1920 ℃
41 : 1960 ℃
42 : 2000 ℃

【해설】 ※ **내화물의 열적 손상에 따른 현상**

1) **스폴링(Spalling, 박리 또는 박락)** **암기법** : 폴(뽈)차로, 벽균표

- 불균일한 가열 및 급격한 가열·냉각에 의한 심한 온도**차로 벽**돌에 **균**열이 생기고 **표**면이 갈라져서 떨어지는 현상

2) **슬래킹(Slaking)** **암기법** : 염(암) 수슬

- 마그네시아, 돌로마이트를 포함한 소화(消火)성의 **염**기성 내화벽돌은 수증기의 작용을 받으면 수증기를 흡수하여, 비중변화에 의해 체적팽창을 일으키며 분해가 되어 노벽에 가루모양의 균열이 생기고 떨어져 나가는 현상

3) **버스팅(Bursting)** **암기법** : 크~, 롬멜버스

- 크롬을 원료로 하는 염기성 내화벽돌은 1600℃ 이상의 고온에서는 산화철을 흡수하여 표면이 부풀어 오르고 떨어져 나가는 현상

2023

2023년 에너지관리산업기사 실기 기출문제 모음

2023년 제1회(4월 26일 시행)

01

노재온도가 600℃인 가열로가 있다. 0.5 m × 0.5 m 의 사각 출입구를 열 경우 손실되는 열량(W)을 구하시오. (단, 노재의 방사율 0.38 이며, 실내온도 30℃ 이다.)

【해답】 3083.3 W

【해설】 • 열전달 방법 중 복사(또는, 방사)에 의한 방열 손실열량(Q)은 스테판-볼츠만의 법칙으로 계산된다.

$$Q = \varepsilon \times \sigma(T_1^4 - T_2^4) \times A$$

$$= 0.38 \times 5.67 \times 10^{-8}\ W/m^2 \cdot K^4 \times [(273+600)^4 - (273+30)^4]\,K^4 \times (0.5 \times 0.5)\,m^2$$

$$= 3083.3\ W$$

여기서, σ : 스테판 볼츠만 상수($5.67 \times 10^{-8}\ W/m^2 \cdot K^4$)
ε : 표면 방사율(복사율) 또는 흑도
T_1 : 방열물체의 표면온도(K)
T_2 : 실내온도(K)
A : 방열물체의 표면적(제시없으면 $1\ m^2$)

【참고】 • 스테판 볼츠만 상수 $\sigma = 4.88 \times 10^{-8}\ kcal/m^2 \cdot h \cdot K^4$

$$= 4.88 \times 10^{-8} \times \frac{kcal \times \frac{4.1868\,kJ}{1\,kcal} \times \frac{10^3\,J}{1\,kJ}}{h \times \frac{3600\,\sec}{1\,h} \times m^2 \cdot K^4}$$

$$= 5.67 \times 10^{-8}\ W/m^2 \cdot K^4$$

02

보일러 연료 계통에 사용되는 유수분리기의 설치 목적을 간단히 쓰시오.

【해답】 • 설치목적 : 오일에 함유된 물을 분리하여 배출시켜 연소를 원활하게 한다.

03

다음 그림에서 (가), (나) 밸브의 명칭을 각각 적고, 분출 및 닫힘 조작 시 조작 순서를 각각 쓰시오.

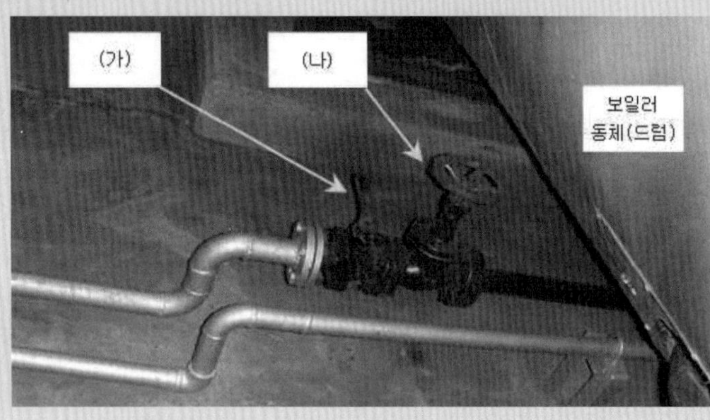

【해답】 • 명칭 - (가) 콕 밸브, (나) 분출 밸브
• 조작순서 - 분출 시 : (가) --> (나), 닫힘 시 : (나) --> (가)

【해설】 ※ **분출시 밸브조작 순서** **암기법** : 열코 닫분

- **열** 때 : **콕** 먼저 열고 분출밸브는 나중에 연다.
- **닫**을 때 : **분**출밸브 먼저 잠그고 콕을 나중에 잠근다.

보일러 수저 분출은 동체내의 수압에 의하여 동저에 있던 침전물을 동체 밖으로 강하게 배출시키는 것이므로 신속하고 민첩하게 개폐 작업을 해야 한다.
따라서, 신속한 개폐용인 콕밸브를 먼저 열고 나중에 닫는다.

【참고】 • **분출**장치 설치목적 **암기법** : 분출, 농고 캐청

㉠ 보일러수 **농**축 방지 ㉡ **고**수위 운전방지
㉢ **캐**리오버 예방 ㉣ **청**소시 폐액 제거

• 2개의 밸브를 직렬로 설치하는 이유
- 콕 밸브는 신속하고 민첩한 개폐를 위해, 분출밸브는 유량조절을 위해서이다.
또한, 1개가 고장시에는 예비용으로도 사용할 수 있다.

04

보일러에서 사용되는 파형노통의 장점을 2가지만 쓰시오.

【해설】 • 장점 : ㉠ 전열면적이 증가된다.
㉡ 파형부에서 길이방향의 열팽창에 의한 신축이 자유롭다.

05

오벌(Oval, 타원형 기어)식 유량계에 대해 설명하시오.

【해답】 ※ **오벌(Oval, 타원형 기어)식 유량계**

- 원형의 케이싱 내에 2개의 타원형 치차(齒車, 톱니바퀴, 기어) 회전자가 액체의 유입 측과 유출 측의 차압에 의해 회전한다. 1회전마다 일정량을 통과시키므로 그 회전수에 따라서 체적유량이 측정된다.
  설치가 간단하고 내구력이 우수하며 2개의 치차가 서로 맞물려 도는 것을 이용하므로 비교적 측정정도(精度)가 높다.
  구조상, 액체에만 측정할 수 있으며 기체의 유량 측정은 불가능하다.

06

오일 이송펌프의 구조상 형식에 따른 종류를 3가지 쓰시오.

암기법 : 펌프로 풀베기

【해답】 • 구조상 종류 : **로**터리 펌프, **플**런저 펌프, **베**인 펌프, **기**어 펌프

07

보일러 배기가스 연도에 사용되는 배기가스 온도 상한 스위치의 기능에 대해 설명하시오.

【해답】 • 기능 : 배기가스 온도가 설정된 온도를 초과시 연료공급을 차단시켜 보일러의 작동을 중단시킨다.

08

안전밸브를 양정에 따라 4가지로 분류하여 쓰시오.

암기법 : 안양, 고저 전전

【해답】 **고양정식, 저양정식, 전양정식, 전량식**

【참고】
- 설치목적 : 증기보일러에서 증기압력이 규정상용압력 이상으로 높아지면 보일러가 폭발사고 위험이 있으므로 이것을 사전에 방지하기 위하여 설정압력 이상이 되면 자동적으로 밸브를 열어 증기를 분출시켜 과잉압력을 저하시킨다.
- 설치방법 : 안전밸브는 쉽게 검사할 수 있는 곳에 설치해야 하며, 보일러 몸체의 증기부 상단에 직접 부착시키며, 밸브 축을 동체에 수직으로 설치하여야 한다.
- 구비조건 : ① 증기의 누설이 없을 것
  ② 밸브의 개폐가 자유롭고 신속히 이루어질 것
  ③ 설정압력 초과시 증기 배출이 충분할 것

09

주철제 온수보일러의 최고사용압력이 수두압 50 mAq 이고 용량이 50만 kcal/h 이다. 만약, 안전밸브를 설치하지 않고 방출관을 쓰고자 설치할 계획이라면 방출관의 최소 안지름은 몇 mm 이상 되어야 하는지 쓰시오. (단, 전열면적은 18 m^2 이다.)

【해답】 40 mm

【해설】 온수보일러에서 안전밸브 대신에 안전장치로 쓰이는 방출밸브 및 방출관의 안지름은 전열면적에 비례한다. 암기법 : **전열면적**(구간의)**최대값 × 2 ≒ 안지름값↑**

전열면적 (m^2)	방출관의 안지름 (mm)
10 미만	25 이상
10 이상 ~ **15** 미만	30 이상
15 이상 ~ **20** 미만	**40 이상**
20 이상	50 이상

10

급수펌프의 설치 및 시공에 있어서 토출 측에 설치하여 물이 역류되는 것을 방지하는 밸브의 명칭을 쓰고, 이 밸브의 종류를 2가지만 쓰시오.

암기법 : 책(첵), 스리

【해답】 ① 명칭 : **체크 밸브**(check valve 또는 역지밸브)

② 종류 : **스윙**(Swing)식, **리프트**(Lift)식, 디스크(Disc)식,
스윙타입웨이퍼(Swing type Wafer)식, 스플릿트디스크(Split Disc)식

11

플랜지 이음의 설치목적에 대해 간단하게 쓰시오.

【해답】 • 설치목적 : 배관의 조립 및 수리 시에 교체를 쉽게 하고자 볼트와 너트를 이용하여 접합시키는 방식으로서, 열팽창에 따른 신축을 흡수할 수 있다.

12

소각설비에 집진장치를 사용 시 기대효과 3가지를 쓰시오.

【해답】 ① 소각로 배출가스 중의 유해가스를 환경 기준치 이하로 제거할 수 있다.

② 산업공정에서 발생하는 먼지를 제거할 수 있다.

③ 도시의 대기환경을 보전할 수 있다.

【참고】 ※ **집진장치의 분류와 형식**

- 건식 집진장치 : 중력식, 원심력식, 관성력식, 여과식(백필터식), 음파식
- 습식 집진장치 : 유수식, 가압수식, 회전식
- 전기식 집진장치 : 코트렐식

2023년 제2회(7월 22일 시행)

13

중유의 성분분석결과 중량조성이 C : 80%, H : 10%, O : 3%, N : 3%, S : 2%, 기타(비연소물) : 2% 이다. 중유의 이론공기량(Nm^3/kg)과 이론 습연소가스량(Nm^3/kg)을 구하시오.

암기법 : (이론산소량) 1.867C, 5.6H, 0.7S

【해답】 이론공기량(A_0) : **9.75 $Nm^3/kg_{-연료}$**

이론 습연소가스량(G_{0w}) : **10.36 $Nm^3/kg_{-연료}$**

【해설】 이론공기량(A_0)를 구하려면 혼합가스 조성에서 가연성분의 연소에 필요한 이론산소량(O_0)을 먼저 알아내야 한다.

- 이론산소량(O_0) $= 1.867C + 5.6\left(H - \frac{O}{8}\right) + 0.7S\ [Nm^3/kg_{-연료}]$

$= 1.867 \times 0.8 + 5.6 \times \left(0.1 - \frac{0.03}{8}\right) + 0.7 \times 0.02$

$= 2.0466\ Nm^3/kg_{-연료}$

- 이론공기량(A_0) $= \frac{O_0}{0.21} = \frac{2.0466}{0.21} = 9.745 ≒$ **9.75 $Nm^3/kg_{-연료}$**

이론 습연소가스량(G_{0w})을 구하려면 이론 건연소가스량(G_{0d})을 먼저 계산한다.

- 이론 건연소가스량(G_{0d}) $= 0.79\,A_0 + 1.867\,C + 0.7\,S + 0.8\,N$

$= 0.79 \times 9.75 + 1.867 \times 0.8 + 0.7 \times 0.02 + 0.8 \times 0.03$

$= 9.2341\ Nm^3/kg_{-연료}$

- 이론 습연소가스량(G_{0w}) $= G_{0d}$ + 생성된 H_2O의 양 $[1.25 \times (9H + w)]$

$= 9.2341 + 1.25 \times (9 \times 0.1)$

$= 10.3591 ≒$ **10.36 $Nm^3/kg_{-연료}$**

2023

14

다음은 화염검출기에 관한 설명이다. (　　) 안에 알맞은 장치를 쓰시오.

A. 황화-카드뮴 셀, 황화-납 셀
B. 바이메탈식, 열전대식
C. 자외선 광전관, 정류 광전관
D. 플레임 로드

- 화염에 닿으면 금속으로부터 광전자 방출 효과에 의한 화염 검출 (①)
- 화염 광선을 비추면 저항치 변화에 의한 광학적 화염 검출 (②)
- 화염 열 강도에 의한 연소가스 온도를 측정하여 화염을 검출 (③)
- 보일러 버너 내 전극 두고 화염의 도전현상을 이용하여 화염 검출 (④)

【해답】 ① : C　② : A　③ : B　④ : D

【해설】 ※ **화염검출기의 종류**

1) 플레임 아이(Flame eye, 광전관식 화염검출기 또는, 광학적 화염검출기)
　가) CdS(황화카드뮴)셀, PbS(황화납)셀
　　- 광도전 현상(반도체에 빛이 닿으면 전기전도도가 변화)을 이용하여 저항값 변화에 의한 화염 검출
　나) 자외선 광전관, 정류 광전관
　　- 광전방출현상(금속판에 불꽃이 닿으면 광전자가 방출)을 이용하여 화염 검출
2) 플레임 로드(Flame rod, 전기전도 화염검출기)
　- 화염의 이온화현상에 의한 전기 전도성을 이용하여 화염의 유무를 검출하며, 주로 가스점화버너에 사용된다.
3) 스택 스위치(Stack switch, 열적 화염검출기)
　- 화염의 발열현상을 이용한 것으로 감온부는 연도에 바이메탈 또는 열전대를 설치하여 신축작용으로 화염의 유무를 검출한다.

15

1 시간당 20℃ 600 kg 물이 열교환에 의해 80℃ 온수되며, 0.2 MPa 증기를 사용하는 열교환기의 전열면적(m^2)을 구하시오. (단, 물과 증기의 대수평균온도차는 80℃이고, 물의 현열은 562 kJ/kg, 잠열은 216 kJ/kg, 비열은 4.184 kJ/kg·℃, 열전달계수는 2511 kJ/m^2·h·℃ 이다.)

암기법 : 큐는 씨암탉, **암기법** : 교관온면

【해답】 0.75 m^2

【해설】 • 물이 얻은 열량(Q_1) = 증기가 잃은 열량(Q_2) = 열교환기를 통한 교환열량(Q)

$Q = Q_2 = Q_1 = C_1 \cdot m_1 \cdot \Delta t_1$

$= 4.184$ kJ/kg·℃ × 600 kg/h × (80 - 20)℃

$= 150624$ kJ/h

• 교환열량 공식 $Q = Q_2 = Q_1 = K \cdot \Delta t_m \cdot A$ 를 통해 전열면적(m^2)을 구하자

150624 kJ/h = 2511 kJ/m^2·h·℃ × 80 ℃ × A

이제, 네이버에 있는 에너지아카데미 카페(주소 : cafe.naver.com/2000toe)의 "방정식 계산기 사용법"으로 A를 미지수 x로 놓고 입력해 주면

∴ 전열면적 A = 0.749 ≒ **0.75 m^2**

16

호칭지름 20A의 동관을 곡률반지름 120 mm, 90° 로 구부릴 때 곡선부의 길이는 몇 mm 인지 계산하시오.

【해답】 188.5 mm

【해설】 **※ 관 굽힘 시 곡선부의 길이 계산 공식**

• 곡선부 길이 $L = 2\pi r \times \dfrac{\text{굽힘 각도}}{360°}$

$= 2 \times \pi \times 120\text{ mm} \times \dfrac{90°}{360°} = 188.49$ ≒ **188.5 mm**

17

연돌 설치의 목적 3가지를 쓰시오.

【해답】 ① 유효한 통풍력을 얻기 위하여 설치
② 배기가스의 배출을 신속히 하기 위하여 설치
③ 매연에 의한 대기오염을 방지하기 위하여 설치
④ 대기로부터의 역풍을 막기 위하여 설치

【참고】 ※ **연돌의 통풍력이 증가되는 조건**
㉠ 공기의 기압이 높을수록
㉡ 굴뚝의 높이가 높을수록
㉢ 굴뚝의 단면적이 클수록
㉣ 배기가스의 온도가 높을수록
㉤ 배기가스의 밀도(또는, 비중량)이 작을수록
㉥ 외기온도가 낮을수록
㉦ 공기 중의 습도가 낮을수록
㉧ 연도의 길이가 짧을수록
㉨ 굴곡부가 적을수록 (통풍마찰저항이 작을수록)
㉩ 여름철보다 겨울철의 통풍력이 커진다.

18

배관의 중량을 위에서 끌어당겨 지지하는 장치인 행거의 종류 3가지를 쓰시오.

【해답】 **리지드(Rigid), 스프링(Spring), 콘스탄트(Constant)**

【해설】 ※ **행거(Hanger)의 종류**
- 배관의 하중을 위에서 걸어 잡아당겨줌으로써 지지해주는 역할의 배관용 지지대로서, 관을 고정하지는 않는다.

㉠ 리지드(Rigid) : 이동식 철봉대나 파이프 행거 시 수직방향으로 변위가 없는 곳에 사용한다.
㉡ 스프링(Spring) : 스프링의 장력을 이용하여 변위가 적은 곳에 사용한다.
㉢ 콘스탄트(Constant) : 배관의 상·하 이동을 허용하면서 변위가 큰 곳에 사용한다.

19

복사난방의 장점 2가지를 쓰시오.

【해답】 ※ **복사난방의 [장점]**

① 실내 평균온도가 낮아 동일 방열량에 대해 손실열량이 적다.
② 방열기를 필요로 하지 않기 때문에 바닥면 이용도가 높다.
③ 공기의 대류가 없어 바닥면 먼지 상승이 발생하지 않는다.
④ 온도 분포가 고르고 쾌감도가 높다.

【참고】 ※ **복사난방의 [단점]**

① 외기 온도 급변화에 따른 온도 조절이 어렵다.
② 배관 시공 및 수리가 어렵고 초기 설비 비용이 높다.
③ 방열면 뒷면의 열 손실을 방지하기 위한 구조가 필요하다.
④ 구조 및 방의 모양을 변경하기가 어렵다.

20

아래 내용에서 동관 작업에 사용되는 공구의 명칭을 쓰시오.

(가) 동관의 끝을 확관시 사용하는 공구
(나) 동관 작업 후, 관 끝을 원형으로 정형시 사용하는 공구
(다) 동관 절단 후, 관 내·외면에 생긴 거스러미를 제거시 사용하는 공구

【해답】 (가) - **익스펜더(확관기)**, (나) - **사이징 툴**, (다) - **리머**

【해설】 ※ **동관 작업용 공구**

㉠ 사이징 툴 : 동관의 끝부분을 원형으로 정형하는 공구
㉡ 플레어링 툴 : 동관의 끝부분을 나팔형으로 압축·접합할 때 사용
㉢ 튜브 벤더 : 동관을 굽힐 때 사용
㉣ 튜브 커터 : 동관을 절단할 때 사용
㉤ 토치램프 : 접합 및 납땜 시 가열을 할 때 사용
㉥ 익스펜더(확관기) : 동관의 끝부분을 확장할 때 사용
㉦ 리머 : 절단 이후, 관 내면의 거스러미를 제거할 때 사용
㉧ 티뽑기 : 직관에서 분기관을 성형할 때 사용

2023

21

다음은 방열기 도시기호에 대한 물음이다. 각각 답하시오.

(가) 방열기의 종별

(나) 방열기 1조당 쪽수

(다) 방열기 높이

(라) 방열기 유입관경

(마) 시공에 소요되는 방열기의 총 쪽수

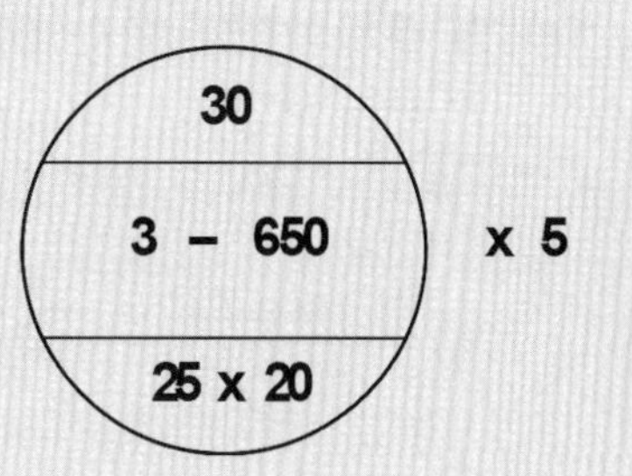

【해답】 (가) 3세주형 (나) 30쪽 (다) 650 mm (라) 25A (마) 150쪽 (30쪽 × 5개)

【해설】 ※ 방열기의 호칭 및 도시기호 작성법

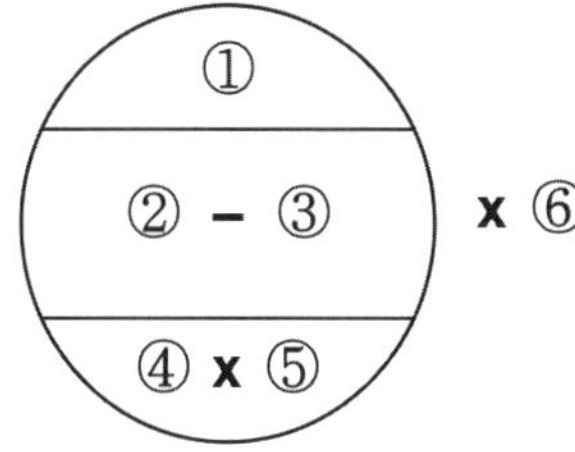

①: 쪽수(섹션수)
②: 종별
③: 형(치수, 높이)
④: 유입관 지름
⑤: 유출관 지름
⑥: 설치개수

22

두께 0.1 m 인 벽돌로 된 벽체가 있다. 벽체의 면적 3 m^2, 실내온도 50℃, 실외온도 30℃ 일 때, 이 벽을 통하여 시간당 손실되는 손실열량은 몇 W 인지 구하시오. (단, 이 벽의 열전도율은 760 W/m·h·℃ 이다.)

암기법 : 손전온면두

【해답】 456000 W/h

【해설】 • 평면벽에서의 손실열 계산공식 $Q = \frac{\lambda \cdot \Delta t \cdot A}{d} \left(\frac{\text{열전도율} \cdot \text{온도차} \cdot \text{단면적}}{\text{벽의 두께}}\right)$

$$= \frac{760\ W/m \cdot h \cdot ℃ \times (50 - 30)℃ \times 3\,m^2}{0.1\,m}$$

= 456000 W/h

23

온수순환펌프 설치 시 아래의 부속을 사용하여 나사이음 바이패스(By-pass) 배관도를 도시하고, 유체의 흐름방향을 표시하시오.

펌프 1개 : (P) 게이트 밸브 2개 : 글로브 밸브 1개 :

스트레이너 1개 : 유니온 3개 : 티 2개 :

엘보 2개 :

【해답】

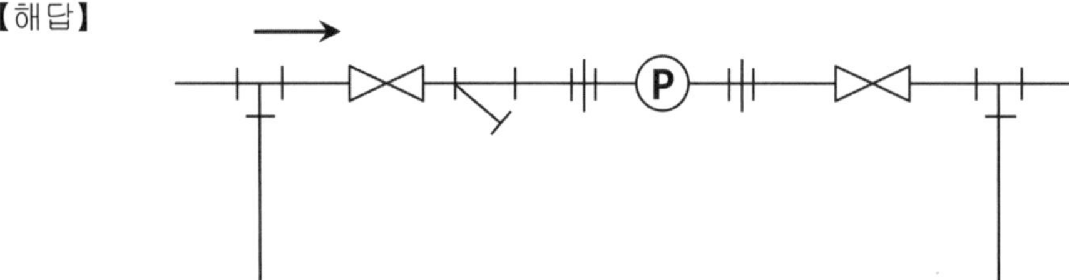

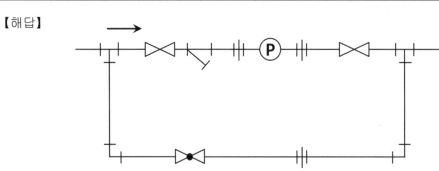

【해설】 • 바이패스 배관

- 계기(유량계, 감압밸브, 증기트랩) 및 장치를 점검, 수리, 고장 시에도 유체를 원활히 공급하기 위하여 설치하는 관

• 바이패스 배관도 작성방법

- 스트레이너는 펌프 앞에 설치한다.
- 점검 및 수리를 위해 여과기, 밸브, 펌프에 유니온을 설치한다.
- 펌프가 연결된 배관에는 유량 차단을 위한 게이트 밸브를 설치한다.
- 바이패스 배관에는 유량 조절을 위한 글로브 밸브를 설치한다.
- 유체의 흐름은 스트레이너 → 펌프의 방향으로 표시한다.

2023

24

다음 [그림]은 온수보일러의 계통도이다. ① ~ ⑤의 명칭을 쓰시오.

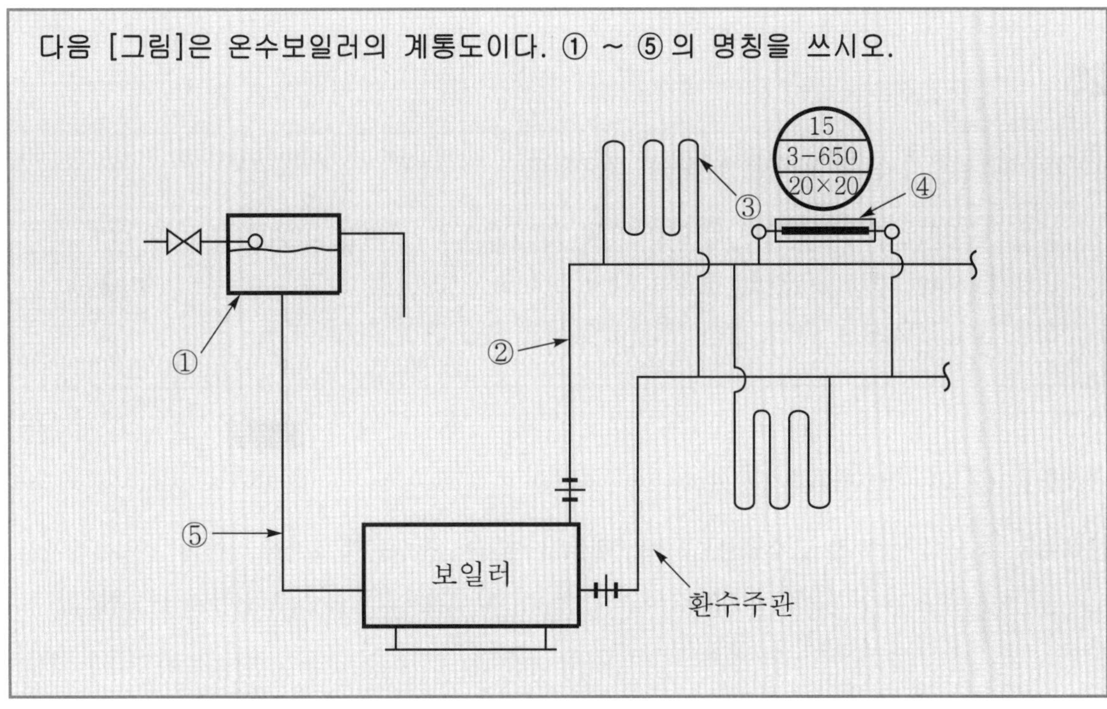

【해답】 ① **팽창탱크,** ② **송수주관,** ③ **방열관,** ④ **방열기,** ⑤ **팽창관**

【해설】 ① 팽창탱크 : 배관수의 온도변화에 따른 팽창·수축 시 배관의 압력을 제어하기 위한 설비

② 송수주관 : 보일러에서 가열된 온수를 건물 내 각종 난방 기기나 온수 사용 지점으로 온수를 공급하는 관

③ 방열관 : 효과적으로 열을 밖으로 내보내기 위한 관

④ 방열기(라디에이터) : 온수나 증기의 열을 발산하여 공기를 가열하는 난방 설비

⑤ 팽창관 : 물을 온수로 가열할 때마다 배관 내 체적 팽창한 수량을 팽창탱크로 배출해 주는 도피관

2023년 제3회(11월 5일 시행)

25

다음 중 (   ) 안에 알맞은 내용을 적으시오.

보일러 설치검사 기준에서 급수밸브 및 체크밸브의 크기는 전열면적 (㉮) m^2 이하의 보일러에서는 관의 호칭 (㉯) 이상의 것이어야 하고, (㉮) m^2 를 초과하는 보일러에서는 관의 호칭 (㉰) 이상의 것이어야 한다.

암기법 : 급체 시, 15 20

【해답】 ㉮ 10 ㉯ 15A ㉰ 20A

【해설】 ※ 급수장치 중 **급**수밸브 및 **체**크밸브의 크기는 전열면적 10 m^2 이하의 보일러에서는 관의 호칭 15A **이상**의 것이어야 하고, 10 m^2를 초과하는 보일러에서는 관의 호칭 20A **이상**의 것이어야 한다.

26

관의 결합방식 중 아래 이음들의 그림 기호를 각각 도시하시오.

가. 플랜지 이음　　나. 턱걸이 이음　　다. 나사 이음　　라. 유니언 이음

【해답】

가. 플랜지 이음 : ──┤├──

나. 턱걸이 이음 : ──⊂──

다. 나사 이음 : ──┼──

라. 유니언 이음 : ──┤|├──

2023

27

열기관이 20 kW 의 출력으로 운전하면서 시간당 5 kg 의 연료를 소비하였다. 연료 발열량이 40 MJ/kg 일 때, 이 기관의 열효율은 몇 % 인가?

암기법 : (효율좋은) 보일러 사저유

【해답】 36 %

【해설】 • 보일러 효율(η) = $\frac{Q_s}{Q_{in}}\left(\frac{\text{유효출열}}{\text{총입열량}}\right) \times 100$

$= \frac{Q_{out}}{m_f \cdot H_L} \times 100$

$= \frac{20\,kJ/\sec \times \frac{3600\sec}{1\,h}}{5\,kg/h \times (40 \times 10^3)\,kJ/kg} \times 100$

= 36 %

28

연돌의 통풍력을 측정한 결과 8 mmAq, 배기가스의 평균온도 110℃, 외기온도 10℃ 일 때, 실제 연돌의 높이는 몇 m 인지 계산하시오. (단, 표준상태에서 공기의 비중량은 1.295 kg/m³, 배기가스의 비중량은 1.423 kg/m³ 이다.)

【해답】 <계산과정> : $8 = 273 \times h \times \left(\frac{1.295}{273+10} - \frac{1.423}{273+110}\right)$

<답> : 34.05 m

【해설】 표준상태(0℃, 1기압)에서 외기와 배기가스의 온도, 밀도가 각각 제시된 경우, 외기와 배기가스의 온도차 및 밀도차에 의한 계산은 다음의 공식으로 구한다.

• 이론통풍력 Z [mmAq] = 273 × h [m] × $\left(\frac{\gamma_a}{273+t_a} - \frac{\gamma_g}{273+t_g}\right)$

비중량 $\gamma = \rho \cdot g$ 의 단위를 공학에서는 [kgf/m³] 또는 [kg/m³] 으로 표현한다.

$8\,\text{mmAq} = 273 \times h \times \left(\frac{1.295}{273+10} - \frac{1.423}{273+110}\right)$

∴ 연돌의 높이 h ≒ 34.05 m

29

보일러의 내부 부식의 종류 및 원인 또는 현상이다. (　　)에 들어갈 알맞은 용어를 쓰시오.

구분	부식 종류	원인 또는 현상
내부 부식	(①)	보일러수 pH 12 이상 [$Fe(OH)_2$]
	(②)	좁쌀알 크기의 반점 [용존산소]
	(③)	열응력에 의한 홈 [V, U자]

【해답】 **① 알칼리 부식　② 점식(공식)　③ 구상부식(그루빙)**

【해설】
- 알칼리 부식
  - 보일러수 중에 알칼리(수산화나트륨)의 농도가 너무 지나치게 pH 12 ~ 13 이상으로 많을 때 열부하가 높은 집중과열점 부근에서 강관이 $Fe(OH)_2$로 용해되어 발생하는 부식을 말한다.
- 점식(Pitting 피팅 또는, 공식)
  - 보호피막을 이루던 산화철이 파괴되면서 용존가스인 O_2, CO_2의 전기화학적 작용에 의한 보일러 각 부의 내면에 반점 모양의 구멍을 형성하는 촉수면의 전체 부식으로서 보일러 내면 부식의 약 80%를 차지하고 있으며, 고온에서는 그 진행속도가 매우 빠르다.
- 구식(구상 부식, Grooving 그루빙)
  - 단면의 형상이 길게 U자형, V자형 등으로 홈이 긴 도랑처럼 깊게 파이는 부식을 말하며, 주로 열응력이 집중되는 보일러 경판 구석의 둥근 부분에서 발생되기 쉽다.

30

간접가열용 열매체 보일러 중 다우섬액을 사용하는 보일러 명칭을 쓰시오.

【해답】 **슈미트-하트만 보일러**

【해설】 ※ 슈미트(Schmidt)-하트만(Hartman) 보일러

- 특수 유체인 다우섬액을 사용하는 간접가열식의 열매체 보일러로서 다우섬액(염화나트륨 + 염화칼슘)은 비등점이 낮고 독성이 없어 안전성이 높으며, 보일러의 구조가 간단하고 경제적이기 때문에 건축물의 난방 및 온수 공급 등에 많이 활용된다.

31

기체연료의 특징을 5가지만 간단하게 서술하시오.

【해답】 ※ **기체연료의 특징**

<장점>

㉠ 유동성이 양호하여 개폐밸브에 의한 연료의 공급량 조절이 쉽고, 점화 및 소화가 간단하다.

㉡ 비열이 작아서 예열이 용이하므로 고온을 얻기가 쉽고, 유체연료이므로 연료의 공급량 조절이 쉬워서 화염온도 조절이 용이하며 열효율이 높다.

㉢ 적은 공기비로도 완전연소가 가능하다.

㉣ 유동성이 커서 연료의 품질이 균일하므로 자동제어에 의한 연소의 조절이 용이하다.

㉤ 연소 후 유해잔류 성분(회분, 매연 등)이 거의 없으므로 재가 없고 청결하다.

㉥ 공기와의 혼합을 임의로 조절할 수 있어서 연소효율$\left(= \frac{\text{연소열}}{\text{발열량}}\right)$이 가장 높다.

㉦ 계량과 기록이 용이하다.

㉧ 고체 · 액체연료에 비해 수소함유량이 많으므로 탄수소비가 가장 작다.

<단점>

㉠ 단위 체적당 발열량은 고체 · 액체연료에 비해 극히 작다.

㉡ 고체 · 액체연료에 비해 부피가 커서 압력이 높기 때문에 저장이나 운송이 불편하다.

㉢ 유동성이 커서 누출되기 쉽고 폭발의 위험성이 크므로 취급에 주의를 요한다.

㉣ 고체 · 액체연료에 비해서 제조 비용이 비싸다.

32

보일러 열정산시 입·출열 항목 중 입열 항목 3가지를 쓰시오.

【해답】 **연료의 발열량, 연료의 현열, 연소용 공기의 현열, 노내 분입한 증기의 보유열, 급수의 현열**

【해설】 ※ **보일러 열정산 시 입·출열 항목의 구별**

[입열항목] **암기법** : 연(발,현) 공급증

- 연료의 발열량, 연료의 현열, 연소용 공기의 현열, 급수의 현열, 노내 분입한 증기의 보유열

[출열항목] **암기법** : 증,손(배불방미기)

- 유효출열량(발생증기가 흡수한 열량), 손실열(배기가스, 불완전연소, 방열, 미연분, 기타)

33

다음 동관의 접합 방법과 관련된 설명의 (　　)에 알맞은 용어를 쓰시오.

기계의 점검, 보수 또는 관을 분해할 경우를 대비한 접합 방법은 (가)접합이며, 용접 접합은 (나)현상을 이용한 것으로 연납 용접과 경납 용접으로 나눌 수 있다. 이 중 용접 강도가 큰 것은 (다)용접이며, 경납 용접의 용접재는 (라), (마) 가(이) 사용된다.

【해답】 (가) **플레어**, (나) **모세관**, (다) **경납**, (라) **인동납**, (마) **은납**

【해설】
- 플레어(Flare) 접합 : 관의 점검 및 보수 또는 분해를 대비해 동관의 끝을 나팔관 모양으로 넓혀 압축이음쇠로 접합하는 방법으로 일반적으로 관경 20 mm 이하의 동관 접합 시 사용된다.
- 경납 용접의 특징
  - ㉠ 경납 용접은 접착면 사이에 용접재를 넣고 용접물은 녹지 않고 용접재는 녹을 정도로 온도를 높여 접합시키는 용접을 의미한다.
  - ㉡ 경납 용접 시 용접온도는 450℃ 이상이다.
  - ㉢ 용접재는 주로 인동납이나 은납이 사용된다.
  - ㉣ 경납 용접 시 산소와 아세틸렌 불꽃을 사용한다.
  - ㉤ 용접 부위 강도가 강하기 때문에 고온·고압을 필요로 하는 곳에 사용된다.

34

보일러 급수제어방식(FWC, Feed Water Control) 중 3요소식의 필요 요소 3가지를 쓰시오.

【해답】 **수위, 증기유량, 급수유량**

【해설】 **※ 보일러 자동제어의 수위제어 방식**

㉠ 1 요소식(단요소식) : 수위만을 검출하여 급수량을 조절하는 방식

㉡ 2 요소식 : 수위, 증기유량을 검출하여 급수량을 조절하는 방식

㉢ **3 요소식 : 수위, 증기유량, 급수유량**을 검출하여 급수량을 조절하는 방식

35

지름 30 mm 인 관속을 유체가 20 m/s 로 흐르고 있다. 관속의 압력이 1.3 MPa 이고 유체의 비체적이 0.2 m^3/kg 일 때, 유체의 유량(kg/h)을 구하시오.

【해답】 <계산과정> : $\frac{1}{0.2\,m^3/kg} \times \frac{\pi \times (0.03\,m)^2}{4} \times 20\text{ m/s} \times \frac{3600\,\text{sec}}{1\,h}$

<답> : **254.47 kg/h**

【해설】 • 물의 질량유량 $\dot{m} = \rho \times \dot{V}$ (여기서, ρ : 밀도, $\dot{V}$: 체적유량, V_s : 비체적)

$$= \frac{1}{V_s} \times (A \cdot v) = \frac{1}{V_s} \times \frac{\pi D^2}{4} \times v$$

$$= \frac{1}{0.2\,m^3/kg} \times \frac{\pi \times (0.03\,m)^2}{4} \times 20\text{ m/s} \times \frac{3600\,\text{sec}}{1\,h}$$

= 254.47 kg/h

36

다음은 어떤 도면에 표시된 알루미늄 방열기 도시기호이다. 아래 ① ~ ⑤는 각각 무엇을 나타내는지 쓰시오.

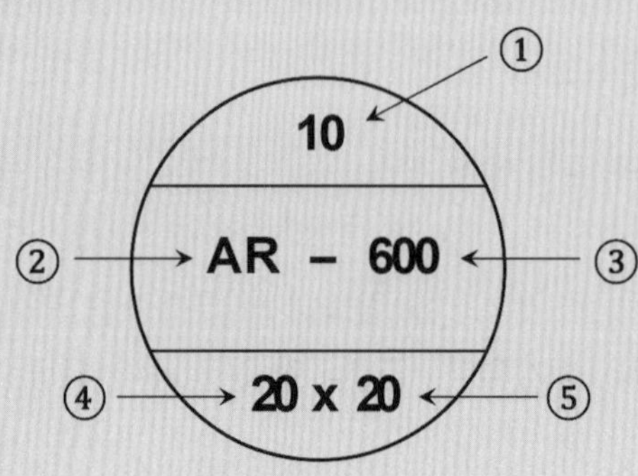

【해답】 ① 쪽수(섹션수) : 10쪽

② 종별 : **알루미늄 방열기**

③ 형(치수, 높이) : 600 mm

④ 유입관 지름 : 20A

⑤ 유출관 지름 : 20A

【해설】 **※ 방열기의 호칭 및 도시기호 작성법**

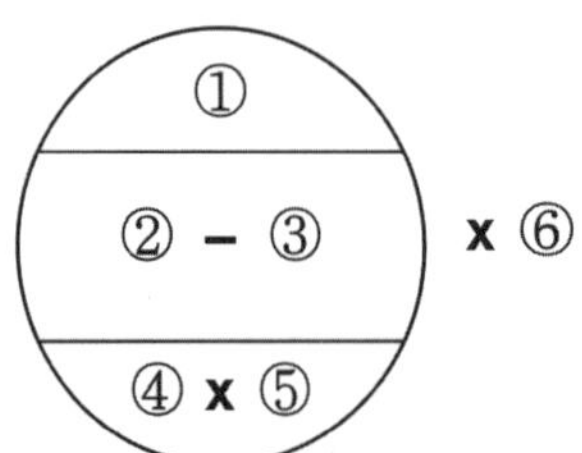

①: 쪽수(섹션수)
②: 종별
③: 형(치수, 높이)
④: 유입관 지름
⑤: 유출관 지름
⑥: 설치개수

2024년 에너지관리산업기사 실기 기출문제 모음

2024년 제1회(4월 27일 시행)

01

주택에 온수용 5세주 650 mm 주철제 방열기를 설치하고자 한다. 이때 열손실지수가 170 W/m^2 이고 방열면적이 100 m^2 일 때, 난방부하(W)를 구하고 방열기의 필요 섹션 수를 구하시오. (단, 방열기의 방열량은 표준방열량이고, 방열기의 1쪽당 방열면적은 0.25 m^2 이다.)

【해답】 ① 난방부하 : **17000 W**

② 필요 섹션 수 : **130 쪽**

【해설】 • 난방부하 공식 $Q = \alpha \times A_{난방면적}$ = 열손실지수 × 난방면적

$= 170\ W/m^2 \times 100\ m^2$

$=$ **17000 W**

• 방열기의 표준방열량($Q_{표준}$)은 열매체인 증기와 온수를 기준으로 구별하여 계산한다.

암기법 : 수 사오공, 증 육오공

열매체	공학단위 (kcal/m^2·h)	SI 단위 (kJ/m^2·h)
온수	450	**1890**
증기	650	2730

• 방열기의 난방부하 공식 $Q = Q_{표준} \times A_{방열면적}$

$= Q_{표준} \times C \times N \times a$

여기서, C : 보정계수(단, 제시 없으면 생략함.)

N : 쪽수, a : 1쪽당 방열면적

$$17\ kJ/sec \times \frac{3600\,sec}{1\,h} = 1890\ kJ/m^2\cdot h \times N \times 0.25\ m^2$$

∴ 쪽수 $N = 129.5 \fallingdotseq$ **130 쪽**

02

기체연료의 단점을 3가지만 쓰시오.

【해답】 ① 단위 체적당 발열량은 고체 · 액체연료에 비해 극히 작다.

② 고체 · 액체연료에 비해 부피가 커서 압력이 높기 때문에 저장이나 운송이 불편하다.

③ 유동성이 커서 누출되기 쉽고 폭발의 위험성이 크므로 취급에 주의를 요한다.

④ 고체 · 액체연료에 비해서 제조 비용이 비싸다.

【참고】 ※ **기체연료의 [장점]**

㉠ 유동성이 양호하여 개폐밸브에 의한 연료의 공급량 조절이 쉽고, 점화 및 소화가 간단하다.

㉡ 비열이 작아서 예열이 용이하므로 고온을 얻기가 쉽고, 유체연료이므로 연료의 공급량 조절이 쉬워서 화염온도 조절이 용이하며 열효율이 높다.

㉢ 적은 공기비로도 완전연소가 가능하다.

㉣ 유동성이 커서 연료의 품질이 균일하므로 자동제어에 의한 연소의 조절이 용이하다.

㉤ 연소 후 유해잔류 성분(회분, 매연 등)이 거의 없으므로 재가 없고 청결하다.

㉥ 공기와의 혼합을 임의로 조절할 수 있어서 연소효율$\left(= \frac{\text{연소열}}{\text{발열량}}\right)$이 가장 높다.

㉦ 계량과 기록이 용이하다.

㉧ 고체 · 액체연료에 비해 수소함유량이 많으므로 탄수소비가 가장 작다.

03

바이패스 배관의 설치목적에 대해 서술하시오.

암기법 : 바, 유감트

【해답】 • 목적 : 계기(**유**량계, **감**압밸브, 증기**트**랩) 및 장치를 점검, 수리, 고장 시에도 유체를 원활히 공급하기 위하여 설치한다.

【해설】 • 유량계, 감압밸브, 증기트랩 앞에는 반드시 바이패스 배관을 설치하여야 한다.

04

실제증발량이 1000 kg/h 인 보일러의 상당증발량(kg/h)을 구하시오.
(단, 발생증기의 엔탈피는 2592 kJ/kg, 급수의 엔탈피는 335 kJ/kg 이다.)

【해답】 <계산과정> : $w_e = \dfrac{1000\,kg/h \times (2592 - 335)\,kJ/kg}{2257\,kJ/kg}$

<답> : 1000 kg/h

【해설】 • 상당증발량(w_e)과 실제증발량(w_2)의 관계식

$w_e \times R_w = w_2 \times (H_2 - H_1)$ 에서,

한편, 물의 증발잠열(1기압, 100℃)을 R_w이라 두면

R_w = 539 kcal/kg = 2257 kJ/kg 이므로

$$\therefore\ w_e = \frac{w_2 \times (H_2 - H_1)}{R_w} = \frac{w_2 \times (H_2 - H_1)}{2257\,kJ/kg}$$

$$= \frac{1000\,kg/h \times (2592 - 335)\,kJ/kg}{2257\,kJ/kg}$$

= 1000 kg/h

05

원심식 송풍기의 풍량 제어방법의 종류를 4가지 쓰시오.

【해답】 ① 회전수 제어

② 가변피치 제어

③ 흡인베인 제어

④ 흡입댐퍼 제어

⑤ 토출댐퍼 제어

【참고】 ※ **송풍기의 풍량 제어방법의 효율이 큰 순서** 암기법 : 회치베 덤프(흡·토)

• **회**전수 제어 > 가변피**치** 제어 > 흡입**베**인 제어 > **흡**입댐퍼 제어 > **토**출댐퍼 제어

06

다음 [보기]에 주어진 배관용 탄소강관의 명칭에 알맞은 KS 도시기호를 적으시오.

【보 기】

① 배관용 탄소강관 ② 압력 배관용 탄소강관 ③ 보일러 열교환기용 합금강관

【해답】 ① SPP ② SPPS ③ STHA

【해설】 ※ **배관의 기호와 명칭**

㉠ SPP (carbon Steel Pipe for ordinary Piping)
- 배관용 탄소강관 : 1.0 MPa↓ (10 kgf/cm^2), 350℃ 이하

㉡ SPPS (Steel Pipe Pressure Service)
- 압력배관용 탄소강관 : 1.0 MPa↑ (10 kgf/cm^2), 350℃ 이하

㉢ SPPH (Steel Pipe Pressure High)
- 고압배관용 탄소강관 : 10 MPa↑ (100 kgf/cm^2), 350℃ 이하
(연료분사용 배관으로 쓰인다.)

㉣ SPHT (Steel Pipe High Temperature)
- 고온배관용 탄소강관 : 350℃ 이상

㉤ STB 또는 STH 또는 STBH (Steel Tubes for Boiler and Heat exchaner)
- 보일러 · 열교환기용 탄소강관

㉥ STHA (Steel Tube Heat Alloy)
- 보일러 · 열교환기용 합금강 강관

07

LNG(액화천연가스)의 주성분 2가지를 쓰시오.

【해답】 **메탄(CH_4), 에탄(C_2H_6)**

【해설】 • LNG(Liquefied Natural Gas, 액화천연가스)
- 액화천연가스(NG, 유전가스, 수용성가스, 탄전가스 등)의 주성분은 메탄(CH_4), 에탄(C_2H_6)이 대부분을 차지하고 있다.

【참고】 • LPG(Liquefied Petroleum Gas, 액화석유가스)
- 액화석유가스의 주성분은 프로판(C_3H_8)과 부탄(C_4H_{10})으로 구성

08

다음 그림은 온수온돌 단면도이다. ②, ③, ⑤, ⑥, ⑦ 의 명칭을 쓰시오.
(단, 그림에서 ①은 장판, ④는 방열관의 받침이다.)

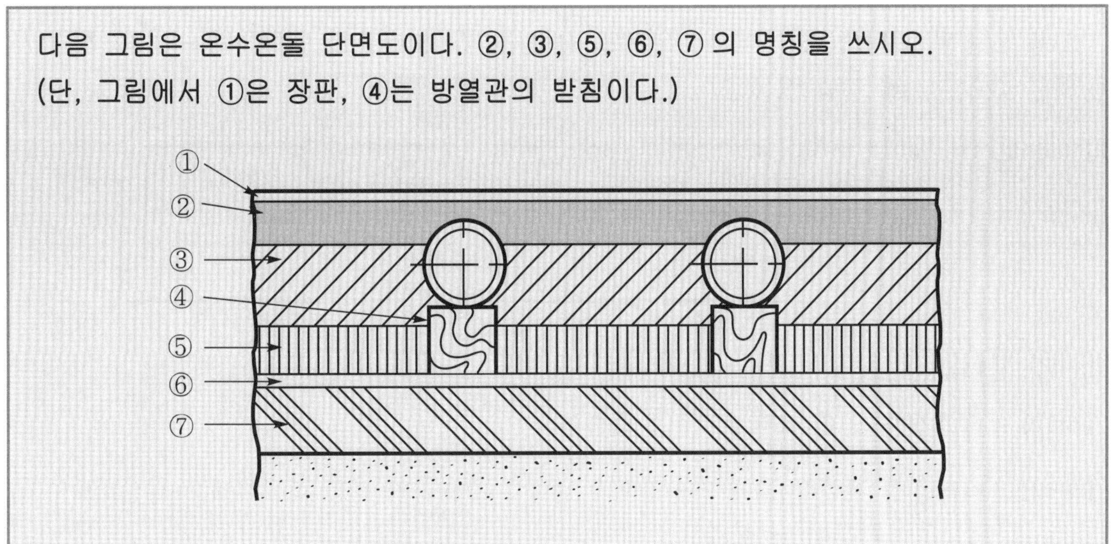

【해답】 ② **시멘트 모르타르층** ③ **자갈층** ⑤ **단열보온재층**
⑥ **방수층** ⑦ **콘크리트층**

09

다음은 증기보일러의 압력계 부착에 관한 사항이다. (　　) 안에 알맞은 숫자 또는 내용을 적으시오.

> 압력계와 연결된 증기관은 최고사용압력에 견디는 것으로서 그 크기는 (㉮)을 사용할 때는 안지름 6.5 mm 이상, (㉯)을 사용할 때는 (㉰) mm 이상이어야 하며, 증기온도가 (㉱)℃ 를 초과할 때에는 황동관 또는 동관을 사용하여서는 안 된다.

【해답】 ㉮ **황동관 또는, 동관** ㉯ **강관** ㉰ 12.7 ㉱ 210

【해설】 ※ **증기보일러의 압력계 부착** 암기법 : 강일이 7, 동 65

- 압력계와 연결된 증기관은 최고사용압력에 견디는 것으로서 그 크기는 황동관 또는 **동**관을 사용할 때는 안지름 **6.5** mm 이상, **강**관을 사용할 때는 **12.7** mm 이상이어야 하며, 증기온도가 210 ℃(483 K)를 초과할 때에는 황동관 또는 동관을 사용하여서는 안 된다.

10

다음 그림은 자동제어계 피드백 제어의 회로구성을 보여주고 있다. ①~③에 해당하는 제어요소를 각각 쓰시오.

목표값 → 설정부 → 비교부 → ① → ② → 제어대상 →
③ (주피드백 신호) → 비교부

【해답】 ① **조절부**, ② **조작부**, ③ **검출부**

【해설】
- 조절부 : 제어장치 중 기준입력과 검출부 출력과의 차를 조작부에 동작신호로 보내는 부분이다.
- 조작부 : 조절부로부터 나오는 조작신호로서 제어대상에 어떤 조작을 가하기 위한 제어동작을 하는 부분이다.
- 검출부 : 제어대상으로부터 온도, 압력, 유량 등의 제어량을 검출하여 그 값을 공기압, 유압, 전기 등의 신호로 변환시켜 비교부에 전송하는 부분이다.

11

두께가 210 mm 인 벽에서 손실열량이 590 kW 이고 내벽의 온도가 800℃, 외벽의 온도가 200℃ 이다. 이 벽의 1 m^2 당 열전도율(kW/m·℃)을 구하시오.

암기법 : 손전온면두

【해답】 <계산과정> : $590\text{ kW} = \dfrac{\lambda\, kW/m\cdot ℃ \times (800-200)℃ \times 1m^2}{0.21\,m}$

<답> : **0.21 kW/m·℃**

【해설】
- 평면벽에서의 손실열량(Q) 계산공식

$$Q = \frac{\lambda \cdot \Delta t \cdot A}{d} \left(\frac{\text{열전도율} \cdot \text{온도차} \cdot \text{단면적}}{\text{벽의 두께}}\right)$$

$$590\text{ kW} = \frac{\lambda\, kW/m\cdot ℃ \times (800-200)℃ \times 1m^2}{0.21\,m}$$

$\therefore\ \lambda = 0.2065 \fallingdotseq$ **0.21 kW/m·℃**

2024

12

다음의 배관 평면도를 보고 제시된 방위에 맞는 등각투상도를 그리시오.

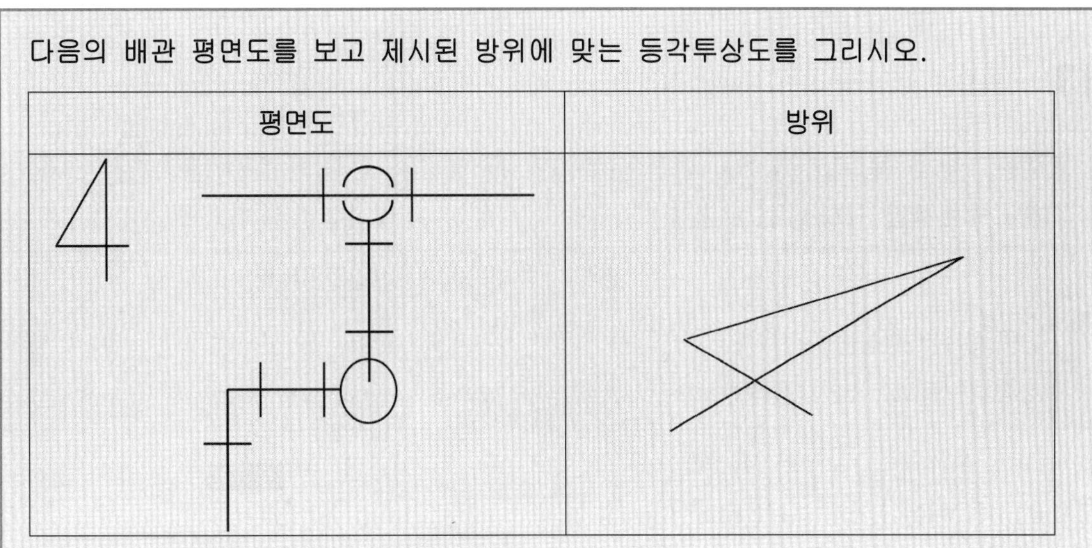

【해답】

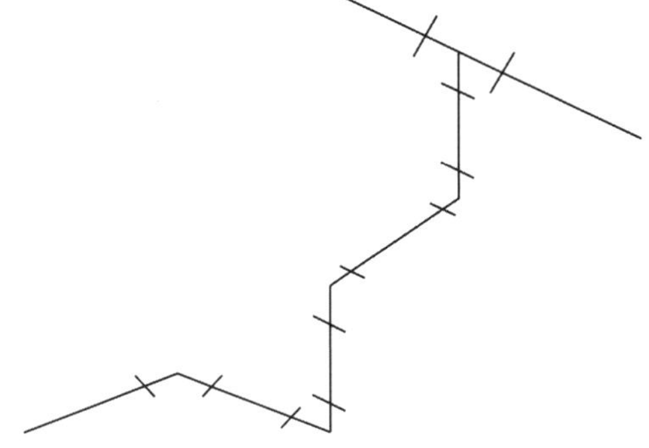

2024년 제2회(7월 28일 시행)

13

프로판 1 kmol 을 공기 중에서 완전연소 시킬 때 필요한 이론 산소(O_2)량과 탄산가스(CO_2) 발생량을 구하시오.

$$C_3H_8 + 5O_2 \rightarrow 3CO_2 + 4H_2O + 102\ MJ/Nm^3$$

① 이론 산소량(Nm^3)
② 탄산가스 발생량(Nm^3)

암기법 : 프로판 3,4,5

【해답】 ① 이론 산소량 : **112 Nm^3**
② 탄산가스 발생량 : **67.2 Nm^3**

【해설】 • 기체연료 중 프로판(C_3H_8)의 완전연소 반응식

① 이론산소량의 체적

$$C_3H_8 + 5O_2 \rightarrow 3CO_2 + 4H_2O$$

(1 kmol) (5 kmol)

($5 \times 22.4\ Nm^3 = \mathbf{112\ Nm^3}$)

② 탄산가스량(CO_2)의 체적

$$C_3H_8 + 5O_2 \rightarrow 3CO_2 + 4H_2O$$

(1 kmol) (3 kmol)

($3 \times 22.4\ Nm^3 = \mathbf{67.2\ Nm^3}$)

【참고】 • 연료의 화학반응 계산 시 분자량에 g(그램)을 붙인 것을 1 mol(몰)이라 하고, kg(킬로그램)을 붙인 것을 1 kmol(킬로몰)이라 하는데, 모든 물질 1 mol은 표준상태(0℃, 1기압)하에서 22.4 L의 체적을 차지하므로 1 kmol은 22.4 Sm^3(또는, Nm^3)의 체적을 차지한다.
또한, 그 무게는 분자량에 g 이나 kg 을 붙여서 나타내며, 반응 전·후에 있어서 질량의 합은 변화하지 않으므로 반응 전·후의 원소의 수는 서로 같아야 한다.

14

보일러 증발량 1300 kg/h 의 상당증발량이 1500 kg/h 일 때 사용연료량이 150 kg/h 이고 연료의 비중이 0.8 kg/L 인 경우의 상당증발배수를 구하시오.

【해답】 상당증발배수 : 10

【해설】 ※ 상당증발배수(R_e) : 매시간당 연료소비량에 대한 상당증발량

- $R_e = \frac{w_e}{m_f}\left(\frac{\text{매시 상당증발량}}{\text{매시 연료사용량}}\right) = \frac{1500\,kg/h}{150\,kg/h} = 10$

【참고】 ※ 증발배수(R_2, 실제증발배수) **암기법** : 배연실

- $R = \frac{w_2}{m_f}\left(\frac{\text{매시 실제증발량}}{\text{매시 연료사용량}}\right) = \frac{1300\,kg/h}{150\,kg/h} ≒ 8.67$

15

급탕탱크 용량이 2500 kg/h 인 건물에서 0.2 MPa 의 고압증기를 이용하여 온수를 생산하고 있다. 1시간 동안의 증기 사용량(kg)을 구하시오. (단, 온수온도는 60℃, 급수온도는 20℃, 물의 비열은 4.19 kJ/kg·℃, 물의 증발잠열은 2163 kJ/kg 이다.)

암기법 : 큐는 씨암탉

【해답】 **193.71 kg/h**

【해설】 • 고온유체인 증기를 1, 저온유체인 온수를 2라 두면 열량보존법칙에 의하여,

Q_1(고온유체가 잃은 열량) = Q_2(저온유체가 얻은 열량)

$$m_1 \cdot R_w = C_2 \cdot m_2 \cdot \Delta t_2$$

$$m_1 \times 2163\text{ kJ/kg} = 4.19\text{ kJ/kg·℃} \times 2500\text{ kg/h} \times (60 - 20)\text{℃}$$

∴ 증기 사용량 m_1 ≒ **193.71 kg/h**

16

5세주형 방열기를 설치하고자 한다. 높이는 650 mm, 유입관경은 25 A, 유출관경은 20 A, 쪽수는 20 일 때 도면에 표시할 방열기 도시기호를 작성하시오.

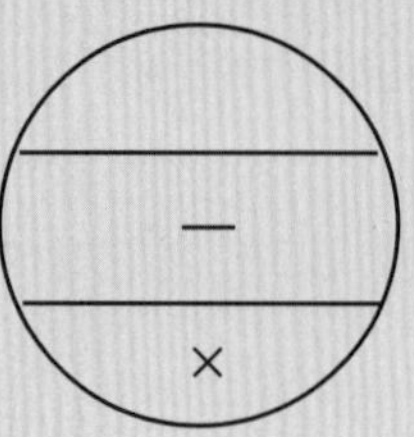

【해답】

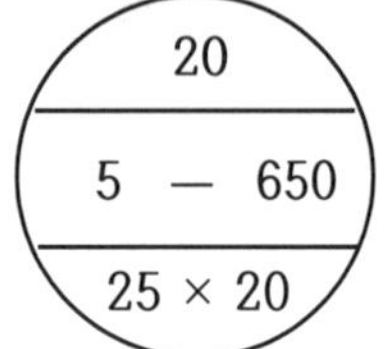

【해설】 ※ **방열기의 호칭 및 도시기호 작성법**

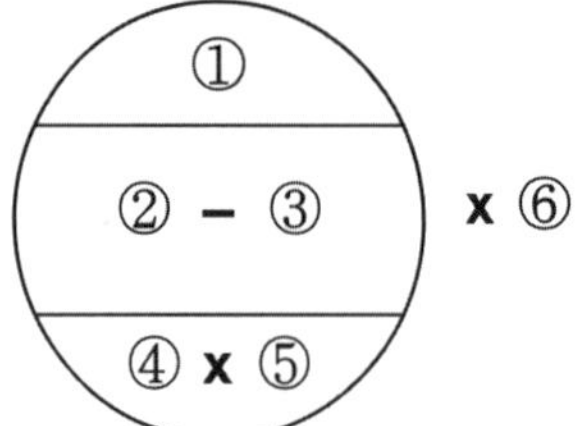

①: 쪽수(섹션수)
②: 종별
③: 형(치수, 높이)
④: 유입관 지름
⑤: 유출관 지름
⑥: 설치개수

17

방열기의 환수수나 증기배관의 말단에 설치하여 방열기나 증기관 내에서 발생하는 응축수 및 공기를 증기로부터 분리하여 자동으로 배출시켜 증기의 누설을 막고 수격작용을 방지하는 장치의 명칭을 쓰시오.

【해답】 **증기트랩(또는, 스팀트랩)**

【참고】 • 설치목적 : ㉠ 관내 응축수 배출로 인해 수격작용 방지　　**암기법** : 응수부방
㉡ 관내 부식 방지

18

보일러 배관작업 시 다음에 설명하는 배관용 지지물의 명칭을 각각 쓰시오.

(가) 배관의 중량을 위에서 끌어당겨 지지하는 경우
(나) 배관의 중량을 아래에서 위로 떠받쳐 지지해 주는 경우
(다) 열팽창 등의 신축에 의한 배관의 측면 이동을 구속 · 제한하는 경우

【해답】 (가) **행거** (나) **서포트** (다) **레스트레인트**

【해설】 • 행거 : 배관의 하중을 위에서 걸어 잡아당겨줌으로써 지지해주는 역할의 배관용 지지대로서, 관을 고정하지는 않는다.
• 서포트 : 배관의 하중을 아래에서 받쳐 위로 지지해주는 역할의 배관용 지지구이다.
• 레스트레인트 : 열팽창 등에 의한 신축이 발생될 때 배관 상·하, 좌·우의 이동을 구속 또는 제한하는데 사용한다.

19

다음에서 설명하는 장치의 명칭을 쓰시오.

(가) 고압의 수관식 보일러에서 기수드럼에 부착하여 송수관을 통하여 상승하는 증기 중에 혼입된 수분을 분리하기 위한 내부의 부속장치
(나) 둥근 보일러 동 내부의 증기 취출구에 부착하여 증기 송출 시 비수 발생을 막고 캐리오버 현상을 방지하기 위한 다수의 구멍이 많이 뚫린 횡관을 설치한 장치
(다) 주증기밸브에서 나온 증기를 잠시 저장한 후 각 소요처에 증기량을 조절하여 배분해 주는 설비
(라) 여분의 발생증기를 임시 저장하여 과부하 시 방출하여 증기의 부족량을 보충하는 설비
(마) 증기 배관이나 방열기 등에서 응축수를 외부로 자동으로 배출시키는 장치

【해답】 (가) **기수분리기** (나) **비수방지관** (다) **증기헤더** (라) **증기축열기** (마) **증기트랩**

20

(가) 고체연료 연소장치의 연소방식 3가지를 쓰시오.
(나) 연소용 공기 공급에 따른 기체연료의 연소방식 2가지를 쓰시오.

【해답】 (가) **미분탄 연소, 화격자 연소, 유동층 연소**
(나) **확산 연소, 예혼합 연소**

【해설】 • 고체연료의 연소방식 **암기법** : 고미화~유
- **미**분탄 연소, **화**격자 연소, **유**동층 연소
• 액체연료의 연소방식
- 증발(기화) 연소, 무화 연소
• 기체연료의 연소방식
- 확산 연소, 예혼합 연소

21

배관 치수 기입 방법에 대한 설명에 알맞은 표시기호를 쓰시오.

(가) 1층 바닥면을 기준으로 하여 높이를 표시
(나) 포장된 지표면을 기준으로 하여 배관장치의 높이를 표시
(다) 관경이 다른 배관의 높이를 나타낼 때 적용되며 관 외경의 아랫면까지를 기준으로 하여 표시

【해답】 (가) **FL(Floor Level)** (나) **GL(Ground Level)** (다) **BOP(Bottom Of Pipe)**

【해설】 ※ **배관 높이 표시 방법**
㉠ GL(Ground Level) : 지표면을 기준으로 하여 높이를 표시
㉡ FL(Floor Level) : 층의 바닥면을 기준으로 하여 높이를 표시
㉢ EL(Elevation Level) : 관의 중심을 기준으로 하여 높이를 표시
㉣ TOP(Top Of Pipe) : 관 외경의 윗면까지를 기준으로 높이를 표시
㉤ BOP(Bottom Of Pipe) : 관 외경의 아랫면까지를 기준으로 높이를 표시

22

지역난방에 대해 간단하게 서술하시오.

【해답】 • 일정 지역에서 다량의 고압 증기 또는 고온수를 만들어 대단위의 지역에 공급하여 난방하는 방식이다.

【해설】 ※ **지역난방의 특징**

㉠ 광범위한 지역의 대규모 난방에 적합하다.
㉡ 열매체로는 주로 고온수 및 고압증기가 사용된다.
㉢ 대규모 시설의 관리로 고효율이 가능하다.
㉣ 소비처에서 연속난방 및 연속급탕이 가능하다.
㉤ 인건비와 연료비가 절감된다.
㉥ 설비 합리화에 따라 매연처리 및 폐열 활용이 가능하다.
㉦ 각 건물에 보일러를 설치하는 것에 비해 건물 내의 유효면적이 증가하여 열효율이 좋다.

23

감압밸브의 설치목적을 2가지만 쓰시오.

【해답】 ① 고압유체의 압력을 저압으로 바꾸어 사용하기 위해
② 고압측의 압력변동에 관계없이 저압측의 압력을 항상 일정하게 유지시키기 위해
③ 부하변동에 따른 증기 소비량을 줄이기 위해
④ 고압과 저압을 동시에 사용하기 위해

【참고】 ※ **감압밸브의 종류**

㉠ 구조에 따라 : 스프링식, 추식
㉡ 작동방법에 따라 : 피스톤식, 벨로즈식, 다이어프램식

24

다음 그림은 온수보일러 설치 시공도이다. ①~④의 관 명칭을 각각 쓰시오.

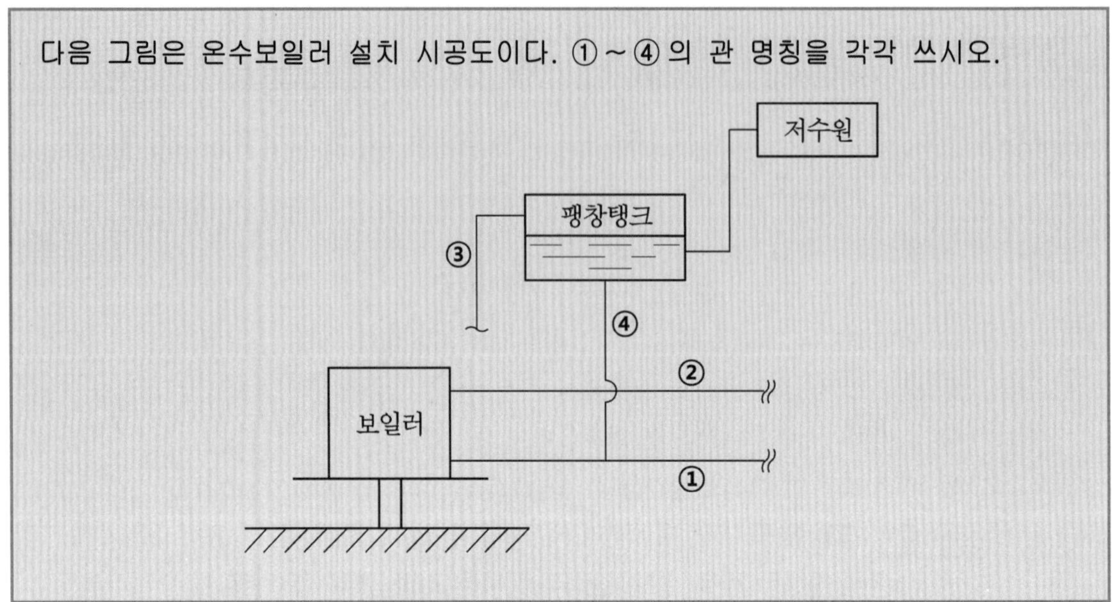

【해답】 ① **환수주관** ② **송수주관** ③ **오버플로우관(또는, 일수관)** ④ **팽창관**

【해설】 ① 환수주관 : 난방 기기나 온수 사용 지점에서 사용되고 나온 냉수를 다시 보일러로 회수하기 위한 관

② 송수주관 : 보일러에서 가열된 온수를 건물 내 각종 난방 기기나 온수 사용 지점으로 온수를 공급하는 관

③ 오버플로우관 : 체적팽창에 의한 온수의 수위가 높아지면 외부로 분출시켜 탱크 내 물이 넘치지 않게 하기 위한 관

④ 팽창관 : 물을 온수로 가열할 때마다 배관 내 체적 팽창한 수량을 팽창탱크로 배출해 주는 도피관

2024년 제3회(11월 2일 시행)

25

[그림]과 같이 호칭지름 20A 강관에 20A 용 90° 엘보 2개를 사용하여 중심선의 길이를 200 mm 로 나사이음을 하고자 한다. 20A 강관의 실제 길이(mm)를 구하시오.
(단, 나사가 물리는 한쪽 길이는 13 mm 이다.)

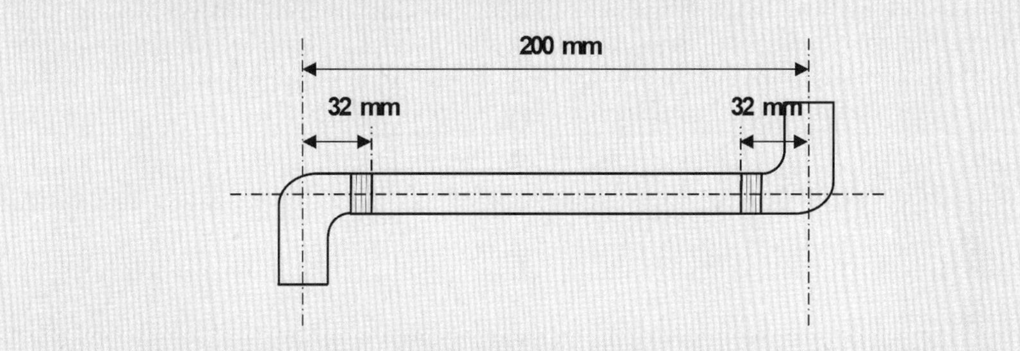

【해답】 <계산과정> : 200 - 2 × (32 - 13)

<답> : 162 mm

【해설】 • $L = \ell + 2(A - a)$ 에서,

$\ell = L - 2(A - a)$

여기서, ℓ : 관의 실제 길이 또는 절단길이(mm)
L : 관의 중심선 길이(mm)
A : 이음쇠의 중심에서 이음쇠 단면 끝까지의 거리(mm)
a : 이음쇠의 나사가 물리는 한쪽 길이(mm)

= 200 - 2 × (32 - 13)

= 162 mm

26

[그림]은 증기보일러의 수면계의 기능을 점검하는 방법이다. 수주관과 수면계에 연결된 관의 콕 밸브 중에서 아래 설명의 (　　)안에 알맞은 콕 밸브의 기호(a, b, c)를 골라 쓰시오.

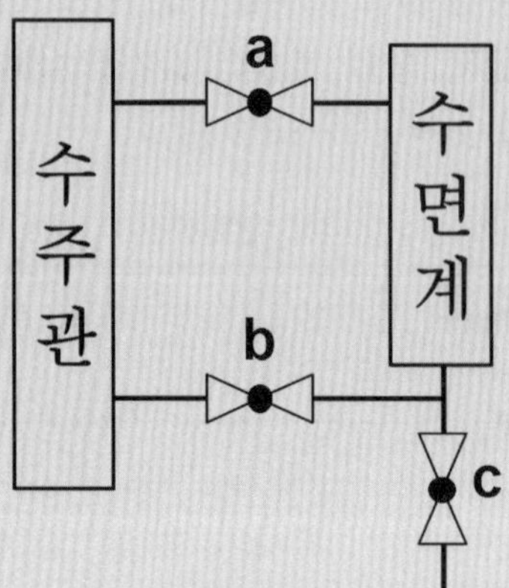

1) 증기콕인 (　　)와 물콕인 (　　)를 닫고 드레인콕인 (　　)를 열어 물을 배출시킨다.
2) (　　)를 열어 물을 내보낸 뒤 확인 후 닫는다.
3) (　　)를 열어 증기를 내보낸 뒤 확인 후 닫는다.
4) 마지막으로 (　　)를 닫고 (　　)를 조금씩 열어 유리관을 따뜻하게 하고 계속해서 (　　)를 연다.

【해답】 1) a, b, c
2) b
3) a
4) c, a, a

【해설】 ※ **수면계 기능시험 방법**

1) 증기콕인(a)와 물콕인(b)를 닫고 드레인콕인(c)를 열어 수면계 내의 물을 배출시킨다.
2) 물콕(b)를 다시 열어 물을 내보낸 뒤 확인 후 닫는다.
3) 증기콕(a)를 다시 열어 증기를 내보낸 뒤 확인 후 닫는다.
4) 마지막으로 드레인콕(c)를 닫고 증기콕(a)를 조금씩 서서히 열면서 유리관을 따뜻하게 하고 계속해서 증기콕(a)를 연다.

27

보일러 통풍장치에 사용하는 송풍기 중 원심형 송풍기의 종류를 [보기]에서 3가지를 골라 쓰시오.

【보기】 : 레디얼형, 프로펠러형, 튜브형, 터보형, 다익형, 베인형

【해답】 **레디얼형, 터보형, 다익형**

【해설】 ※ **원**심형(또는, 원심력식) 송풍기의 종류　　**암기법** : 원터플, 다시레

- **터**보형, **플**레이트형, **다**익형(**시**로코형), **레**디얼형

【참고】 ※ 축류형 송풍기의 종류

- 프로펠러형, 튜브형, 베인형, 디스크형

28

다음은 화염검출기에 대한 설명이다. 각각의 설명에 해당하는 화염검출기를 쓰시오.

① 광전관을 통하여 화염의 적외선을 검출하는 형식이다.
② 바이메탈의 원리를 이용하여 연도가스의 온도차로 화염을 검출하는 형식이다.
③ 화염의 이온화 현상을 이용한 전기전도성으로 화염을 검출하는 형식이다.

【해답】 ① **플레임 아이**　② **스택 스위치**　③ **플레임 로드**

【해설】 ※ **화염검출기의 종류**

1) 플레임 아이(Flame eye, 광전관식 화염검출기 또는, 광학적 화염검출기)
   가) CdS(황화카드뮴)셀, PbS(황화납)셀
      - 광도전 현상(반도체에 빛이 닿으면 전기전도도가 변화)을 이용하여 저항값 변화에 의한 화염 검출
   나) 자외선 광전관, 정류 광전관
      - 광전방출현상(금속판에 불꽃이 닿으면 광전자가 방출)을 이용하여 화염 검출
2) 플레임 로드(Flame rod, 전기전도 화염검출기)
   - 화염의 이온화현상에 의한 전기 전도성을 이용하여 화염의 유무를 검출하며, 주로 가스점화버너에 사용된다.
3) 스택 스위치(Stack switch, 열적 화염검출기)
   - 화염의 발열현상을 이용한 것으로 감온부는 연도에 바이메탈 또는 열전대를 설치하여 신축작용으로 화염의 유무를 검출한다.

29

가로 3 m, 세로 3 m 인 평면 벽의 두께가 200 mm 이다. 벽 양면의 온도차는 30℃, 벽의 열전도율은 1.4 W/m·℃ 일 때, 30분간 이 벽을 통과하는 열량(kJ)을 구하시오.

암기법 : 손전온면두

【해답】 <계산과정> : $\frac{1.4\times 30\times 9\times 30\times 60}{0.2\times 1000}$

<답> : 3402 kJ

【해설】 • 평면벽에서의 손실열량(Q) 계산공식

$$Q = \frac{\lambda \cdot \Delta T \cdot A}{d} \times t \left(\frac{\text{열전도율}\cdot\text{온도차}\cdot\text{단면적}}{\text{벽의 두께}} \times \text{열전달시간} \right)$$

$$= \frac{1.4\,W/m\cdot℃ \times 30\,℃ \times 9\,m^2}{0.2\,m} \times 30\text{분} \times \frac{60\,sec}{1\text{분}} \times \frac{1\,kJ}{1000\,J}$$

= 3402 kJ

30

보일러의 운전에서 자동제어의 다양한 제어방식이 있다. 해당 번호에 알맞은 자동제어의 제어량을 각각 1가지씩만 쓰시오.

① 자동연소제어(ACC) :
② 급수제어(FWC) :
③ 증기온도제어(STC) :

【해답】 **① 노내압, 증기압력 (중에서 택1) ② 보일러 수위 ③ 증기온도**

【해설】 **※ 보일러 자동제어 (ABC, Automatic Boiler Control)의 종류**

자동제어 명칭	제어량	조작량
자동 연소제어(ACC)	증기압력, 노내압	연료량, 공기량, 연소가스량
자동 급수제어(FWC)	보일러 수위	급수량
증기 온도제어(STC)	증기 온도	전열량

31

20℃ 의 물이 길이 25 m 의 동관 내에서 흐르고 있다. 물의 온도가 100℃ 로 상승한 경우 온도차에 따른 동관의 팽창 길이(mm)를 구하시오.
(단, 동관의 선팽창계수는 0.000018 mm/mm·℃ 이고, 동관의 온도는 동관 내 물의 온도와 같은 것으로 한다.)

【해답】 <계산과정> : (25 × 1000) × 0.000018 × (100 - 20)

<답> : 36 mm

【해설】 • 늘어나는 관의 길이(즉, 팽창 길이)는 선팽창을 의미하므로,

$\Delta L = L_1 \cdot \alpha \cdot \Delta t$

여기서, α : 선(또는, 길이)팽창계수
L_1 : 처음 온도에서의 길이
ΔL : 팽창 길이(또는, 신축량)
Δt : 온도변화량($t_2 - t_1$)

= (25 × 1000) mm × 0.000018 mm/mm·℃ × (100 - 20)℃

= 36 mm

32

다음은 보일러 설치·시공에 따른 급수관에 설치하는 밸브에 관한 설명이다. ( ) 안에 알맞은 내용을 주어진 [보기]에서 골라 적으시오.

【보기】 : 게이트 밸브, 앵글 밸브, 체크 밸브, 볼 밸브, 15A, 20A, 25A, 32A

급수관에는 보일러에 인접하여 급수밸브와 (①)를 설치하여야 한다. 급수밸브 및 (①)의 크기는 전열면적 10 m^2 이하의 보일러에서는 호칭 (②)이상, 전열면적 10 m^2 를 초과하는 보일러에서는 호칭 (③) 이상이어야 한다.

암기법 : 급체 시, 15 20

【해답】 ① **체크밸브**, ② 15A, ③ 20A

【해설】 ※ 급수장치 중 **급**수밸브 및 **체**크밸브의 크기는 전열면적 10 m^2 이하의 보일러에서는 관의 호칭 15A **이상**의 것이어야 하고, 10 m^2를 초과하는 보일러에서는 관의 호칭 20A **이상**의 것이어야 한다.

33

아래 주어진 증기트랩에 관한 질문에 답하시오.
① 온도조절식 증기트랩의 작동원리를 쓰시오.
② 온도조절식 증기트랩의 중분류에 의한 형태(종류)를 3가지 쓰시오.
(예시 : 금속의 신축성을 이용하는 방식인 바이메탈식이 있다. 다만, 예시에서 언급된 바이메탈식은 제외한다.)

【해답】 ① **증기와 응축수의 온도차를 이용하여 분리한다.**
② **벨로즈식, 다이어프램식, 압력평형식**

【참고】 ※ **증기트랩의 작동원리에 따른 분류 및 종류**

분류	작동원리	종류
기계식 트랩 (mechanical trap)	증기와 응축수의 밀도차(비중차, 부력차)를 이용하여 분리한다. (버킷 또는 플로트의 부력을 이용)	버킷식 플로트식
온도조절식 트랩 (thermostatic trap)	증기와 응축수의 온도차를 이용하여 분리한다. (금속의 신축성을 이용)	바이메탈식 벨로즈식 다이어프램식 압력평형식
열역학적 트랩 (thermodynamic trap)	증기와 응축수의 열역학적 특성차(운동에너지의 차이)를 이용하여 분리한다.	디스크식 오리피스식

34

보일러의 통풍장치인 연돌(굴뚝)에 의한 통풍력에 대한 설명이다. 알맞은 것을 고르시오.
① 연소가스의 온도가 높을수록 통풍력은 (증가 / 감소)한다.
② 연돌의 단면적이 클수록 통풍력은 (증가 / 감소)한다.
③ 연돌의 높이가 높을수록 통풍력은 (증가 / 감소)한다.

【해답】 ① **증가** ② **증가** ③ **증가**

【해설】 ※ **자연통풍 방식에서 연돌의 통풍력이 증가되는 조건** **암기법** : 자연굴 (높,단)배
① 배기가스(또는, 연소가스) **연**도를 짧게 한다.
② **굴**뚝의 **높**이를 높게 한다.
③ 굴뚝의 **단**면적을 크게 한다.
④ **배**기가스(또는, 연소가스) 온도를 높게 한다.

35

다음 [그림]은 보일러 설치·시공 기준에 의거하여 설치하는 압력계이다. 괄호 안에 알맞은 용어나 숫자를 쓰시오.

그림에서의 압력계는 (①) 압력계이다. 증기보일러에 부착하는 압력계 눈금판의 바깥지름은 (②) mm 이상으로 하고, 압력계의 최고 눈금은 보일러의 최고사용압력의 (③)배 이하로 하되 (④)배 보다 작아서는 안 된다.

【해답】 ① **부르돈관(또는, 부르동관)** ② 100 ③ 3 ④ 1.5

【해설】 ※ 보일러에는 국가표준번호 KS B-5305(**부르동관 압력계**), 보일러 설치기술규격 KBI-6113(압력계의 크기와 눈금)에 따른 압력계를 부착하여야 한다.

(1) 증기보일러에 부착하는 압력계 눈금판의 바깥지름은 **100 mm 이상**이어야 한다.

(2) 압력계의 최고 눈금은 보일러의 최고사용압력의 **3배 이하**로 하되, **1.5배** 보다 작아서는 안 된다.

(3) 압력계에는 물을 넣은 안지름 **6.5 mm 이상**의 사이폰관 또는 동등한 작용을 하는 장치를 부착하여 증기가 직접 압력계에 들어가지 않도록 하여야 한다.

(4) 정확도의 Full Scale(전체범위)는 **±0.5 % ~ ±2 %** 이다.

36

다음 [그림]은 도면에 표시된 주철제 방열기의 도시기호이다. 아래 사항은 각각 무엇을 의미하는지 쓰시오.

18

5 - 650　　x 3

25 x 20

① 18　　② 5　　③ 650　　④ 25　　⑤ 3

【해답】 ① 방열기 쪽수: 18개　② 방열기 종류: 5세주형　③ 방열기 높이: 650 mm
④ 유입측 관경(또는, 유입측 관지름): 25A　⑤ 방열기 설치개수: 3개

【해설】 ※ 방열기의 호칭 및 도시기호 작성법

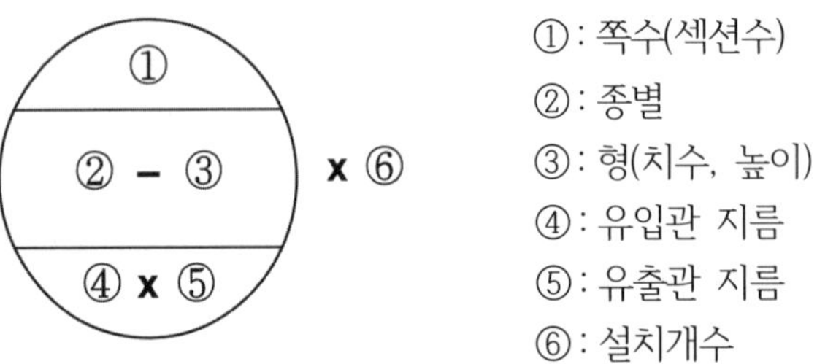

제3편 모의고사

모의고사 1회 ~ 10회 수록

에너지관리산업기사 모의고사 1회

01

원통형 보일러 중 입형 보일러의 장점과 단점을 각각 3가지씩 적으시오.

【해답】 **[장점]** ① 형체가 적은 소형이므로 설치면적이 적어, 좁은 장소에 설치가 가능하다.
② 구조가 간단하여 제작이 용이하며, 취급이 쉽고, 급수처리가 까다롭지 않다.
③ 전열면적이 적어 증발량이 적으므로 소용량에 적합하고, 가격이 저렴하다.

[단점] ① 연소실이 내분식이고 용적이 적어 연료의 완전연소가 어렵다.
② 전열면적이 적고 열효율이 낮다.
③ 보일러가 소형이므로, 내부의 청소 및 검사가 어렵다.

【해설】 ※ **입형보일러의 특징**

[장점]

㉠ 형체가 적은 소형이므로 설치면적이 적어 좁은 장소에 설치가 가능하다.
㉡ 구조가 간단하여 제작이 용이하며, 취급이 쉽고, 급수처리가 까다롭지 않다.
㉢ 전열면적이 적어 증발량이 적으므로 소용량에 적합하고, 가격이 저렴하다.
㉣ 설치비용이 적으며 운반이 용이하다.
㉤ 연소실 상면적이 적어, 내부에 벽돌을 쌓는 것을 필요로 하지 않는다.
㉥ 최고사용압력은 10 kg/cm^2 이하, 전열면 증발률은 10 ~ 15 $kg/m^2 \cdot h$ 이다.

[단점]

㉠ 연소실이 내분식이고 용적이 적어 연료의 완전연소가 어렵다.
㉡ 전열면적이 적고 열효율이 낮다. (40 ~ 50%)
㉢ 열손실이 많아서 보일러 열효율이 낮다.
(열효율 및 용량이 큰 순서 : 코크란 보일러 〉 입형연관 〉 입형횡관)
㉣ 구조상 증기부(steam space)가 적어서 습증기가 발생되어 송기되기 쉽다.
㉤ 보일러가 소형이므로, 내부의 청소 및 검사가 어렵다.

02

어떤 온수보일러의 수두압이 30 m 일 때, 이 보일러에 가해지는 압력(kg/cm²)을 계산하시오.

【해답】 3 kg/cm²

【해설】 • 수두와 압력과의 관계식 : $P = \gamma_{물} \cdot h$

여기서, P : 압력(kg/m²)

γ : 액체 비중량(kg/m³)

h : 수두 또는, 양정(m)

$\therefore P = \gamma_{물} \cdot h = 1000\ kg/m^3 \times 30\ m = 30000\ kg/m^2$

문제에서 제시된 단위로 환산해 주어야 하므로

$$30000\ kg/m^2 = \frac{30000\,kg}{(10^2\,cm)^2} = \frac{30000\,kg}{10^4\,cm^2} = \mathbf{3\ kg/cm^2}$$

【참고】 • 지구의 평균중력가속도인 g의 값이 9.8 m/s² 으로 동일하게 적용될 때에 중력단위(또는, 공학용단위)의 힘으로 압력이나 비중량을 표시할 때 kgf 에서 흔히 f(포오스)를 생략하고 kg/cm² 이나, kg/cm³ 으로 사용하기도 하며 국제적으로는 밀도와 비중량의 단위를 같이 쓴다.

03

보일러 배관작업 시 같은 지름의 강관을 직선으로 연결할 때 사용할 수 있는 강관 이음 방법 종류를 3가지만 쓰시오.

암기법 : 플래이 음나용?

【해답】 ※ **강관의 이음(Pipe joint) 방법**

㉠ 플랜지(Flange) 이음

㉡ 나사(소켓) 이음

㉢ 용접 이음

㉣ 유니온(Union) 이음

04

다음은 강관과 비교한 동관의 특징을 설명한 것이다. (   ) 안에 알맞은 내용을 고르시오.

> 동관은 강관에 비하여 유연성이 (크고, 작고), 유체 흐름에 대한 마찰저항이 (크다, 작다). 또한, 내식성이 (작으며, 크며), 열전도율이 (크고, 작고), 같은 호칭경으로 비교할 경우 무게가 (가볍다, 무겁다).

【해답】 **(유연성이) 크고, (마찰저항이) 작다, (내식성이) 크며, (열전도율이) 크고, (무게가) 가볍다.**

【해설】 **※ 동관의 특징**

[장점] ㉠ 전기 및 열의 양도체이다.
㉡ 내식성, 굴곡성이 우수하다.
㉢ 내압성도 있어서 열교환기의 내관(tube), 급수관 등 화학공업용으로 사용된다.
㉣ 철관이나 연관보다 가벼워서 운반이 쉽다.
㉤ 상온의 공기 중에서는 변화하지 않으나 탄산가스를 포함한 공기 중에서는 푸른 녹이 생긴다.(즉, 산에 약하고, 알칼리에 강하다.)
㉥ 가공성이 좋아 배관시공이 용이하다.
㉦ 아세톤, 에테르, 프레온가스, 휘발유 등의 유기약품에 침식되지 않는다.
㉧ 관 내부에서 마찰저항이 적다.
㉨ 동관의 이음방법에는 플레어(flare) 이음, 플랜지 이음, 용접 이음이 있다.

[단점] ㉠ 담수에 대한 내식성은 우수하지만, 연수에는 부식된다.
㉡ 기계적 충격에 약하다.
㉢ 가격이 비싸다.
㉣ 암모니아, 초산, 진한황산에는 심하게 침식된다.

05

증기난방에서의 응축수 환수방식 3가지를 적으시오.

【해답】 **중력환수식, 기계환수식, 진공환수식**

【해설】 **※ 응축수 환수방식에 의한 분류**

- 중력환수식 : 방열기에서 배출된 응축수가 중력을 통해 자연적으로 순환하는 방식
- 기계환수식 : 탱크 내 모아진 응축수를 펌프를 통해 보일러로 환수시키는 방식
- 진공환수식 : 환수주관 말단부에 진공펌프를 설치하고 관 내 압력을 대기압 이하로 유지시켜 응축수를 환수시키는 방식

06

송풍기의 풍량이 1.3 m^3/s, 풍압이 1500 Pa, 효율이 80% 일 때 소요되는 축동력(kW)을 계산하시오.

【해답】 2.44 kW

【해설】 • 펌프의 동력 : L [W] = $\frac{PQ}{\eta} = \frac{\gamma HQ}{\eta} = \frac{\rho gHQ}{\eta}$

여기서, P : 압력 [mmH_2O = kgf/m^2]
Q : 유량 [m^3/sec]
H : 수두 또는, 양정 [m]
η : 펌프의 효율
γ : 물의 비중량 (1000 kgf/m^3)
ρ : 물의 밀도 (1000 kg/m^3)
g : 중력가속도 (9.8 m/s^2)

$$= \frac{1500\,Pa \times 1.3\,m^3/sec}{0.8}$$

= 2437.5 N·m/s = 2437.5 J/s = 2437.5 W

= 2.4375 kW ≒ **2.44 kW**

【참고】 • 열역학적 일의 공식 $W = P \cdot V$ 에서 단위 변환을 이해하자.
W(일) = Pa × m^3 = N/m^2 × m^3 = N · m = J (줄)

07

어느 건물에서 온수보일러를 설치하기 위해 부하를 측정한 결과 [아래]의 결과를 얻었다. 해당 건물에 설치해야 할 온수보일러의 정격출력(kW)을 계산하시오.

- 난방부하 : 50241 kJ/h
- 급탕부하 : 25121 kJ/h
- 배관부하 : 19678 kJ/h
- 시동부하 : 14654 kJ/h
- 증발률 : 10 kg/m^2·h
- 급탕량 : 5000 L/h

【해답】 30.47 kW

【해설】 • 정격출력 = 난방부하 + 급탕부하 + 시동(예열)부하 + 배관부하

$$= (50241 + 25121 + 14654 + 19678)\ \text{kJ/h}$$

$$= 109694\ \text{kJ/h} \times \frac{1h}{3600\text{sec}}$$

$$= 30.4706\ \text{kJ/sec} \fallingdotseq \mathbf{30.47\ kW}$$

【참고】 • 정격출력 = 난방부하 + 급탕부하 + 예열부하 + 배관부하

① 난방부하 : 건물의 난방을 위해 공급해 주어야 하는 열량
② 급탕부하 : 난방에 사용되는 온수를 가열할 때 필요한 열량
③ 예열부하 : 난방을 위해 보일러 가동 시 보일러 및 장치들의 예열에 소모되는 열량
④ 배관부하 : 보일러 배관계에서 손실되는 열량

08

구조상 수평, 수직 배관에 모두 사용이 가능하며 마찰저항이 작은 체크밸브의 형식을 쓰시오.

암기법 : 책(첵), 스리

【해답】 스윙식(Swing type)

【해설】 ※ **체크밸브의 형식**

- 스윙식(Swing type) : 디스크가 힌지에 고정되어 유체 흐름에 따라 디스크가 열리는 구조로 수평, 수직 배관에서 모두 사용이 가능하고 대구경 배관에 주로 사용된다.
- 리프트식(Lift type) : 원판이 유체 흐름에 따라 상하로 움직이면서 역류를 방지하는 구조로 수평배관에서만 사용이 가능하고 소구경 배관에 주로 사용된다.

09

중유의 성분이 C : 86%, H : 11%, S : 3% 일 때 공기비와 소요공기량 (Nm^3/kg)을 구하시오. (단, 배기가스 분석결과는 CO_2 : 13%, O_2 : 3%, CO : 0% 이다.)

【해답】 ① 공기비 <계산과정> : $\frac{84}{84 - 3.76 \times 3}$

<답> : **1.16**

② 소요공기량 <계산과정> : $1.16 \times \left(\frac{1.867 \times 0.86 + 5.6 \times 0.11 + 0.7 \times 0.03}{0.21}\right)$

<답> : **$12.39\ Nm^3/kg_{-연료}$**

【해설】 • 공기비(m) = $\frac{N_2}{N_2 - 3.76(O_2 - 0.5CO)}$

여기서, $N_2 = 100 - (\underline{O_2 + CO_2 + CO})$

↳ 배기가스 분석에 의해 구한다.

$= 100 - (3 + 13 + 0)$

$= 84\ \%$

물론, 완전연소 되면 CO는 배출되지 않으므로 0 이 된다.

$\therefore\ m = \frac{84}{84 - 3.76 \times 3} ≒ \mathbf{1.16}$

• 체적비율에 따른 이론산소량 계산은

$O_0 = 1.867C + 5.6\left(H - \frac{O}{8}\right) + 0.7S$ 에서,

$= 1.867 \times 0.86 + 5.6 \times 0.11 + 0.7 \times 0.03 ≒ 2.243\ Nm^3/kg_{-연료}$

체적당 이론공기량 $A_0 = \frac{O_0}{0.21}$ 에서,

$= \frac{2.243}{0.21} = 10.68\ Nm^3/kg_{-연료}$

최종적으로, 소요공기량(실제공기량) $A = m\,A_0$ 에서,

$= 1.16 \times 10.68\ Nm^3/kg_{-연료}$

$= \mathbf{12.39\ Nm^3/kg_{-연료}}$

10

하수관 등에서 발생한 유해가스나 악취 등이 실내로 들어오는 것을 막기 위해 설치하는 트랩의 종류를 5가지 쓰시오.

【해답】 **P 트랩, S 트랩, U 트랩, 벨 트랩, 드럼 트랩**

【해설】 **※ 하수관 트랩의 종류**

[사이펀식]

㉠ P 트랩 : 세면기 및 변기에 사용되며 배수를 벽체에 연결하여 사용
㉡ S 트랩 : 세면기 및 변기에 사용되며 배수를 바닥 배수구에 연결하여 사용
㉢ U 트랩 : 공동 하수관의 악취 및 건물 내 역류 방지용으로 사용

[비사이펀식]

㉠ 드럼 트랩 : 드럼모양의 통을 만들어 설치하며 주로 주방용으로 사용
㉡ 벨 트랩 : 바닥 배수용으로 사용
㉢ 보틀 트랩 : 유수면적이 넓어 주방용으로 사용

11

난방부하가 10467 kJ/h 인 어떤 방을 주철제 방열기로 온수난방 하고자 한다. 방열기 1섹션(쪽)당 방열면적이 0.35 m^2 일 때, 방열기의 소요 섹션 수는 몇 개인지 구하시오. (단, 방열기의 방열량은 표준방열량으로 계산한다.)

【해답】 필요 섹션 수 : **16 쪽**

【해설】 • 방열기의 표준방열량($Q_{표준}$)은 열매체인 증기와 온수를 기준으로 구별하여 계산한다.

암기법 : 수 사오공, 증 육오공

열매체	공학단위 ($kcal/m^2 \cdot h$)	SI 단위 ($kJ/m^2 \cdot h$)
온수	450	**1890**
증기	650	2730

• 방열기의 난방부하 공식 $Q = Q_{표준} \times A_{방열면적}$

$= Q_{표준} \times C \times N \times a$

여기서, C : 보정계수(단, 제시 없으면 생략함.)
N : 쪽수, a : 1쪽당 방열면적

$10467\ kJ/h = 1890\ kJ/m^2 \cdot h \times N \times 0.35\ m^2$

∴ 쪽수 N = 15.82 ≒ **16 쪽**

12

다음은 유류용 온수보일러의 설치 그림이다. 아래 각 부품에 맞는 번호를 그림에서 찾아 적으시오.

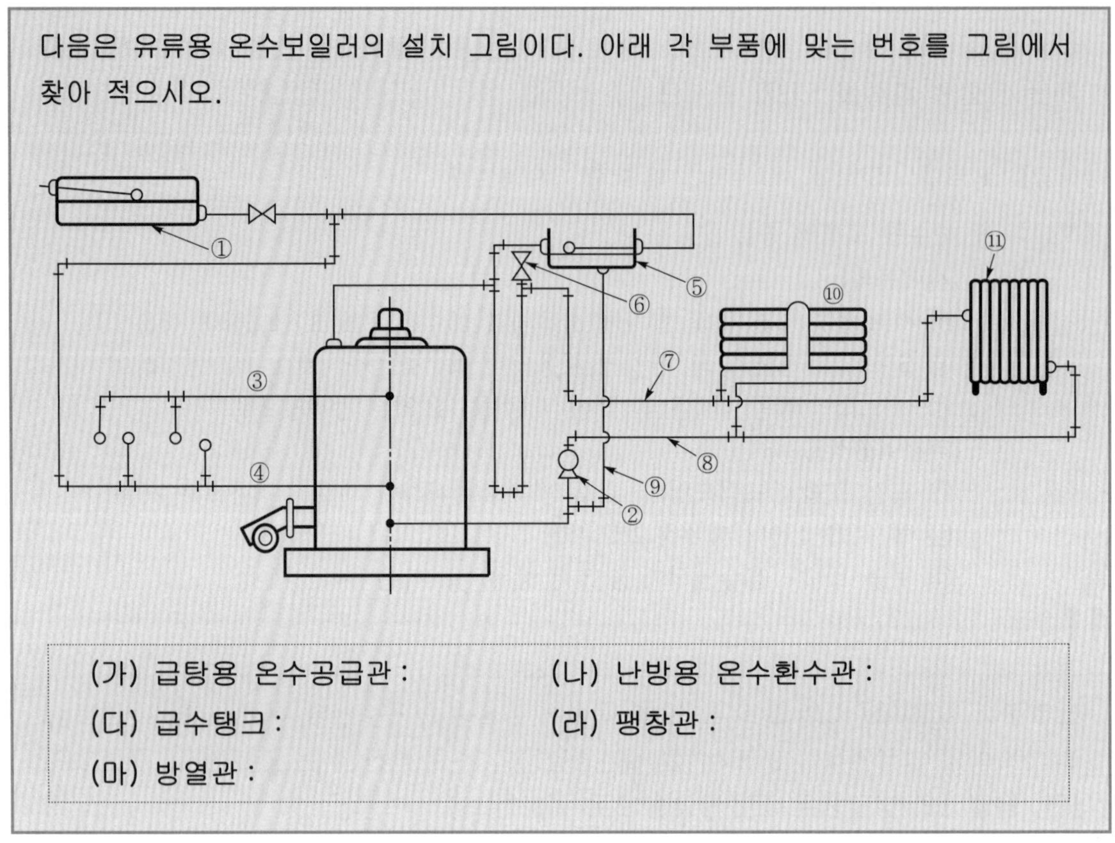

(가) 급탕용 온수공급관 :
(나) 난방용 온수환수관 :
(다) 급수탱크 :
(라) 팽창관 :
(마) 방열관 :

【해답】 (가) - ③, (나) - ⑧, (다) - ①, (라) - ⑨, (마) - ⑩

【해설】 ※ 온수보일러 부품 명칭

① 급수탱크	② 온수 순환펌프	③ 급탕용 온수공급관
④ 급탕용 온수환수관	⑤ 팽창탱크	⑥ 공기빼기 밸브
⑦ 난방용 온수공급관	⑧ 난방용 온수환수관	⑨ 팽창관
⑩ 방열관	⑪ 방열기(라디에이터)	

에너지관리산업기사 모의고사 2회

01

다음은 비동력 급수장치인 인젝터의 작동 설명이다. 인젝터 동작 시 각 밸브 및 핸들의 작동 순서의 번호를 쓰시오.

【보 기】

① 급수밸브를 연다.
② 증기밸브를 연다.
③ 출구정지밸브를 연다.
④ 핸들을 연다.

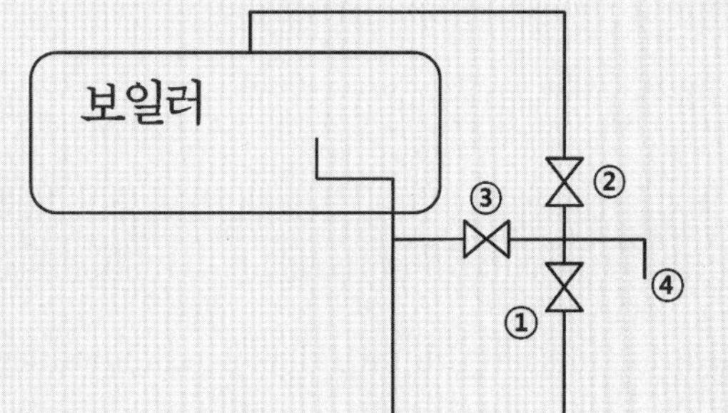

【해답】 [③] → [①] → [②] → [④]

【해설】 • **인젝터(Injector)**

- 보일러 주 급수장치인 게이트밸브가 막힘 등의 고장으로 인해 급수를 할 수 없을 때, 보일러에서 발생된 증기의 압력으로 물을 공급해 주는 비동력 보조 급수장치이다.

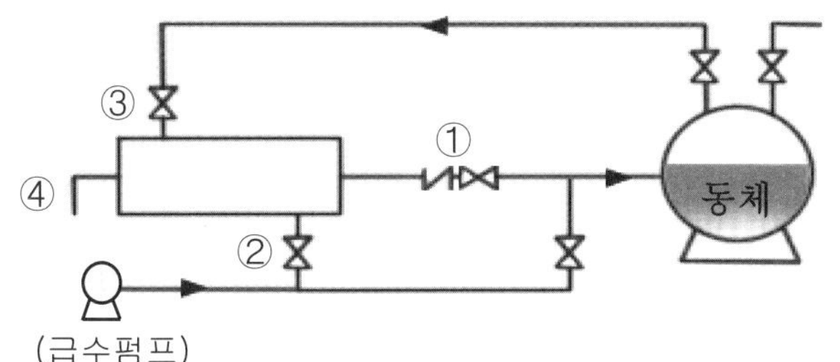

① 출구정지 밸브
② 급수 밸브
③ 증기 밸브
④ 핸들

• 여는 순서 : ① → ② → ③ → ④ 암기법 : 출급증핸

닫는 순서 : ④ → ③ → ② → ① 암기법 : 핸증급출

02

금속의 열전도율을 구하는 실험에서 지름 12 mm, 길이 250 mm의 중실원형 시편으로 한쪽 끝면을 100 ℃, 다른 쪽 끝을 0 ℃로 유지하였을 때 정상상태에서의 열유량은 2 W이었다. 이 시편의 열전도율은 몇 W/m·℃ 인가? (단, 시편의 측면은 주위로부터 충분히 단열되어 있으므로 열출입은 일어나지 않는다.)

【해답】 44.21 W/m·℃

【해설】 • 전도열량 $Q = \lambda \times \frac{A \cdot \Delta t}{l} \times T$

$$\frac{Q}{T} = \lambda \cdot \frac{A \cdot \Delta t}{l}$$

$$2\,W = \lambda \times \frac{\frac{\pi D^2}{4} \times (t_2 - t_1)}{l}$$

여기서, λ : 열전도율　l : 길이　A : 단면적
D : 지름　Δt : 온도차　T : 열전도시간
Q : 전도열량　$\frac{Q}{T}$: 열유량(J/s = W)

$$2\,W = \lambda \times \frac{\frac{\pi \times (0.012\,m)^2}{4} \times (100 - 0)℃}{0.25\,m}$$

$\therefore\ \lambda$ = 44.21 W/m·℃

03

자동제어를 2가지로 구분하여 간단히 설명하시오.

암기법 : 시퀀둥~, 미정순 단동보연

암기법 : 피드설 목제비교 일반보기

【해답】 ① **시퀀**스 제어 - **미**리 **정**해진 **순**서에 따라서 각 **단**계를 **동**작시키는 제어 방식
ex> **보**일러의 **연**소제어

② **피드**백 제어 - **설**정된 **목**표값과 **제**어량을 **비교**하여 **일**치하도록 **반**복시켜 동작하는 제어 방식　ex> **보**일러의 **기**본제어

04

증기난방과 비교한 온수난방의 특징을 3가지만 쓰시오.

【해답】 ① 난방부하의 변동에 따른 방열량 조절이 쉬워 온도조절이 용이하다.
② 증기난방과 비교하여 연료소비량이 적다.
③ 방열기의 온도가 낮아 실내 쾌감도가 우수하다.
④ 온수난방 중지 시 여열로 인하여 난방효과가 지속된다.
⑤ 소규모주택에 적합하고, 증기트랩이 불필요하다.

【참고】 ※ 온수난방의 단점
㉠ 증기난방과 비교하여 방열면적 및 배관 관경이 커서 설비비가 높다.
㉡ 열용량이 커 온수 예열에 시간이 오래 걸린다.
㉢ 일반 온수보일러의 사용압력이 낮아 대규모 빌딩에서 사용이 제한된다.
㉣ 온도가 매우 낮은 지역에서 동결의 우려가 있다.

05

효율이 85 %인 보일러에 발열량이 50242 kJ/kg 인 연료를 시간당 60 kg 사용한다면, 이 보일러의 유효열량(kJ/h)을 구하시오.

암기법 : (효율좋은)보일러 사저유

【해답】 2562342 kJ/h

【해설】 • 보일러 효율(η) = $\frac{Q_s}{Q_{in}}\left(\frac{\text{유효출열}}{\text{총입열량}}\right) \times 100$

$$= \frac{Q_s(\text{유효출열})}{m_f \cdot H_L} \times 100$$

$$0.85 = \frac{Q_s}{60\,kg/h \times 50242\,kJ/kg}$$

∴ 보일러 유효열량 Q_s = 2562342 kJ/h

06

다음은 안전밸브 및 압력방출장치의 크기에 관한 설치 기준이다. (   )안에 알맞은 숫자를 쓰시오.

안전밸브 및 압력방출장치의 크기는 호칭지름 (①)A 이상으로 하여야 한다. 다만, 최고사용압력 0.1 MPa 이하의 보일러에서는 호칭지름 (②)A 이상으로 할 수 있다.

【해답】 ① 25, ② 20

【해설】 ※ **안전밸브 및 압력방출장치의 크기**

- 호칭지름 **25A** (즉, 25 mm) 이상으로 하여야 한다. 다만, 특별히 **20A** 이상으로 할 수 있는 경우는 다음과 같다.
  - ㉠ 최고사용압력 0.1 MPa 이하의 보일러
  - ㉡ 최고사용압력 0.5 MPa 이하의 보일러로서, 동체의 안지름이 500 mm 이하이며 동체의 길이가 1000 mm 이하의 것
  - ㉢ 최고사용압력 0.5 MPa 이하의 보일러로서, 전열면적이 2 m^2 이하의 것
  - ㉣ 최대증발량이 5 ton/h 이하의 관류보일러
  - ㉤ 소용량 보일러(강철제 및 주철제)

07

배관을 보온 피복하지 않았을 때 방열량이 2931 $kJ/m^2 \cdot h$ 이고, 보온 피복하였을 때 방열량이 1528 $kJ/m^2 \cdot h$ 이면, 이 보온재의 보온효율(%)을 계산하시오.

【해답】 47.9 %

【해설】 • 보온효율 $\eta = \dfrac{\Delta Q}{Q_1} \times 100 = \dfrac{Q_1 - Q_2}{Q_1} \times 100$

여기서, Q_1 : 보온전 (나관일 때) 손실열량

Q_2 : 보온후 손실열량

$= \dfrac{2931 - 1528}{2931} \times 100 = 47.867 ≒$ **47.9 %**

08

에틸렌(C_2H_4) 연료 20 g을 연소할 때, 표준상태의 공기량 380 g이 소요되었다. 이 경우 과잉공기량은 몇 g인지 계산하시오.

【해답】 84.44 g

【해설】 • 기체연료의 완전연소 반응식을 이용하여 이론산소량(O_0)을 먼저 알아야 한다.

• $C_mH_n + \left(m + \frac{n}{4}\right) O_2 \rightarrow m\,CO_2 + \frac{n}{2} H_2O$

$C_2H_4 + \left(2 + \frac{4}{4}\right) O_2 \rightarrow 2\,CO_2 + \frac{4}{2} H_2O$

$C_2H_4 + 3\,O_2 \rightarrow 2\,CO_2 + 2\,H_2O$

(1 mol) (3 mol)

(28 g) (3 × 32 = 96 g)

• $\frac{\text{연료의 질량}}{\text{산소의 질량}} = \frac{28\,g}{96\,g} = \frac{20\,g}{O_0}$ 에서, 이론산소량 O_0 = 68.571 g

한편, 공기 중 산소의 중량비를 23.2 %를 적용하여 풀이해야 한다.

$A_0 = \frac{O_0}{0.232} = \frac{68.571\,g}{0.232} = 295.56\text{ g}$

• 과잉공기량(A′) = 소요공기량(A) - 이론공기량(A_0)

= 380 g - 295.56 g = **84.44 g**

09

강관 공작용 기계에서 동력나사 절삭기의 종류를 3가지만 쓰시오.

【해답】 **다이헤드식, 오스터식, 호브식**

【해설】 ※ **동력나사 절삭기의 종류**

㉠ 다이헤드식 : 다이헤드에 의해 관의 절삭, 절단, 거스러미 제거가 연속으로 가능

㉡ 오스터식 : 수동식 오스타형 또는 리드형을 활용하여 50A 이하 소형관에 사용

㉢ 호브식 : 호브(Hob)를 저속으로 회전시켜 나사를 절삭

10

주철제 3세주형 방열기의 높이가 650 mm, 쪽수가 25개, 방열기의 유입측 관경이 20 mm, 유출측 관경이 25 mm 일 때, 아래 방열기 도시기호를 완성하시오.

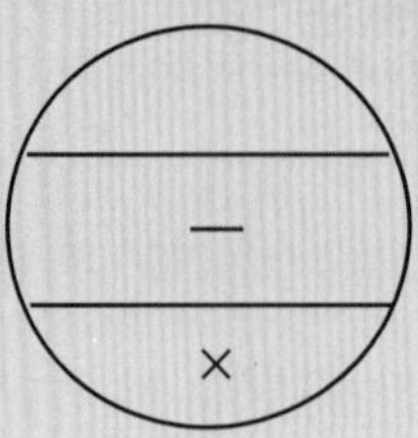

【해답】

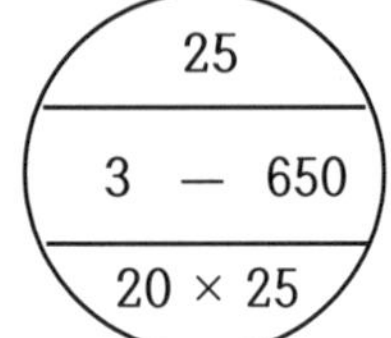

【해설】 ※ 방열기의 호칭 및 도시기호 작성법

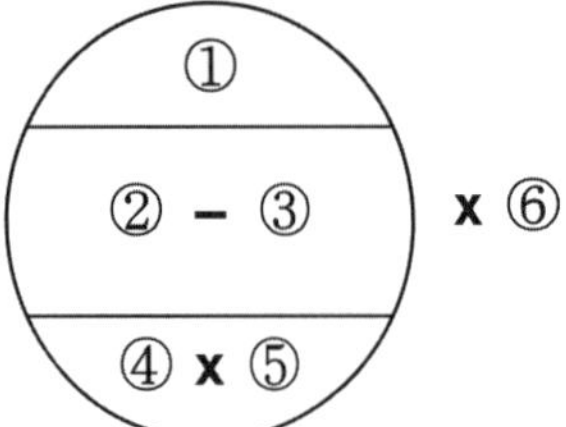

①: 쪽수(섹션수)
②: 종별
③: 형(치수, 높이)
④: 유입관 지름
⑤: 유출관 지름
⑥: 설치개수

11

보일러에서 사용되는 원심송풍기의 종류를 3가지 적으시오.

【해답】 **터보형, 플레이트형(판형), 다익형(시로코형)**

【해설】 ※ **원심형(또는, 원심력식) 송풍기의 종류** **암기법** : 원터플, 다시레

- **터**보형, **플**레이트형, **다**익형(**시**로코형), **레**디얼형

【참고】 ※ **원심식 송풍기**

- 임펠러(날개)의 회전에 의한 원심력을 일으켜 공기를 공급하는 형식으로서, 사용 가능한 압력과 풍량의 범위가 광범위하여 가장 널리 사용되고 있으며, 그 형식에 따라 터보형, 플레이트형(판형), 시로코형(다익형), 레디얼형 등이 있다.

12

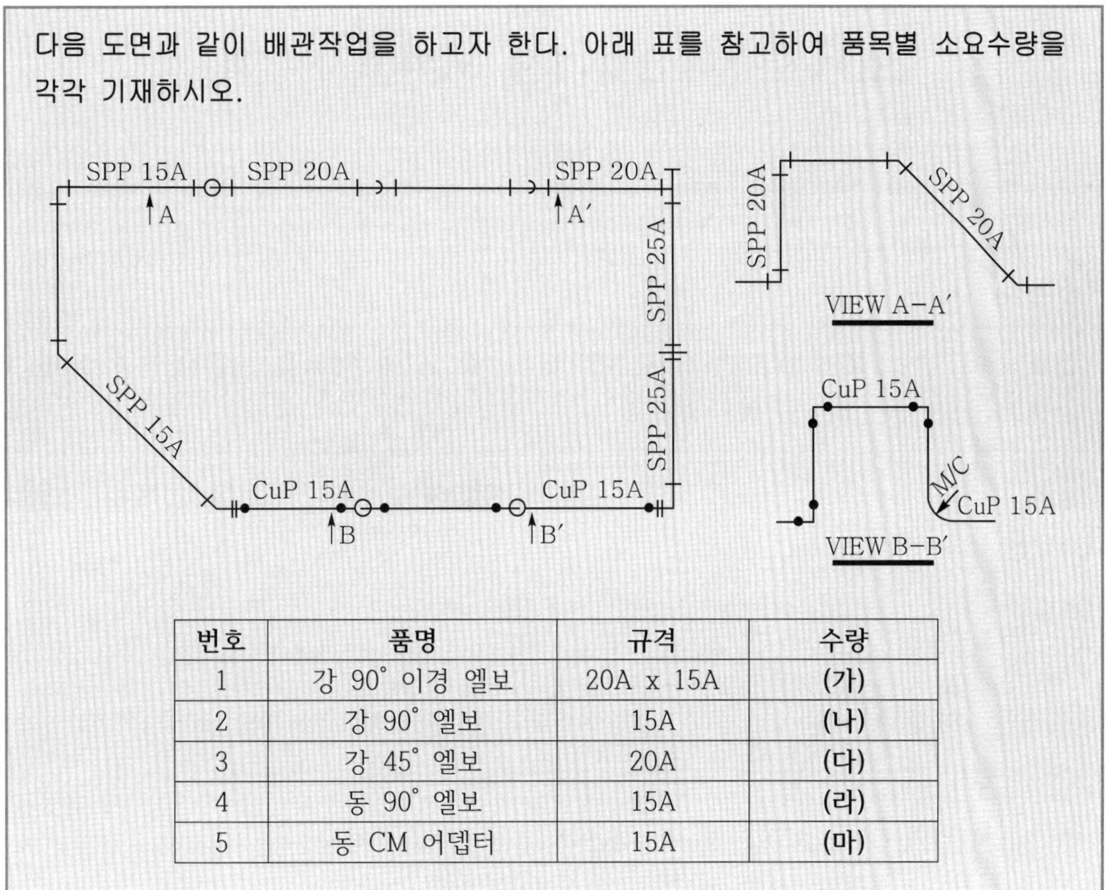

다음 도면과 같이 배관작업을 하고자 한다. 아래 표를 참고하여 품목별 소요수량을 각각 기재하시오.

번호	품명	규격	수량
1	강 90° 이경 엘보	20A x 15A	(가)
2	강 90° 엘보	15A	(나)
3	강 45° 엘보	20A	(다)
4	동 90° 엘보	15A	(라)
5	동 CM 어뎁터	15A	(마)

【해답】

번호	품명	규격	수량
1	강 90° 이경 엘보	20A x 15A	(가) : 1개
2	강 90° 엘보	15A	(나) : 1개
3	강 45° 엘보	20A	(다) : 2개
4	동 90° 엘보	15A	(라) : 3개
5	동 CM 어뎁터	15A	(마) : 2개

에너지관리산업기사 모의고사 3회

01

탄소 0.85, 수소 0.1, 황 0.05의 연료가 있다. 과잉공기 60%를 공급할 경우 실제 건배기가스량 (Nm^3/kg)을 계산하시오.

암기법 : (이론산소량) 1.867C, 5.6H, 0.7S

【해답】 **16.06 $Nm^3/kg_{-연료}$**

【해설】 • 연료 조성 비율에 따른 이론공기량(A_0)을 구하자.

$$A_0 = \frac{O_0}{0.21}\,(Nm^3/kg) = \frac{1.867\,C + 5.6\,H + 0.7\,S}{0.21}$$

$$= \frac{1.867 \times 0.85 + 5.6 \times 0.1 + 0.7 \times 0.05}{0.21} \fallingdotseq 10.39\ Nm^3/kg_{-연료}$$

• 이론공기량(A_0)으로부터 이론건연소가스량(G_{0d})을 구하자.

G_{0d} = 이론공기중의 질소량 + 연소생성물(수증기 제외)

$= 0.79\,A_0 + 1.867\,C + 0.7\,S$

$= 0.79 \times 10.39 + 1.867 \times 0.85 + 0.7 \times 0.05$

$= 9.83\ Nm^3/kg_{-연료}$

• 이론건연소가스량(G_{0d}) 및 과잉공기량(A')으로부터 실제 건연소가스량(G_d)을 구하자.

G_d = 이론건연소가스량(G_{0d}) + 과잉공기량(A')

$= G_{0d} + (m - 1)A_0$

$= 9.83\ Nm^3/kg_{-연료} + (1.6 - 1) \times 10.39\ Nm^3/kg_{-연료}$

$= 16.064 \fallingdotseq$ **16.06 $Nm^3/kg_{-연료}$**

02

두께 15 cm, 면적 1 m^2 인 벽돌로 된 벽이 있다. 실내외측 벽 표면의 온도차가 30℃일 때, 이 벽을 통하여 손실되는 열량은 몇 kJ/h 인지 계산하시오.
(단, 벽의 열전도율은 3.56 kJ/m·h·℃ 이다.)

암기법 : 손전온면두

【해답】 <계산과정> : $\frac{3.56\,kJ/m\cdot h\cdot ℃ \times 30\,℃ \times 1\,m^2}{0.15\,m}$

<답> : 712 kJ/h

【해설】 • 평면벽에서의 손실열량(Q) 계산공식

$$Q = \frac{\lambda \cdot \Delta t \cdot A}{d} \left(\frac{\text{열전도율}\cdot\text{온도차}\cdot\text{단면적}}{\text{벽의 두께}}\right)$$

$$= \frac{3.56\,kJ/m\cdot h\cdot ℃ \times 30\,℃ \times 1\,m^2}{0.15\,m}$$

= 712 kJ/h

03

보염장치 중 버너타일(Burner-tyle)의 역할을 3가지만 쓰시오.

【해답】 ① 연료와 공기의 분포 속도 및 흐름 방향을 조절하여 혼합을 양호하게 한다.
② 화염의 안정된 착화를 도모한다.
③ 화염의 형상을 조절한다.

【해설】 ※ 버너타일(Burner-tyle)
- 노벽에 설치한 버너 슬롯(slot)을 구성하는 내화재로서, 노내에 분사되는 연료와 공기의 분포 속도 및 흐름의 방향을 최종적으로 조정하여 화염의 안정된 착화를 돕고 형상을 조절한다.

04

보일러 강제통풍 방식에 대한 아래의 설명에서 (　　)안에 알맞은 내용을 쓰시오.

"연소용 공기를 송풍기로 연소실 앞에서 연소실로 밀어 넣는 통풍방식을 (㉮)통풍이라고 하고, 연도에 배풍기를 설치하고 배기가스를 유인하여 연돌로 빨아내는 방식을 (㉯)통풍이라고 하며, 송풍기와 배풍기를 함께 사용하는 방식을 (㉰)통풍이라고 한다."

【해답】 ㉮ **압입**, ㉯ **흡입**, ㉰ **평형**

【해설】 ※ **강제통풍 방식의 종류**

㉠ 압입통풍 : 노 앞에 설치된 송풍기에 의해 연소용 공기를 대기압 이상의 압력으로 가압하여 노 안에 압입하는 방식으로, 노내 압력은 항상 정압(+)으로 유지된다.

㉡ 흡입통풍 : 연소로의 배기가스가 나가는 연도 중의 댐퍼 뒤에 송풍기를 설치하여 배기가스를 직접 빨아들여 강제로 배출시키는 방식으로, 노내 압력은 항상 부압(-)으로 유지된다.

㉢ 평형통풍 : 노 앞과 연도 끝에 송풍기를 설치하여 양 송풍기의 회전수와 댐퍼의 개도를 조절하는 방식으로, 노내 압력을 정압(+)이나 부압(-)으로 임의로 조절할 수 있다.

05

어떤 방의 온수난방에서 온수 순환량이 2000 kg/h 이고, 송수온도가 85℃ 이며, 환수온도가 30℃ 라면, 난방부하(kW)는 얼마인지 계산하시오.
(단, 온수의 비열은 4.2 kJ/kg·℃ 이다.)

암기법 : 큐는 씨암탉

【해답】 128.33 kW

【해설】 • 난방부하 Q = C · m · Δt

$= 4.2\ \text{kJ/kg·℃} \times 2000\ \text{kg/h} \times (85 - 30)\text{℃}$

$= 462000\ \text{kJ/h} \times \dfrac{1h}{3600\sec}$

$= 128.333\ \text{kJ/sec} \fallingdotseq$ **128.33 kW**

06

고체연료를 사용하는 보일러에서 연료 소비량이 50 kg/h 이고, 효율이 85% 일 때, 유효열량(kW)을 구하시오. (단, 이 고체연료의 발열량은 43000 kJ/kg 이다.)

암기법 : (효율좋은) 보일러 사저유

【해답】 507.64 kW

【해설】 • 보일러 효율(η) = $\dfrac{Q_s}{Q_{in}}\left(\dfrac{유효출열}{총입열량}\right) \times 100$

$$= \frac{Q_s(유효출열)}{m_f \cdot H_L} \times 100$$

$$0.85 = \frac{Q_s}{50\,kg/h \times 43000\,kJ/kg}$$

∴ 보일러 유효열량 Q_s = 1827500 kJ/h × $\dfrac{1\,h}{3600\,sec}$

= 507.638 kJ/sec ≒ **507.64 kW**

07

보일러가 연속 운전되는 동안 증기의 부하가 변하면 수위 변동이 발생한다. 이때, 일정 수위를 유지하기 위해 설치하는 수위제어 검출 방식의 종류를 4가지 쓰시오.

암기법 : 플전열차

【해답】 **플로트식, 전극봉식, 열팽창식, 차압식**

【해설】 ※ **수위검출기의 수위제어 검출 방식에 따른 종류**

㉠ **플**로트식(또는, 부자식, 일명 맥도널식)

㉡ **전**극봉식(또는, 전극식)

㉢ **열**팽창식(또는, 열팽창관식, 일명 코프식)

㉣ **차**압식

08

다음은 주철관 이음법 중 소켓이음에 관한 설명이다. (   )안에 알맞은 용어 및 숫자를 [보기]에서 골라 적으시오.

【보 기】

배수관, $\frac{1}{3}$, 경납, 소형관, $\frac{2}{3}$, 노허브(no hub), $\frac{1}{4}$,
연납, 급수관, $\frac{3}{4}$, 허브(hub)

"(㉮)이음 이라고도 하며, 주로 건축물의 배수·배관 및 (㉯)에 많이 사용된다. 주철관의 (㉰)쪽에 스피깃(spigot)이 있는 쪽을 넣어 맞춘 다음 안을 단단히 꼬아 감고 정으로 박아 넣는다. 얀 삽입의 길이는 수도관의 경우에는 삽입 길이의 (㉱), 배수관의 경우에는 (㉲) 정도가 알맞다."

【해답】 ㉮ 연납 ㉯ 급수관 ㉰ 허브(hub) ㉱ $\frac{1}{3}$ ㉲ $\frac{2}{3}$

09

연돌의 자연통풍력을 증가시키는 방법을 3가지만 쓰시오.

【해답】 ① 배기가스 연도를 짧게 한다.
② 굴뚝의 높이를 높게 한다.
③ 배기가스의 온도를 높게 한다.

【해설】 ※ 자연통풍 방식에서 연돌의 통풍력이 증가되는 조건 **암기법** : 자연굴 (높,단)배
① 배기가스(또는, 연소가스) 연도를 짧게 한다.
② 굴뚝의 높이를 높게 한다.
③ 굴뚝의 단면적을 크게 한다.
④ 배기가스(또는, 연소가스) 온도를 높게 한다.

10

다음은 보일러의 유류연소 버너에 대한 설명이다. 각각 어떤 형식의 버너인지 쓰시오.

가. 유압펌프를 이용하여 연료유 자체에 압력을 가하여 노즐로 분무시키는 버너
나. 고속으로 회전하는 원추형 컵에 연료를 투입시켜 컵의 원심력에 의하여 연료를 비산 무화시키는 버너
다. 저압이나 고압의 공기 또는 증기를 분사시켜 연료를 무화하는 버너

【해답】 **가. 유압분무식　나. 회전분무식(와류식)　다. 기류분무식**

【해설】 **※ 기름(유류) 버너의 종류**

㉠ 유압분무식 : 연료인 유류에 펌프로 직접 압력을 가하여 노즐을 통해 고속 분사시키는 방식
㉡ 기류분무식 : 고압 또는 저압의 공기나 증기를 이용하여 유류를 무화시키는 방식
㉢ 회전분무식 : 분무컵(분사컵)을 고속으로 회전시켜 연료인 유류(Oil)를 비산시켜 분사하고 1차공기를 이용하여 무화시키는 방식

11

다음은 복사난방의 바닥 구조 단면도이다. ① ~ ⑤ 층의 명칭을 쓰시오.

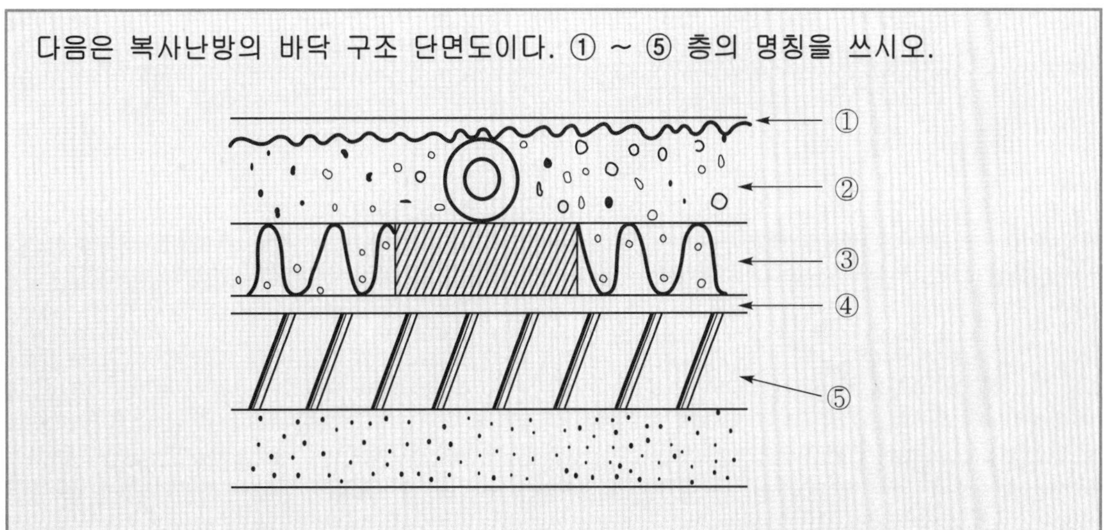

【해답】 **① 시멘트 몰탈　② 자갈층　③ 보온층　④ 방수층　⑤ 콘크리트층**

12

습증기 내 포함되어 있는 수분을 제거하여 건조증기를 얻기 위한 기수분리기의 종류를 5가지 쓰시오.

암기법 : 기스난 (건) 배는 싸다

【해답】 **스크레버식, 건조 스크린식, 배플식, 싸이클론식, 다공판식**

【해설】 ※ **기수분리기의 종류**

㉠ **스**크레버식 : 파형의 다수 강판을 조합한 것
㉡ **건**조 스크린식 : 금속 그물망의 판을 조합한 것
㉢ **배**플식 : 증기의 진행방향 전환을 이용한 것
㉣ **싸**이클론식 : 원심분리기를 사용한 것
㉤ **다**공판식 : 다수의 구멍판을 이용한 것

에너지관리산업기사 모의고사 4회

01

다음 [보기]는 난방배관에 관한 내용이다. (   )안에 알맞은 내용을 쓰시오.

【보 기】

- 별도의 장소에 있는 열원 설비(보일러)를 설치하여 다수의 건물에 열을 공급하여 난방하는 방식은 (㉮) 난방법이다.
- 고온수식 난방은 (㉯)℃ 이상의 고온수를 사용하는 방식이다.
- 증기난방을 응축수 환수 방식에 따라 분류하면 중력환수식, (㉰), 진공환수식으로 나눌 수 있다.

【해답】 ㉮ **중앙** ㉯ 100 ㉰ **기계환수식**

【해설】
- 중앙난방 : 별도 장소의 열원 설비를 통해 대규모 건축물이나 아파트에 증기, 온수 등을 공급하여 난방하는 방식
- 사용 온수온도에 의한 분류
  - 저온수식 : 100℃ 이하(일반적으로 80℃)의 온수를 사용하는 방식
  - 고온수식 : 100℃ 이상의 온수를 사용하는 방식
- 응축수 환수방식에 의한 분류
  - 중력환수식 : 방열기에서 배출된 응축수가 중력을 통해 자연적으로 순환하는 방식
  - 기계환수식 : 탱크 내 모아진 응축수를 펌프를 통해 보일러로 환수시키는 방식
  - 진공환수식 : 환수주관 말단부에 진공펌프를 설치하고 관 내 압력을 대기압 이하로 유지시켜 응축수를 환수시키는 방식

02

다음과 같은 조건에서 오일버너의 연료 소비량은 몇 kg/h 인지 계산하시오.

- 연료의 발열량 : 50242 kJ/kg
- 보일러 정격출력 : 83736 kJ/h
- 보일러 효율 : 95%
- 연료의 비중 무시

암기법 : (효율좋은) 보일러 사저유

【해답】 1.75 kg/h

【해설】 • 보일러 효율(η) = $\frac{Q_s}{Q_{in}}\left(\frac{유효출열}{총입열량}\right) \times 100$

$$= \frac{Q_s(유효출열)}{m_f \cdot H_L} \times 100$$

$$0.95 = \frac{83736\,kJ/h}{m_f \times 50242\,kJ/kg}$$

∴ 연료 소비량 m_f = 1.754 ≒ **1.75 kg/h**

03

수관보일러(water tube boiler)를 보일러수의 유동방식에 따라서 3가지로 분류하고, 각각의 작동원리를 간단히 설명하시오.

암기법 : 수자 강간(관)

【해답】 **※ 수관식 보일러의 분류**

① **자**연순환식 : 보일러 장치내의 물의 밀도(또는, 비중량)차에 의하여 자연적으로 순환시키는 방식 ex> 바브콕 보일러, 가르베 보일러, 다꾸마 보일러

② **강**제순환식 : 순환펌프를 이용하여 강제로 보일러수를 순환시키는 방식 ex> 베록스 보일러, 라몬트 보일러

③ **관**류식 : 급수펌프를 이용하여 보일러수를 공급하며 예열, 가열, 증발, 과열의 과정을 거쳐 순환시키는 방식 ex> 벤슨 보일러, 슐처 보일러

04

동관을 두께별 및 재질별로 분류한 다음의 (　　)속에 알맞은 말을 적으시오.

가. 두께별 : K형, (①)형, (②)형
나. 재질별 : 연질, (③)질, (④)질, (⑤)질

【해답】 ① **L(형)** ② **M(형)** ③ **반연(질)** ④ **반경(질)** ⑤ **경(질)**

【해설】 • 두께에 따른 동관 분류
㉠ K형 : 두께가 가장 두껍고 고압배관에 사용
㉡ L형 : 보통의 두께로 지하매설관에 사용
㉢ M형 : K형, L형보다 두께가 얇으며 일반배관에 사용
• 재질에 따른 동관 분류
㉠ 연질 : 재질이 가장 연하기 때문에 시공성이 우수하여 지하 매설용으로 사용
㉡ 반연질 : 연질에 강도와 경도를 부여
㉢ 반경질 : 경질에 연성을 부여
㉣ 경질 : 강도와 경도가 가장 높기 때문에 배관 자재로 사용

05

25A의 관에서 중심선의 거리가 600 mm, 90° 와 45° 엘보의 중심거리가 각각 38 mm, 29 mm 이고, 나사 물림부의 길이가 15 mm 일 때, 관의 절단길이(mm)를 계산하시오.

【해답】 <계산과정> : **600 - (38 - 15) - (29 - 15)**
<답> : **563 mm**

【해설】 • $L = \ell + (A - a) + (B - b)$ 에서,
$\ell = L - (A - a) - (B - b)$
여기서, ℓ : 관의 실제 길이 또는 절단길이(mm)
L : 관의 중심선 길이(mm)
A(B) : 이음쇠의 중심에서 이음쇠 단면 끝까지의 거리(mm)
a(b) : 이음쇠의 나사가 물리는 한쪽 길이(mm)
= 600 - (38 - 15) - (29 - 15)
= 563 mm

06

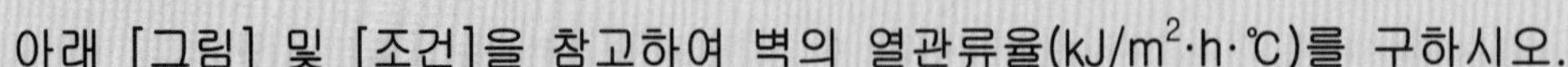

아래 [그림] 및 [조건]을 참고하여 벽의 열관류율(kJ/m²·h·℃)를 구하시오.

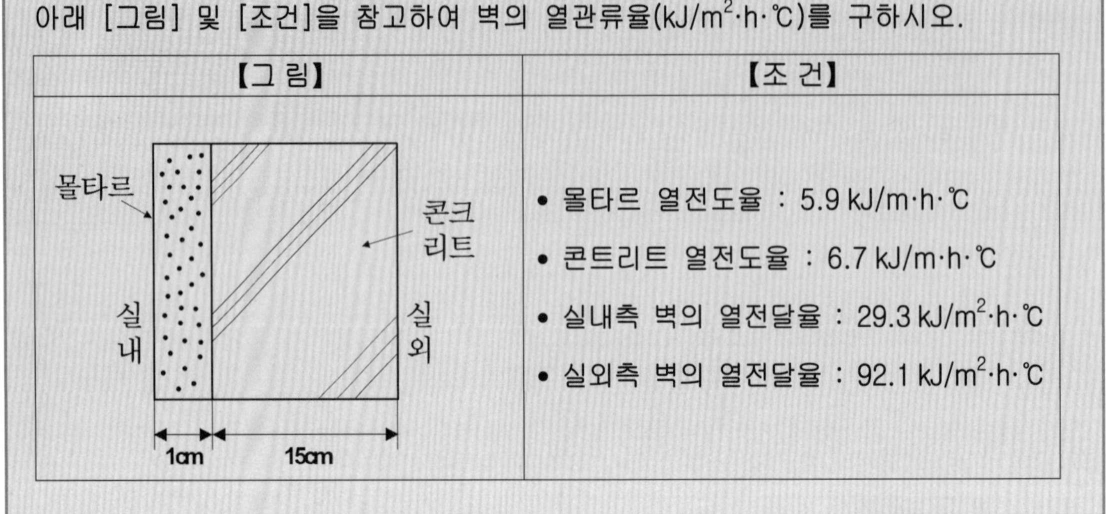

【그 림】
몰타르
콘크리트
실내
실외
1cm
15cm
【조 건】
• 몰타르 열전도율 : 5.9 kJ/m·h·℃
• 콘트리트 열전도율 : 6.7 kJ/m·h·℃
• 실내측 벽의 열전달율 : 29.3 kJ/m²·h·℃
• 실외측 벽의 열전달율 : 92.1 kJ/m²·h·℃

암기법 : 교관온면

【해답】 14.48 kJ/m²·h·℃

【해설】 • 다층벽에서의 총괄열전달계수(또는, 열관류율) K

$$K = \frac{1}{\sum R}\left(\frac{1}{\text{열저항의 합}}\right) = \frac{1}{\frac{1}{\alpha_\gamma}+\frac{d_1}{\lambda_1}+\frac{d_2}{\lambda_2}+\frac{1}{\alpha_o}}$$

$$= \frac{1}{\frac{1}{29.3}+\frac{0.01}{5.9}+\frac{0.15}{6.7}+\frac{1}{92.1}}$$

$$= 14.477 \fallingdotseq \mathbf{14.48\ kJ/m^2 \cdot h \cdot ^\circ C}$$

07

온수난방 설비 분류 중 순환방식에 대한 분류 2가지를 쓰시오.

【해답】 **중력순환식, 강제순환식**

【해설】 • 온수순환 방식에 의한 온수난방 분류

- 중력순환식 : 온수의 대류작용에 의한 순환력을 이용하여 자연 순환시키는 방식
- 강제순환식 : 순환펌프를 통하여 배관 내 온수를 강제 순환시키는 방식

08

건물의 난방부하가 260000 kJ/h 이고, 열손실지수가 1900 kJ/m^2·h 일 때 온수 방열면적을 계산하시오.

【해답】 136.84 m^2

【해설】 • 난방부하 $Q = \alpha \times A_{방열면적}$ = 열손실지수 × 방열(난방)면적 에서,

260000 kJ/h = 1900 kJ/m^2·h × $A_{방열면적}$

∴ 온수 방열면적 $A_{방열면적}$ = 136.842 ≒ **136.84 m^2**

09

온수보일러의 정격출력 계산시에 고려되는 부하의 종류를 4가지 쓰시오.

【해답】 **난방부하, 급탕부하, 예열부하, 배관부하**

【해설】 • 보일러 용량 표기

- 해당 보일러의 능력을 나타내는 것으로 정격용량, 정격출력, 경제용량, 경제출력 등으로 표시한다.

① 보일러 용량의 표시단위

㉠ 증기 보일러 : ton/h 또는 kg/h

㉡ 온수 보일러 : kJ/h 또는 kcal/h

② 정격용량

㉠ 정격부하 상태에서 시간당 최대의 연속증발량을 말하며. 명판에 기록된 증발량이다.

㉡ 표시단위 : ton/h 또는 kg/h

③ 정격출력

㉠ 정격출력 = 정격용량(kg/h) × 2257(kJ/kg)

= 난방부하 + 급탕부하 + 예열부하 + 배관부하

• 난방부하 : 건물의 난방을 위해 공급해 주어야 하는 열량
• 급탕부하 : 난방에 사용되는 온수를 가열할 때 필요한 열량
• 예열부하 : 난방을 위해 보일러 가동 시 보일러 및 장치들의 예열에 소모되는 열량
• 배관부하 : 보일러 배관계에서 손실되는 열량

㉡ 표시단위 : kJ/h 또는 kcal/h

④ 경제용량(kg/h) : 보일러 부하율 80%에서의 실제증발량을 말한다.

⑤ 경제출력(kJ/h) = 상당증발량(kg/h) × 2257(kJ/kg)

10

소요 동력이 50 kW 인 급수펌프에서 흡입양정이 5 m, 토출양정이 20 m, 1분당 물의 송출량이 8 m^3 일 때 급수펌프의 효율을 계산하시오.

【해답】 65.3 %

【해설】 • 펌프의 동력 : L [W] = $\frac{PQ}{\eta} = \frac{\gamma HQ}{\eta} = \frac{\rho gHQ}{\eta}$

여기서, P : 압력 [mmH_2O = kgf/m^2]

Q : 유량 [m^3/sec]

H : 수두 또는 양정 [m]

η : 펌프의 효율

γ : 물의 비중량 (1000 kgf/m^3)

ρ : 물의 밀도 (1000 kg/m^3)

g : 중력가속도 (9.8 m/s^2)

∴ 동력 공식 L [W] = $\frac{\gamma HQ}{\eta}$ 에서

$$50 \times 10^3 \text{ W} = \frac{1000\,kgf/m^3 \times \frac{9.8\,N}{1\,kgf} \times (5+20)\,m \times 8\,m^3/\text{min} \times \frac{1\,\text{min}}{60\,\text{sec}}}{\eta}$$

∴ 급수펌프의 효율 η = 0.653 ≒ **65.3 %**

11

유류 보일러의 자동장치 점화는 전원스위치를 넣고 전환 스위치를 모두 자동으로 설정한 후 기동 스위치를 넣으면, 송풍기 기동 → (㉮) → (㉯) → (㉰) → 주버너 착화의 순서로 시퀀스가 진행되고 자동적으로 착화한다. 아래 [보기]에서 알맞은 내용을 쓰시오.

【보기】	점화용 버너 착화	프리퍼지	연료펌프 기동

【해답】 ㉮ **프리퍼지** ㉯ **점화용 버너 착화** ㉰ **연료펌프 기동**

【해설】 ※ **자동점화 조작 순서**

• 기동스위치 → 송풍기 기동 → 버너모터 작동 → 프리퍼지(노내환기) → 버너 동작 → 노내압 조정 → 착화 버너(파일럿 버너) 작동 → 화염검출 → 전자밸브 열림(연료펌프 기동) → 주버너 점화 → 댐퍼작동 → 저연소 → 고연소

12

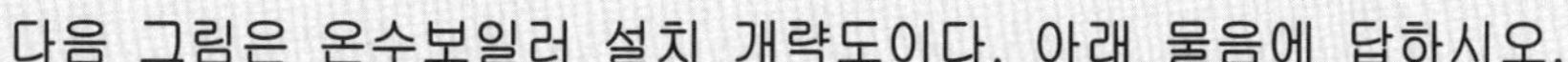

다음 그림은 온수보일러 설치 개략도이다. 아래 물음에 답하시오.

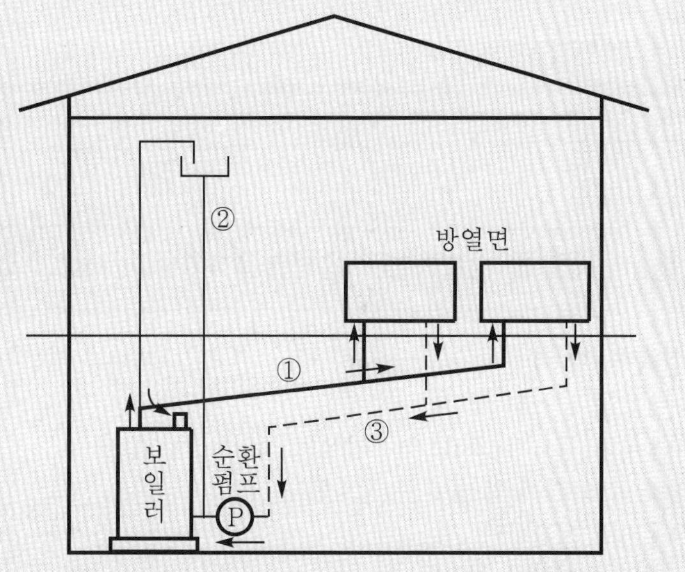

(가) 온수의 공급방향에 따라 분류할 때, 위의 그림은 어떤 방식인지 쓰시오.

(나) 위의 그림에서 ① ~ ③ 은 용도상 어떤 관을 의미하는지 쓰시오.

【해답】 가 : 상향식

나 : ① 송수주관 ② 팽창관 ③ 환수주관

에너지관리산업기사 모의고사 5회

01

강관의 나사접합과 비교하여 용접접합의 장점을 4가지만 쓰시오.

【해답】 ※ **용접접합의 [장점]**

① 이음효율이 가장 좋다.
② 이음부의 강도가 크고, 하자발생이 적다.
③ 리벳팅, 코킹 등의 공수가 감소된다.
④ 제작비가 저렴하다.
⑤ 리벳의 중량만큼 가볍다.
⑥ 이음부 관 두께가 일정하므로 마찰저항이 적다.
⑦ 시공기간을 단축할 수 있고, 유지 및 보수비가 절약된다.
⑧ 배관의 보온, 피복 시공이 쉽다.
⑨ 기밀성, 수밀성이 우수하며, 리벳팅과 같은 소음을 발생시키지 않는다.

【참고】 ※ **용접접합의 [단점]**

㉠ 진동을 감쇠시키기 어렵다.
㉡ 재질의 변형이 일어나기 쉽다.
㉢ 용접할 때 고열이 발생하여 용접부의 변형과 수축이 발생하고, 잔류응력이 남는다.
㉣ 응력집중에 대하여 민감하여, 여기에 균열이 생기면 연속일체이므로 파괴가 계속 진행되어 위험하다.
㉤ 용접부의 비파괴검사에 따른 비용이 많이 든다.

02

저위발열량 25000 kJ/kg, 고위발열량 26000 kJ/kg 인 연료를 한 시간당 100 kg 을 소비하고 있다. 보일러로 들어갈 때 입구의 급수엔탈피 80 kJ/kg 이 출구에서는 3000 kJ/kg이다. 보일러 효율이 65 %일 때 한 시간당 몇 kg 의 수증기가 발생하는가?

암기법 : (효율좋은) 보일러 사저유

【해답】 556.51 kg/h

【해설】 • 보일러 효율(η) = $\frac{Q_s}{Q_{in}}\left(\frac{\text{유효출열}}{\text{총입열량}}\right) \times 100$

$$= \frac{w_2 \cdot (H_2 - H_1)}{m_f \cdot H_L} \times 100$$

$$0.65 = \frac{w_2 \times (3000 - 80)\ kJ/kg}{100\ kg/h \times 25000\ kJ/kg}$$

∴ 증기발생량 w_2 = 556.5068 ≒ **556.51 kg/h**

03

벽의 열전도율이 0.85 W/m·℃, 두께가 20 mm, 면적이 15 m², 실내외 온도차가 15℃ 일 때 벽을 통한 손실열량(kW)을 계산하시오.

암기법 : 손전온면두

【해답】 <계산과정> : $\frac{0.85\ W/m\cdot℃ \times 15\ ℃ \times 15\ m^2}{0.02\ m}$

<답> : **9.56 kW**

【해설】 • 평면벽에서의 손실열량(Q) 계산공식

$$Q = \frac{\lambda \cdot \Delta t \cdot A}{d}\left(\frac{\text{열전도율}\cdot\text{온도차}\cdot\text{단면적}}{\text{벽의 두께}}\right)$$

$$= \frac{0.85\ W/m\cdot℃ \times 15\ ℃ \times 15\ m^2}{0.02\ m}$$

= 9562.5 W ≒ **9.56 kW**

04

온수난방의 배관방식 중 단관식과 복관식에 대해 간략히 서술하시오.

【해답】 ※ **배관방식에 의한 온수난방 분류**

① 단관식 : 온수의 공급관과 환수관이 동일한 관으로 배관하는 방식

② 복관식 : 온수의 공급관과 환수관이 별개의 관으로 배관하는 방식

05

연돌 출구에서 온도가 200℃ 인 연소가스가 1000 Nm^3/h 로 흐르고 있다. 이 연돌의 연소가스 유속이 4 m/sec 가 되기 위한 연돌의 상부 단면적(m^2)을 계산하시오. (단, 노내압과 대기압은 동일하다.)

【해답】 0.12 m^2

【해설】 • 연돌의 상부 단면적 $A = \dfrac{\dot{V}_t}{v} = \dfrac{\dot{V}_0\,(1 + 0.0037t)}{3600\,v}$

여기서, A : 연돌의 상부 최소단면적(m^2)

V_t : t ℃ 에서의 연소가스 체적유량

V_0 : 연소가스 체적유량(Nm^3/h)

t : 연소가스 온도(℃)

v : 연돌의 출구 연소가스 유속(m/s)

$$= \frac{1000\,m^3 \times (1 + 0.0037 \times 200)}{3600\,\text{sec} \times 4\,m/\text{sec}}$$

$= 0.1208\ m^2 \fallingdotseq \mathbf{0.12\ m^2}$

06

보일러 설비에 공급되는 급수 중에 부식의 원인이 되는 용존산소를 제거하는 탈산소제의 종류를 3가지만 쓰시오.

암기법 : 아황산, 히드라, (산소) 탄니?

【해답】 **아황산나트륨(또는 아황산소다), 히드라진, 탄닌**

【해설】 ※ **탈산소제로 사용되는 약품의 종류**

- **아황산**나트륨(또는 아황산소다 Na_2SO_3), **히드라**진, **탄닌**

07

보일러의 강제통풍 방식인 압입통풍 및 흡입통풍에 있어서 송풍기의 설치 위치는 각각 어디인지 쓰시오.

가. 압입통풍 :

나. 흡입통풍 :

【해답】 (가) : 노(연소실) 입구, (나) : 노(연소실) 출구

【해설】 ※ **강제통풍 방식의 종류**

㉠ 압입통풍 : 노 앞에 설치된 송풍기에 의해 연소용 공기를 대기압 이상의 압력으로 가압하여 노 안에 압입하는 방식으로, 노내 압력은 항상 정압(+)으로 유지된다.

㉡ 흡입통풍 : 연소로의 배기가스가 나가는 연도 중의 댐퍼 뒤에 송풍기를 설치하여 배기가스를 직접 빨아들여 강제로 배출시키는 방식으로, 노내 압력은 항상 부압(-)으로 유지된다.

㉢ 평형통풍 : 노 앞과 연도 끝에 송풍기를 설치하여 양 송풍기의 회전수와 댐퍼의 개도를 조절하는 방식으로, 노내 압력을 정압(+)이나 부압(-)으로 임의로 조절할 수 있다.

08

방의 온수난방에서 실내온도를 20℃로 유지하려고 하는데 소요되는 열량이 시간당 146538 kJ이 소요된다고 한다. 이때 송수 온도가 80℃이고, 환수 온도가 15℃라면 온수 순환량은 약 몇 kg/h인지 계산하시오. (단, 온수의 비열은 4.174 kJ/kg·℃이다.)

암기법 : 큐는 씨암탉

【해답】 540 kg/h

【해설】 • 온수난방 난방부하 $Q = C \cdot m_{온수} \cdot \Delta t$

$$146538\ \text{kJ/h} = 4.174\ \text{kJ/kg·℃} \times m_{온수} \times (80 - 15)\text{℃}$$

∴ 온수 순환량 $m_{온수}$ ≒ **540 kg/h**

09

다음은 열전달 형태와 그와 관련된 법칙을 나열한 것이다. 서로 관계있는 것끼리 쓰시오.

가. 전도	① 푸리에(Fourier)의 법칙
나. 대류	② 스테판-볼츠만(Stefan-Boltzmann)의 법칙
다. 복사	③ 뉴턴(Newton)의 법칙

【해답】 (가) - ①　(나) - ③　(다) - ②

【해설】 ※ **열전달 방법의 종류 및 법칙**

㉠ 전도 : 고체를 매개체로 하여 열이 고온에서 저온으로 이동하는 현상 (퓨리에(Fourier)의 법칙)

㉡ 대류 : 고체 벽이 온도가 다른 유체와 접촉하고 있을 때 유체에 유동이 생기면서 열이 이동하는 현상 (뉴턴(Newton)의 법칙)

㉢ 복사 : 중간에 매개체가 없이 열에너지가 이동하는 현상 (스테판-볼츠만(Stefan-Boltzmann)의 법칙)

10

보일러의 자동제어장치(A.B.C)에서 다음 약어들의 명칭을 쓰시오.

① A.C.C :　② F.W.C :　③ S.T.C :

【해답】 **① 자동 연소제어　② 자동 급수제어　③ 증기 온도제어**

【해설】 ※ **보일러 자동제어(ABC, Automatic Boiler Control)의 종류**

자동제어 명칭	제어량	조작량
자동 연소제어(ACC)	증기압력, 노내압	연료량, 공기량, 연소가스량
자동 급수제어(FWC)	보일러 수위	급수량
증기 온도제어(STC)	증기 온도	전열량

11

감압밸브를 밸브의 작동방법에 따라 분류할 때 종류를 3가지 쓰시오.

암기법 : 감압피스, 벨로다~

【해답】 ※ 감압밸브의 동작방식에 따른 분류

① 피스톤식
② 벨로즈식
③ 다이어프램식

12

다음은 온수보일러 순환펌프 주위 바이패스 배관을 나타낸 것이다. 아래 물음에 답하시오.

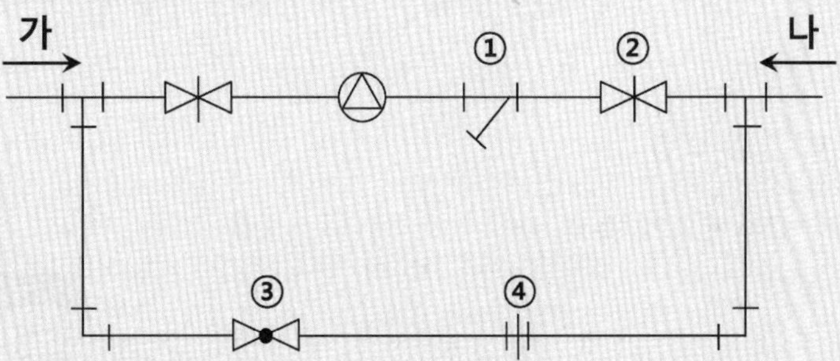

가. 부품 ① ~ ④의 명칭을 쓰시오.
나. 온수의 흐름 방향은 "가"와 "나" 중 어느 것인가?

【해답】 가 : ① 스트레이너 ② 게이트 밸브 ③ 글로브 밸브 ④ 유니온
나 : 온수의 흐름 방향 "나"

【해설】 • 바이패스 배관
- 계기(유량계, 감압밸브, 증기트랩) 및 장치를 점검, 수리, 고장 시에도 유체를 원활히 공급하기 위하여 설치하는 관

• 바이패스 배관도 작성방법
- 스트레이너는 펌프 앞에 설치한다.
- 점검 및 수리를 위해 여과기, 밸브, 펌프에 유니온을 설치한다.
- 펌프가 연결된 배관에는 유량 차단을 위한 게이트 밸브를 설치한다.
- 바이패스 배관에는 유량 조절을 위한 글로브 밸브를 설치한다.
- 유체의 흐름은 스트레이너 → 펌프의 방향으로 표시한다.

에너지관리산업기사 모의고사 6회

01

다음은 원심식 펌프에 관한 내용이다. (   ) 안에 알맞은 용어를 쓰시오.

원심력에 의하여 양수되는 원심식 펌프로서 안내날개가 없는 것을 (㉮) 펌프라고 하며, 안내날개가 있는 것을 (㉯) 펌프라고 한다.

【해답】 ㉮ 볼류트　㉯ 터빈

【해설】 ※ **보일러 급수펌프의 종류**

① **원심**식 펌프　　**암기법** : 원심, 볼터어?

- 다수의 임펠러가 케이싱내에서 고속 회전을 하면 흡입관내에는 거의 진공 상태가 되므로 물이 흡입되어 임펠러의 중심부로 들어가 회전하면 원심력에 의해 물에 에너지를 주고 속도에너지를 압력에너지로 변환시켜 토출구로 물이 방출되어 급수를 행한다.
  원심식 펌프의 구조상 종류로는 임펠러에 안내날개(안내 깃)를 부착하지 않고 임펠러(impeller)의 회전에 의한 원심력으로 급수하는 펌프인 **볼**류트(Volute, 소용돌이) 펌프와, 임펠러에 안내날개를 부착한 **터**빈(Turbine) 펌프 등이 있다.

② **왕**복식(또는, 왕복동식) 펌프　　**암기법** : 왕, 워플웨

- 피스톤과 플런저의 왕복운동에 의해 급수를 행한다. 그 종류로는 **워**싱턴(Worthington) 펌프, **플**런저(Plunger) 펌프, **웨**어(Weir) 펌프가 있다.

02

강철제 보일러의 최고사용압력이 아래와 같은 경우에 각각의 수압시험압력은 몇 MPa로 하여야 하는가?

① 최고사용압력이 0.35 MPa인 경우
② 최고사용압력이 0.6 MPa인 경우
③ 최고사용압력이 1.8 MPa인 경우

【해답】 ① 0.7 MPa ② 1.08 MPa ③ 2.7 MPa

【해설】 ① 수압시험압력 = 최고사용압력의 2배 = 0.35 MPa × 2 = **0.7 MPa**
② 수압시험압력 = 최고사용압력의 1.3배 + 0.3 = 0.6 MPa × 1.3 + 0.3 MPa
= **1.08 MPa**
③ 수압시험압력 = 최고사용압력의 1.5배 = 1.8 MPa × 1.5 = **2.7 MPa**

【참고】 ※ [보일러 설치검사 기준]에 따르면 수압시험 압력은 다음과 같다.

보일러의 종류	보일러의 최고사용압력	수압시험 압력
강철제	0.43 MPa 이하 (4.3 kg/cm^2 이하)	최고사용압력의 **2배**
	0.43 MPa 초과 ~ 1.5 MPa 이하 (4.3 kg/cm^2 초과 ~ 15 kg/cm^2 이하)	최고사용압력의 **1.3배 + 0.3** (최고사용압력의 1.3배 + 3)
	1.5 MPa 초과 (15 kg/cm^2 초과)	최고사용압력의 **1.5배**
주철제	0.43 MPa 이하 (4.3 kg/cm^2 이하)	최고사용압력의 2배
	0.43 MPa 초과 (4.3 kg/cm^2 초과)	최고사용압력의 1.3배 + 0.3 (최고사용압력의 1.3배 + 3)

03

자동제어 신호전달 방식은 전기식, 공기압식, 유압식으로 분류된다. 이 때 전기식 신호전달 방식의 장점을 3가지 적으시오.

【해답】 ※ **전기식 신호 전송방식의 [장점]**

① 배선이 간단하다.
② 신호의 전달에 시간지연이 없으므로 늦어지지 않는다. (응답이 가장 빠르다!)
③ 선 변경이 용이하여 복잡한 신호의 취급 및 대규모 설비에 적합하다.
④ 전송거리는 300 m ~ 수 km 까지로 매우 길어 원거리 전송에 이용된다.
⑤ 전자계산기 및 컴퓨터 등과의 결합이 용이하다.

【참고】 ※ **전기식 신호 전송방식의 [단점]**

㉠ 조작속도가 빠른 조작부를 제작하기 어렵다.
㉡ 취급 및 보수에 숙련된 기술을 필요로 한다.
㉢ 고온다습한 곳은 곤란하고 가격이 비싸다.
㉣ 방폭이 요구되는 곳에는 방폭시설이 필요하다.
㉤ 제작회사에 따라 사용전류는 4 ~ 20 mA(DC) 또는 10 ~ 50 mA(DC)로 통일되어 있지 않아서 취급이 불편하다.

04

다음 온도계들의 측정 원리를 간단히 설명하시오.

① 바이메탈식 온도계
② 전기저항식 온도계(또는, 저항 온도계)
③ 방사 온도계

【해답】 **① 열팽창계수가 서로 다른 2개의 금속판을 서로 붙여 온도변화에 따른 구부러짐의 곡률 변화를 이용하여 온도를 계측한다.**
② 금속선의 전기저항 값이 온도에 따라 변화하는 성질을 이용하여 온도를 계측한다.
③ 물체로부터 방사되는 모든 파장의 복사열을 측정하여 온도를 계측한다.

【참고】 ④ 열전대 온도계 : 열전쌍 회로에서 두 접점 사이의 온도차에 따라 발생되는 열기전력을 측정하여 온도를 계측한다.
⑤ 광고온계 : 고온의 물체에서 방사되는 에너지를 전구 필라멘트의 휘도와 비교하여 온도를 계측한다.

05

보일러의 자동제어 패널을 제어하는 인터록(Inter lock)의 종류 중 다음의 설명에 맞는 인터록의 명칭을 쓰시오.

① 보일러 수위 감소가 심하여 안전저수위가 될 경우 전자밸브를 닫아 연소를 중단하여 보일러 운전을 정지시킨다.
② 증기압력이 제한압력을 초과할 경우 전자밸브를 닫아 연소를 중단하여 보일러 운전을 정지시킨다.
③ 주버너에서 연료를 분사시켜 소정의 시간이 경과하여도 착화에 실패하거나 연소 중 어떠한 원인으로 화염이 소멸할 경우 전자밸브를 닫아 버너에서의 연료 분사를 중단시킨다.

【해답】 ① **저수위 인터록** ② **압력초과 인터록** ③ **불착화 인터록**

【해설】 ※ **보일러 인터록의 종류** **암기법** : 저압 불프저

① **저**수위 인터록 : 수위감소가 심할 경우, 부저를 울리고 안전저수위까지 수위가 감소하면 전자밸브를 닫아 보일러 운전을 정지시킨다.
② **압**력초과 인터록 : 보일러의 운전시 증기압력이 설정치를 초과할 경우, 전자밸브를 닫아서 보일러 운전을 정지시킨다.
③ **불**착화 인터록 : 연료를 분사시켜 노내 착화과정에서 착화에 실패할 경우, 미연소가스에 의한 폭발 또는 역화현상을 막기 위하여 전자밸브를 닫아서 연료공급을 차단시켜 운전을 정지시킨다.
④ **프**리퍼지 인터록 : 송풍기의 고장으로 노내에 통풍이 되지 않을 경우, 연료 공급을 차단시켜서 보일러 운전을 정지시킨다.
⑤ **저**연소 인터록 : 노내에 처음 점화시 온도의 급변으로 인한 보일러 재질의 악영향을 방지하기 위하여 최대부하의 약 30 % 정도에서 연소를 진행시키다가 차츰씩 부하를 증가시켜야 하는데, 이것이 순조롭게 이행되지 못하고 급격한 연소로 인해 저연소 상태가 되지 않을 경우 연료를 차단시킨다.

06

3겹의 벽돌로 된 노벽이 있다. 노벽의 내부로부터 160 mm, 85 mm, 190 mm 의 두께와 열전도도 값은 차례로 0.46 kJ/m·h·℃, 0.204 kJ/m·h·℃, 5.19 kJ/m·h·℃ 일 때 실내측이 1000 ℃, 실외측이 50 ℃일 때 단위면적(1 m^2)당 손실되는 열량(kJ/m^2·h)을 구하시오.

암기법 : 교관온면

【해답】 1185.87 kJ/m^2·h

【해설】 • 다중 판이나 벽에서의 전열량 $Q = K \cdot \Delta t \cdot A$

한편, 다중벽에서의 열관류율 $K = \dfrac{1}{\dfrac{d_1}{\lambda_1} + \dfrac{d_2}{\lambda_2} + \dfrac{d_3}{\lambda_3}}$ 이므로

열유속 $\dfrac{Q}{A} = \dfrac{(1000 - 50)}{\dfrac{0.16}{0.46} + \dfrac{0.085}{0.204} + \dfrac{0.19}{5.19}}$

= 1185.87 kJ/m^2·h

07

실내 바닥의 온도가 50℃, 실내온도가 30℃ 이고 바닥 면적이 50 m^2 일 때 바닥으로부터 방출되는 방사에너지(W)를 계산하시오.
(단, 스테판-볼츠만 상수는 5.67×10^{-8} W/m^2·K^4 이고 방사율은 0.85 이다.)

【해답】 5917.5 W

【해설】 • 열전달 방법 중 복사(또는, 방사)에 의한 방열 손실열량(Q)은 스테판-볼츠만의 법칙으로 계산된다.

$Q = \varepsilon \times \sigma (T_1^4 - T_2^4) \times A$

$= 0.85 \times 5.67 \times 10^{-8}$ W/m^2·K^4 $\times [(273 + 50)^4 - (273 + 30)^4]$ K^4 $\times$ 50 m^2

= 5917.49 ≒ **5917.5 W**

여기서, σ : 스테판 볼츠만 상수(5.67×10^{-8} W/m^2·K^4)
ε : 표면 방사율(복사율) 또는 흑도
T_1 : 방열물체의 표면온도(K)
T_2 : 실내온도(K)
A : 방열물체의 표면적(제시없으면 1 m^2)

08

주성분이 모두 메탄(CH_4)인 천연가스 연료 80 Sm^3 가 있다. 이 연료를 공기비 1.2 로 완전 연소시킬 때 소요되는 공기량(Sm^3)을 구하시오.

【해답】 914.29 Sm^3

【해설】 • 기체의 완전연소반응식 $C_mH_n + (m+\frac{n}{4})O_2 \rightarrow mCO_2 + \frac{n}{2}H_2O$

CH_4 + $2O_2$ → CO_2 + $2H_2O$ 에서,

(1 kmol) (2 kmol) 몰비는 체적비이므로,

(1 Sm^3) (2 Sm^3)

80 Sm^3 160 Sm^3

∴ 실제 소요공기량 $A = m \cdot A_0 = m \times \frac{O_0}{0.21} = 1.2 \times \frac{160\ Sm^3}{0.21}$

≒ 914.29 Sm^3

09

10 ℃의 물로 −20 ℃의 얼음을 매시간당 90 kg 씩 제조하고자 할 때, 냉동기의 능력은 약 몇 kW인가? (단 0 ℃ 얼음의 응고잠열은 335 kJ/kg이고, 물의 비열은 4.2 kJ/kg·℃, 얼음의 비열은 2 kJ/kg·℃ 이다.)

암기법 : 큐는 씨암탉

【해답】 10.43 kW

【해설】 • Q = 현열(물/얼음의 온도 감소) + 잠열(응고)

$= C_{물}\, m\, \Delta t + C_{얼음}\, m\, \Delta t + m \cdot R_{응고잠열}$

→ $C_{물}\, m\, \Delta t$ = 90 kg/h × 4.2 kJ/kg·℃ × (10 − 0)℃ = 3780 kJ/h

→ $C_{얼음}\, m\, \Delta t$ = 90 kg/h × 2 kJ/kg·℃ × [0 − (−20)]℃ = 3600 kJ/h

→ $m \cdot R_{응고잠열}$ = 90 kg/h × 335 kJ/kg = 30150 kJ/h

= 3780 kJ/h + 3600 kJ/h + 30150 kJ/h

= 37530 kJ/h × $\frac{1h}{3600 sec}$

= 10.425 kJ/sec ≒ **10.43 kW**

10

다음의 [보기] 조건과 같은 주택의 난방부하(kW)를 계산하시오.

【보 기】

- 바닥 및 천장 난방면적 : 48 m^2
- 벽체의 열관류율 : 5 kJ/m^2·h·℃
- 실내온도 : 18 ℃
- 외기온도 : 영하 5 ℃
- 방위에 따른 부가 계수 : 1.1
- 벽체의 전면적 : 70 m^2

【해답】 5.83 kW

【해설】 ※ **천장, 바닥, 벽체에서의 난방부하 공식**

- $Q = K \times \Delta t \times A \times Z$

여기서, Q : 난방부하(손실열량)
K : 열관류율
A : 전체면적(바닥, 천정, 벽체)
Δt : 내·외부의 온도차
Z : 방위계수

$= 5\ kJ/m^2 \cdot h \cdot ℃ \times [18 - (-5)]℃ \times (48 + 48 + 70)\ m^2 \times 1.1$

$= 20999\ kJ/h \times \frac{1h}{3600sec}$

$= 5.833\ kJ/sec \fallingdotseq$ **5.83 kW**

11

연료의 연소과정에서 매연(일산화탄소, 슈트, 분진)의 발생원인에 대하여 4가지 쓰시오.

암기법 : 슛!~ (연소실의) 온용운↓은 불불통이다.

【해답】 ※ **매연(Soot 슈트, 그을음, 분진, CO 등) 발생원인**

① 연소실의 온도가 낮을 때
② 연소실의 용적이 작을 때
③ 운전관리자의 연소 운전미숙일 때
④ 연료에 불순물이 섞여 있을 때
⑤ 불완전연소일 때 (연소용 공기 부족 때)
⑥ 통풍력이 작을 때
⑦ 연료의 예열온도가 맞지 않을 때

12

다음 그림은 온수보일러의 난방 계통도이다. ① ~ ③의 설비의 명칭과 ⓐ, ⓑ 관의 명칭을 각각 쓰시오.

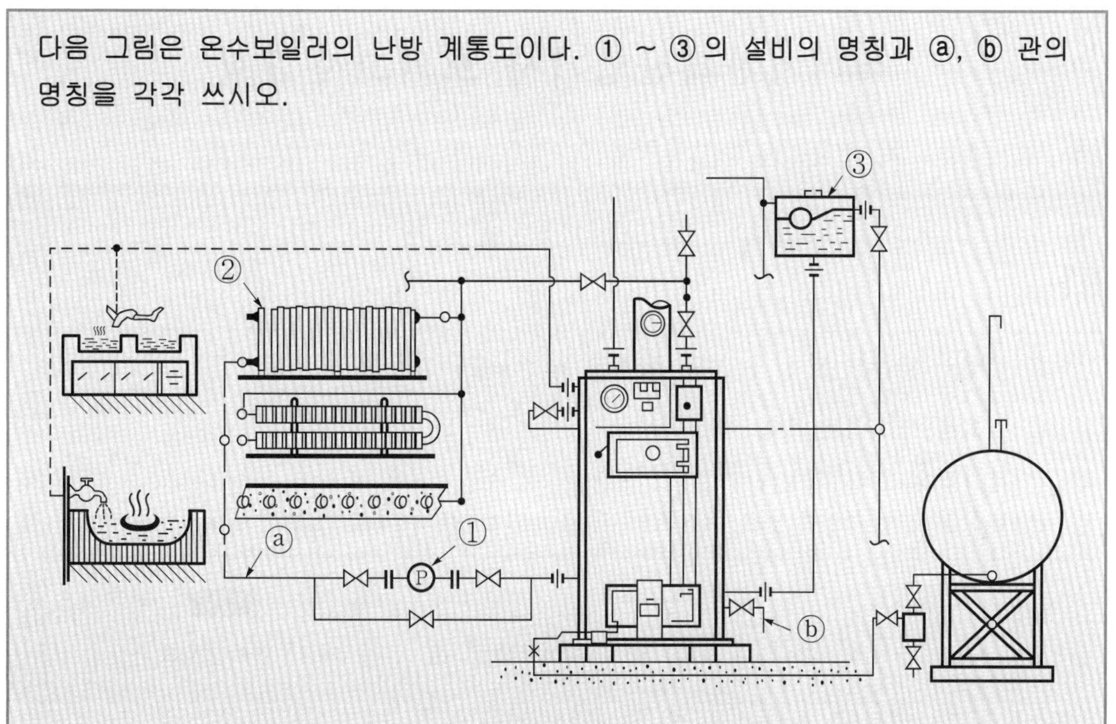

【해답】 ① 온수순환펌프 ② 방열기(라디에이터) ③ 팽창탱크
ⓐ 환수주관 ⓑ 배수관

에너지관리산업기사 모의고사 7회

01

부탄 1 Nm^3 완전연소 시 아래의 질문에 답하시오.

(가) 이론산소량(Nm^3)을 계산하시오.
(나) 이론공기량(Nm^3)을 계산하시오.
(다) 이론공기량으로 연소 시 이론 습연소가스량(Nm^3)을 계산하시오.

암기법 : 부탄 4,5, 6.5

【해답】 (가) 6.5 $Nm^3/Nm^3_{-연료}$ (나) 30.95 $Nm^3/Nm^3_{-연료}$ (다) 33.45 $Nm^3/Nm^3_{-연료}$

【해설】 • 기체연료 중 부탄(C_4H_{10})의 완전연소 반응식

$$C_mH_n + (m+\frac{n}{4})O_2 \rightarrow mCO_2 + \frac{n}{2}H_2O \quad 에서,$$

$$C_4H_{10} + 6.5\,O_2 \rightarrow 4\,CO_2 + 5\,H_2O$$

(1 kmol) (6.5 kmol)

(1 Nm^3) (6.5 Nm^3)

즉, 이론산소량은 O_0 = **6.5 $Nm^3/Nm^3_{-연료}$** 이므로,

이론공기량은 $A_0 = \frac{O_0}{0.21} = \frac{6.5}{0.21}$ = **30.95 $Nm^3/Nm^3_{-연료}$**

이론 습연소가스량 G_{0w} = 공기 중 질소량 + 생성된 연소가스량

= 0.79 A_0 + 생성된 CO_2 + 생성된 H_2O

= 0.79 × 30.95 + 4 + 5

= 33.4505 ≒ **33.45 $Nm^3/Nm^3_{-연료}$**

02

호칭지름 15A의 관으로 다음 그림과 같이 나사이음을 할 때 중심간의 길이를 600 mm로 하려면 관의 절단길이는 몇 mm로 해야 하는지 구하시오. (단, 호칭 15A 엘보의 중심선에서 단면까지의 길이는 27 mm, 나사에 물리는 최소 길이는 11 mm 이다.)

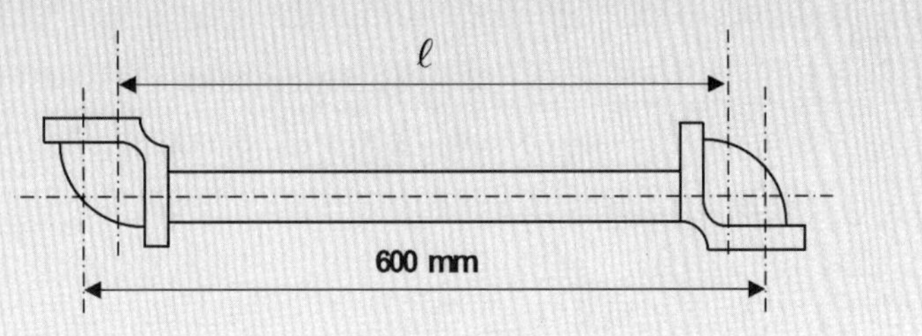

【해답】 <계산과정> : 600 - 2 × (27 - 11)

<답> : 568 mm

【해설】 • L = ℓ + 2(A - a) 에서,

$\ell = L - 2(A - a)$

여기서, ℓ : 관의 실제 길이 또는 절단길이(mm)
L : 관의 중심선 길이(mm)
A : 이음쇠의 중심에서 이음쇠 단면 끝까지의 거리(mm)
a : 이음쇠의 나사가 물리는 한쪽 길이(mm)

= 600 - 2 × (27 - 11)

= 568 mm

03

열교환기의 효율을 향상시키는 방법을 3가지만 간단하게 서술하시오.

암기법 : 열, 유향온전

【해답】 ※ **열교환기의 효율을 향상시키는 방법**

① **유**체의 유속을 빠르게 한다.

② 수열유체와 방열유체의 흐름방향을 **향**류식으로 한다.

③ 두 유체 사이의 **온**도차를 크게 한다.

④ 열**전**도율이 높은 재료를 사용한다.

⑤ **전**열면적을 크게 한다.

모의 7

04

공기비가 적정 공기비 보다 적을 때 발생하는 현상에 대해 3가지만 쓰시오.

【해답】 ※ **공기비가 적정 공기비보다 작을 경우**

① 불완전연소가 되어 매연(CO 등) 발생이 심해진다.
② 미연소가스로 인한 역화 현상의 위험이 있다.
③ 불완전연소, 미연성분에 의한 손실열이 증가한다.
④ 연소효율이 감소한다.

【참고】 ※ **공기비가 적정 공기비보다 클 경우**

㉠ 완전연소 된다.
㉡ 과잉공기에 의한 배기가스로 인한 손실열이 증가한다.
㉢ 배기가스 중 질소산화물(NOx)이 많아져 대기오염을 초래한다.
㉣ 연료소비량이 증가한다.
㉤ 연소실 내의 연소온도가 낮아진다.
㉥ 연소효율이 감소한다.

05

다음은 팽창탱크에 연결되는 관에 대한 설명이다. 각 설명에 해당하는 관의 명칭을 [보기]에서 골라 쓰시오.

【보 기】
팽창관, 오버플로우관, 압축공기관, 급수관, 배기관, 배수관, 회수관

가. 팽창탱크 내의 물이 일정 수위보다 더 올라갈 때 그 물을 배출하는 관 :
나. 팽창탱크 내의 물을 완전히 빼내기 위해 설치하는 관 :
다. 보일러와 팽창탱크를 연결하며 밸브나 체크밸브를 설치하지 않는 관 :
라. 팽창탱크 내에 물을 공급해 주는 관 :

【해답】 ㉮ **오버플로우관** ㉯ **배수관** ㉰ **팽창관** ㉱ **급수관**

06

보일러 연돌로 배출되는 배기가스량이 9000 Nm^3/h 이고, 연돌로 배출되는 배기가스 온도는 275℃이다. 이 때 굴뚝의 상부 최소단면적이 0.75 m^2 일 경우 배기가스 유속(m/s)을 계산하시오.

【해답】 6.73 m/s

【해설】 • 연돌의 상부 단면적 $A = \dfrac{\dot{V}_t}{v} = \dfrac{\dot{V}_0\,(1+0.0037t)}{3600\,v}$

여기서, A : 연돌의 상부 최소단면적(m^2)

V_t : t ℃에서의 배기가스 체적유량

V_0 : 배기가스 체적유량(Nm^3/h)

t : 배기가스 온도(℃)

v : 연돌의 출구 배기가스 유속(m/s)

$$0.75\ m^2 = \frac{9000\,m^3 \times (1+0.0037\times 275)}{3600\sec \times v}$$

∴ 배기가스 유속 v = 6.725 ≒ **6.73 m/s**

07

열전달면적이 A 이고 온도차가 50 ℃, 열전도율이 10 W/m·K, 두께가 30 cm 인 벽을 통한 열전달량이 1000 W 인 내화벽이 있다. 동일한 열전달면적인 상태에서 온도차 2배, 벽의 열전도율이 4배, 벽의 두께가 4 배 일 때 열전도열은 몇 W가 되겠는가?

$$Q_1 = \frac{\lambda_1\cdot(t_1-t_2)\cdot A}{d_1} = \frac{10\times 50\times A}{0.3} = 1000\ \text{W}$$

암기법 : 손전 온면두

【해답】 2000 W

【해설】 • 전도열량 $Q_2 = \dfrac{\lambda_2\cdot(t_1-t_2)\cdot A}{d_2}$ $\left(\dfrac{\text{열전도율}\cdot\text{온도차}\cdot\text{단면적}}{\text{벽의 두께}}\right)$

$= \dfrac{4\lambda_1\times 2(t_1-t_2)\times A}{4d_1}$

$= 2\,Q_1$

$= 2\times 1000$ W = **2000 W**

모의 7

08

아래 보일러 운전과 조작 등에 관한 알맞은 용어를 [보기]에서 골라 쓰시오.

【보 기】

프라이밍, 포밍, 캐리오버, 포스트퍼지, 역화, 프리퍼지

가. 보일러 운전이 끝난 후, 노내와 연도에 있는 가연성 가스를 송풍기로 취출시키는 것을 (①)(이)라고 한다.

나. 관수의 격렬한 비등에 의해 기포와 수면을 교란시키며 물방울이 비산하는 현상을 (②)(이)라고 한다.

다. 보일러를 점화할 때는 점화순서에 따라 해야 하며, 연소가스 폭발 및 (③)에 주의해야 한다.

라. 보일러 용수 중의 용해물이나 고형물, 유지분 등에 의해 보일러수가 증기에 혼입되어 증기관으로 운반되는 현상을 (④)(이)라고 한다.

마. 보일러 점화 전, 댐퍼를 열고 노내와 연도에 있는 가연성 가스를 송풍기로 취출시키는 것을 (⑤)(이)라고 한다.

【해답】 ① 포스트 퍼지 ② 프라이밍 ③ 역화 ④ 캐리오버 ⑤ 프리퍼지

09

방열기의 입구온도 95℃, 출구온도 70℃, 방열계수 42 kJ/m^2·h·℃ 이고 실내온도가 15℃ 일 때, 방열기의 방열량(kJ/m^2·h)을 구하시오.

【해답】 2835 kJ/m^2·h

【해설】 • 방열기(radiator 라디에이터)의 방열량을 Q라 두면,

$$Q = K \times \Delta t$$

여기서, K : 방열계수

Δt : 방열기 내 온수의 **평균**온도차

$$= 42\ \text{kJ/m}^2\cdot\text{h}\cdot{}^\circ\text{C} \times \left(\frac{95+70}{2} - 15\right)\ {}^\circ\text{C}$$

$$= 2835\ \text{kJ/m}^2\cdot\text{h}$$

10

1일 8시간 가동하는 수관식 보일러의 수질을 측정한 결과, 관수의 불순물 농도가 2000 ppm 으로 나타났다. 시간당 급수량이 1000 L 이고 회수된 응축수량이 400 L, 급수 중의 경도 성분이 20 ppm 일 때 1일 분출량(L/day)을 계산하시오.

【해답】 <계산과정> : $w_d \times (2000 - 20) = 1000\,\mathrm{L/h} \times (1 - 0.4) \times 20 \times 8\,\mathrm{h/day}$

<답> : **48.48 L/day**

【해설】 • 응축수 회수율 $R = \frac{w_R}{w_1}\left(\frac{\text{회수된 응축수량}}{\text{급수량}}\right) = \frac{400\,L}{1000\,L} = 0.4$ 이므로

응축수 회수가 있는 경우의 공식으로 계산한다.

$$w_d \times (b - a) = w_1(1 - \mathrm{R}) \times a \times 8\,\mathrm{h/day}$$

$$w_d \times (2000 - 20) = 1000\,\mathrm{L/h} \times (1 - 0.4) \times 20 \times 8\,\mathrm{h/day}$$

이제, 네이버에 있는 에너지아카데미 카페(주소 : cafe.naver.com/2000toe)의 "방정식 계산기 사용법"을 익혀서 w_d를 미지수 x로 놓고 입력해 주면

∴ 분출량 $w_d = 48.484 ≒$ **48.48 L/day**

【참고】 ※ 보일러수(또는, 관수)의 분출량(w_d, 블로우다운수) 계산 시 "만능공식"을 이용한다.

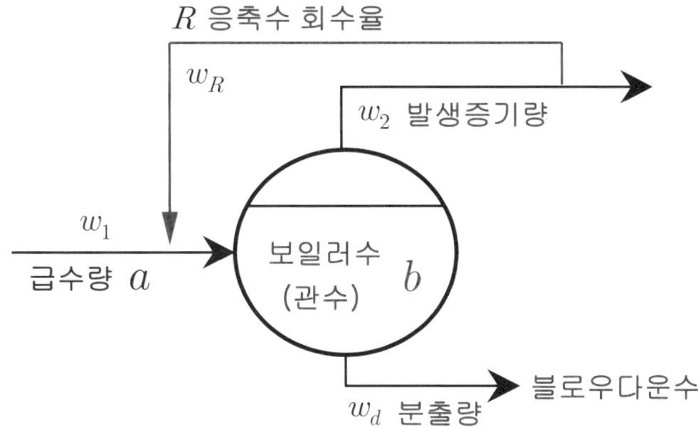

① 응축수 회수가 **없는** 경우 : $w_d \times (b - a) = w_1 \times a = w_2 \times a$

② 응축수 회수가 **있는** 경우 : $w_d \times (b - a) = w_1(1 - \mathrm{R}) \times a$

또는,

$= w_2(1 - \mathrm{R}) \times a$

모의 7

11

다음은 온수난방 방식에 대한 내용이다. ① ~ ⑤에 알맞은 용어를 쓰시오.

온수난방 방식은 분류 방법에 따라 나눌 수 있으며 온수의 온도에 따라 분류하면 저온수 난방과 (①) 난방이 있으며, 온수의 순환 방법에 따라 (②)식과 (③)식으로 구분할 수 있고 온수의 공급 방향에 따라 (④)식과 (⑤)식이 있다.

【해답】 **① 고온수 ② 중력순환 ③ 강제순환 ④ 상향 ⑤ 하향**

【해설】 ※ **온수난방의 분류**

㉠ 온수순환 방식에 의한 분류
- 중력순환식 : 온수의 대류작용에 의한 순환력을 이용하여 자연 순환시키는 방식
- 강제순환식 : 순환펌프를 통하여 배관 내 온수를 강제 순환시키는 방식

㉡ 배관방식에 의한 분류
- 단관식 : 온수의 공급관과 환수관이 동일한 관으로 배관하는 방식
- 복관식 : 온수의 공급관과 환수관이 별개의 관으로 배관하는 방식

㉢ 사용 온수온도에 의한 분류
- 저온수식 : 100℃ 이하(일반적으로 80℃)의 온수를 사용하는 방식
- 고온수식 : 100℃ 이상의 온수를 사용하는 방식

㉣ 온수 공급방식에 의한 분류
- 상향식 : 온수 공급관을 건물의 하부에 설치하고 수직관을 상향으로 배관하여 각 방열기에 연결하는 방식
- 하향식 : 온수 공급관을 건물의 상부에 설치하고 수직관을 하향으로 배관하여 각 방열기에 연결하는 방식

㉤ 귀환관의 배관방법에 의한 분류
- 직접 귀환식 : 온수의 귀환 거리를 최단 거리로 순환하게 배관하는 방식
- 역귀환식 : 각 방열기에 공급되는 온수 수량을 일정하게 분배하기 위하여 송수주관과 환수주관의 배관길이가 같도록 환수관을 역회전시켜 배관하는 방식으로 온수의 유량분배가 균일하게 되지만, 배관길이가 길어지고 배관을 위한 추가 공간이 더 필요하게 된다.

12

보온재의 구비조건을 5가지만 쓰시오.

암기법 : 흡열장비다↓

【해답】 ※ **보온재의 구비조건**

① **흡**수성이 적을 것
② **열**전도율이 작을 것
③ **장**시간 사용시 변질되지 않을 것
④ **비**중이 작을 것
⑤ **다**공질일 것

에너지관리산업기사 모의고사 8회

01

온수보일러 자동제어에 사용되는 릴레이 부품 장치이다. 아래에 주어진 부품이 부착되는 장소를 각각 쓰시오.

① 컴비네이션 릴레이 (Combination Relay)
② 프로텍터 릴레이 (Protector Relay)
③ 스텍 릴레이 (Stack Relay)

암기법 : CPS (컴프스) - 본버연

【해답】 **① 컴비네이션 릴레이 - (보일러) 본체**
② 프로텍터 릴레이 - (연소) 버너
③ 스텍 릴레이 - 연도

【해설】 **※ 온수 보일러의 자동제어 장치에 사용되는 릴레이 부품**

㉠ 스텍 릴레이(Stack Relay)
- 보일러 연소가스 배출구의 30 cm 상단의 연도에 부착하여, 버너의 작동 및 정지를 시켜준다.

㉡ 컴비네이션 릴레이(Combination Relay)
- 보일러 본체에 부착하여 사용하며, 버너의 주안전 제어장치로서 고온차단, 저온점화, 순환펌프 작동을 제어한다.

㉢ 프로텍터 릴레이(Protector Relay)
- 버너에 부착하여 사용하며, 오일버너의 주안전 제어장치로 난방, 급탕 등을 제어한다.

㉣ 아쿠아스탯(Aquastat)
- 스텍 릴레이나 프로텍터 릴레이와 함께 사용되는 자동온도조절기이다. 용도는 고온차단용, 저온차단용, 순환펌프 작동용으로 쓰인다.

02

지름이 400 mm 인 관에 비중이 0.8 인 기름이 평균속도 8 m/s 로 흐를 때 유량 (kg/s)을 계산하시오.

【해답】 804.3 kg/s

【해설】 • 비중(S) = $\frac{w}{w_{물}} = \frac{mg}{m_{물} \cdot g} = \frac{m}{m_{물}} = \frac{\rho V \cdot g}{\rho_{물} V \cdot g} = \frac{\gamma}{\gamma_{물}}$

$$0.8 = \frac{\rho_{기름} V \cdot g}{\rho_{물} V \cdot g} = \frac{\rho_{기름}}{1000\,kg/m^3}$$

$\therefore\ \rho_{기름} = 800\ \mathrm{kg/m^3}$

• 질량 유량($\dot{m}$) 계산 공식

$$\dot{m} = \frac{m}{t} = \frac{\rho V}{t} = \frac{\rho A x}{t} = \rho \pi r^2 v = \rho \times \frac{\pi D^2}{4} \times v$$

$$= 800\ \mathrm{kg/m^3} \times \frac{\pi \times (0.4\,m)^2}{4} \times 8\ \mathrm{m/s}$$

$$= 804.25 \fallingdotseq \mathbf{804.3\ kg/s}$$

03

다음은 PB(Polybutylene)관의 연결 방법이다. ( )안에 알맞은 용어를 아래 [보기]에서 골라 쓰시오.

【보 기】

그랩 링(Grab ring), 푸시 피트(Push-fit), 오-링(O-ring), 압착 이음(Pressure fit), 서포트 슬리브(Support sleeve), 얀(Yarn)

PB관 이음부속은 캡(Cap), (가), 와셔(Washer), (나)의 순서로 구성되며, 용접이나 나사이음이 필요 없이 (다) 방식으로 시공한다. 부속에 관을 연결할 때는 절단된 관의 끝부분 속으로 (라)를 밀어 넣어야 한다.

【해답】 가. 오-링, 나. 그랩 링, 다. 푸시 피트, 라. 서포트 슬리브

04

보일러 정지 시 순서를 아래 [보기]에서 알맞게 고르시오.

가. 연료 공급을 정지한다.
나. 주증기 밸브를 닫고 드레인 밸브를 연다.
다. 연소용 공기 공급을 중단한다.
라. 급수를 한 이후 증기압력을 저하시키고 급수 밸브를 닫는다.
마. 댐퍼를 닫는다.

【해답】 가 → 다 → 라 → 나 → 마

【해설】 **※ 보일러 정지 시의 순서**

㉠ 연료공급밸브를 닫아 연료의 투입을 정지한다.
㉡ 공기공급밸브를 닫아 연소용 공기의 투입을 정지한다.
㉢ 버너와 송풍기의 모터를 정지시킨다.
㉣ 급수밸브를 열어 급수를 하여 압력을 낮추고 급수밸브를 닫고 급수펌프를 정지시킨다.
㉤ 주증기밸브를 닫고 드레인(drain, 응축수)밸브를 열어 놓는다.
㉥ 댐퍼를 닫는다.

05

상당증발량이 1.5 ton/h, 급수온도가 10 ℃, 발생증기의 엔탈피가 2759 kJ/kg 일 때, 실제증발량(kg/h)을 계산하시오.

【해답】 **1245.98 kg/h**

【해설】 • 상당증발량(w_e)과 실제증발량(w_2)의 관계식

$w_e \times R_w = w_2 \times (H_2 - H_1)$ 에서,

한편, 물의 증발잠열(1기압, 100℃)을 R_w이라 두면

R_w = 539 kcal/kg = 2257 kJ/kg 이므로

$$w_e = \frac{w_2 \times (H_2 - H_1)}{R_w} = \frac{w_2 \times (H_2 - H_1)}{2257\,kJ/kg}$$

$$1.5 \times 10^3\ \mathrm{kg/h} = \frac{w_2 \times (2759 - 10 \times 4.1868)\,kJ/kg}{2257\,kJ/kg}$$

∴ 실제증발량 w_2 = **1245.98 kg/h**

06

난방부하 계산 시 고려해야 할 사항에 대해 4가지만 쓰시오.

【해답】 ※ **난방부하 설계 시 고려할 사항**

① 건물의 위치(방위)
② 건물 내 천장 높이
③ 건물 실내 및 외기온도
④ 창호(유리창, 문) 및 외벽 단열상태
⑤ 건물 주위 환경 여건
⑥ 건축구조(현관 등의 공간)

07

실내온도 20 ℃, 실외온도 10 ℃, 두께 4 mm 인 창문의 유리를 통해서 단위면적당 이동하는 열량(열유속)은 몇 W/m² 인가? (단, 유리의 열전도율 λ = 0.76 W/m·℃ 이고, 내면의 열전달계수는 α_1 = 10 W/m²·℃, 외면의 열전달계수는 α_2 = 50 W/m²·℃ 이다.)

암기법 : 교관온면

【해답】 79.83 W/m²

【해설】 • 전열량 구하는 공식 $Q = K \cdot \Delta t \cdot A$ 에서,

한편, 총괄 열전달계수 $K = \dfrac{1}{\dfrac{1}{\alpha_1} + \dfrac{d}{\lambda} + \dfrac{1}{\alpha_2}}$

여기서, α_1 : 실내측(내면) 열전달계수
α_2 : 실외측(외면) 열전달계수
λ : 열전도율(열전도도)
d : 유리판의 두께

따라서, 단위면적당 전도열량(즉, 열유속)은

$$\frac{Q}{A} = \frac{\Delta t}{\dfrac{1}{\alpha_1} + \dfrac{d}{\lambda} + \dfrac{1}{\alpha_2}} = \frac{(20 - 10)}{\dfrac{1}{10} + \dfrac{0.004}{0.76} + \dfrac{1}{50}}$$

$= 79.83\ \text{W/m}^2$

모의 8

08

온수방열기를 여러 개 연결하는 경우 각 배관의 순환율을 동일하게 하여 건물 내의 각실 온도를 일정하게 유지시키기 위한 배관 방식을 적으시오.

【해답】 **역환수식(역귀환식)**

【해설】 **※ 역환수식(역귀환식) 배관 방식의 특징**

- 각 방열기마다 온수의 유량분배가 균일하여 전·후방 방열기 온도를 일정하게 유지할 수 있다.
- 환수관의 길이가 길어져 설치비용이 높고 추가 배관 공간이 더 요구된다.

09

습증기를 교축 시켰을 때 출구에서의 증기건도는 얼마인가? (단, 포화수 엔탈피 : 502 kJ/kg, 포화증기 엔탈피 : 2721 kJ/kg, 습포화증기 엔탈피 : 2677 kJ/kg 이다.)

【해답】 <계산과정> : $2677 = 502 + x \cdot (2721 - 502)$

<답> : 0.98

【해설】 • 습포화증기의 엔탈피 공식 $h_x = h_1 + x \cdot (h_2 - h_1)$ 에서,

$$2677 = 502 + x \cdot (2721 - 502)$$

∴ 증기건도 $x = 0.98$

10

자동제어에서 편차를 제거하기 위하여 조작량을 제어하는 동작 방식을 3가지 쓰시오.

암기법 : I (아이)편

【해답】 ① **적분 동작 (I 동작)**

② **비례적분 동작 (PI 동작)**

③ **비례적분미분 동작 (PID 동작)**

【해설】 • P동작(비례동작)에 의해 정상편차(Off-set, 오프셋)가 발생하므로, I 동작(적분동작)을 같이 조합하여 사용하면 정상편차(또는, 잔류편차)가 제거되지만 진동하는 경향이 있고 안정성이 떨어지므로 PID동작(비례적분미분동작)을 사용하면 잔류편차가 제거되고 응답시간이 가장 빠르며 진동이 제거된다.

11

다음은 온수보일러의 순환펌프 설치에 대한 내용이다. (   )안에 알맞은 용어를 [보기]에서 골라 적으시오.

【보 기】

여과기, 최소, 트랩, 환수주관, 수직, 온수공급관, 최대, 수평, 바이패스, 송수주관

순환펌프에는 하향식 구조 및 자연순환이 곤란한 구조를 제외하고는 (㉮) 회로를 설치해야 하며, 펌프와 전원콘센트 간의 거리는 가능한 한 (㉯)(으)로 하고, 누전 등의 위험이 없어야 하며, 순환펌프의 모터 부분을 (㉰)(으)로 설치한다. 또한 펌프의 흡입 측에는 (㉱)을(를) 설치해야 하며, (㉲)에 설치한다.

【해답】 ㉮ 바이패스 ㉯ 최소 ㉰ 수평 ㉱ 여과기 ㉲ 환수주관

12

다음은 버팀(스테이)에 대한 내용이다. 각 스테이 특징에 맞는 용어를 [보기]에서 고르시오.

【보 기】

나사 스테이,	가셋트 스테이,	도그 스테이
경사 스테이,	막대 스테이,	관 스테이

가. 연관보일러에 있어서 연관의 팽창에 따른 관판이나 경판의 팽출에 대한 보강재로서 총 연관의 30%가 스테이이며 연관 역할을 동시에 하는 스테이

나. 진동충격 등에 따른 동체의 눌림 방지 목적으로 화실 천정의 압궤 방지를 위한 가로 버팀이며 관판이나 경판 양쪽을 보강하는 스테이

다. 스코치 보일러의 간격이 좁은 두 개의 나란한 경판을 보강하는 스테이

라. 평 경판이나 접시형 경판에 사용하며 강판과 동판 또는 관판이나 동판의 지지 보강대로서 판에 접속되는 부분이 큰 스테이

마. 동체판과 경판 또는 관판에 연강봉을 경사지게 부착하여 경판을 보강하는 스테이

【해답】 가. 관 스테이　　나. 막대 스테이　　다. 나사 스테이
라. 가셋트 스테이　　마. 경사 스테이

모의 8

에너지관리산업기사 모의고사 9회

01

석탄 사용량이 1584 kg/h, 증기발생량이 11200 kg/h, 석탄의 저위발열량이 25288 kJ/kg 인 보일러 효율은 몇 % 인가? (단, 발생증기 엔탈피는 3031 kJ/kg, 급수온도는 23℃ 이다.)

암기법 : (효율좋은) 보일러 사저유

【해답】 82.06 %

【해설】 • 보일러 효율(η) = $\frac{Q_s}{Q_{in}}\left(\frac{유효출열}{총입열량}\right) \times 100$

$$= \frac{w_2 \cdot (H_2 - H_1)}{m_f \cdot H_L} \times 100$$

$$= \frac{11200\,kg/h \times (3031 - 23 \times 4.1868)\,kJ/kg}{1584\,kg/h \times 25288\,kJ/kg} \times 100$$

= 82.06 %

【참고】 **※ 급수온도에 따른 급수엔탈피(H_1) 계산**

- 급수온도가 23℃로만 주어져 있을 때는 물의 비열 값인 1 kcal/kg·℃를 대입한 것이므로, 급수 엔탈피 H_1 = 23 kcal/kg 으로 계산해 주면 간단하지만, 그러나 2021년 이후에는 SI 단위계인 kJ/kg으로 출제되고 있으므로 급수엔탈피(H_1)의 값을 kJ/kg 단위로 환산해 주기 위해서는 1 kcal = 4.1868 kJ ≒ 4.186 kJ 의 관계를 반드시 암기하여 활용할 수 있어야 합니다!

02

석탄 1kg 중에 성분분석결과 C : 0.66, H : 0.17, O : 0.15, S : 0.02 이고, 공기비는 1.3 일 때 소요되는 실제공기량과 연소가스량은 몇 Sm^3/kg 인지를 계산하시오.

【해답】 ① **실제공기량 : 13 $Sm^3/kg_{-연료}$**

② **연소가스량 : 14.05 $Sm^3/kg_{-연료}$**

【해설】 ① 실제공기량($Sm^3/kg_{-연료}$)을 계산하려면 이론산소량을 먼저 알아내야 한다.

$$O_0 = 1.867\,C + 5.6\left(H - \frac{O}{8}\right) + 0.7\,S$$

$$= 1.867 \times 0.66 + 5.6 \times \left(0.17 - \frac{0.15}{8}\right) + 0.7 \times 0.02$$

$$= 2.1\ Sm^3/kg_{-연료}$$

∴ 체적당 이론공기량 $A_0 = \frac{O_0}{0.21} = \frac{2.1}{0.21} = 10\ Sm^3/kg_{-연료}$

실제공기량(소요공기량) $A = m\,A_0$ 에서

$= 1.3 \times 10 =$ **$13\ Sm^3/kg_{-연료}$**

② 연소가스량($Sm^3/kg_{-연료}$)

연료의 성분 중에 H(수소)가 있으므로 **실제습연소가스량**으로 계산해야 한다.

$G_w = G_d + W_g$

한편, $G_d = G_{0d} + (m - 1)A_0$

$G_{0d} = (1 - 0.21)A_0 + 1.867C + 0.7S + 0.8N$ 이므로,

$= (1 - 0.21)A_0 + 1.867C + 0.7S + 0.8N + (m - 1)A_0$

$= A_0 - 0.21A_0 + 1.867C + 0.7S + 0.8N + mA_0 - A_0$

소거를 시키고 남는 것만 정리하면,

$= mA_0 - 0.21A_0 + 1.867C + 0.7S + 0.8N$

$=$ **$(m - 0.21)A_0 + 1.867C + 0.7S + 0.8N$**

$G_w = (m - 0.21)A_0 + 1.867C + 0.7S + 0.8N + Wg$

한편, $Wg = 1.244 \times (9H + w)$ 이므로

$= (m - 0.21)A_0 + 1.867C + 0.7S + 0.8N + 1.244 \times (9H + w)$

$= (1.3 - 0.21) \times 10 + 1.867 \times 0.66 + 0.7 \times 0.02 + 1.244 \times (9 \times 0.17)$

$=$ **$14.05\ Sm^3/kg_{-연료}$**

모의 9

03

다음은 프로판의 완전연소반응식이다. ① (　　)안에 알맞은 숫자를 적고, ② 1 kg당 발열량을 구하시오.

【보 기】

(가)C_3H_8 + (나)O_2 → (다)CO_2 + (라)H_2O + 2219000 kJ/kmol

암기법 : 프로판 3,4,5

【해답】 ① 가. 1　　나. 5　　다. 3　　라. 4

② 50432 kJ/kg

【해설】 ① 기체연료 중 프로판(C_3H_8)의 완전연소 반응식

$$C_mH_n + (m+\frac{n}{4})O_2 \rightarrow mCO_2 + \frac{n}{2}H_2O$$ 에서,

$$C_3H_8 + 5\,O_2 \rightarrow 3\,CO_2 + 4\,H_2O$$

② 프로판 1 kmol 완전연소 시 발열량이 2219000 kJ 이고, 프로판 1 kmol 은 질량으로 44 kg 에 해당한다.

∴ 질량으로의 환산은 $\frac{2219000\,kJ}{kmol \times \frac{44\,kg}{1\,kmol}}$ ≒ 50432 kJ/kg

04

다음은 보일러의 자동제어에 대한 내용이다. (　　)안에 알맞은 내용을 적으시오.

보일러 자동제어의 요소 중 검출부에서 검출한 제어량과 목표치를 비교하여 나타낸 그 오차를 (가)(이) 라고 하며, 편차의 정(+), 부(-)에 의하여 조작신호가 최대·최소가 되는 제어 동작을 (나) 동작이라고 한다.

【해답】 가. 잔류편차(Off-set)　　나. 2위치(또는 On-off, ± 동작, 뱅뱅제어)

05

송출량이 0.2 m^3/s 인 원심펌프가 42 m 높이로 송출할 때 아래 질문에 답하시오. (단, 원심펌프의 효율은 85% 이다.)

가. 원심펌프의 축동력(kW)을 계산하시오.
나. 회전수를 1000 rpm 에서 1500 rpm 으로 증가 시 축동력(kW)을 계산하시오.

암기법 : 1 2 3 회(N)
유 양 축
3 2 5 직(D)

【해답】 가 : **96.85 kW** 나 : **326.87 kW**

【해설】 • 펌프의 동력 : L [W] = $\frac{PQ}{\eta} = \frac{\gamma HQ}{\eta} = \frac{\rho g HQ}{\eta}$

여기서, P : 압력 [mmH_2O = kgf/m^2]
Q : 유량 [m^3/sec]
H : 수두 또는, 양정 [m]
η : 펌프의 효율
γ : 물의 비중량 (1000 kgf/m^3)
ρ : 물의 밀도 (1000 kg/m^3)
g : 중력가속도 (9.8 m/s^2)

$$= \frac{1000\,kg/m^3 \times 9.8\,m/sec^2 \times 42\,m \times 0.2\,m^3/sec}{0.85}$$

= 96847 kg·m^2/sec^3 = 96847 N·m/s = 96847 J/s = 96847 W

= 96.847 kW ≒ **96.85 kW**

• 펌프의 동력은 회전수의 세제곱에 비례한다.

$$L_2 = L_1 \times \left(\frac{N_2}{N_1}\right)^3 \times \left(\frac{D_2}{D_1}\right)^5 = L_1 \times \left(\frac{N_2}{N_1}\right)^3$$

여기서, L : 축동력
N : 회전수
D : 임펠러의 직경(지름)

$$= 96.85\,kW \times \left(\frac{1500\,rpm}{1000\,rpm}\right)^3$$

= 326.868 ≒ **326.87 kW**

모의 6

06

수격작용이란 무엇인지 간단히 설명하고 그 방지대책을 4가지만 쓰시오.

【해답】 ① 증기배관 내에서 생긴 응축수 및 캐리오버 현상에 의해 증기배관으로 배출된 물방울이 증기의 압력으로 배관 벽에 마치 햄머처럼 충격을 주어 소음을 발생시키는 현상

② 방지대책 **암기법** : 증수관 직급 밸서

㉠ 증기배관 속의 응축수를 취출하도록 **증**기트랩을 설치한다.
㉡ 토출 측에 **수**격방지기를 설치한다.
㉢ 배관의 **관**경을 크게 하여 유속을 낮춘다.
㉣ 배관을 가능하면 **직**선으로 시공한다.
㉤ 펌프의 **급**격한 속도변화를 방지한다.
㉥ **밸**브의 개폐를 천천히 한다.
㉦ 관선에 **서**지탱크(Surge tank, 조압수조)를 설치한다.

07

프라이밍(Priming) 및 포밍(Forming)이 발생하였을 때 취하는 조치사항을 4가지 쓰시오.

【해답】 ※ **프라이밍(Priming) 및 포밍(Forming) 현상 발생 시 조치사항**

① 주증기밸브를 잠그고 압력을 증가시켜서 수위를 안정시킨다.
② 연소를 억제하여, 과부하 운전을 줄여서 저부하 운전을 한다.
③ 수면계 및 압력계 등의 연락관을 살펴본다.
④ 보일러수의 일부를 분출하고 새로운 물을 넣는다.
⑤ 보일러수의 농축 장애 여부에 대해 검사를 하여 급수처리를 철저히 한다.
⑥ 수위가 출렁거리면 조용히 취출을 한다.

08

온수보일러에 설치하는 팽창탱크의 설치 목적에 대해 간단히 설명하시오.

【해답】 ※ **팽창탱크(Expansion Tank)**

- 온수 배관 시스템 내의 온도상승에 대한 물의 팽창에 대하여 여유가 없는 상태에서 팽창수로 인해 배관 내 체적과 압력이 높아져 설치기기나 배관이 파손될 수 있다. 따라서 물의 팽창, 수축과 같은 체적변화 및 발생하는 압력을 흡수하기 위해 설치한다.

09

아래 보일러 설비에 해당되는 기기 및 부속명을 [보기]에서 각각 2개씩 골라 쓰시오.

【보 기】

인젝터, 분연장치, 과열기, 안전밸브, 점화장치, 방폭문, 급수내관, 절탄기

가. 급수장치: 나. 폐열회수장치: 다. 안전장치: 라. 연소장치:

【해답】 가. 급수장치 : 인젝터, 급수내관 나. 폐열회수장치 : 과열기, 절탄기
다. 안전장치 : 방폭문, 안전밸브 라. 연소장치 : 분연장치, 점화장치

10

다음은 안전밸브 및 압력 방출 장치의 크기를 20A 이상으로 설치할 수 있는 경우에 대한 내용이다. (   )안에 알맞은 숫자 및 용어를 쓰시오.

(1) 최고사용압력이 (가) kg/cm^2 이하의 보일러
(2) 최고사용압력이 5 kg/cm^2 이하의 보일러로 동체 안지름이 500 mm 이하이며, 동체길이가 (나) mm 이하인 것
(3) 최고사용압력이 5 kg/cm^2 이하의 보일러로 전열면적이 (다) m^2 이하인 것
(4) 최대증발량이 (라) t/h 이하인 관류보일러
(5) 소용량 강철제보일러, 소용량 (마)보일러

【해답】 가. 1 나. 1000 다. 2 라. 5 마. 주철제

【해설】 ※ **안전밸브 및 압력방출장치의 크기**
- 호칭지름 25A (즉, 25 mm) 이상으로 하여야 한다. 다만, 특별히 20A 이상으로 할 수 있는 경우는 다음과 같다.
  ㉠ 최고사용압력 0.1 MPa (**1** kg/cm^2) 이하의 보일러
  ㉡ 최고사용압력 0.5 MPa (5 kg/cm^2) 이하의 보일러로서, 동체의 안지름이 500 mm 이하이며 동체의 길이가 **1000 mm** 이하의 것
  ㉢ 최고사용압력 0.5 MPa (5 kg/cm^2) 이하의 보일러로서, 전열면적이 **2** m^2 이하의 것
  ㉣ 최대증발량이 **5 ton/h** 이하의 관류보일러
  ㉤ 소용량 보일러(강철제 및 **주철제**)

모의 9

11

보일러에서 점화불량의 원인을 5가지 쓰시오.

암기법 : 연필노 오점

【해답】 ※ **보일러 점화불량의 원인**

① **연**료가 없는 경우
② 연료**필**터가 막힌 경우
③ 연료분사**노**즐이 막힌 경우
④ **오**일펌프 불량
⑤ **점**화플러그 불량 (손상 및 그을음이 많이 낀 경우)
⑥ 압력스위치 손상
⑦ 온도조절스위치가 손상된 경우

12

다음의 등각투상도를 보고 '평면도'를 그리시오. (단, 각 연결부위는 나사접합이다.)

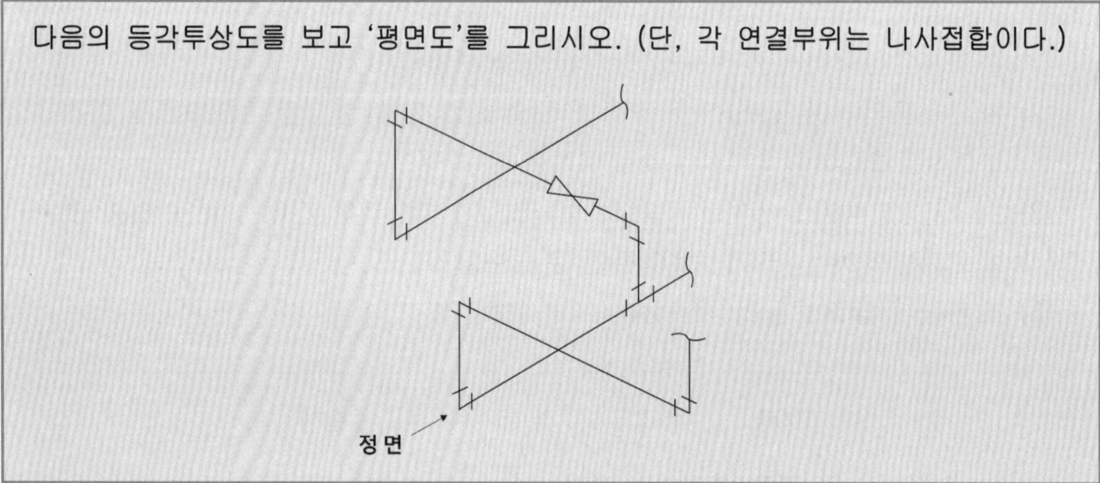

【해답】

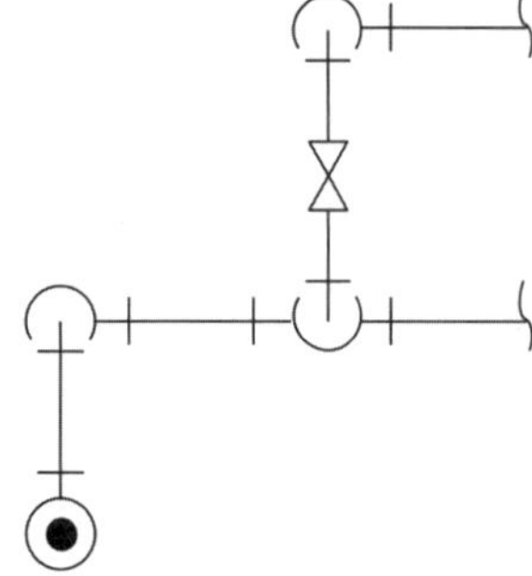

에너지관리산업기사 모의고사 10회

01

다음 그림은 체크밸브의 단면을 보여주고 있다. 아래 질문에 답하시오.

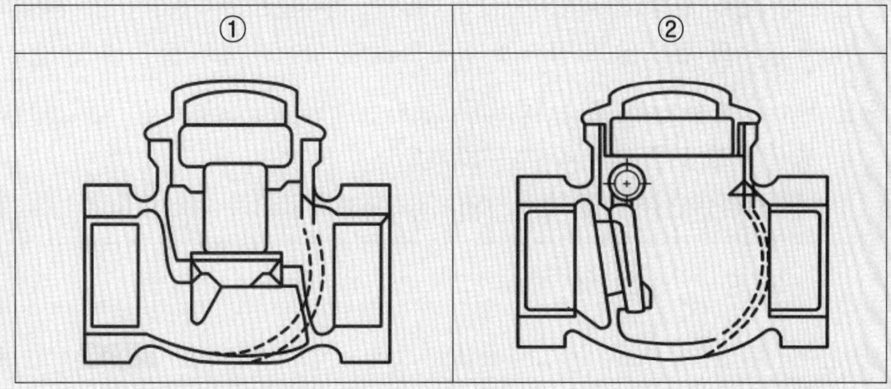

가. ①, ② 체크밸브의 형식상 명칭을 쓰시오.
나. 구조상 수평배관에만 사용 가능한 밸브는 어느 것인지 번호를 쓰시오.

암기법 : 책(첵), 스리

【해답】 가 : ① **리프트식(Lift type)** ② **스윙식(Swing type)**
나 : ① **리프트식(Lift type)**

【해설】 ※ **체크밸브의 형식**

- 스윙식(Swing type) : 디스크가 힌지에 고정되어 유체 흐름에 따라 디스크가 열리는 구조로 수평, 수직배관에서 모두 사용이 가능하고 대구경 배관에 주로 사용된다.
- 리프트식(Lift type) : 원판이 유체 흐름에 따라 상하로 움직이면서 역류를 방지하는 구조로 수평배관에서만 사용이 가능하고 소구경 배관에 주로 사용된다.

02

보일러에 부착되는 안전장치의 종류를 5가지만 쓰시오.

【해답】 ※ 안전장치의 종류

- 안전밸브, 저수위 경보기, 방폭문, 가용마개, 화염검출기, 압력제한기, 전자밸브, 압력조절기 등

03

복관 중력순환식 온수 난방에서 송수온도가 98℃, 환수온도가 74℃ 이고 난방부하가 35588 kJ/h 인 공간의 온도를 일정하게 유지하려고 할 때 아래 물음에 답하시오.

가. 필요한 온수 순환량(kg/h)을 계산하시오. (단, 온수의 평균비열은 4.2 kJ/kg·℃ 이다.)

나. 필요한 방열기의 표준 섹션수를 구하시오.
(단, 1섹션당 방열면적은 0.35 m^2 이며, 표준방열량으로 계산한다.)

【해답】 가. **353 kg/h** 나. **54쪽**

【해설】 ① 온수난방 난방부하 $Q = C \cdot m_{온수} \cdot \Delta t$ **암기법** : 큐는 씨암탉

$35588\ kJ/h = 4.2\ kJ/kg \cdot ℃ \times m_{온수} \times (98 - 74)℃$

∴ 온수 순환량 $m_{온수}$ ≒ **353 kg/h**

② 방열기의 표준방열량($Q_{표준}$)은 열매체인 증기와 온수를 기준으로 구별하여 계산한다.

암기법 : 수 사오공, 증 육오공

열매체	공학단위 (kcal/m^2·h)	SI 단위 (kJ/m^2·h)
온수	450	**1890**
증기	650	2730

방열기의 난방부하 공식 $Q = Q_{표준} \times A_{방열면적}$

$= Q_{표준} \times C \times N \times a$

여기서, C : 보정계수(단, 제시 없으면 생략함.)

N : 쪽수, a : 1쪽당 방열면적

$35588\ kJ/h = 1890\ kJ/m^2 \cdot h \times N \times 0.35\ m^2$

∴ 쪽수 N = 53.79 ≒ **54 쪽**

04

연돌의 통풍력을 측정한 결과 527 Pa, 배기가스의 평균온도 200℃, 외기온도 20℃일 때 실제 굴뚝의 높이는 몇 m인지 계산하시오.
(단, 표준상태에서 대기의 비중량은 1.264 kg/m³, 배기가스의 비중량은 1.327 kg/m³, 실제통풍력은 이론통풍력의 80 % 이다.)

【해답】 163.11 m

【해설】 표준상태(0℃, 1기압)에서 외기와 배기가스의 온도, 비중량이 각각 제시된 경우, 외기와 배기가스의 온도차 및 비중량차에 의한 계산은 다음의 공식으로 구한다.

- 이론통풍력 Z [mmAq] = 273 × h [m] × $\left(\frac{\gamma_a}{273 + t_a} - \frac{\gamma_g}{273 + t_g}\right)$

  비중량 $\gamma = \rho \cdot g$ 의 단위를 공학에서는 [kgf/m³] 또는 [kg/m³] 으로 표현한다.

- 실제통풍력(Z′)은 이론통풍력(Z)의 80 % 이므로,

$$Z' = 273 \times h \times \left(\frac{\gamma_a}{273 + t_a} - \frac{\gamma_g}{273 + t_g}\right) \times 0.8$$

$$527\,Pa \times \frac{10332\,mmH_2O}{101325\,Pa} = 273 \times h \times \left(\frac{1.264}{273 + 20} - \frac{1.327}{273 + 200}\right) \times 0.8$$

∴ 실제 굴뚝의 높이 h ≒ 163.11 m

05

보일러의 급수처리에서 청관제의 사용목적을 4가지만 간단히 쓰시오.

암기법 : 청스부 캐농

【해답】 ※ **청**관제 사용목적
① 전열면의 **스**케일 생성 방지
② **부**식 방지
③ **캐**리오버 현상(Carry over, 기수공발 현상) 방지
④ 보일러수의 **농**축 방지

06

노내 가스온도 1000 ℃, 외기온도 0 ℃ 일 때 노벽의 두께 200 mm, 노벽의 면적 5 m^2 을 통해서 하루 동안에 외기로 이동하는 열량(즉, 열전달량)은 몇 kJ 인가?
(단, 노벽의 열전도율 λ = 2.1 kJ/m·h·℃ 이고 가스와 노벽의 열전달계수는 α_1 = 5024 kJ/m^2·h·℃ 이며 외벽과 공기와의 열전달계수는 α_2 = 41.9 kJ/m^2·h·℃ 이다.)

암기법 : 교관온면

【해답】 1005838 kJ

【해설】 • 열전달량(또는, 손실열량) 공식 $Q = K \cdot \Delta t \cdot A \cdot T$ 에서,

한편, 총괄 열전달계수(또는, 열관류율) $K = \dfrac{1}{\dfrac{1}{\alpha_1} + \dfrac{d}{\lambda} + \dfrac{1}{\alpha_2}}$

여기서, α_1 : 노내측(내면) 열전달계수, α_2 : 외기측(외면) 열전달계수
λ : 열전도율(열전도도), d : 노벽(구조체)의 두께
A : 노벽의 면적, T : 열전달시간

$$Q = \frac{1\,kJ/m^2\cdot h\cdot ℃}{\dfrac{1}{5024} + \dfrac{0.2}{2.1} + \dfrac{1}{41.9}} \times (1000 - 0)℃ \times 5\,\mathrm{m}^2 \times 1\,day \times \frac{24\,h}{1\,day}$$

= 1005838 kJ

07

액체연료를 미립화하여 무화시키는 기계적 방법 중 가압분사식, 회전식, 기류분무식에 대하여 각각 설명하시오.

【해답】 ① 가압분사식 : 펌프로 액체연료를 가압하여 노즐로 고속 분출시켜 무화시키는 방식
② 회전식 : 고속 회전하는 컵 모양의 회전체에 연료를 공급하여 회전체의 원심력에 의해 무화시키는 방식
③ 기류분무식 : 압축된 공기를 노즐로 고속 분출시켜 2유체 방식으로 무화시키는 방식

08

배기가스 온도가 225℃, 외기온도가 25℃ 일 때, 배기가스의 손실열량(kJ/kg)을 구하시오. (단, 배기가스의 비열은 1.38 kJ/Nm^3·℃, 이론습배기가스량은 11.443 Nm^3/kg, 이론공기량은 10.709 Nm^3/kg, 공기비는 1.3 이다.)

【해답】 4045 kJ/kg

【해설】 • 배기가스 손실열량 공식　　　　**암기법** : 배, 씨배터

$$Q_g = C_g \cdot G \cdot \Delta t_g$$

여기서, C_g : 배기가스 평균비열 (kJ/Nm^3·℃)
G : 실제배기가스량 [$G = G_0 + (m-1)A_0$]
G_0 : 이론습배기가스량
A_0 : 이론공기량
m : 공기비
t_g : 배기가스 온도(℃)
t_0 : 외기온도(℃)

$= C_g \times \{G_0 + (m-1)A_0\} \times (t_g - t_0)$

$= 1.38\ \text{kJ/Nm}^3\cdot℃ \times \{11.443 + (1.3-1) \times 10.709\}\ \text{Nm}^3/\text{kg} \times (225 - 25)℃$

≒ 4045 kJ/kg

09

아래 [보기]는 수면계 기능시험 방법에 대한 내용이다. 순서에 맞게 번호를 쓰시오.

【보 기】

① 드레인 밸브를 연다.
② 물 밸브를 열고 통수 확인 후 닫는다.
③ 물 밸브를 천천히 연다.
④ 증기밸브를 열고 통수 확인을 한다.
⑤ 드레인 밸브를 닫는다.
⑥ 증기밸브, 물 밸브를 닫는다.

【해답】 ⑥ → ① → ② → ④ → ⑤ → ③

모의 10

10

증기트랩(Steam trap)의 설치 목적을 4가지만 쓰시오.

암기법 : 응수부방, 회수효절

【해답】 ① 증기 배관 내에 고인 **응**축수를 배출하여 **수**격작용을 방지한다.
(∵ 관내유체흐름에 대한 저항이 감소되므로)
② 증기 배관 내에 고인 응축수를 배출하여 배관 내부의 **부**식을 **방**지한다.
(∵ 급수처리된 응축수를 재사용하므로)
③ 응축수 **회수**로 인하여 열**효**율이 증가한다.
(∵ 응축수가 지닌 폐열 이용하므로)
④ 응축수 회수로 인하여 연료 **절**약 및 급수비용을 **절**약한다.

11

어느 보일러의 시간당 증발량 1100 kg/h, 증기엔탈피 2720 kJ/kg, 급수온도 30℃일 때 상당증발량(kg/h)을 계산하시오.

【해답】 **1264 kg/h**

【해설】 • 상당증발량(w_e)과 실제증발량(w_2)의 관계식

$w_e \times R_w = w_2 \times (H_2 - H_1)$ 에서,

한편, 물의 증발잠열(1기압, 100℃)을 R_w이라 두면

R_w = 539 kcal/kg = 2257 kJ/kg 이므로

$$\therefore w_e = \frac{w_2 \times (H_2 - H_1)}{R_w} = \frac{w_2 \times (H_2 - H_1)}{2257\, kJ/kg}$$

$$= \frac{1100\, kg/h \times (2720 - 30 \times 4.1868)\, kJ/kg}{2257\, kJ/kg}$$

= 1264.43 ≒ **1264 kg/h**

【참고】 ※ **급수온도에 따른 급수엔탈피(H_1) 계산**

- 급수온도가 30℃로만 주어져 있을 때는 물의 비열 값인 1 kcal/kg·℃를 대입한 것이므로, 급수 엔탈피 H_1 = 30 kcal/kg 으로 계산해 주면 간단하지만, 그러나 2021년 이후에는 SI 단위계인 kJ/kg으로 출제되고 있으므로 급수엔탈피(H_1)의 값을 kJ/kg 단위로 환산해 주기 위해서는 1 kcal = 4.1868 kJ ≒ 4.186 kJ 의 관계를 반드시 암기하여 활용할 수 있어야 합니다!

12

다음은 개방식 팽창탱크 배관도면이다. ① ~ ⑤의 명칭을 적으시오.

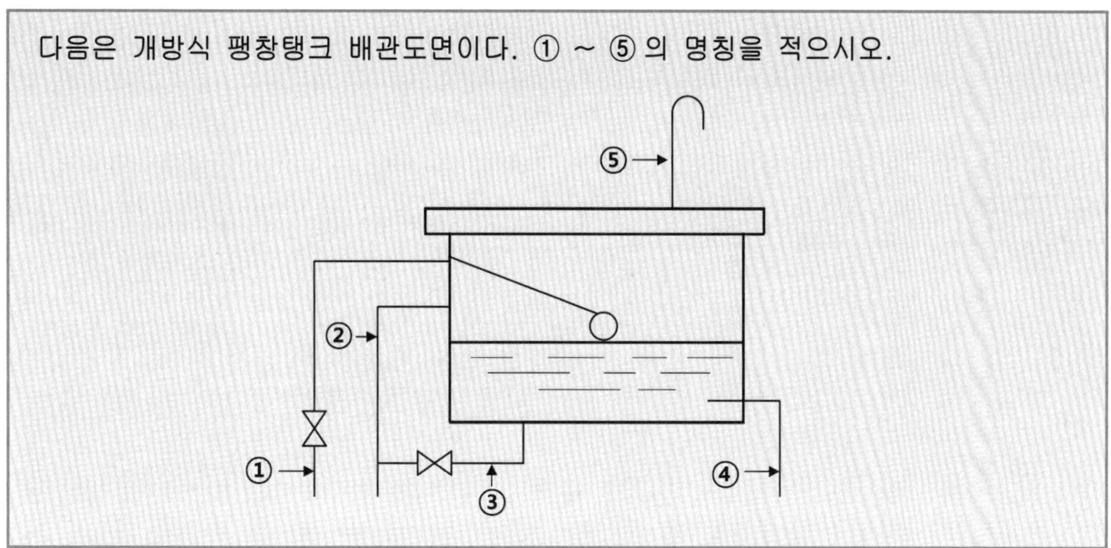

【해답】 ① **급수관** ② **오버플로우관** ③ **배수관** ④ **팽창관** ⑤ **배기관**

【참고】 ※ **개방식 팽창탱크 배관종류**

① 급수관 : 온수보일러 가동 중 손실되는 물을 보충하기 위해 설치되는 관

② 오버플로우관 : 체적팽창에 의한 온수의 수위가 높아지면 외부로 분출시켜 탱크 내 물이 넘치지 않게 하기 위한 관

③ 배수관 : 팽창탱크 점검 및 보수를 위해 탱크 내 물을 빼내기 위한 관

④ 팽창관 : 물을 온수로 가열할 때마다 배관 내 체적 팽창한 수량을 팽창탱크로 배출해 주는 도피관

⑤ 배기관 : 온수보일러 배관계 내 존재하는 공기를 제거하기 위한 관

모의 10

성공하려면
당신이 무슨 일을 하고 있는지를 알아야 하며,
하고 있는 그 일을 좋아해야 하며,
하는 그 일을 믿어야 한다.

-윌 로저스(Will Rogers)-

☆

때론 지치고 힘들지만 언제나 가슴에 큰 꿈을 안고 삽시다.
노력은 배반하지 않습니다.^^

제4편 작업형

제1장 수험자 유의사항

자격종목	에너지관리산업기사	과제명	강관 및 동관 조립

※ 시험시간 : 3시간

1. 요구사항

㉮ 지급된 재료를 이용하여 도면과 같이 강관 및 동관의 조립작업을 하시오.

- 관을 절단할 때는 수험자가 지참한 수동공구(수동파이프 커터, 튜브 커터, 쇠톱 등)를 사용하여 절단한 후 파이프 내의 거스러미를 제거해야 합니다.
- 플랜지 및 강관 용접 이음쇠는 지정된 용접봉을 사용하여 아크용접을 하여야 합니다.

※ 강관과 플랜지의 용접 후 플랜지 조립(체결)전에 감독위원의 확인을 받아야 합니다.

※ 플랜지 볼트 구멍의 배열은 우측 그림 같이 수평, 수직상태를 유지해야 합니다.

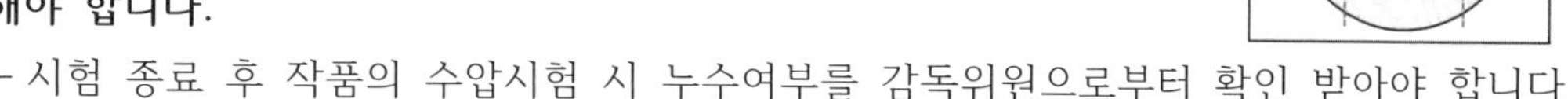

- 시험 종료 후 작품의 수압시험 시 누수여부를 감독위원으로부터 확인 받아야 합니다.

2. 수험자 유의사항

㉮ 시험시간 내에 작품을 제출하여야 합니다.

㉯ 수험자가 지참한 공구와 지정된 시설만을 사용하며, 안전수칙을 준수하여야 합니다.

㉰ 수험자는 시험시작 전 지급된 재료의 이상유무를 확인 후 지급 재료가 불량품일 경우에만 교환이 가능하고, 기타 가공, 조립 잘못으로 인한 파손이나 불량 재료 발생 시 교환할 수 없으며, 지급된 재료만을 사용하여야 합니다.

㉱ 재료의 재지급은 허용되지 않으며, 잔여 재료는 작업이 완료된 후 작품과 함께 동시에 제출하여야 합니다.

㉲ 수험자 지참공구 중 배관 꽂이용 지그와 동관 CM 어댑터 용접용 지그는 사용 가능하나, 그 외 용접용 지그(턴테이블(회전형) 형태 등)는 사용불가 합니다.

㉳ 작품의 수평을 맞추기 위한 재료(모재, 시편 등)는 지참 및 사용이 가능합니다.

㉴ 플랜지 용접 시 플랜지에 배관 삽입 후 용접 높이 고정을 위해 배관 밑단부에 받치는 재료(와셔, 압연강판 등)는 지참 및 사용이 가능합니다.

㉧ 필답형 및 작업형(강관 및 동관 조립) 시험 전 과정을 응시하지 않았을 경우 채점 대상에서 제외합니다.

㉨ 작업형 시험(강관 및 동관 조립)에 응시하지 아니하거나, 응시하더라도 작업형 점수가 0점 또는 채점 대상 제외 사항(㉫ 항목)에 해당되는 경우 불합격 처리됩니다.

㉩ 작업 시 안전보호구 착용여부 및 사용법, 재료 및 공구 등의 정리정돈 등 안전수칙 준수는 채점 대상이 됩니다.

㉪ 지참한 공구 중 작업이 수월하여 타수험자와의 형평성 문제를 일으킬 수 있는 공구는 사용이 불가합니다.

㉫ 다음 사항은 실격에 해당하여 채점 대상에서 제외됩니다.

① 수험자 본인이 시험 도중 포기의사를 표하는 경우

② 실기시험 과정 중 1개 과정이라도 불참한 경우

③ 시험시간 내에 작품을 제출하지 못한 경우

④ 도면치수 중 부분치수가 ±15 mm (전체길이는 가로 또는 세로 ±30 mm) 이상 차이가 있는 작품

⑤ 수압시험 시 0.3 MPa (3 kgf/cm^2) 이하에서 누수가 되는 작품

⑥ 평행도가 30 mm 이상 차이가 있는 작품

⑦ 도면과 상이하게 조립된 작품

⑧ 외관 및 기능도가 극히 불량한 작품

⑨ 지급된 재료 이외의 재료를 사용하였을 경우

⑩ 플랜지의 패킹면과 용접면을 바꿔서 조립한 작품

⑪ 밴딩 작업 시 도면상 표기된 기계 밴딩(MC)과 상이하게 열간 밴딩한 경우

⑫ 플랜지 조립(체결)전에 감독위원의 확인을 받지 않은 경우

3. 지급재료 목록

일련번호	재료명	규격	단위	수량	비고
1	강관(SPP) 흑관	25A x 1200	개	1	KS 규격품
2	강관(SPP) 흑관	20A x 1500	개	1	KS 규격품
3	동관(경질, L형, 직관)	15A x 800	개	1	KS 규격품
4	90° 엘보(가단주철제) (백)	20A	개	2	KS 규격품
5	90° 엘보(가단주철제) (백)	25A	개	1	KS 규격품
6	90° 이경엘보(가단주철제) (백)	25A x 20A	개	2	KS 규격품
7	90° 이경엘보(가단주철제) (백)	20A x 15A	개	2	KS 규격품
8	45° 엘보(가단주철제) (백)	20A	개	1	KS 규격품
9	이경티(가단주철제) (백)	25A x 20A	개	1	KS 규격품
10	레듀셔(가단주철제) (백)	25A x 20A	개	1	KS 규격품
11	동관용 어댑터 (C x M 형)	황동제 15A	개	2	KS 규격품
12	동관용 엘보 (C x C 형)	동관제 15A	개	2	KS 규격품
13	평플랜지(RF형)	25A (10 kgf/cm^2)	개	2	KS 규격품
14	플랜지 가스킷(비석면제)	25A 플랜지용(t 1.5 mm)	개	1	KS 규격품
15	육각 볼트, 너트 (플랜지용)	M16 x 50	조	4	KS 규격품
16	실링 테이프	t 0.1 x 13 x 10,000	R/L	5	
17	인동납 용접봉	B Cup-3 (∅ 2.4 x 500)	개	1	
18	플럭스(동관 브레징용)	200 g	통	1	30인 공용
19	고산화티탄계 아크 용접봉	∅ 3.2 x 350	개	8	KS : E4313
20	산소	120 kgf/cm^2 (내용적 : 40 L)	병	1	30인 공용
21	아세틸렌	3 kg	병	1	30인 공용
22	절삭유(중절삭용)	활성 극압유 (4 L)	통	1	30인 공용
23	동력나사 절삭기 체이서	20A 용	조	1	15인 공용
24	동력나사 절삭기 체이서	25A 용	조	1	15인 공용

※ **국가기술자격 실기시험 지급재료는 시험종료 후(기권, 결시자 포함) 수험자에게 지급하지 않습니다.**

제2장 실기 작업(강관 및 동관 조립)

1. 도면 해석 및 관 길이 계산

(1) 에너지관리산업기사 작업형 [공개도면 2번]

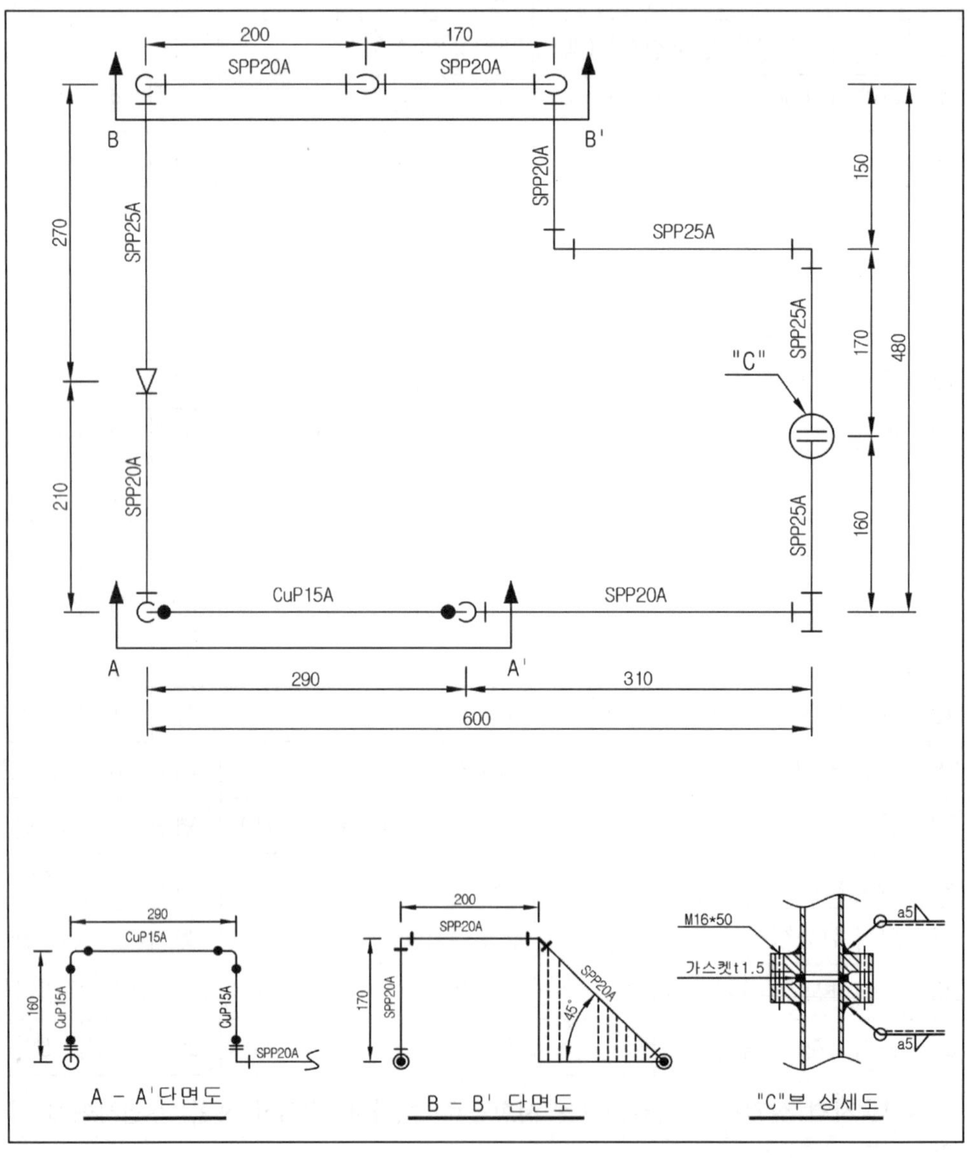

(2) 배관 종류 및 수량 파악

- 도면에서 강관의 직경 크기 종류별 수량을 파악한다.

(강관 25A : 4개 / 강관 20A : 6개 / 동관 15A : 강관 조립 후 절단)

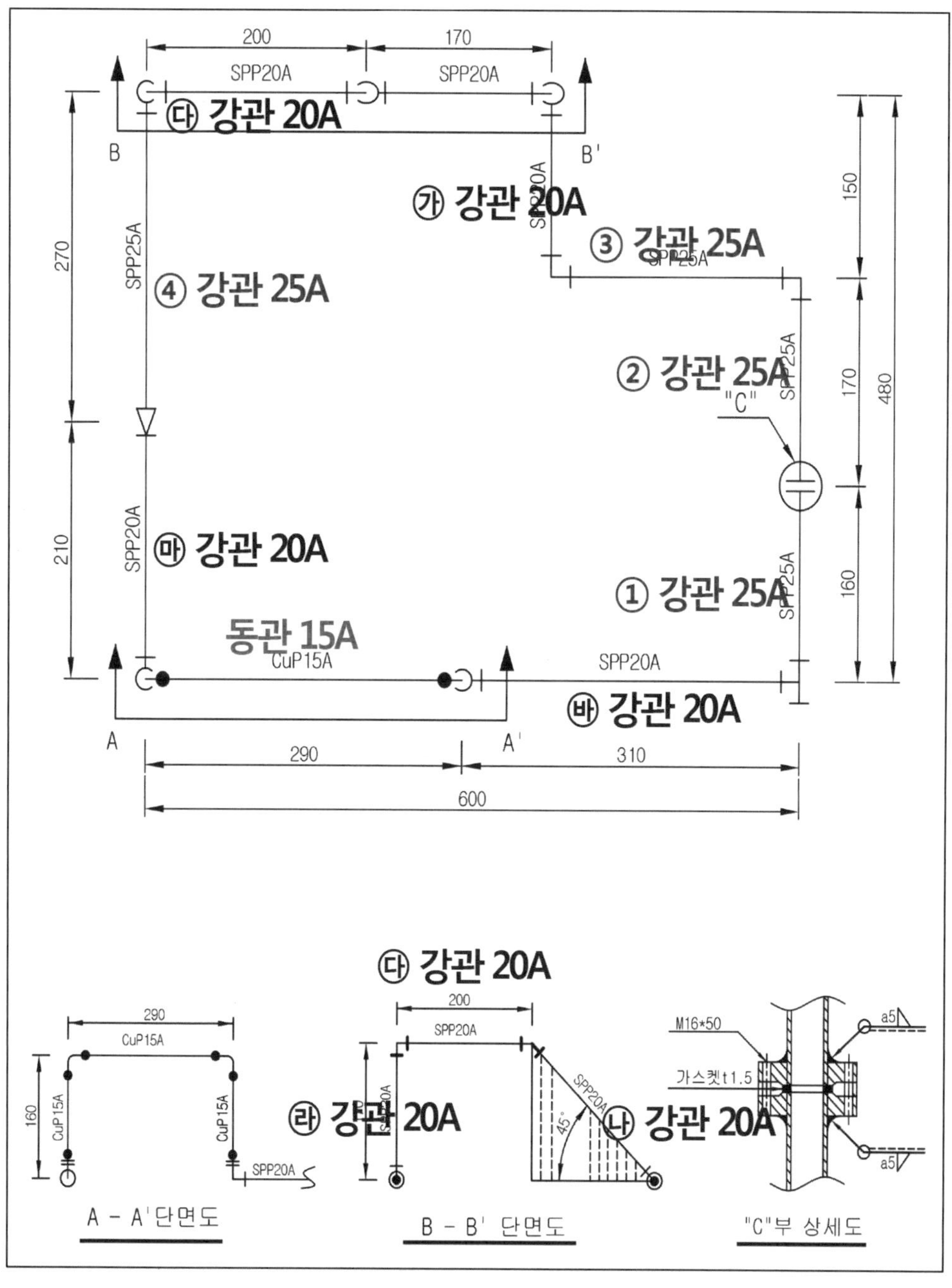

(3) 부속품 종류 및 수량 파악

- 도면에서 관 이음 부속품들의 종류 및 수량을 파악한다.

(플랜지(25A) 1개, 이경티(25A x 20A) 1개, 90˚ 엘보(25A) 1개, 90˚ 엘보(20A) 2개, 45˚ 엘보(20A) 1개, 90˚ 이경엘보(25A x 20A) 2개, 90˚ 이경엘보(20A x 15A) 2개, 레듀서(25A x 20A) 1개, C x M 어댑터(15A) 2개, C x C 동관용 엘보(15A) 2개)

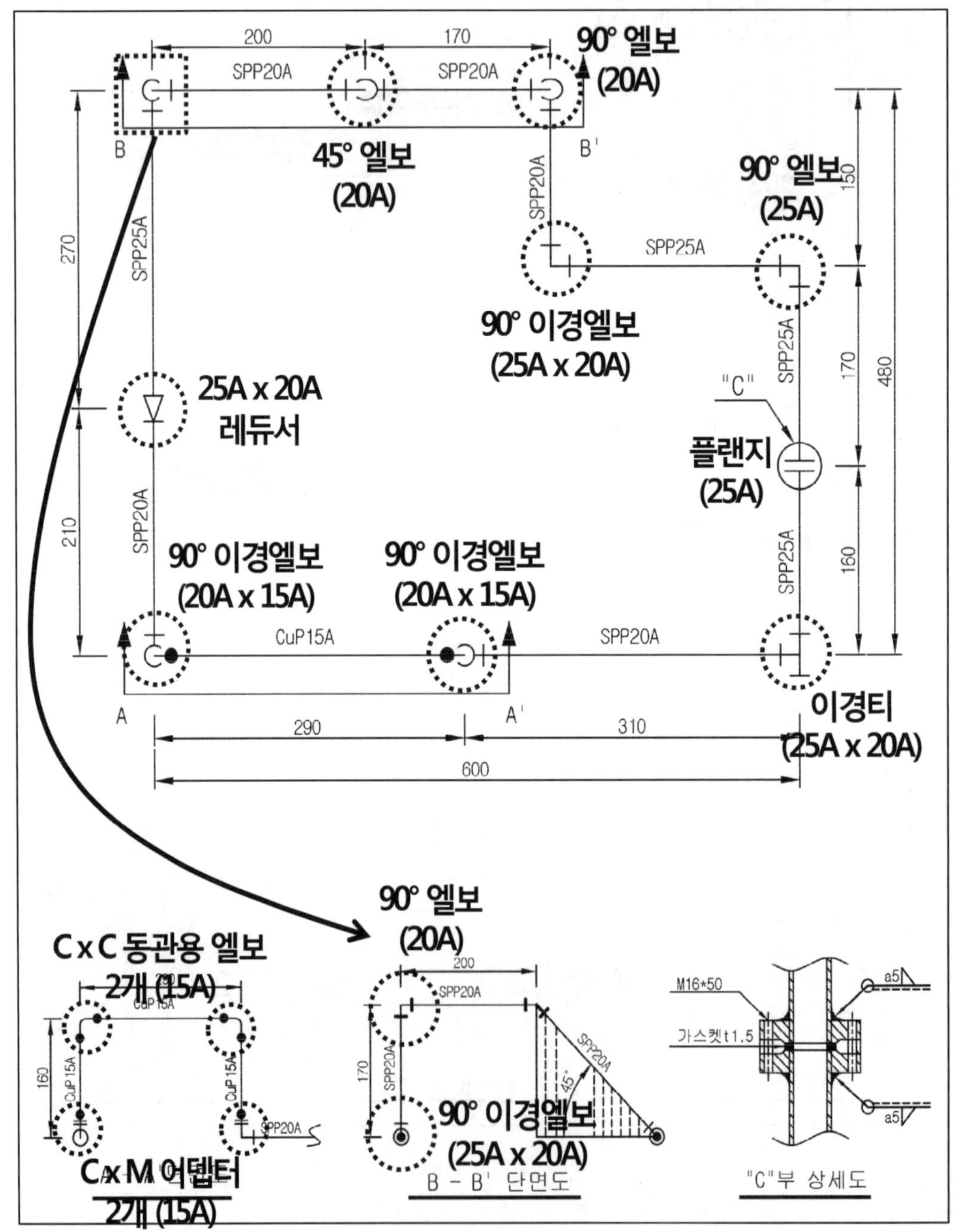

(4) 공간치수 산정표를 활용하여 실제 배관 절단길이 파악

① 배관 절단길이 계산원리

㉮ 수평 배관 절단길이 구하기

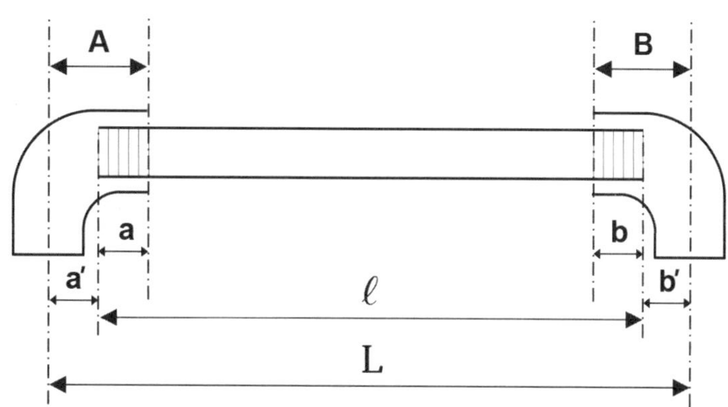

시험 도면에서 표기된 수치는 배관들의 중심으로부터의 길이(L)를 나타내기 때문에 배관 길이를 실제 도면 수치로 절단하여 이음쇠를 조립하게 되면 a', b' 만큼의 길이 차이가 발생하게 된다.

따라서 실제 실기 시험장에서는 각 이음쇠 부품들의 중심에서 단면까지의 길이(A, B)에서 나사가 물리는 길이(a, b)를 뺀 수치(a', b')만큼 줄여서 실제 작업 길이(ℓ)로 절단하여 작업해야 한다.

(각 부속품별 수치들은 본 교재에 실어놓은 "부속품별 치수 계산표"를 참고)

※ 실제 절단길이(배관길이) 계산 공식

- $\ell = L-(A-a)-(B-b)$
  $= L-a'-b'$

여기서, ℓ : 파이프(강관) 절단길이
L : 중심선의 길이(도면상의 수치)
$A(B)$: 이음쇠 중심에서 단면까지의 길이
$a(b)$: 나사가 물리는 최소 길이

※ 절단길이 계산 예시(SPP20A 강관 기준)

① 치수 계산표에서 부속품 치수 확인
- 90° 엘보(a') : A(32) - a(13) = 19
- 90° 이경엘보(b') : B(35) - b(13) = 22

② $\ell = L-(A-a)-(B-b)$
= 150 - (32 - 13) - (35 - 13)
= 109 mm (실제 작업 길이)

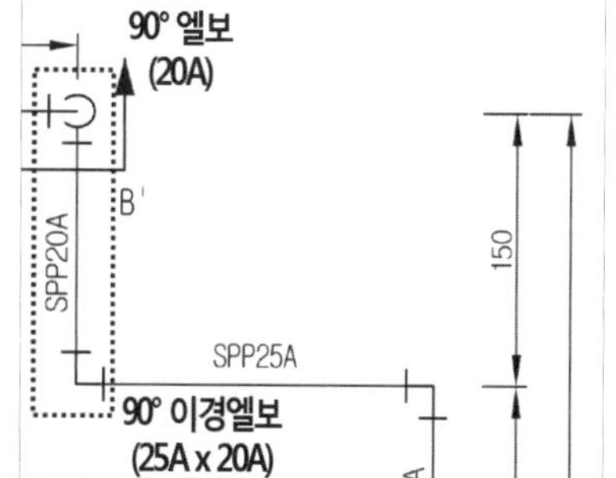

㉯ 경사진 배관 절단길이 구하기

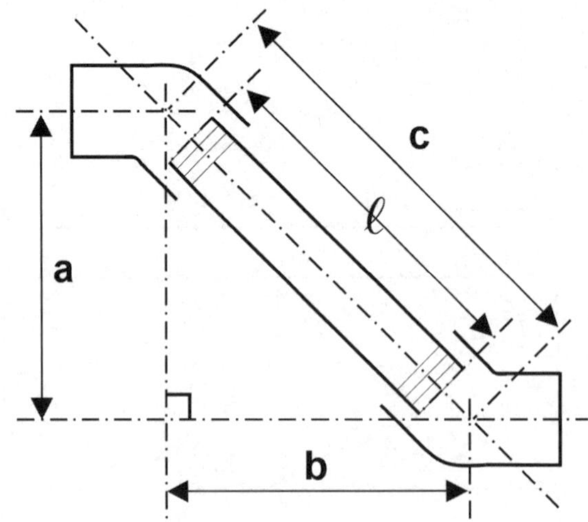

경사진 배관의 경우 실제 절단길이(배관길이) 계산 공식을 위해 대각선(c)의 길이를 구해야 한다. 실제 실기 도면상에서는 대각선(c)의 길이가 나와있지 않고 a, b 길이만 주어지기 때문에 피타고라스 정리를 통해 대각선(c)의 길이를 먼저 구한다.

※ **피타고라스 정리**

- 직각삼각형에서, 빗변 길이의 제곱은 빗변을 제외한 두 변의 각각 제곱의 합과 같다.

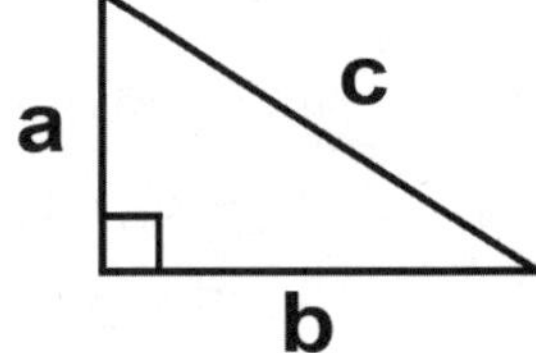

- $a^2 + b^2 = c^2 \quad \therefore\ c = \sqrt{a^2 + b^2}$

대각선(c) 길이를 구한 후, 수평 배관에서와 동일하게 **"부속품별 치수 계산표"**를 참고하여 실제 작업 길이(ℓ)를 계산한다.

※ **절단길이 계산 예시(SPP20A 대각선 강관 기준)**

① 대각선(c) 길이 구하기(피타고라스 정리)

$c = \sqrt{a^2 + b^2}$

$= \sqrt{170^2 + 170^2}$

= 240.41 ≒ 240

② 치수 계산표에서 부속품 치수 확인

- 90˚ 엘보(a') : A(32) - a(13) = 19
- 45˚ 엘보(a') : B(25) - b(13) = 12

③ $\ell = L - (A - a) - (B - b)$

= 240 - (32 - 13) - (25 - 13)

= **209 mm (실제 작업 길이)**

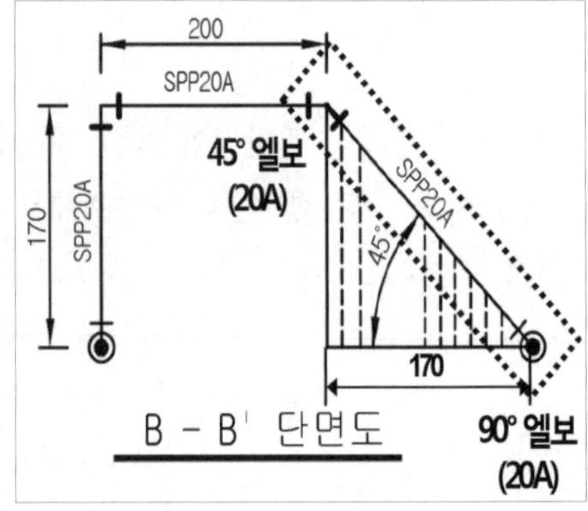

㉰ 부속품별 치수 계산표

※ 표기 방식 $A-a=a'$ 여기서, A : 이음쇠 중심에서 단면까지의 길이
a : 나사가 물리는 최소 길이
a' : 실제 절단 시 뺄 길이

부속품 \ 관경	15A	20A	25A	32A	40A
90° 엘보	27 - 11 = **16**	32 - 13 = **19**	38 - 15 = **23**	46 - 17 = **29**	48 - 19 = **29**
정티(T)	27 - 11 = **16**	32 - 13 = **19**	38 - 15 = **23**	46 - 17 = **29**	48 - 19 = **29**
45° 엘보	21 - 11 = **10**	25 - 13 = **12**	29 - 15 = **14**	34 - 17 = **17**	37 - 19 = **18**
유니온	21 - 11 = **10**	25 - 13 = **12**	27 - 15 = **12**	30 - 17 = **13**	34 - 19 = **15**
소켓	18 - 11 = **7**	20 - 13 = **7**	22 - 15 = **7**	25 - 17 = **8**	28 - 19 = **9**
캡	20 - 11 = **9**	24 - 13 = **11**	28 - 15 = **13**	30 - 17 = **13**	32 - 19 = **13**

	20A x 15A	25A x 15A	25A x 20A	32A x 20A	32A x 25A
레듀서	20A : 19 - 13 = **6**	25A : 21 - 15 = **6**	25A : 21 - 15 = **6**	32A : 24 - 17 = **7**	32A : 24 - 17 = **7**
	15A : 19 - 11 = **8**	15A : 21 - 11 = **10**	20A : 21 - 13 = **8**	20A : 24 - 13 = **11**	25A : 24 - 15 = **9**
	20A x 15A	**25A x 15A**	**25A x 20A**	**32A x 20A**	**32A x 25A**
이경 엘보 (90°)	20A : 29 - 13 = **16**	25A : 32 - 15 = **17**	25A : 34 - 15 = **19**	32A : 38 - 17 = **21**	32A : 40 - 17 = **23**
	15A : 30 - 11 = **19**	15A : 33 - 11 = **22**	20A : 35 - 13 = **22**	20A : 40 - 13 = **27**	25A : 42 - 15 = **27**
	20A x 15A	**25A x 15A**	**25A x 20A**	**32A x 20A**	**32A x 25A**
이경티	20A : 29 - 13 = **16**	25A : 32 - 15 = **17**	25A : 34 - 15 = **19**	32A : 38 - 17 = **21**	32A : 40 - 17 = **23**
	15A : 30 - 11 = **19**	15A : 33 - 11 = **22**	20A : 35 - 13 = **22**	20A : 40 - 13 = **27**	25A : 42 - 15 = **27**

② 배관 절단길이 계산하기

- **"부속품별 치수 계산표"**를 참고하여 도면 내 뺄 길이를 표기하고 파악한 강관들의 실제 절단 길이를 계산한다.

(※ 플랜지의 경우 500원짜리 동전 하나 들어갈 정도의 3 mm를 뺄 길이로 계산)

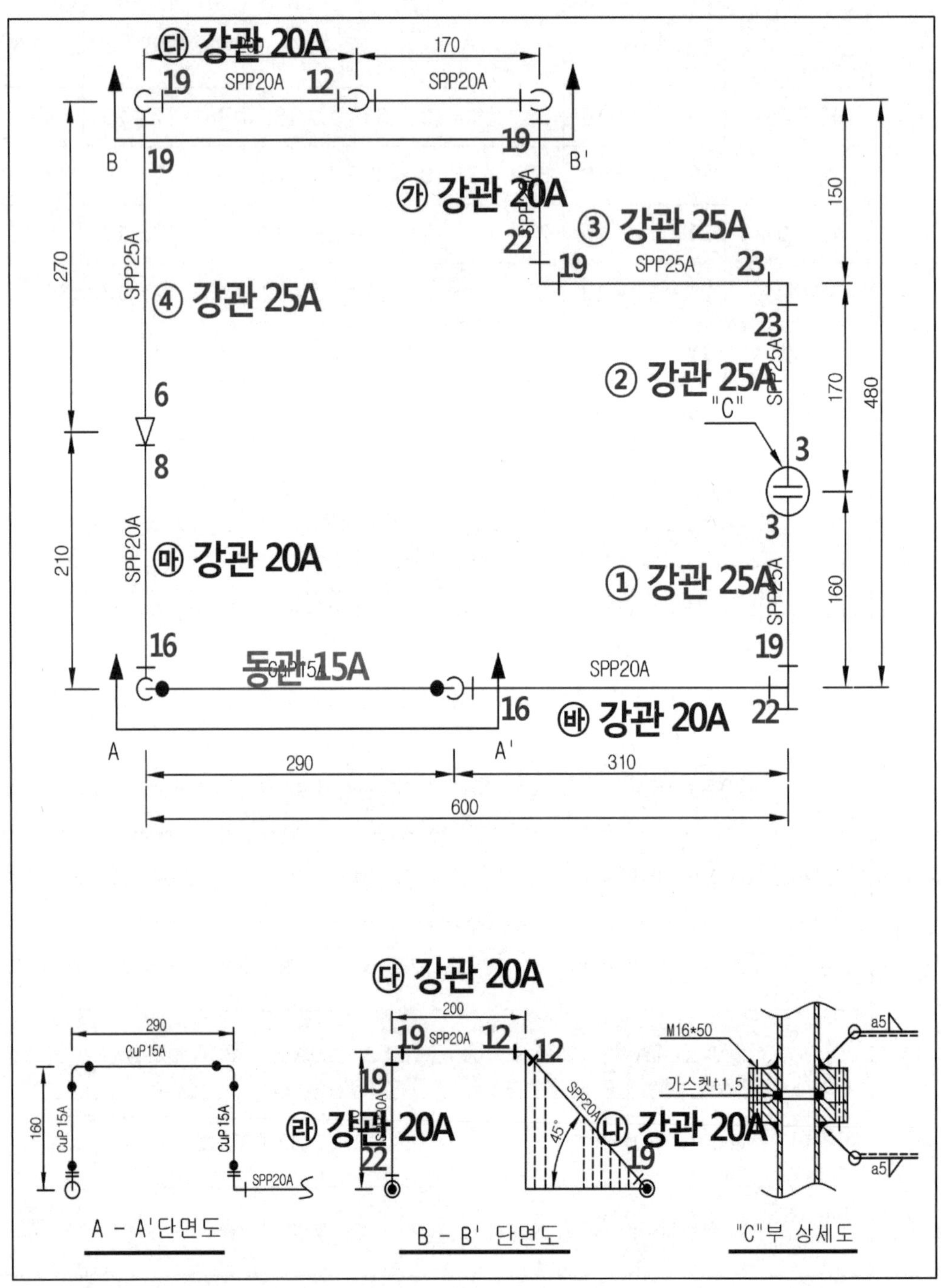

- SPP(강관) 25A
  - ① 강관 25A : 160 - (19 + 3) = **138 mm**
  - ② 강관 25A : 170 - (23 + 3) = **144 mm**
  - ③ 강관 25A : 230 - (23 + 19) = **188 mm**
  - ④ 강관 25A : 270 - (19 + 6) = **245 mm**
- SPP(강관) 20A
  - ㉮ 강관 20A : 150 - (22 + 19) = **109 mm**
  - ㉯ 강관 20A : $\sqrt{170^2 + 170^2}$ - (19 + 12) = **209 mm**
  - ㉰ 강관 20A : 200 - (19 + 12) = **169 mm**
  - ㉱ 강관 20A : 170 - (22 + 19) = **129 mm**
  - ㉲ 강관 20A : 210 - (16 + 8) = **186 mm**
  - ㉳ 강관 20A : 310 - (22 + 16) = **272 mm**
- 동관(15A)은 모든 강관 조립 후, 실측을 통해 절단한다.

2. 실기 작업형의 진행

(1) 배관 치수 표기 및 절단하기

- 부속품별 치수 계산표를 통해 계산한 배관별 절단길이를 배관에 표시한 이후, 배관 절단기를 서서히 조이고 회전시키면서 배관을 절단한다.

(2) 나사 절삭하기

- 시험장에 준비된 동력나사절삭기를 사용하여 배관에 나사산을 약 8~9산 절삭한다.

(3) 테프론 테이프 감기

- 누수를 방지하기 위해 배관에 낸 나사산을 테이론 테이프로 균일하게 감아준다.

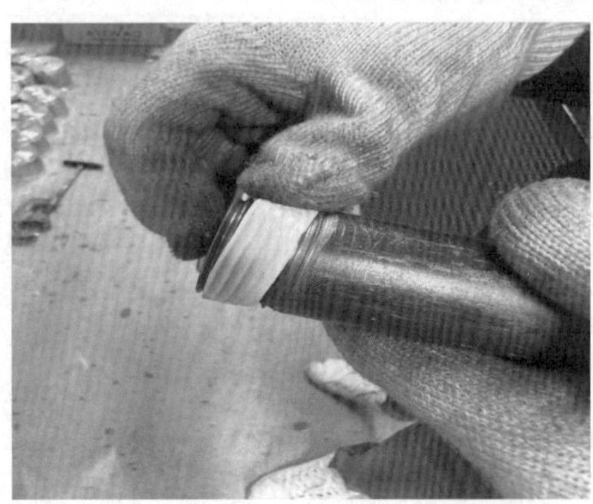

(4) 플랜지 용접하기

- 플랜지 용접의 경우 가스켓이 들어가는 돌출 부분이 아닌 반대면에 용접을 진행한다.
  (※ 플랜지에 용접하는 배관의 경우 한쪽면만 나사산 가공을 한다.)
- 플랜지 구멍에 500원짜리 동전을 놓고 나사산 가공이 되지 않은 쪽 배관을 수직으로 세운 후 플랜지와 배관의 가용접을 진행한다.
- 가용접을 한 이후, 누수가 발생되는 부분 없이 최종 용접을 진행한다.

(5) 배관 조립하기

- 배관을 바이스에 고정시킨 후 파이프 렌치를 이용하여 부속품들을 조립한다.
  (나사산이 2산 남을 정도까지 조립을 수행한다.)

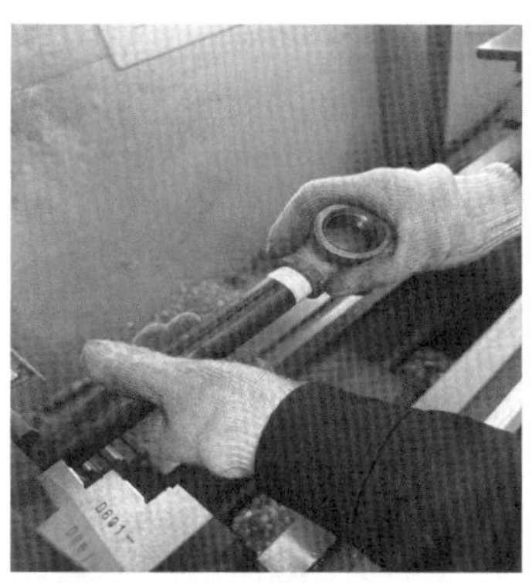

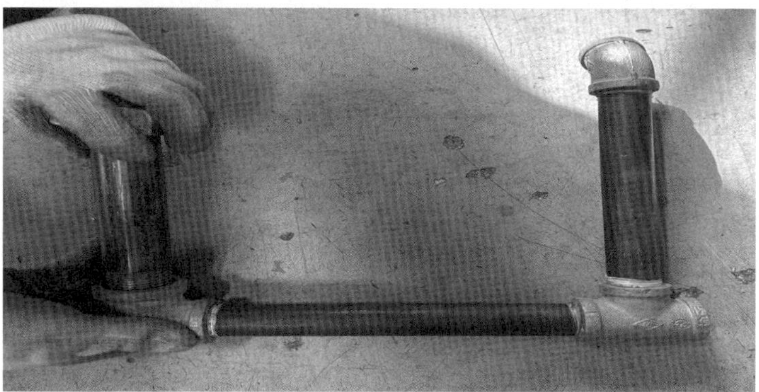

(6) 동관 작업하기

- 모든 강관 및 부속품을 조립한 후 A - A' 단면도를 보면서 최종 동관 작업을 진행한다.

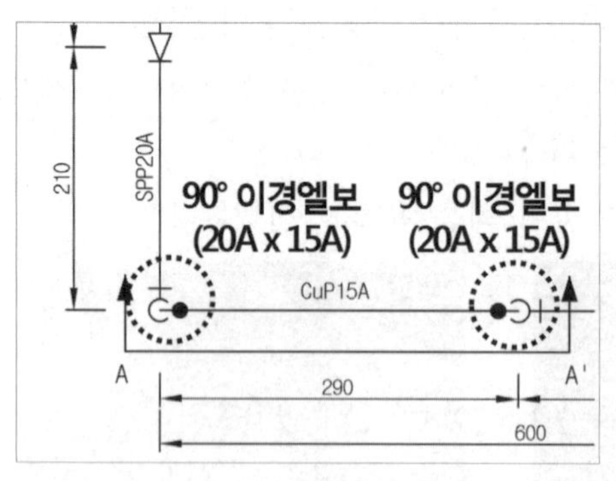

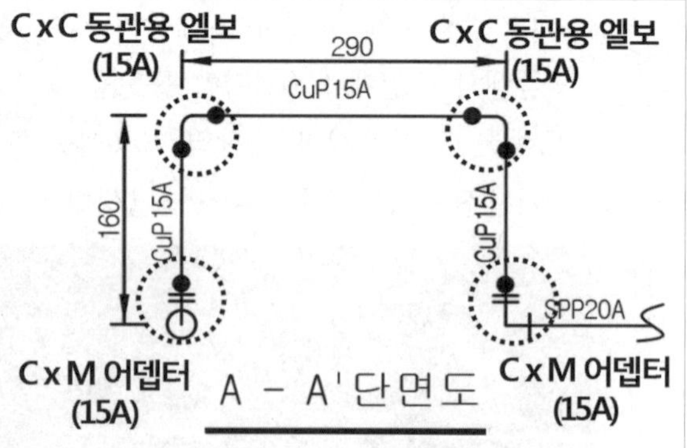

① 조립된 90˚ 이경엘보(20A x 15A) 양쪽에 CxM 어뎁터(15A)를 각각 꽂는다. (왼쪽 그림)

② CxM 어뎁터(15A)를 꽂은 후 15A 동관을 넣고 160 mm를 실측하여 동관을 커팅한다. (160 mm 수치는 연결된 강관의 중심과 CxC 동관용 엘보(15A)의 중심 길이를 의미하므로, 실제 동관은 160 mm 보다 짧게 절단하여야 한다.)

③ 커팅한 동관을 CxM 어뎁터(15A)에 꽂은 후, CxC 동관용 엘보(15A)를 각각 꽂는다.

④ 반대편 CxC 동관용 엘보(15A)에 15A 동관을 넣고 290 mm를 실측하여 커팅한다. (290 mm 수치는 연결된 동관의 중심과 CxC 동관용 엘보(15A)의 중심 길이를 의미하므로, 실제 동관은 290 mm 보다 짧게 절단하여야 한다.)

⑤ 최종 CxM 어뎁터 및 CxC 동관용 엘보 부분을 누수가 발생하지 않도록 용접하여 실기 작업을 최종 마무리 한다.

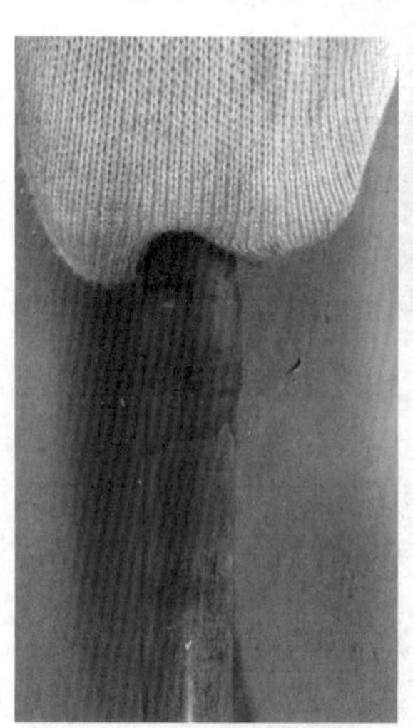

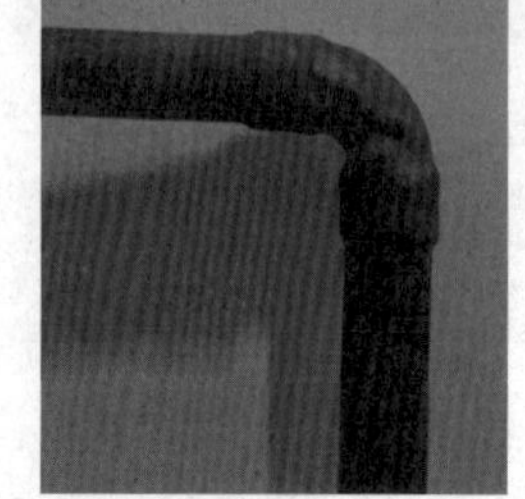

제3장 작업형 공개 도면

자격종목	에너지관리산업기사	과제명	강관 및 동관 조립	척도	N.S	도면 ①

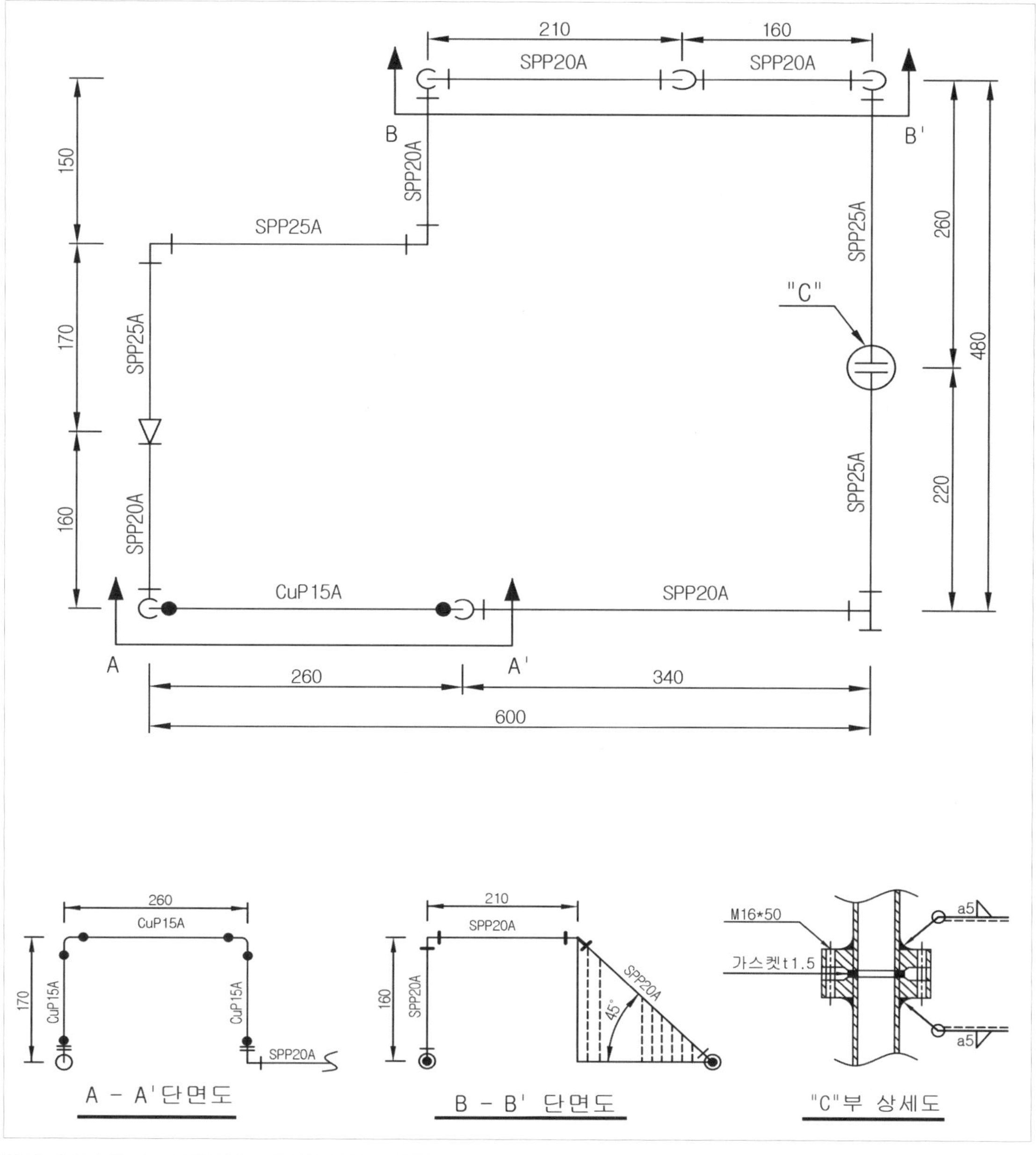

자격종목	에너지관리산업기사	과제명	강관 및 동관 조립	척도	N.S	도면 ②

A - A'단면도

B - B' 단면도

"C"부 상세도

자격종목	에너지관리산업기사	과제명	강관 및 동관 조립	척도	N.S	도면③

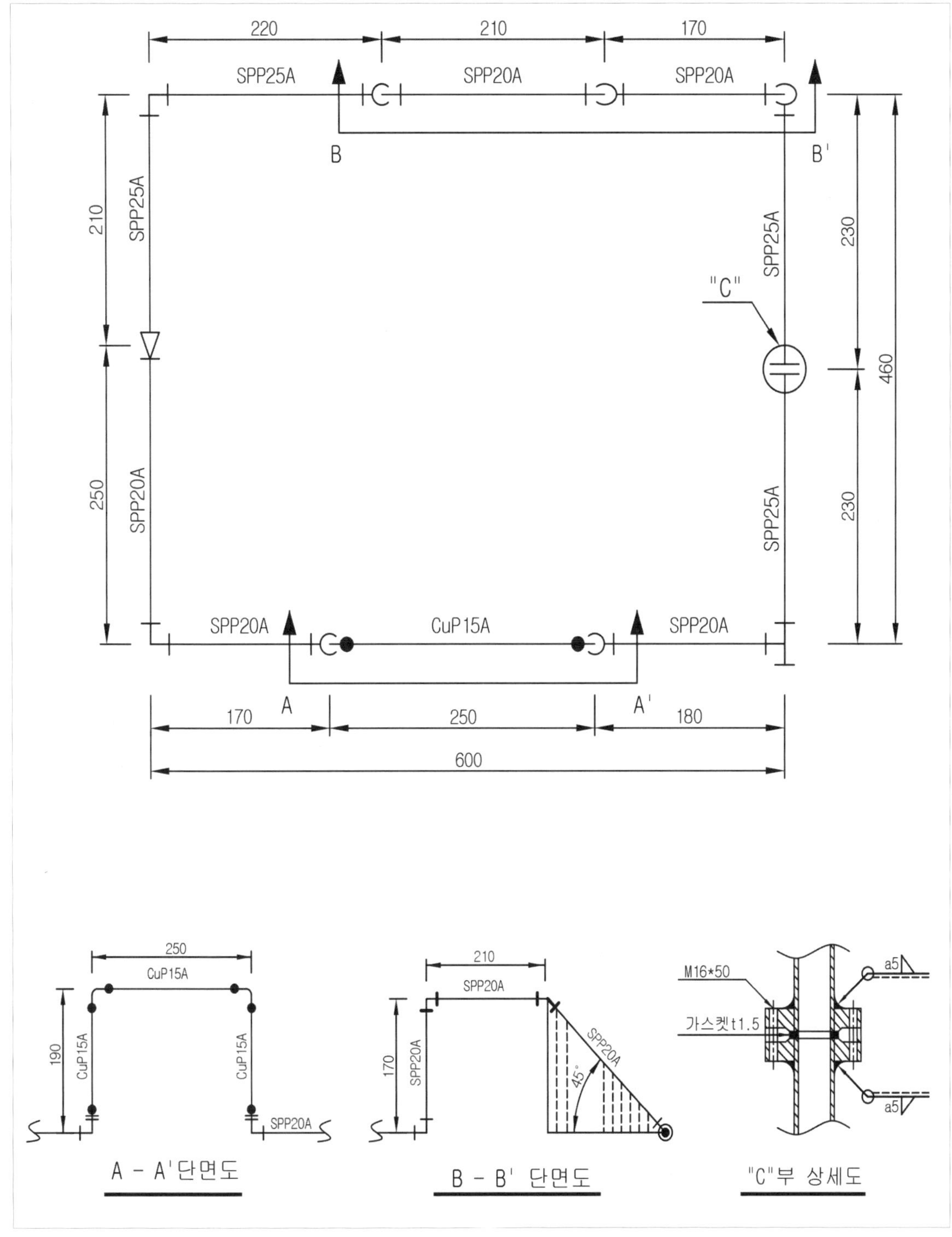

자격종목	에너지관리산업기사	과제명	강관 및 동관 조립	척도	N.S	도면 ④

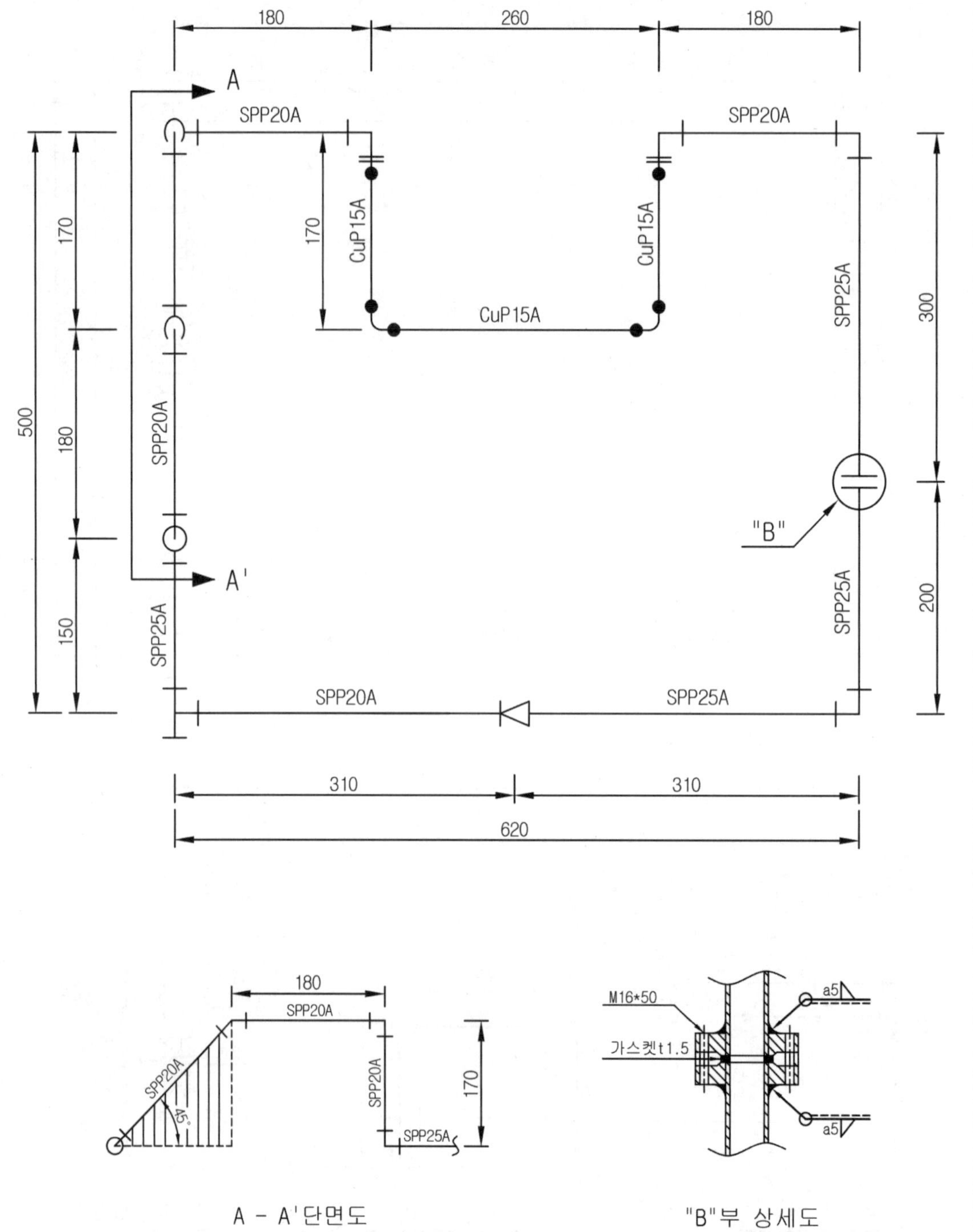

180 260 180
A
SPP20A SPP20A
170 170 CuP15A CuP15A
CuP15A SPP25A 300
500 180 SPP20A
"B"
A'
150 SPP25A SPP25A 200
SPP20A SPP25A
310 310
620

180
SPP20A
SPP20A 45°
SPP20A 170
SPP25A

M16*50
가스켓t1.5
a5
a5

A - A'단면도

"B"부 상세도

자격종목	에너지관리산업기사	과제명	강관 및 동관 조립	척도	N.S	도면 ⑤

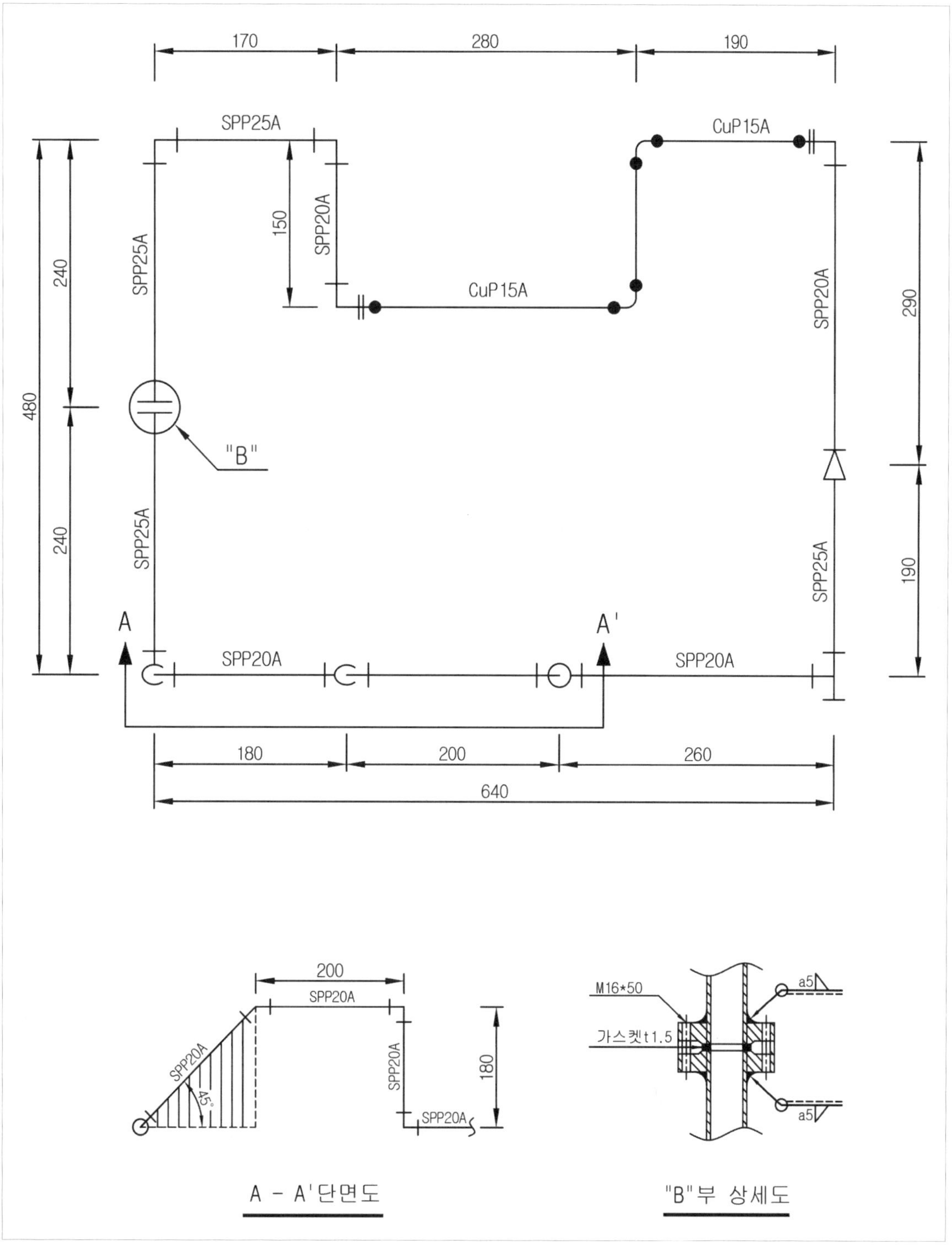

A - A'단면도

"B"부 상세도

자격종목	에너지관리산업기사	과제명	강관 및 동관 조립	척도	N.S	도면 ⑥

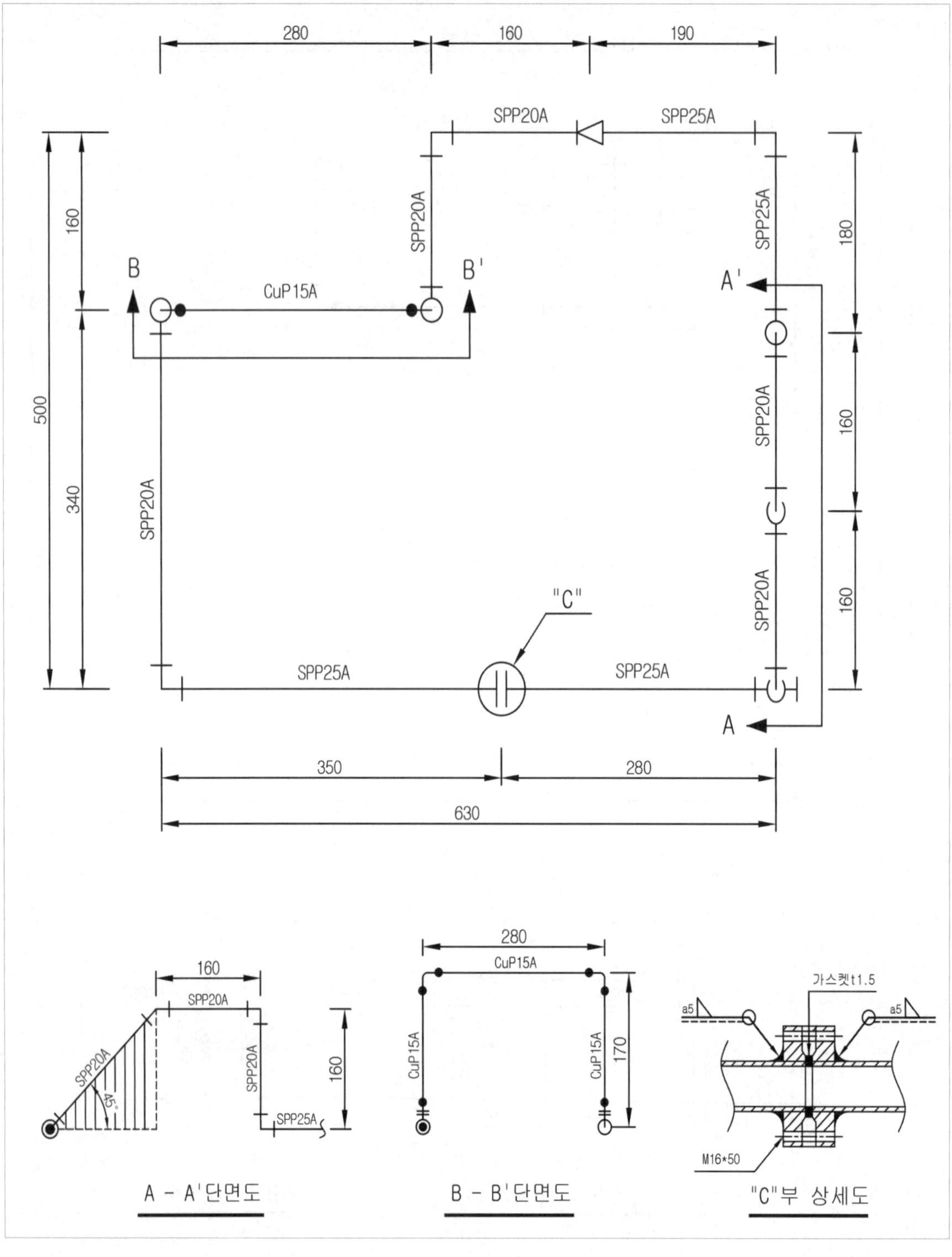

280 160 190
SPP20A SPP25A
SPP20A SPP25A
160 180
B B' A'
CuP15A
500 160
340 SPP20A SPP20A
"C" 160
SPP25A SPP25A
A
350 280
630

160 280 가스켓t1.5
SPP20A CuP15A a5 a5
SPP20A SPP20A 160 CuP15A CuP15A 170
45°
SPP25A M16*50

A - A'단면도

B - B'단면도

"C"부 상세도

꿈을 이루지 못하게 만드는 것은 오직 하나

실패할지도 모른다는 두려움일세...

-파울로 코엘료(Paulo Coelho)-

☆

해 보지도 않고 포기하는 것보다는 된다는 믿음을 가지고

열심히 해 보는 건 어떨까요?

말하는 대로 이루어지는 당신의 미래를 응원합니다. ^^

에너지관리산업기사 실기

2025. 2. 26. 초 판 1쇄 인쇄
2025. 3. 5. 초 판 1쇄 발행

지은이 | 이상식, 이어진
펴낸이 | 이종춘
펴낸곳 | BM (주)도서출판 성안당
주소 | 04032 서울시 마포구 양화로 127 첨단빌딩 3층(출판기획 R&D 센터)
10881 경기도 파주시 문발로 112 파주 출판 문화도시(제작 및 물류)
전화 | 02) 3142-0036
031) 950-6300
팩스 | 031) 955-0510
등록 | 1973. 2. 1. 제406-2005-000046호
출판사 홈페이지 | **www.cyber.co.kr**
ISBN | 978-89-315-8458-5 (13530)
정가 | 30,000원

이 책을 만든 사람들
책임 | 최옥현
기획 | 구본철
진행 | 이용화
전산편집 | 이지연
표지 디자인 | 박현정
홍보 | 김계향, 임진성, 김주승, 최정민
국제부 | 이선민, 조혜란
마케팅 | 구본철, 차정욱, 오영일, 나진호, 강호묵
마케팅 지원 | 장상범
제작 | 김유석